声学事件检测理论与方法

韩纪庆　石自强　著

科学出版社

北　京

内 容 简 介

本书系统地介绍声学事件检测的相关理论与方法，以及最新研究进展。内容包括声学事件检测的基本原理、一般数据规模下的声学事件检测、大数据规模下的声学事件检测。在一般数据规模下的检测中，重点介绍基于长时特征的检测理论与方法，包括基于基频段特征的检测、基于混合模型的检测、基于稀疏低秩特征的检测，以及基于松弛边际与并行在线的模型训练方法。在大数据规模下的检测中，重点介绍适合大数据的快速和在线式模型训练方法，包括基于支持向量机的加速训练、基于深度模型的加速训练、通用型在线及随机梯度下降算法，以及牛顿型随机梯度下降算法等。最后介绍两个典型应用：行车周边声音环境的感知以及音频场景识别。

本书可作为高等院校计算机应用、信号与信息处理、通信与电子系统等专业及学科的研究生教材，也可供该领域的科研及工程技术人员参考。

图书在版编目(CIP)数据

声学事件检测理论与方法/韩纪庆，石自强著.—北京：科学出版社，2016
ISBN 978-7-03-048688-2

Ⅰ.①声… Ⅱ. ①韩… ②石… Ⅲ. ①声学-检测-研究 Ⅳ. ①O42

中国版本图书馆 CIP 数据核字(2016) 第 129464 号

责任编辑：张海娜 高慧元／责任校对：蒋 萍
责任印制：徐晓晨／封面设计：蓝正设计

科学出版社出版
北京东黄城根北街 16 号
邮政编码：100717
http://www.sciencep.com
北京凌奇印刷有限责任公司印刷
科学出版社发行 各地新华书店经销
*
2016 年 7 月第 一 版 开本：720 × 1000 1/16
2020 年 4 月第三次印刷 印张：18 1/2
字数：370 000

定价：115.00 元

(如有印装质量问题，我社负责调换)

前　言

人类生活在一个充满声音的世界中，各种活动、事件无不伴随着丰富多彩的声音。对声音的感知与理解是人类认知世界的最重要途径之一。随着信息技术的迅猛发展，开展机器模仿人类对声音认知能力的相关研究越来越受到重视。

声音感知与理解的目标是使计算机能感知人耳听觉所能关注和理解的声音。声音的类型大体可分为语音和非语音，对不同的声音类型，所应采取的处理方法也不尽相同。有关语音感知与理解方面的研究已较为丰富，如语音识别、说话人识别等。近年来，针对非语音感知与理解的研究已逐渐成为学术界的研究热点。研究者普遍认为非语音的声音也能传递有用的信息，通过对这些声音的分析和处理，能够为智能决策提供重要的信息。非语音感知和理解的核心技术之一正是本书所要讨论的问题 —— 声学事件检测。

声学事件检测是指对连续声音信号流中一段具有明确语义的片段进行分析，并标定其语义类别的过程。声学事件检测是机器对环境声音场景进行感知和语义理解的重要基础，其在未来类人机器人声音环境的语义理解、无人车行车周边环境的声音感知等方面将发挥重要的作用。

声学事件检测的研究经过十几年的发展已经取得了长足的进步。从其发展过程看，经历了从简单事件类型到复杂事件类型的检测，从孤立片段的事件检测到连续声音流中的事件检测，从实验室模拟的声学事件到现实生活中的声学事件检测的过程。多年来在语音识别和音乐处理方面的研究工作，为声学事件检测提供了数字信号处理与机器学习层面的技术积累；而机器的环境感知以及基于语义的多媒体信息检索对声学事件检测的强烈需求，牵引和驱动了声学事件检测的发展。近年来，数字信号处理与机器学习中，如稀疏表示与压缩感知、深度学习等方面的突破，为声学事件检测研究提供了更有效的理论方法和技术手段。

全书共 15 章，分别介绍声学事件检测中的特征提取和常用模型、一般数据规模下的声学事件检测、大数据规模下的声学事件检测，以及声学事件检测的典型应用。其目的不仅让读者对声学事件检测理论和方法有一个系统的了解，而且努力将本领域的新动态介绍给读者，希望读者能在学术思想上受到启发。

由于声学事件检测研究具有广阔的应用前景，因此，近年来我国也在国家自然科学基金委和科技部等资助的项目中，对此方向的研究给予了大力支持。本书的大部分内容即是作者对所承担的多项国家自然科学基金项目和一项国家 973 项目课题研究成果的总结和凝练。在此，对国家自然科学基金委和科技部的大力支持表示衷心的感谢!

由于声学事件检测研究尚处于不断发展的过程中，有许多理论和技术尚待探讨，加之作者水平有限，疏漏之处在所难免，敬请读者批评指正，提出宝贵意见。

作　者

2016 年 1 月于哈尔滨工业大学

目　　录

前言
第 1 章　绪论 1
1.1　声学事件检测技术的发展 1
1.1.1　声学事件检测的起源与发展脉络 2
1.1.2　基于特征的声学事件检测 12
1.1.3　基于模型的声学事件检测 17
1.2　声学事件检测技术的应用 20
1.3　声学事件检测系统的结构 21
1.4　本书的结构 22
第 2 章　声学事件检测中的常用特征和模型 30
2.1　声学事件检测中的常用特征 30
2.1.1　声音信号的数字化 30
2.1.2　声音信号的时域特征 31
2.1.3　声音信号的频域特征 33
2.1.4　声音信号的时频域特征 41
2.1.5　特征降维与选择 43
2.2　声学事件检测中的常用模型 47
2.2.1　浅层模型 47
2.2.2　深度模型 53
2.3　本章小结 53
第 3 章　基于基频段特征的声学事件检测 54
3.1　引言 54
3.2　长时特征提取 54
3.2.1　长时统计特征提取 54
3.2.2　基于基频段的特征提取 59
3.3　基于长时统计特征的声学事件检测 59
3.3.1　基于单分类器和多分类器融合的声学事件检测 60
3.3.2　基于类内细分聚类的声学事件检测 61
3.3.3　基于拒识和确认的声学事件检测 62
3.4　实验和结果 63

3.4.1　实验设置 …… 63
3.4.2　实验结果与分析 …… 63
3.5　本章小结 …… 68
第 4 章　基于混合模型的声学事件检测 …… 69
4.1　引言 …… 69
4.2　伪高斯混合模型 …… 70
4.2.1　伪高斯混合模型的构建 …… 70
4.2.2　伪高斯混合模型参数估计的 EM 算法 …… 72
4.3　异质混合模型 …… 74
4.3.1　多变量 Logistic 混合模型的可辨识性 …… 75
4.3.2　异质混合模型的构建 …… 78
4.3.3　异质混合模型的参数估计 …… 79
4.4　实验和结果 …… 82
4.4.1　基于伪高斯混合模型的声学事件检测 …… 82
4.4.2　基于异质混合模型的声学事件检测 …… 83
4.5　本章小结 …… 86
第 5 章　基于稀疏低秩特征的声学事件检测 …… 87
5.1　引言 …… 87
5.2　基于稀疏表示特征的声学事件检测 …… 89
5.3　基于低秩矩阵表示特征的声学事件检测 …… 92
5.3.1　低秩矩阵表示特征提取 …… 92
5.3.2　低秩矩阵分类的问题描述 …… 93
5.3.3　基于加速近似梯度方法的矩阵分类学习 …… 94
5.4　基于低秩张量表示特征的声学事件检测 …… 96
5.4.1　张量计算相关记号 …… 97
5.4.2　低秩张量表示特征提取 …… 97
5.4.3　基于加速近似梯度方法的张量分类学习 …… 99
5.5　实验和结果 …… 102
5.5.1　基于稀疏表示特征的声学事件检测 …… 102
5.5.2　基于低秩矩阵表示特征的声学事件检测 …… 104
5.5.3　基于低秩张量表示特征的声学事件检测 …… 108
5.6　本章小结 …… 112
第 6 章　基于松弛边际下模型训练的声学事件检测 …… 113
6.1　引言 …… 113
6.2　基于迹范限制下的最大边际矩阵分类 …… 113

6.2.1 基于迹范限制与松弛边际的矩阵分类问题描述 ……113
6.2.2 基于交替搜索方式的矩阵分类学习算法 ……114
6.3 基于迹范限制下的最大边际张量分类 ……116
6.3.1 基于迹范限制与松弛边际的张量分类问题描述 ……116
6.3.2 基于交替搜索方式的张量分类学习算法 ……117
6.4 实验和结果 ……119
6.5 本章小结 ……122
第 7 章 基于在线并行模型训练的声学事件检测 ……123
7.1 引言 ……123
7.2 在线并行的矩阵数据分类学习方法 ……123
7.2.1 基于加速近似梯度方法的矩阵分类在线学习 ……123
7.2.2 基于逼近加速近似梯度方法的在线学习 ……125
7.2.3 基于小批量更新的在线学习 ……126
7.2.4 基于并行计算加速的矩阵分类学习 ……126
7.3 在线并行的张量数据分类学习方法 ……128
7.4 实验和结果 ……131
7.4.1 基于在线并行学习的低秩矩阵特征分类 ……131
7.4.2 基于在线并行学习的低秩张量特征分类 ……133
7.5 本章小结 ……135
第 8 章 基于锚空间的声学事件检测 ……136
8.1 引言 ……136
8.2 锚模型简介 ……137
8.3 基于状态变化统计量的锚空间声学事件检测 ……139
8.3.1 基于状态变化统计量的锚空间生成方法 ……140
8.3.2 实验与讨论 ……143
8.4 基于高斯混合模型锚空间的声学事件检测 ……144
8.4.1 基于高斯混合模型锚空间的目标与集外锚模板的生成 ……144
8.4.2 基于高斯混合模型的声学事件检测机制 ……146
8.5 基于稀疏分解锚空间的声学事件检测 ……146
8.5.1 基于稀疏分解锚空间的目标与集外锚模板的生成 ……147
8.5.2 基于稀疏分解的声学事件检测机制 ……148
8.5.3 实验与讨论 ……149
8.6 本章小结 ……151
第 9 章 面向大数据环境下声学事件检测的凸优化理论 ……152
9.1 引言 ……152

9.2 与声学事件检测相关的凸优化理论 …… 153
9.2.1 早期凸优化 …… 154
9.2.2 凸优化基础 …… 155
9.2.3 一阶方法的动机 …… 156
9.3 光滑与非光滑的凸优化一阶方法 …… 157
9.3.1 光滑目标 …… 157
9.3.2 复合优化目标函数 …… 160
9.3.3 近端目标 …… 161
9.4 随机化技术 …… 162
9.5 并行和分布式计算 …… 164
9.6 本章小结 …… 164
第 10 章 面向大数据处理的支持向量机模型的加速算法 …… 165
10.1 随机对偶坐标上升法 …… 165
10.1.1 问题描述及相关工作 …… 165
10.1.2 基于对偶间隙边界的 SDCA 收敛性分析 …… 167
10.2 加速近端随机对偶坐标上升法 …… 172
10.2.1 问题描述及相关工作 …… 172
10.2.2 基于对偶间隙边界的 Prox-SDCA 收敛性分析 …… 173
10.3 本章小结 …… 180
第 11 章 面向大数据处理的深度模型的加速算法 …… 181
11.1 引言 …… 181
11.2 全梯度与随机梯度下降算法 …… 183
11.3 加速梯度算法 …… 190
11.4 指数型收敛的随机梯度下降算法 …… 192
11.4.1 随机平均梯度法 …… 192
11.4.2 随机方差减梯度方法 …… 194
11.5 坐标梯度下降算法 …… 194
11.6 本章小结 …… 199
第 12 章 面向大数据的通用型在线及随机梯度下降算法 …… 200
12.1 引言 …… 200
12.2 通用在线梯度法 …… 202
12.2.1 通用的在线原始梯度方法 …… 203
12.2.2 通用的在线对偶梯度方法 …… 205
12.2.3 通用的在线快速梯度方法 …… 208
12.3 通用随机梯度法 …… 212

12.3.1 算法描述 ······ 212
12.3.2 收敛性分析 ······ 212
12.4 数值实验 ······ 215
12.4.1 LASSO 问题 ······ 216
12.4.2 施泰纳问题 ······ 218
12.5 本章小结 ······ 221
第 13 章 面向大数据的牛顿型随机梯度下降算法 ······ 223
13.1 引言 ······ 223
13.2 近端牛顿型随机梯度法 ······ 226
13.2.1 正则化的二次模型 ······ 228
13.2.2 Hessian 矩阵的近似 ······ 229
13.3 算法的收敛性分析 ······ 229
13.4 数值实验 ······ 234
13.5 本章小结 ······ 235
第 14 章 基于声学事件检测的行车周边声音环境感知 ······ 236
14.1 引言 ······ 236
14.2 实验环境与基线系统 ······ 237
14.3 基于径向基函数神经网络噪声建模的声学事件检测 ······ 240
14.4 基于等响度曲线的声学事件检测 ······ 246
14.5 基于基频轨迹特征的声学事件检测 ······ 250
14.6 本章小结 ······ 255
第 15 章 音频场景识别 ······ 256
15.1 引言 ······ 256
15.2 基于高斯直方图特征的音频场景识别 ······ 257
15.2.1 高斯直方图特征 ······ 257
15.2.2 分类模型 ······ 259
15.3 基于迁移学习的音频场景识别 ······ 259
15.3.1 迁移学习概述 ······ 259
15.3.2 基于样本平衡化的音频场景识别 ······ 260
15.3.3 基于改进样本平衡化的音频场景识别 ······ 263
15.4 实验和结果 ······ 265
15.5 本章小结 ······ 266
参考文献 ······ 267

第1章　绪　　论

1.1　声学事件检测技术的发展

人类生活在一个充满声音的世界里，各种活动与事件无不伴随着丰富多彩的声音。声音是人类最为熟悉的承载信息的信号之一。人类在漫长的发展过程中，根据自己的经验能较为有效地区分出很多声响。对声音的感知与理解是人类认知这个世界的最重要途径之一。

随着信息技术的迅猛发展，开展机器模仿人类对声音认知能力的相关研究越来越受到重视，并迅速成为学术界的热点。近年来，各个国家和地区纷纷提出了与之相关的若干重大发展计划，例如，欧洲的 CHIL (Computers in the Human Interaction Loop) [1] 和 AMI (Augmented Multi-party Interaction) 计划、美国的 VACE (Video Analysis and Content Extraction) 和 CALO(Cognitive Assistant that Learns and Organizes) 计划[2]，以及我国国家自然科学基金委的“视听觉信息的认知计算”重大研究计划等。CHIL 于 2006 年和 2007 年先后两次举办了声音感知相关的评测 CLEAR(Classification of Events, Activities and Relationships)[3]。IEEE AASP(Audio and Acoustic Signal Processing Technical Committee) 也于 2013 年提出了 IEEE CASA(Computational Auditory Scene Analysis) 挑战评测[4]。从上述评测的结果看，声音感知与理解技术的性能还很不理想，还有较大的提升空间，其仍然是一个未成熟的研究领域。

声音感知与理解的目标是使计算机能感知人耳听觉所能关注和理解的声音。声音的类型大体可分为语音和非语音，对不同的声音类型，所应采取的处理方法也不尽相同。有关语音感知与理解方面的研究已较为丰富，如语音识别、说话人识别等。近年来，针对非语音感知与理解的研究已逐渐成为学术界的研究热点。研究者普遍认为非语音的声音也能传递有用的信息，例如，在特定环境中人的活动通常会产生种类丰富的声学事件，它们可能由人的身体直接产生，也可能由人所操纵的器物产生，如演讲中的掌声与笑声、会议开始时椅子移动声和开关门声、室内婴儿的啼哭声等。

非语音感知的核心技术之一就是声学事件检测 (acoustic event detection，AED)，它基于数字信号处理和机器学习技术，通过采集设备识取一段单一完整且能引起人们感知注意的短时连续声音信号，经分析处理后获得其发生的开始时刻、持续时间、场景类别等信息，并将其转化为相应的事件符号来表示，从而达到仿真人耳听觉感知能力的目的。

从最新的评测 2013 年 IEEE CASA 挑战评测的情况看[5]，与基线系统相比，很多声学事件检测系统的性能已有了很大的提高。同时，其他相关领域研究工作的发展也促进了声学事件检测研究的进步。例如，噪声信号处理中噪声源分类方法可用于噪声监测系统[6] 以及改进语音处理算法性能[7]。声源识别算法能用于确定产生声学事件的声源位置[8]。由于这类算法以判定和标注出包含有特定类别事件的时间区域为目标，因此也可以用于诸如监控系统[9]、老年人扶助[10] 以及通过声学场景分段的语音分析[11]。此外，依靠声音事件识别或聚类的音频流语义分析算法也能用于个人档案[12]、音频分段[13] 和检索[14]。

正如很多理论和技术的产生有其历史的必然性一样，声学事件检测技术的出现也是伴随着若干应用需求，在相关理论日渐成熟的技术支持下而产生的。下面我们将从声学事件检测的发展历史出发，综述其相关技术的发展历程、典型工作以及目前的研究现状。

1.1.1　声学事件检测的起源与发展脉络

有关使用计算机利用数字信号处理技术来对声音信号进行处理的历史，可以追溯到 20 世纪 50 年代。伴随着电子计算机的出现和广泛应用，利用现代信息技术手段来处理声音信号已经成为一种必然趋势，研究者开展了大量的卓有成效的工作。由此，出现了数字声音信号处理这一新的研究领域。它对现实世界中各种模拟形式的声音信号先进行数字化，之后再利用信息技术进行相关的处理，进而从多个角度、多个侧面帮助人类充分有效地认识和利用客观世界中的声音信号。

1. *相关领域的发展历程*

由于语音是人类交流中最自然的方式，因此通过机器识别人类的语音，即语音识别研究成为声音信号处理方面最早开展的工作之一。同时，音乐作为人类文化生活中重要的艺术形式，一直伴随着人们的日常生活，因此，在声音信号处理方面另一较早的工作为利用计算机对音乐的处理研究。此外，对声音的感知是人耳听觉的一个基本能力，因此，从听觉特性的模拟出发来研究声音信号的处理技术也是一项重要的工作。

1) 语音识别的发展历程

纵观语音识别的发展历程，大体经历了如下几个阶段[15]。20 世纪 50 年代初~70 年代末是语音识别的起步阶段，其代表性的工作，一是 60 年代苏联的 Vintsyuk 提出的采用动态规划方法来解决两个语音的时间对准问题[16]，以及相关的 70 年代日本学者 Sakoe 等提出的动态时间弯折 (dynamic time warping, DTW) 算法[17]，这两项工作有效地解决了语音信号的不等长处理问题，二是出现了能有效进行语音信号特征提取的线性预测编码 (linear predictive coding，LPC) 方法[18]，该阶段的研究重点是孤立词识别。20 世纪 80 年代是语音识别的发展阶段，其间出现了两项在语音识别历史上具有里程碑意义的工作：一是基于统计的隐马尔可夫模型 (hidden Markov model，HMM) 方法[19]，既能对语音信号进行有效的声学建模，又能很好地与统计语言模型相结合，为有效地进行大词表连续语音识别奠定了基础；二是出现了将语音信号产生的声道表示模型与人耳听觉机制有效结合的特征参数表示 —— 美尔频率倒谱系数 (Mel-frequency cepstral coefficient，MFCC)[20]。20 世纪 90 年代后，语音识别研究进入了一个在更广泛的研究领域开展工作的阶段。其代表性的工作包括：以区分性训练 (discriminative training) 为代表的更精细的模型设计技术[21]，以对环境噪声的影响进行补偿为代表的 Robust 识别技术[22]，以采用最大似然线性回归 MLLR(maximum likelihood linear regression)[23]、最大后验概率 MAP(maximum a posterior)[24] 准则为代表的解决训练数据不足时的各种模型自适应技术等。同时也出现了将语音识别与其他领域技术相结合的各种应用技术，如口语识别与理解、口语翻译、语音文档检索、语音情感识别等。进入 21 世纪，语音识别进入基于深度学习理论和云平台技术的全面突破阶段，识别性能显著提高。2006 年，加拿大多伦多大学的 Hinton 等[25] 提出了一种训练深度神经网络 (deep neural network, DNN) 的方法。它分为预训练和微调 (fine-tuning) 两个步骤。前者利用非监督的方法逐层构建单层网络，并将其参数作为初始参数。后者通过监督的方法来获得优化后的网络参数。微软研究院最先将深度神经网络方法成功应用到语音识别，明显降低了误识率，从而引发了基于深度神经网络的语音识别热潮[26]。目前无论学术机构还是工业界都投入大量的人力和财力，致力于此方面的研究。

2) 基于计算的音乐处理发展历程

从基于计算的音乐处理的发展历程看，最早的工作可以追溯到 1928 年，由苏联科学家列昂泰勒明 (Leon Theremin) 发明的泰勒明电子琴[27]，其原理是利用天线和演奏者的手构成电容器，天线接在一个带有放大电路和扬声器的振荡电路上。通过天线接收手的位置变化来发出声响。泰勒明电子琴是目前为止唯一不需要身体接触的电子乐器。其后，泰勒明电子琴被广泛应用于 20 世纪 40~50 年代好莱坞电影配乐中[28, 29]。同样在 20 世纪 40 年代，伴随着示波器的出现，以及数字信号处理技术的广泛应用，引发了电子音乐发展的第一次浪潮。利用示波器，研究者可以在阴极射线管上来观测波形的稳定部分，并通过计算傅里叶级数来进行音乐的分析。典型的工作是分析管乐器的音调，以确定其是否与弦乐器一样具有共振性。同时，很多著名的作曲家都使用从电子实验室中获得的信号发生器来创作音乐[30]。

20 世纪 60 年代出现了通用数字计算机，不久其即被用于音乐的分析与合成。最早使用计算机进行乐器音调分析的一项工作是由美国麻省理工学院的 Luce[31]

完成的。他分析了大量不同乐器的音调，以深入了解这些乐器的工作状态。这一工作也成为后续很多工作的基础。另一项重要的工作来自于美国伊利诺伊大学的Freedman[32]，他将乐器的音调用一组分段常数频率的正弦函数和的形式来建模，正弦函数的振幅为指数与常数的分段和，使用线性插值来平滑频率之间的变化。

20 世纪 70 年代，伴随着语音信号处理技术的发展，很多语音信号处理中的特征提取方法，尤其是基音检测等技术被借鉴应用到了音乐信号处理中，并且获得了较好的性能。美国斯坦福大学的 Moorer[30] 研究了音乐的转写 (transcription) 技术，通过对一段复调的音乐声音进行数字化处理，使其转化为所演奏音符对应的文字形式描述的音乐符号。Moorer 的方法首先使用一个基音检测器确定每个时间片段上的和声，并将其用于确定一个带通滤波器，以保证乐器的每个谐波都至少通过一个滤波器。因此，每个滤波器的输出都经过了基音检测和能量检测的处理。通过上述的处理能给出作为时间函数的能量和频率信息，每对能量和频率函数作为其特征。之后利用多组能量和频率函数对来推断出音符，其中能量和函数对都是同步出现在与谐波有关的频率上。接着通过将音符分离为高、低音等若干组进而获得旋律，之后进行音乐的转写。

尽管在语音信号处理研究中积累的很多技术可以移植到音乐信号处理中，但音乐信号本身也拥有其自身的声学特征和结构特征，使其有别于口语或其他的非音乐信号。为此，从 20 世纪 80 年代起，研究者开展了很多针对音乐本身特点的技术研究。典型的如美国斯坦福大学开展了针对不同乐器和音乐风格的复调音乐的识别研究，通过使用声学知识、上下文信息及源相干 (source coherence) 信息来改进性能。这些工作能为不同的音乐表演、音乐转写以及数字音频文件的分割提供工具[33]。

20 世纪 90 年代后，音乐信号处理的研究范围日益广泛。典型的包括以下几个方面：① 音符起始点 (note onset) 检测研究。它是指确定音符或其他音乐事件开始的物理位置。这一项工作是很多音乐分析的基本步骤，以及音乐检索时索引构建的基础。音符起始点检测的通常方法是寻找信号中短暂的区域，如突然的能量爆发、信号短时频谱或统计特性上的变化等。通常情况下，音符的起始点与上述的短暂区域的起始点一致[34]。② 音乐体裁分类。音乐体裁是一个关键的描述，它是由音乐创作人和图书馆管理员在组织音乐作品集时使用的高层描述。其广泛用于音乐目录的组织、图书馆、音乐商店中。这种将一段音乐与某一体裁相关联的方式有助于帮助用户找到其所要的音乐。尽管人们广泛使用诸如爵士、摇滚、流行等概念来说明音乐的体裁，但音乐的体裁在定义上仍遗留着相应的问题，很多音乐并非能用简单的文字来充分描述。这使得对其自动分类是一个很难处理的问题。尽管如此，研究者仍开展了卓有成效的工作，从旋律、和声、节奏、音色以及空间位置等角度提取音乐的特征，并从 K 近邻、高斯混合模型、隐马尔可夫模型、支持向量机、人工神经网络等来构建分类器[35]。

上述在音乐分析中的基础工作，为后来的音乐检索等研究奠定了基础。

3) 基于听觉特性的声音处理发展历程

在语音识别的早期研究中，对语音特征的提取主要基于人类的发音机理，通过工程化的方法来模拟发音时的声道特性，经典的特征如共振峰特征、线性预测系数特征等，很少涉及人耳听觉机理的特性。这一方面源于声道模型中的主要器官口腔相对开放，较易进行直观的分析，模型构造起来相对简单；另一方面相对于人类的发音机理，人类的听觉机理非常复杂，很难进行非破坏性的物理观测，因此对听觉机理的研究更多的是心理学的主观评测研究，而且即使在听觉机理中已经取得了相应成果，对信号处理领域的研究者来说，要么并没有关注这些进展，要么不知道如何加以工程实施。例如，在语音处理中最成功的特征之一 ——MFCC 特征[20]，其实仅模拟了耳蜗对高低频不同频带的敏感程度，即人耳对低频信号比对高频信号更敏感，进而将频率轴按美尔频率刻度进行不均匀划分。而听觉认知中有关美尔频率划分的研究成果最早出现在 20 世纪 40 年代 Stevens 等的经典论文中[36]，但直到 20 世纪 80 年代才出现了 MFCC 特征。MFCC 已经将人耳听觉认知的特性反映在语音信号处理的特征提取中，并且验证了其性能明显优于先前的线性预测倒谱系数。但 MFCC 仅仅反映了耳蜗对不同声音频带的滤波作用，如何将更多的听觉认知特性引入语音信号处理的研究中，以期获得更好的语音识别性能，并没有取得很大的进展。

从 20 世纪 80 年代中期开始，语音识别面临的一个主要困难就是噪声处理。很多在实验室安静环境下表现优异的系统，当应用到实际有噪声的环境时，性能显著下降。正是从那个年代开始，实际噪声环境下鲁棒的 (robust) 语音识别研究一直是本领域一个重要的研究方向。研究者从特征提取和模型构建两个方面开展了研究。从特征提取方面看，单纯地在基于发音机理的声道模型方面寻找突破已经很难。这促使人们将希望的目光投向了听觉机理的工程化处理上。研究者逐渐意识到有效地进行声音处理的关键问题之一是要有一个合适的人耳听觉模型。因而，开始更多地关注于听觉心理学与听觉生理学上的研究进展。

20 世纪 70 年代以前，听觉心理学在人耳的低层次检测分离研究上取得了较大的成功，如耳间时间差、耳间声级差以及耳蜗的滤波特性等，但听觉上的研究进展不如视觉那么大。70 年代以后，听觉研究转向了更深层次的工作，如双耳效应、听觉的空间定位与跟踪以及多信息流的分离等。对声音处理起到重要指导意义的听觉认知机理的里程碑式的研究工作，是加拿大著名心理听觉学家 Bregman[37] 于 1994 年出版的经典学术专著《听觉场景分析》(auditory scene analysis, ASA)。Bregman 借鉴了计算机视觉处理中场景分析的概念，使用听觉场景分析来命名人耳对声音的分辨能力。其定义的听觉场景分析，主要是指人耳能够在复杂的声学环境中区分出各个独立声源的能力。Bregman 在其专著中给出了人耳听觉系统对混合声音的检测和分离的一系列准则，从而为包括声学事件检测在内的很多研究提供了听觉感知处理上的理论依据。听觉场景分析不仅引起了心理学家的重视，也为信息处理工作者利用计算机通过构建模型来进行声音处理提供了理论指导。他们试图利用听觉感知的研究成果建立模型，在噪声背景下分析提取所需的声音信息，并用计算机来加以实现，从而使声音感知技术应用到机器智能中，由此出现了计算听觉场景分析 (computational auditory scene analysis, CASA)[38]。

计算听觉场景分析一般由三个阶段组成[38]：第一阶段是将到达人耳的混合声音信号分解为一组感观元素 (sensory elements)，称为分解，通常将混合信号变换到一个可以区分出混合信号中各个分量的变换域中；第二阶段将这些感观元素按照不同声源进行分组，形成可以对某个声源信号进行感知的听觉流，这一阶段称为组合；第三阶段就是重新合成，即将来自同一声源的感观元素重新合成，重建该源声音信号，这一阶段称为合成。

计算听觉场景分析理论为语音识别等领域更好地将人耳听觉认知的机理应用其中，提供了重要的依据。事实上，随着在实际噪声环境下语音识别鲁棒性研究的深入，对公共场所等多人混杂时的噪声处理问题日显突出。没有特殊处理的语音识别系统很难区分出哪个语音信号是其应关注的信号。人耳具有一种先天的听力选择能力，即在复杂的声学环境中能将注意力集中在某个人的谈话之中，而忽略背景中其他的对话或噪声。这就是所谓的鸡尾酒会效应 (cocktail party effect)[39]。计算听觉场景分析为解决语音识别中的鸡尾酒会效应问题提供了手段。

20 世纪 90 年代，将听觉心理学上的研究成果应用到语音信号处理中的另一项重要工作是 Hermansky[40] 提出的感知线性预测 (perceptual linear predictive, PLP) 技术。他将人耳听觉试验获得的一些结论，通过近似计算的方法进行工程化处理，再用简化的模型进行模拟后应用到频谱分析中。经过这样处理后的语音频谱考虑到了人耳的听觉特点，因而有利于语音信号处理。一些研究表明，对噪声环境下的语音识别，采用感知线性预测特征比 MFCC 特征的性能更好。尽管感知线性预测已经对听觉的各种特性进行了相应的简化，但其各个计算步骤还是相当复杂，运算量较大。

从听觉生理学研究的领域看，其主要开展耳蜗和听觉中枢在听觉认知中的机理与作用的研究。耳蜗由内毛细胞 (inner hair cell)、外毛细胞 (outer hair cell)、基底膜 (basilar membrane) 和覆膜 (tectorial membrane) 等构成。它能将接收到的声音信号通过复杂且高效的处理机制转换为神经信号，并传递给听觉中枢。听觉中枢能对接收到的听神经信号先进行表示与编码，接着进行相关分析，将相应成分整合为声模式，之后对声音信号进行辨识。

从 20 世纪 70 年代开始，有关耳蜗机理的研究取得了显著性的进展。Russell

等[41] 在研究内毛细胞的交流和直流电位时发现，其交流成分的频率与刺激声完全一致，与从外耳道内记录的耳蜗微电位的波形非常吻合。Dallos[42] 在研究外毛细胞胞内电位时发现，其结果与内毛细胞的交流电位非常相似。在基底膜的功能及作用研究方面，由于基底膜的不同位置对声音的响应过程类似于一个滤波的过程，为此，研究者尝试设计了多种滤波器来模拟基底膜的滤波特性。在众多的滤波器模型中，GammaTone 滤波器由于能用较少的参数来模拟听觉实验中的生理数据，以体现基底膜的尖锐滤波特性，因而获得了广泛的应用。GammaTone 函数最早由 Johannesma 引入听觉研究中[43]。从时域波形看，它是一个振动频率等于其中心频率，振动包络为 Gamma 函数曲线的波形。de Boer 等[44] 进一步使用该函数来模拟基底膜的滤波特性，并将其命名为 GammaTone 滤波器。此后，Holdsworth 等[45] 给出了后来广泛使用的 GammaTone 滤波器的形式。

进入 21 世纪后，关于基底膜和覆膜间耦合机制的研究取得了明显进展。Russell 等[46] 和 Ghaffari 等[47] 的研究发现，基底膜和覆膜间的耦合机制，表现出尖锐的频率选择性增益特性，它是听觉产生的基础，并对听觉的区分性和鲁棒性具有非常重要的影响。

近年来，在听觉中枢方面的研究工作取得了重要进展。Smith 等[48] 的研究发现，听觉中枢在表示和编码声音信号时，是以最小的能量消耗与神经数量编码并传递最大化信息的方式，来对声音信号进行编码。Hill 等[49] 的研究表明，听觉中枢以声模式的方式对声音信号进行分析和识别，且声音信号中具有统计独立的内蕴时频结构对单信道情况下听觉声源分离具有重要影响。

基于上述听觉生理学的研究进展，研究者提出了很多基于听觉机理的声音信号的特征提取方法。尤其是近年来，随着听觉中枢对声音信号编码方式的发现，以及数字信号处理领域稀疏表示与压缩感知理论的提出，出现了若干采用稀疏表示来近似听觉中枢编码方式的特征提取方法[50-52]。

2. *声学事件检测的应用需求*

现代声学事件的检测主要来源于两方面的需求: 其一为机器的环境声音感知; 其二为基于语义的多媒体信息检索。两者尽管面向不同的应用领域，但无一例外地需要有效的声学事件检测技术。

1) 机器的环境声音感知

20 世纪 90 年代，从计算模式的发展趋势看，普适计算逐渐兴起。人们认识到未来的计算机将无处不在，可能集计算机、手机、传呼机、收音机等于一体。计算的物理位置正从传统的桌面方式逐步向以嵌入式处理为特征的无处不在的方式发展。从应用需求看，随着人们可以获得的各种各样的大量信息源数据的增加，使用电子邮箱、声音邮箱 (voice mail) 进行通信的人数日益增多。人们越来越希望在诸如会议中、课堂上、驾驶或走路等远离桌面计算机的情况下，仍能够无缝地 (seamless) 获得个人信息和通信服务。因此，无论从计算模式的转变，还是从实际应用的牵引看，都迫切需要研究诸如手持计算机、可穿戴 (wearable) 计算机等具有移动计算能力的设备。

对于移动计算设备，为了提高其智能化程度，研究人性化的人机交互输出技术十分必要。采用人性化输出技术的系统，能够根据用户所处的时间、场景、信息的重要程度等情况，自主地选择最需要输出的信息类型和信息内容。因为在信息化社会中信息源很多，用户可能感兴趣的信息也很多，系统应根据相关的条件来筛选和安排信息的输出顺序，同时为了保证不使有用的信息丢失，需要对相应的还没有输出的信息进行保存，当用户需要这些信息的时候，能将其以语音合成的方式进行输出。为了帮助用户记忆正在播放的信息类型或到达时间等，可以将不同信息类型或到达时间等映射到不同的听觉感知的空间位置上，这样通过在不同感知空间位置上播放信息能让用户了解信息的类型和到达时间等情况。在此方面，美国麻省理工学院媒体实验室较早开展了比较全面的工作，其所开发的演示系统 Nomadic Radio[53]，将音频输入输出集中到一个可穿戴平台上[54]，采用语音作为信息输入方式，能根据时间、场景[55] 等提供给用户整点新闻、电子邮箱、天气预报和股票等信息。麻省理工学院将这种技术称为可穿戴音频计算 (wearable audio computing)[56] 技术。

随着移动和可穿戴计算设备研究的兴起，人们注意到使用移动设备的用户往往在不同的环境和状态下从事不同的活动，因此希望其随身携带的移动设备能自动判断出所处的环境，并作出相应的调整。由此出现了环境感知 (context aware) 技术的研究。环境感知这一概念最初来自于普适计算[57]，其目的是使用计算机通过处理环境中相关联变化的情况，进而能感知其所处的环境并作出反应。使用这种环境感知的系统也能侧面反映出其使用者所处的环境状态。环境感知系统的处理流程通常包含如下几个步骤：使用传感器来采集环境信息、对环境信息进行抽象和理解、基于识别结果进行行为决策。由于在很多应用中用户的活动和位置非常关键，因此，早期的环境感知工作更多地关注于位置感知和行为识别方面的研究。后续的研究中也涉及了与所处环境相关的诸如视听觉等物理特性的感知研究。

实现环境感知的关键之一就是机器能够感知和判定其所处的环境，包括能识别出环境中的图像和声音甚至触摸的方式，以便更好地实现人机交互。机器感知技术不仅能处理用户的直接命令，而且能充分利用周边的音视频输入以预测出可能对其有用的额外信息。具体对声音环境而言，即需要机器的环境声音感知技术。机器的环境声音感知是通过采集环境中的声音信号，通过相关的分析技术来判定所处的环境类型。一个典型的例子为能连续感知其周边环境的智能手机。使用这种手机，用户希望通过手机上的环境声音感知技术能够判断出其当前是在会议室中还是在嘈杂的公路上；这样，当在会议室时可将手机铃声自动切换到振动或静音状态，而在公路上将手机铃声尽可能调大以便当有来电时能及时听到。同时，具有上述功能的手机可以识别出其用户是在会议室中，并判断出用户是否正在开会，进而拒绝一些不重要的来电[58]。再如，使用机器感知技术，能使助听器和机器人轮椅基于所识别出的室内或室外环境调整其功能。诸如此类的例子有很多，这里不一一介绍。

最早的机器环境声音感知的工作是由美国麻省理工学院媒体实验室的 Sawhney 和 Maes[59] 完成的，他们首次提出了相应的方法。在研究中录制了来自包含人群、地铁和交通等环境类型的数据集，通过从这些数据中提取特征，并采用回归神经网络和 K 近邻方法进行分类，获得了 68%的分类精度。其后，还是上述实验室的研究人员通过使用一辆自行车骑行到超市，利用随身携带的穿戴设备上的麦克风录制了整个行程中，包括家里、街道和超市的连续音频流，之后将这一音频流自动切分为不同的音频场景，提取各场景特征后使用 HMM 进行分类[60]，获得了初步的识别结果。实际上，这一研究工作与前面孤立的声音环境的感知不同，已经开启了连续声音流中不同声音环境感知的研究工作。进入 21 世纪，人们越来越关注于将听觉认知特性应用到声音的环境感知中。鉴于心理声学中强调局部和全局特性在环境声音感知中均有作用，研究者开始在环境声音感知中同时考虑使用局部和全局特性。经典的工作是由 Eronen 等[61] 完成的，他们采用 MFCC 特征来描述音频信号的局部频谱包络，基于高斯混合模型 (Gaussian mixture model，GMM) 描述它们的统计分布。之后采用一个能利用训练数据类别知识的区分性算法来训练 HMM，以反映 GMM 在时间上的变化。进一步地，他们还通过考虑多种特征，以及在分类算法中加入特征变换步骤来改进性能。对 18 类不同声学场景获得了 58%的分类精度[62]。

机器的环境声音感知作为听觉认知研究的一个重要组成部分，不仅引起了欧美等发达国家的重视，同样也引起了我国政府的重视。2008 年，国家自然科学基金委紧跟国际学术前沿，适时启动了“视听觉信息的认知计算”重大研究计划，旨在从人类的视听觉认知机理出发，研究并构建新的计算模型与计算方法。重点探讨解决“感知特征提取、表达与整合”“感知数据的机器学习与理解”和“多模态信息协同计算”等核心科学问题。通过上述问题的解决，拟构建智能车辆无人驾驶验证平台。

无人驾驶车辆是一种集感知、控制和智能决策等理论与技术于一体，能够自主驾驶的智能车辆。它充分体现了信息技术、控制技术和计算机技术等诸多领域的综合实力，无论在军事方面，还是在民用方面都有着广泛的应用前景。无人车研究的核心内容之一是智能行为决策，而智能行为决策的前提则是其行驶过程中对周边环境的自动感知。无人车感知环境信息的手段可以有多种，如全球定位系统、激光、雷达、红外线、视听觉信息等。其中，视听觉信息的自动感知在无人车的行驶中占有重要的地位。目前使用较多的是视觉感知信息，而较少利用听觉感知信息。事实上，听觉信息也是无人车系统不可或缺的重要决策依据信息，一方面听觉感知结果是对视觉感知结果的重要补充，通过两者的有效结合可以更准确地感知车辆的周边环境，这种辅助作用在诸如黑夜或隧道等可利用的视觉信息不理想的情况下，就表现得尤为突出；另一方面外部世界与无人车间的很多交互信息是基于声音的，如警车和救护车的警笛声、铁路道口的警示声、各种车辆提示避让的鸣笛声等。感知周围这些基于声音的交互信息，并作出正确的智能决策对无人车而言至关重要。因此，环境声音的感知也能为无人车提供重要的辅助信息。

哈尔滨工业大学联合中国科学院自动化研究所承担了“视听觉信息的认知计算”的重大研究计划，其中有无人车行车环境听觉模型及声音处理关键技术的项目，重点开展行驶中的无人车辆对车内外声音的自动检测、实时识别和理解方面的研究。包括对车辆周边的相关声音的检测和定位，如特种车辆的警笛声、各种车辆的鸣笛声、行车周边人群的喊叫声、车辆撞击声等；对车内相关声音的检测和定位，如引擎的异常声、路面摩擦声；基于相关声音检测结果的车内外环境状态的识别和理解，如需避让状况、需等待状况、车内车外突发状况等。本书的写作动机很大成分来源于我们所承担的这一项目。

为实现机器的环境声音感知，其关键的工作即为检测环境中的声学事件，因此对机器环境声音感知的迫切需求，推动和促进了声学事件检测的研究。

2) 多媒体信息检索

从多媒体信息检索方面看，随着现代信息技术，特别是多媒体与网络技术的发展，多媒体数据库中的内容越来越多，亟需有效的识别、标注和检索等技术。同时，随着计算机硬件技术的迅猛发展，也在计算处理与存储能力方面为多媒体信息检索提供了条件。相比于音视频等多媒体数据的检索，文本数据的检索发展最早且进步最快。因此，早期对多媒体数据的检索，主要是基于文本的检索。它首先通过人工对多媒体数据进行识别分类，然后标注文字标签，检索时则通过文本方法进行。这种方法有其固有的缺陷：人工根本无法完成数量庞大且呈指数增长的海量数据的识别和标注任务；同时，也无法实现灵活的个性化识别和检索任务。由此出现了基于音视频多媒体内容的检索研究。

在基于内容的多媒体信息检索中，音频内容检索占有重要的地位。这主要有两方面的原因。一是因为现实中存在着大量的音频数据，如各种音乐、音效、语音文档、广播节目、会议录音等。采用音频信息检索技术，能够从大量的音频数据中快速准确地查找到用户感兴趣的音频信息。例如，用户需要某个具有特殊主题场景的音频片段，具体如婚礼、生日、野餐、聚会等场景音频，恐怖电影场景片段，战争、打斗、暴力等场景音频，足球、篮球、棒球等运动比赛场景音频，喜剧、相声等娱乐节目场景音频，街道追车场景音频等。这类个性化的检索任务无法由简单的文字检索来实现。二是因为音频信息检索可以作为辅助手段来实现音视频多媒体信息的检索。例如，在电影、电视剧的片头等处，视频信息通常变化剧烈，而片头曲等音频信息却保持稳定，始终表示同一语义。如果只是按照视觉特征对其分类，则这些多媒体数据流就可能会被分成不同的语义场景；而如果按音频特征进行分类，就可以将它们划分到同一语义场景中。

鉴于音频场景大都由多种声学事件组成，通过检测音频信号中相应的声学事件，将它们作为特定的语义加以利用，无论对音频信息检索中的索引构建，还是对搜索各个声学事件所反映的特定语义片段都十分重要。因此，有效的声学事件检测是检索特定音频场景的关键技术之一。由此看来，为高效实现基于内容的多媒体信息检索也是催生声学事件检测研究的另一助推器。

3. *声学事件检测发展脉络小结*

总结声学事件检测的发展脉络可以看出，多年来在语音识别和音乐处理方面的研究工作，为声学事件检测提供了数字信号处理与机器学习层面的技术积累。听觉认知机理研究方面的工作使声学事件的检测能更多地模拟人耳的听觉功能，以获得更好的检测性能。机器的环境感知以及基于语义的多媒体信息检索，对声学事件的检测提出了强烈的需求。正是在上述多种因素的驱动下，声学事件检测的研究获得了飞速发展。而近年来，数字信号处理与机器学习中，诸如稀疏表示与压缩感知、深度学习等方面的长足发展，为声学事件检测研究提供了更有效的理论方法和技术手段。

从总体上看，声学事件检测的研究经历了从简单事件类型到复杂事件类型的检测，从孤立片段的事件检测到连续声音流中的事件检测，从实验室模拟的声学事件到现实生活中的声学事件检测的过程。早期的工作一般只针对特定声音，如检测枪炮声[63]、车辆声[64]、机器声[65]、鸟叫声[66]。同时只涉及较少的声音类型，且不同声音间很少有交叠。此外，仅在较小的数据集上进行测试。因此，早期的方法大多不能应用于现实生活中连续音频流的声学事件检测。

最早重点讨论现实生活中包含有交叠的声学事件检测的工作出现在 CLEAR 比赛中[3]。在此次比赛中，Zhou 等[67] 采用基于 AdaBoost 的特征选择和 HMM 分类器获得了 30%的检测精度。Mesaros 等[68] 最早开展了涉及较多现实生活音频环境的声学事件检测研究，采用 MFCC 特征和 HMM 分类器对 10 类音频类型获得了 30%的检测精度。

声学事件检测作为一类典型的模式识别与分类问题，其处理过程也包含两大关键步骤：特征提取和模型构建。下面分别从特征和模型两方面来分析声学事件检测的发展状况，尤其是 21 世纪后声学事件检测的研究进展。

1.1.2 基于特征的声学事件检测

针对声学事件检测，研究者提出了很多有效的特征。从提取特征时所采用的时间单元看，可以大致分为两类：基于短时时段的特征与基于长时时段的特征。由于声学事件检测的特征提取工作，大多继承于语音信号处理研究，而语音信号处理中特征提取都是假设信号在几十毫秒的短时段内相对平稳，进而提取特征，因此，在声学事件检测中很多的工作，尤其是早期的工作，大都基于短时时段进行特征提取，且特征所对应的音频信号分析单元多为定长。

对一般的非语音声学事件而言，无论无人车行车环境中所关注的警笛声，还是特定主题场景中有明确语义的音频片段，其几十毫秒的片段中大多没有明确的完整语义，它们都是在相对较长的时间片段上才能体现出明确的语义。近年来的相关研究结果与实际应用表明，与基于短时段特征的方法相比，基于较长时间段的特征更有利于声学事件检测性能的提高[56, 57]，甚至对更一般的音频信号处理性能的改进都有较大帮助[58, 59]。因此，近年来对声学事件检测的特征提取也开始关注于基于长时的分析研究。

从特征提取所基于的分析域看，大体可以分为：时域特征、频域特征、时频域特征。在这些分析域上，若分析的时段为短时，则能获得其短时特征；若分析的时段为长时，则获得了其长时特征。下面分别从长短时特征的角度，来分析基于特征的声学事件检测的相关工作以及发展现状。

1. 短时特征

1) 时域特征

声学事件检测研究中比较常用的时域特征包括短时能量 (short-time energy, STE)[50, 61-64] 和过零率 (short-time zero crossing rate，STZCR)[57, 65-67]。前者一般定义为一帧信号内采样点幅值的平方和；后者一般定义为单位时间内信号波形穿过横轴零电平的次数，它是一种信号频率的近似表示。由于计算过程简单且直观有效，时域特征往往是研究与应用时的首选对象，尤其在单一应用环境下，短时能量与过零率的结合往往能够满足要求：Kolekar 等[69] 通过使用短时能量和过零率的乘积来表示观众兴奋程度，进而检出板球比赛视频中观众较激动的片段，从而给出精彩击球片段候选，但是由于特征所含信息较少，结果误差较多，仅适合作为候选参考，后期还需要对初选结果作进一步筛选。Giannakopoulos 等[70] 在短时能量的基础上，提出了使用能量熵来描述音频信号能量在时间上的突变，并用于电影暴力场景的自动识别中，但是由于此特征也会将其他如关门声等突变信号误识为暴力声音，因此在实际应用中需结合其他视觉特征以提高准确率。Lu 等[71] 提出了使用高过零率比 (high zero-crossing rate ratio, HZCRR) 和低能量比 (low short-time energy ratio, LSTER) 用于音频分类与分割，其中高过零率比一般定义为一段时间内高过零率帧所占的比例，类似的低能量比定义为一段时间内低能量帧所占的比例。Moncrieff 等[72] 通过分析电影音频中短时能量的变化模式，以及此模式的出现频率来标注电影的恐怖场景中对应的声学事件，但他们仅仅在一个只有 6 部电影的简单数据集上验证了其假设，实际上需要通过更多的测试数据来验证能量事件与恐怖主题的对应关系。Shi 等[73] 通过人群欢呼声音的特征，包括低能量比等来检测足球比赛中的进球事件，与文献 [57]、[65] 中的工作类似，还需要结合其他特征作进一步的判决。Atrey 等[74] 的实验结果证实，过零率是敲门声和脚步声等声学事件检测中较好的分类特征。

尽管时域特征在很多应用中取得了显著效果，但由于其无法准确描述信号中的频域信息，以及信号的采集与传输误差对其影响较大，因此更多的声学事件检测研究与应用中往往使用频域特征[50, 61, 65]。

2) 频域特征

与时域特征相比，频域特征得到了更广泛与深入的研究与应用。目前声学事件检测研究中比较常用的频域特征包括美尔频率倒谱系数[56, 64, 75]、线性预测系数 (linear prediction coefficient, LPC) [61, 74, 76]、线性预测倒谱系数 (linear prediction cepstral coefficients, LPCC) [77]、频谱质心 (spectral centroid) [50, 63, 78]、基频 (pitch) [70, 76, 79] 和子带能量 (energies in frequency subbands) [80] 等。在欧盟的 VIDIVIDEO 项目中，Portelo 等[81] 提出了使用美尔频率倒谱系数与线性预测系数来对非人声声学事件进行分类。由于鲁棒性较差，在实验室数据下可行的特征在实际应用环境下失效。Atrey 等[74] 通过使用线性预测系数、过零率与对数线性预测倒谱系数等用于异常事件的检测，结果显示不同的特征对不同的声效分类其效果不一，例如，线性预测系数在前景声与背景声的分割，以及说话声与叫声的分类上效果最好，而对数线性预测倒谱系数能够较好地区分噪音与非噪音等。Wichern 等[82] 通过环境声音分割、索引和检索来刻画固定单一空间中发生的声音事件，当需要将此方法移植到户外应用环境时，则需要研究使用较鲁棒的声学特征。Abu-El-Quran 等[83] 通过基频及由基频衍生出的特征进行不同音频片段的分类，但未应用基频在长时段上的变化与统计信息。Pal 等[84] 结合基频变化信息监测婴儿是否在哭，并进一步判断哭的原因。Zigel 等[77] 提取振动反馈频谱特征用于自动识别监测空巢老人在室内生活中跌倒的声学事件。Sawhney 等[59] 通过使用 GammaTone 滤波器代替美尔滤波器来模拟人耳的听觉系统，进而提取鲁棒的用于声学事件检测的特征。

以上的这些研究表明，尽管单一的频谱特征已经取得了较好的结果，但若能够在此基础上结合时域特征，则将进一步带来声学事件检测性能的改进[85]。同时，虽然频域特征相对于时域特征有较高的鲁棒性，但在很多实际环境中，基于以上传统频域特征的系统性能依然会大幅下降[71]。

3) 时频域特征及特征选择与降维

前面介绍了在声学事件检测中经常使用的时域特征和频域特征。其中时域特征的提取完全是在时间域上对信号进行处理而获得的特征，这种分析方法的时间分辨率理论上可以达到无穷大，但频率分辨率为零，而频域特征的提取方法则相反。采用时频域分析技术，一般通过设计时间和频率的联合函数来同时描述信号在不同时间和频率的能量情况，因而能同时揭示信号中所包含的频率分量，以及每一分量随时间变化的情况。尽管采用时频域特征将会带来较大的计算量，但时频域特征能够更有效地刻画音频信号[86]。时频域特征中比较典型的是小波系数特征，Umapathy 等[87] 在小波系数的基础上，选择较具区分性的二维区域，然后用于音频分类；Chu 等[86] 使用匹配追踪算法来得到更具区分性的鲁棒时频域特征，并用于环境声分类，其中匹配追踪算法是压缩感知 (compressed sensing, CS) 理论在信号处理领域的成功应用。

压缩感知是信号处理领域中近年来出现的新理论[88, 89]。该理论自提出以来，在信号恢复、信息论与编码、有损压缩、机器学习和图像信号处理等很多领域得到了广泛的研究。目前压缩感知理论在音频信号处理中的应用研究还相对较少，尚属于起步阶段。但可以预测，随着压缩感知技术在音频信号特征提取方面研究的不断深入，有望更好地改进系统的性能与鲁棒性。

对于特定问题，当使用以上方法提取了不同的特征之后，有时所获得的特征集合较大或特征间有冗余。为此，还需要进行特征选择和特征降维。

GentleBoost 是一种应用广泛的基于顺序最大似然估计的特征选择方法，它在每次迭代中，对于每一个特征建立一个调整曲线，然后选择其中能够最大幅度提高效果的特征与调整曲线组合，这样的迭代直到系统的性能不再提升为止。Tran 等[78] 提出了综合若干特征，使用支持向量机特征权重系数的比较来对各特征进行排序，进而选择最优特征子集，并提出使用一种基于层次的分类识别方法。Valenzise 等[79] 将特征选择算法分为过滤类型和包裹类型，其中过滤型是每一次去掉一个对识别性能没有较大效果的特征，包裹型正好相反，他们提出了一个过滤型和包裹型相结合的特征选择框架。

特征降维方法通过对特征进行线性或非线性变换处理以增加特征的区分能力。最常用的是主成分分析 (principal component analysis, PCA) 技术。它通过学习一组标准正交基，采用这组基的线性组合来表示原始数据时，能使新数据与原数据的均方误差最小。主成分分析确定的是数据集中最大方差的方向。主成分分析和其更一般的形式 —— 独立成分分析 (independent component analysis, ICA) 作为一种降维技术，能在保证最大方差情况下将高维特征映射为低维特征。Eronen 等[62] 将主成分分析与独立成分分析技术应用到了声学事件检测中，对美尔频率倒谱系数及其动态特征进行降维处理，对包含 16 种场景的 70 段音频数据的研究表明，使用主成分分析与独立成分分析能对识别率有所改进。Malkin 等[90] 在室内外 11 种音频环境进行分类的研究中，也采用了主成分分析对数据降维。

2. 长时特征

在长时特征的提取中，通常是先将多个短时段信号按时间顺序拼接起来构成一个长时段信号，之后再进行特征提取。根据特征提取时的处理方式不同具体又可分为两种：其一为长时统计特征；其二为长时结构特征。前者主要是计算长时段内各个短时段信号特征的统计量，以反映该长时段内的短时特征的分布情况；而后者则将长时段视为一个整体，通过矩阵或张量等方式加以表示，以反映长时段内的整体结构信息。

下面分别来介绍基于长时统计特征与基于长时结构特征的声学事件检测的相关研究情况。

1) 长时统计特征

在经典的基于长时统计特征的声学事件检测研究中，Aucouturier 等[91] 采用"帧袋"(bag of frames) 来反映音频信号局部频谱特征的长时统计分布。这种帧袋表示是从文本处理中的"词袋"(bag of words) 表示借鉴来的。对文本处理，当采用词袋表示时，仅将一个文本看做一个词的集合，而忽略它的词序、语法和句法。即文本中每个词的出现都是独立的，不依赖于其他词的出现[92]。采用帧袋表示时，通常是先计算短时帧的美尔频率倒谱系数特征向量，之后将所有特征向量输入一个能反映某类型信号特征全局分布的分类器，如高斯混合模型分类器。用每类的全局分布来计算类间的决策边界。对待测信号也是先计算其特征向量，之后找到与其最相似的模型所对应的类别作为其归属。

另一类基于长时统计特征的声学事件检测研究，主要用于视频场景检测中的初选阶段[69]，或者借助于声学事件检测来间接地对视频进行分类[93]。由于在这种情况下，所要分析的声学事件片段长度都明确地要求与对应的视频片段相一致，而对于有明确语义的视频片段往往都要持续一段时间。因而，迫使这种情况下的声学事件检测都必须在一段长时段上进行。Kolekar 等[69] 在基于多层次结构来检测和分类板球比赛视频中精彩击球片段时，使用了声音信息来预选观众较激动的片段，以此作为击球片段的候选范围。在这一过程中，通过使用一个多帧滑动窗来计算候选片段的能量和过零率作为长时统计特征。美国哥伦比亚大学的 Lee 等[93] 在对用户上传的视频进行语义分类时，也使用了基于音频的技术。他们将与视频时长相对应的多帧音频的美尔频率倒谱系数特征作为处理单位进行分析。为了减少数据量，同时为了解决不同音频片段的不等长问题，分别采用了单高斯模型、高斯混合模型、高斯成分直方图概率潜在语义分析 (probabilistic latent semantic analysis) 三种方式将音频片段表示成为固定维数的特征向量。之后计算固定长度的特征向量间的距离，并将这些距离作为支持向量机的输入进行分类。其中特征向量间的距离分别使用了 KL 散度 (Kullback-Leibler divergence)、巴氏距离、马氏距离等。研究中对 1873 段包含 25 个语义类的视频进行了实验，获得了较好的效果。

石自强[94] 在声学事件检测的研究中，鉴于长时特征能更好地反映声学事件的信息，同时多数声学事件的时间长度不等，但它们大多由发音帧组成，因此尝试取代以往识别中常用的固定时长单元，而采用不定时长的基频段作为识别的最小单位，提出了基于基频段长时统计特征的声学事件检测方法。在此基础上，提出了包括基频的均值、方差、直方图、时序及韵律等统计特征。研究表明，与传统定长特征相比，基频段特征能够有效地提高声学事件检测的性能。

2) 长时结构特征

在基于长时结构特征的声学事件检测研究方面，美国哥伦比亚大学的 Cotton 等[95] 在利用视频的配乐来对其进行分类的工作中，使用了声音的长时结构特征。他们注意到视频的配乐往往具有不均匀或稀疏的分布，如偶尔的动物叫声或其他的前景声音。如果采用将片段中的所有帧进行混合来计算统计特征的方式，上述短暂或稀疏的前景音将会被湮没。为此，研究中他们通过在配乐声中先寻找与声学事件相关的瞬变位置 (transient) 以反映声音中的前景，之后对每个瞬变位置，使用一个 250ms 的长时窗来获取其对应的局部时变结构，这样能比基于帧的特征更好地获得信号的时变结构。但这种方法对瞬变位置检测器的参数非常敏感，因此对环境因素变化的鲁棒性差。究其原因在于，这种方法没有将声学事件与背景噪声分开，在提取的特征中也将包含噪声的信息，因此，所提取的特征较差。为解决上述问题，Cotton 等[96] 在后续的研究中，将非负矩阵分解 (non-negative matrix factorization, NMF) 算法引入其中。NMF 算法[97] 给出了能将任意给定的一个非负矩阵分解为左右两个非负矩阵乘积的迭代解法。由于分解前后的矩阵中只包含非负的元素，因此，原矩阵中的一列向量可以解释为左矩阵中所有列向量 (基向量) 的加权和，而权系数为右矩阵中对应列向量中的元素。对声音信息流使用非负矩阵分解算法后，高能量的前景事件和低能量的背景能使用不同的基向量来进行描述，从而为能将两者有效分离提供了途径。为了学习与整个事件相关的基向量，Cotton 等[96] 采用了非负矩阵分解的卷积形式，这种情况下基向量包括了若干帧频谱排列在一起时的时空快 (spectro-temporal patch) 信息。因此，能将定位瞬变位置和构建事件块的码字字典结合在一个框架中，避免了检测结果受瞬变位置影响的问题。他们在实验中将所有训练数据的声音频谱拼接在一起，每 32 帧 (约 500ms) 构建一个分析块，共有 20 个这样的基本块，应用卷积非负矩阵分解对其进行分析。通过实验对基于卷积非负矩阵分解的方法与基于帧的使用美尔频率倒谱系数特征的方法进行了比较，对 CHIL 项目数据库上 16 种不同事件的实验表明，卷积非负矩阵分解的系统与基于帧的系统相结合能获得最好的性能。

Benetos 等[98] 提出了使用移不变概率模型进行声音场景建模与分类的方法。该方法虽然类似于卷积非负矩阵分解的方法，但在对感兴趣事件进行描述时，却采用了非监督的方式来放宽描述条件，以便能够跟踪那些与训练数据在语义上相似而不是仅在数据上相似的事件。他们所使用的概率模型是移不变概率潜在成分分析 (shift-invariant probabilistic latent component analysis, SIPLCA) 算法[99]。使用该算法从对数频率声音频谱中提取时频块，之后使用一个两状态的 HMM 开关模型将时变限制加入 SIPLCA 中，以限制信号中每个事件的启动和停止。在分类阶段，为了提高运算速度，将每个跟踪到的时频块转换为倒谱系数向量。对不同火车站采集的包含六种类型的声音场景实验表明，所提出的方法能改进分类性能。

近年来，随着稀疏表示与压缩感知理论研究的不断发展，很多学者将稀疏表示与压缩感知推广到了二维矩阵[100] 与 n 维张量[101, 102] 的情形。这为有效利用稀疏表示与压缩感知理论来提取音频信号中的长时结构信息提供了理论基础。Shi 等[103, 104] 提出了基于长时结构信息的稀疏与低秩表示的特征用于声学事件的检测。其中的稀疏特征采用向量的形式表示。进一步地，又将向量特征推广到矩阵特征，提出了基于低秩 (low-rank) 表示的特征提取方法[103]。鉴于传统的特征多为向量形式，尽管这种形式的特征处理较方便，但是对于判决来说往往基于长时 (如数秒级别) 的特征更合适。长时特征最直接的构造方法是通过在时间上累积短时特征形成矩阵形式的数据作为分类特征。这样得到的矩阵形式数据由于是从一段连续时间上的数据得到，其内容往往仅受有限的因素影响，因此可以假设此矩阵为低秩的。基于以上的假设，尝试了使用低秩矩阵逼近原始数据，从而将矩阵形式的数据映射到低秩矩阵空间。这种低秩处理能够得到组成观测数据最主要的影响因素，从而能够将次要的干扰信号部分去除，因此是一种较好的鲁棒特征提取方法。在上述工作基础上，将特征提取从二维推广到高维的张量空间，考虑到二维及二维以上低秩张量的提取与表示方法的差别，对低秩矩阵以及低秩张量形式的特征分别进行了讨论[104]。

1.1.3 基于模型的声学事件检测

研究者从模型层面提出了很多鲁棒的声学事件检测方法，大多是基于机器学习中已成熟的模型或者改进模型，其中常用的识别方法可大致分为：基于隐马尔可夫模型的方法、基于支持向量机 (support vector machine, SVM) 的识别方法、基于高斯混合模型的方法，以及其他分类方法。

1. 基于隐马尔可夫模型的检测方法

Xu 等[105] 通过隐马尔可夫模型对喜剧与恐怖视频中的声学事件分别建模用于自动识别喜剧场景与恐怖场景，实验显示简单环境下声学事件检测的性能往往更好，而对混有噪声的事件检测性能较差。Wichern 等[82] 使用隐马尔可夫模型对声学事件进行建模，并提出了计算两个隐马尔可夫模型之间距离的快速算法，从而成功地搭建了一个声学事件的快速识别与检索框架，但是由于其使用了近似距离计算，因此直接检索结果较差，需借助后处理提高识别结果。Cai 等[80] 用隐马尔可夫模型对音频中的鼓掌声、欢呼声和笑声等声学事件进行建模，从而用于对未知音频中类似的事件及场景进行识别检出，他们在一个 2h 的数据集上取得了较好的结果。如果将本方法应用到复杂的大数据环境，则需进行进一步实验验证。Zhang等[106] 类比于通用背景模型 (universal background model，UBM) 和高斯混合模型，在训练数据不足的情况下，使用所有数据训练通用隐马尔可夫模型，然后利用有限的已标注训练数据进行自适应，从而得到会议中不同类别事件的隐马尔可夫模型，但是当训练数据足够多时，尤其是当前音频数据量巨大时，此方法不再具有优势；Xiong 等[107] 通过先验熵隐马尔可夫模型结合体育比赛的先验知识对棒球、高尔夫球及足球比赛中的精彩事件进行检出，但是他们为了保证较高的召回率，导致误警率较高，并且需要利用先验知识进行预处理与后处理。

由于隐马尔可夫模型在语音识别中的成功应用，早期的研究者一般直接将其用于声学事件检测，但由于声学事件的特殊性，很多时候无法切分出识别单元，或者无法得到足够多的识别单元训练数据，因此基于隐马尔可夫模型的方法往往用于数据库较小且应用环境单一的情况。

2. 基于支持向量机的识别方法

Temko 等[108] 比较了若干改进支持向量机用于不等长时序特征分类的方法，并用于声学事件分类，结果显示 Fisher 核平均识别性能较高，而动态时间弯折核对强时序信号性能较好，并且不同的核在不同的分类任务上性能不一，因此他们建议尝试融合基于不同核的分类器作为实际识别模型。Portelo 等[81] 比较了支持向量机和隐马尔可夫模型在非语音类声学事件检测中的性能，结果显示隐马尔可夫模型由于能够更好地描述音频信号的时序性，从而对于时序性较强的声学事件结果较好，而支持向量机则相反。

3. 基于高斯混合模型的识别方法

Ito 等[109] 提出了通过多阶段高斯混合模型的方法来对海量集外声音进行建模。这种方法和传统声学事件检测流程相反，它通过逐阶段的剔除集外数据，最终余下的部分即为目标声音。该方法较适用于异常声音检测，并不适合有监督的声学事件检测任务。Rouas 等[110] 分别通过基于高斯混合模型和支持向量机对公共交通中的呼救声进行建模以用于对突发事件进行监控，结果显示基于支持向量机的方法有较低的误警率，而基于高斯混合模型的方法准确率较高，因此需要在实际应用中根据不同的用户需求与使用环境选择不同的方法。

Elizalde 等[111] 在基于音频的视频事件检测中，使用了 i-vector 来对声学环境建模。i-vector 最初出现在语音识别领域的说话人确认研究中[112]，其中 i 是身份(identity) 的缩写，所以 i-vector 相当于说话人的身份标识。在基于 i-vector 的说话人识别研究中，通过构建一个低维总变化空间 (total variability space) 来同时反映说话人和传输信道的信息。之后利用降维的方法将高维的高斯混合模型均值超向量降到低维的 i-vector，接着通过信道补偿来获得抑制信道影响后的 i-vector。由于i-vector 方法能将不等长的声学特征序列转化为低维定长的向量，从而使得识别判决阶段能利用很多机器学习的方法。i-vector 是目前为止说话人识别中性能最好的方法。Elizalde 等[111] 通过使用 i-vector 来表示每一声学事件，其性能好于基于高斯混合模型的方法。

虽然高斯混合模型在很多应用中取得了较好的性能，但是有很多情形这种单一分布模型并不适用。为此，Shi 等[113] 提出了解决复杂环境数据问题的模型构建方法。首先给出了推广高斯混合模型的两种方法：其一通过非线性映射在观测向量间引入新的距离，从而给出更一般的一种混合模型，称为伪高斯混合模型；其二通过结合不同种类的分布，组合成为异质混合模型从而可以较好地对不同来源的数据进行建模。然后分别给出了两种模型参数训练的方法。实验结果显示，在复杂环境数据上，所提出的两种模型取得了比传统高斯混合模型更好的建模效果。

Shi 等[114] 提出了低秩矩阵与张量特征。它们对于大幅噪声具有较好的鲁棒性。对于这样的特征，使用各种机器学习方法都可以用来进行分类，如基于规则的方法、高斯混合模型、支持向量机与贝叶斯网络等，尤其是支持向量机在理论与应用中都显示了优秀的性能。但是由于这些方法不能有效地利用矩阵二维与张量多维结构中的空间以及相关性信息，并且在采用向量化矩阵与张量特征时可能会引起维数灾难。为此，Shi 等[114, 115] 通过结合支持向量机中的结构风险最小化原则与迹范限制，将此原则推广到矩阵与张量数据的分类中，提出了低秩支持向量机(low-rank SVM) 的方法。这种新的推广方法在得到最优分类界面的同时，能使用迹范和 Forbenius 范数来控制分类器的复杂程度。它是一种结构性的分类方法，与传统机器学习方法相比，能够有效地利用矩阵与张量数据的结构信息。研究表明，这种方法性能均优于其他同类的算法。

此外，Shi 等[103] 还针对采用低秩矩阵与张量特征对海量训练数据无法一次性加载进行训练的问题，提出了在线并行的模型训练方法。同时也提出了若干加速以及并行改进版本的算法，这些改进使得随着运算单元的增加，运算速度理论上可以线性地增加。

4. 其他方法

Matos 等[116] 成功地将关键词检出的方法应用于音频流中咳嗽事件的识别检出中，但其实验与应用环境较单一，多为智能会议室、智能家居等简单环境，因此效果较好；Umapathy 等[87] 在时频特征小波系数的基础上，选择较具区分性的二维区域，由于这样选择的特征已经具有较好的区分性，因此仅仅使用线性分类器即可取得较好的结果；Ruinskiy 等[117] 通过为呼吸事件建立矩阵模板，在识别检测时通过和模板匹配来得到结果，与通常基于模板匹配的方法类似，该方法在复杂数据情形下性能会大幅下降。

Heittola 等[118] 分析了已有的声学事件检测研究的特点认为：以往声学事件检测通常是针对特定任务或特定环境开展的工作。当其扩展应用到处理多种环境和大量的事件时将面临着很多挑战。具体表现在：事件的多种类型和每一事件的变化使得对其自动检测存在着困难；同时，自然声学场景中相互交叠的声音事件构成了混合的声学信号，很难对其进行处理。此外，一定的声学事件可能会在多个场景中出现，如脚步声可能出现在街道、走廊和海滩上。而有些声学事件仅在特定环境下出现，很少有变化，如在办公室中出现的键盘敲击声。为此，Heittola 等认为，在声学事件检测中需要有能对环境建模的手段，以更好地利用环境知识，从而减少声学事件检测时的搜索空间。他们提出了环境相关的声学事件检测方法[118]。这种方法分为两个阶段：自动环境识别阶段和声学事件检测阶段。在模型构建时，环境模型采用高斯混合模型，声学事件模型采用三状态左右隐马尔可夫模型。该方法在第一阶段先对待测信号进行环境识别，基于识别出的环境类型，在第二阶段选择与识别出的环境相关的声学事件集进行声学事件检测。事件检测阶段也使用了与环境相关的声学模型，以及反映实际环境中不同类型事件可能出现不同次数的事件出现先验知识。同时研究了两种不同的事件检测方法，其一为在每个时间段使用 Viterbi 解码输出一个最可能的声学事件，从而构成一个每一时刻均为单一事件的序列；其二通过使用多限制 Viterbi Pass 解码来检测多个交叠的声学事件，从而产生一个每一时刻可能包含多个声学事件的序列。对 10 种场景，每个场景都包含几百种以上的声学事件的检测实验表明，上述两阶段的方法与环境无关的方法相比都能改进检测性能。

1.2　声学事件检测技术的应用

声学事件检测技术能广泛应用在很多领域：① 它在基于主题的音频检索技术的应用研究中起到重要的作用，如数字图书馆、视频网站等包含大量的音频数据，使用声学事件检测可以有效地对此类数据进行管理；② 它是爆炸式数据增长环境下个性化音频搜索的关键技术，用户可通过该技术在海量数据中获取所需的包含特定声学事件的音频数据资源；③ 它可以通过实时监测脚步声、咳嗽声、关门声等声学事件来提供相应服务，如智能会议室和智能家居中室内环境的控制与改变等；④ 它可用于异常情况检测，如无人车行驶中的声学环境感知，公共场所异常情况如人群骚乱与呼救的监控等；⑤ 它可用于网络多媒体数据的实时监控，如通过特定声学事件的识别来检出对青少年有负面影响的暴力、色情音视频等。

本书在第 14、15 章将基于作者所承担完成的两项国家自然科学基金项目，详细介绍声学事件检测技术的两种典型应用。

第一种应用是无人车行车周边环境的声音感知，正如本章前面所阐述的那样，它能为无人车的智能决策提供辅助信息。

第二种应用是音频场景识别。它通过检测一个或多个目标场景所特有的关键声学事件，进而对音频场景加以识别。在这一类应用中，主要关注互联网上有害音频场景的识别。其应用需求在于，互联网上有大量包含暴力、恐怖场景等不良内容的多媒体节目在传播。虽然这些节目在名称、主题、编码格式上各异，但其中通常都伴随着很多共有的特征场景出现。这些特征场景除了具备特殊的视频特征外，还都各自具有特殊的音频特征，如暴力场景中的枪声、打斗声和惨叫声等。准确地检测这些有害场景对控制不良信息的传播具有重要意义。

声学事件检测技术在带来了新的应用空间的同时，也带了很多挑战和问题。近年来，它已成为音频处理领域中的热点研究问题之一，引起了国内外众多研究机构的重视。研究者针对不同的应用，提出了若干声学事件检测的方法。尽管如此，由于当前的应用环境日趋多样与复杂，声学事件检测技术仍有大量问题亟待解决。

声学事件检测技术的研究涉及多个学科领域，包括多媒体技术、信号处理、机器学习、模式识别、人工智能等。通过应用这些领域中的优秀成果，能够进一步提高声学事件检测的性能；同时由于目前应用环境的复杂性，声学事件检测的研究需要面对更加困难的问题，而这些问题传统方法并没有涉及。因此，通过对声学事件检测技术的研究，也可促进上述相关研究领域的发展。

综上所述，开展声学事件检测的研究具有重要的理论意义和应用价值。

1.3 声学事件检测系统的结构

声学事件检测系统的一般框架如图 1-1 所示。主要包括训练和测试两个阶段。前者包括特征提取和模型训练，后者包括特征提取和模式匹配。因此，根据研究的侧重点不同，国内外在声学事件检测方面的研究主要集中在特征提取与模型训练及匹配方面。前者主要研究如何提取能够较好描述目标声学事件的音频特征，以及选择最优特征子集，从而有效地描述目标声学事件的声学特点；后者主要研究如何能够在繁杂的数据环境下对特征进行建模，以及通过对目标声学事件的分析提出有效的匹配方法。从第 2 章开始，将就声学事件检测中的特征提取与模型构建方法分别展开讨论。

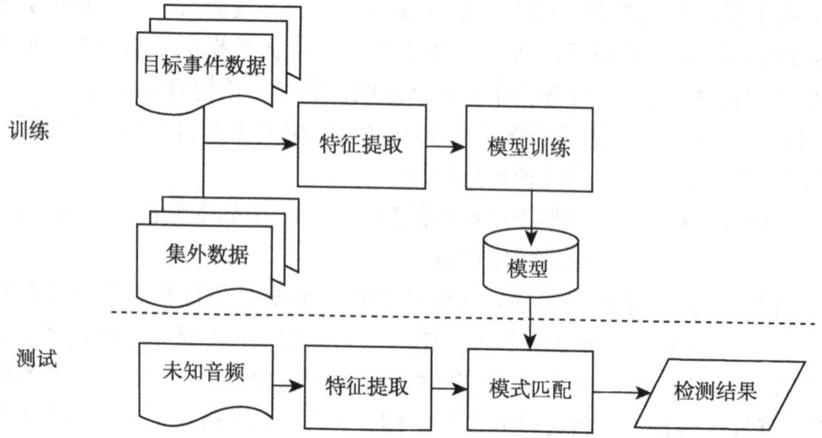

图 1-1　声学事件检测框架

1.4　本书的结构

有关声学事件检测的研究工作，早期主要针对的是中小规模数据环境的检测任务。但近年来，随着多媒体数据库的快速发展与日趋繁杂，使得数据的规模日益扩大且类型异常复杂，从而增大了模型的训练时间，尤其是在大数据情况下很多模型的调试工作已经变得无法进行。本书将根据声学事件检测中所针对的数据规模的不同分为两大部分，第一部分主要针对中小规模的数据，从特征和模型角度详细描述声学事件检测的基本方法，以及作者的主要研究成果；第二部分主要针对大数据情况下的声学事件检测，从理论上描述如何缩短模型的训练时间，以及作者在优化训练方法方面的最新理论结果。全书的最后一部分也将详细介绍声学事件检测在实际应用中的两个实例。

第一部分的内容包括：从特征和模型两个角度介绍通用的声学事件检测方法；针对不定长声学事件，阐述新的更合适的特征提取单元与提取方法；针对随机大幅噪声 (random large errors，LE)，给出基于稀疏和低秩特征的声学事件检测方法；针对当前环境下数据来源繁杂而导致的类内数据间差异较大，以及类间存在着大量易混数据的问题，从特征与模型层面讨论针对来源多样的数据进行刻画和建模的有效方法；针对数据量较大且多为流媒体格式时，很难进行批量模式训练的问题，给出在线与分布式的模型训练方法，以及基于锚空间的声学事件检测方法等。

第二部分的内容包括：讨论大规模或超大规模数据下的信号处理和模型构建方法，特别是凸优化理论在大数据信号处理和建模下的理论与应用；同时，介绍大数据下支持向量机模型的加速算法、深度模型的加速学习算法、通用型在线及随机梯度下降算法以及牛顿型随机梯度下降算法等。

应用部分主要介绍两个声学事件检测技术的实例，分别为行车周边环境的声音感知和音频场景识别。

本书的主要内容与组织结构如图 1-2 所示。具体内容的细节如下。

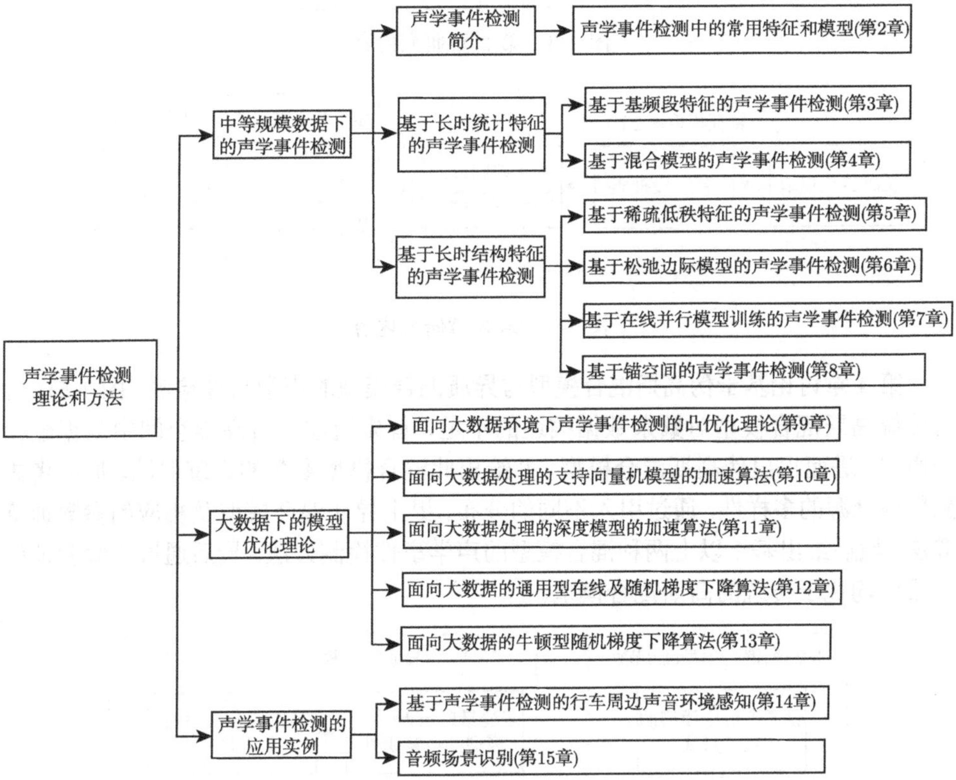

图 1-2 本书主要研究内容

第 2 章介绍声学事件检测所涉及的不同领域的基础知识，包括前端的信号处理与后端的模式识别等 (图 1-3)。将详细介绍声学事件检测中的常用特征，包括时域特征、频域特征、时频域特征以及最新的稀疏特征等，同时介绍声学事件检测中常用的模式识别方法，包括高斯混合模型、支持向量机等。

第 3 章讨论基于基频段特征的声学事件检测 (图 1-4)。首先介绍基于基频段提取的若干统计音频特征，并分析各特征在声学事件检测中的作用。然后使用分类器融合的方法对基频段特征进行分类。考虑集外数据繁杂，进一步提出基于混淆模型及基于拒识和确认模块的识别方法。最后通过实验验证基频段特征的有效性。

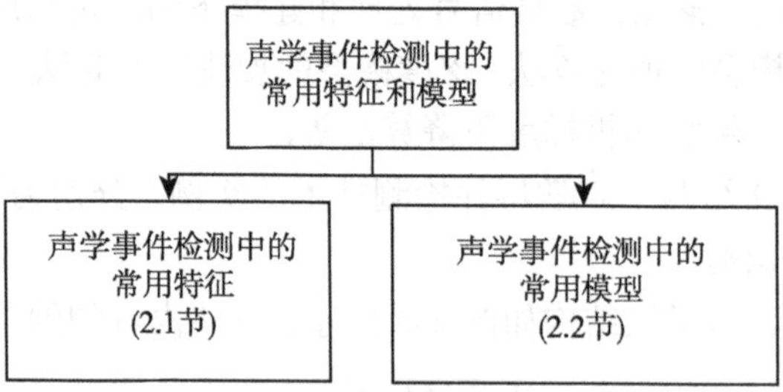

图 1-3　第 2 章研究内容

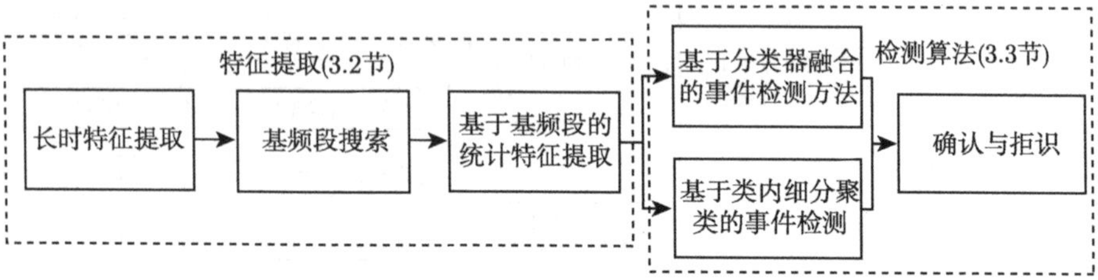

图 1-4　第 3 章研究内容

第 4 章讨论基于伪高斯混合模型与异质混合模型的声学事件检测 (图 1-5)。针对传统高斯混合模型对繁杂数据描述的不足，首先通过分析高维空间中数据建模的原理，进而提出伪高斯混合模型，并给出此混合模型参数的训练算法。同时考虑到数据来源的多样性，通过引入不同的分布，提出异质混合模型及相应的参数训练算法。然后给出基于以上两种混合模型的声学事件检测方法。最后通过实验验证两种推广均优于传统的高斯混合模型。

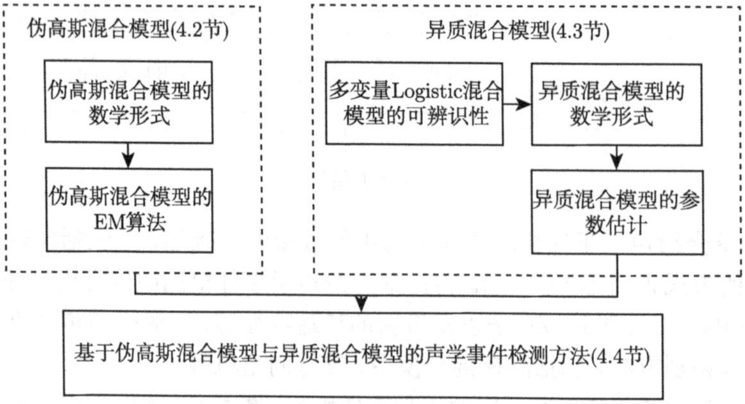

图 1-5　第 4 章研究内容

第 5 章讨论基于稀疏与低秩特征的声学事件检测 (图 1-6)。首先介绍基于稀疏表示的声音特征提取，以及基于此特征的声学事件检测方法。考虑到长时表示特征对识别的优越性，进一步将此稀疏特征推广到矩阵及张量形式下的表示，并提出若干针对低秩特征的分类算法，以及基于这些算法的声学事件检测方法。最后通过实验比较稀疏低秩特征相对于传统特征的优越性。

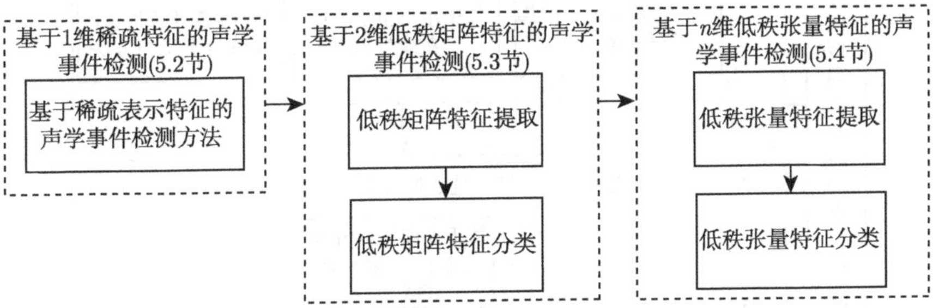

图 1-6　第 5 章研究内容

第 6 章讨论基于松弛边际下模型训练的声学事件检测 (图 1-7)。首先介绍结合迹范限制与松弛边际的矩阵分类数学形式，并给出基于此形式的模型训练方法。然后将此形式及训练方法推广至张量数据形式，提出基于以上两种模型的声学事件检测方法。最后通过实验对比验证松弛边际下模型训练的有效性。

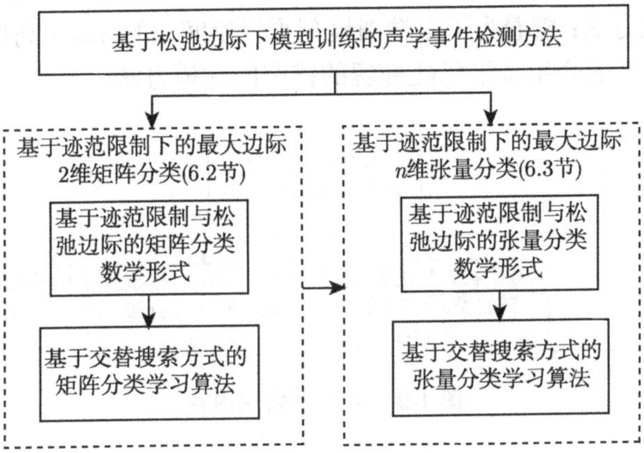

图 1-7　第 6 章研究内容

第 7 章讨论基于并行与在线式模型训练方法的声学事件检测 (图 1-8)。首先介绍基于加速近似梯度方法的矩阵分类在线学习，同时对这种在线方法进行多种改进，包括基于逼近加速近似梯度方法的在线学习，以及基于小批量更新的在线学习。然后将以上的在线学习算法进行并行化，从而进一步提高训练速度。

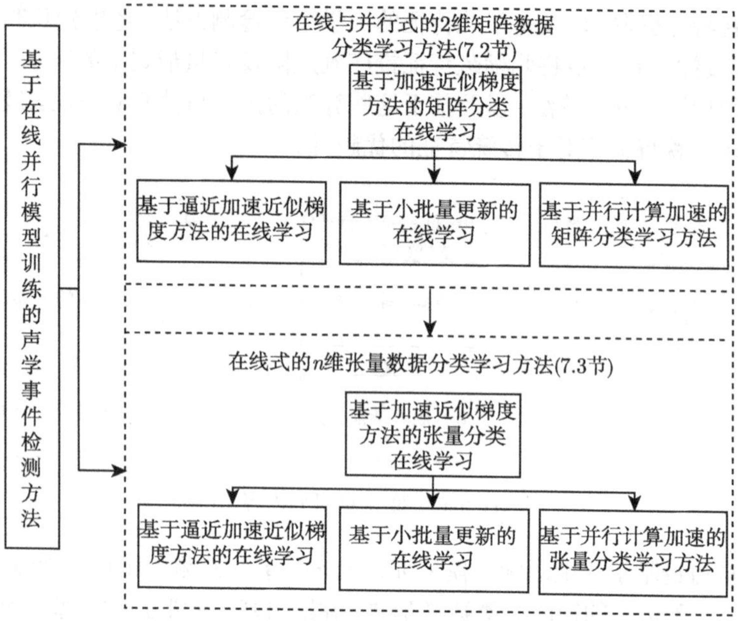

图 1-8　第 7 章研究内容

第 8 章讨论基于锚空间的声学事件检测 (图 1-9)。首先介绍基于状态变化统计量的锚空间建模方法；接着为了更精细地刻画锚空间，介绍基于高斯混合模型的锚空间建模方法；最后介绍基于稀疏分解的锚空间建模方法。

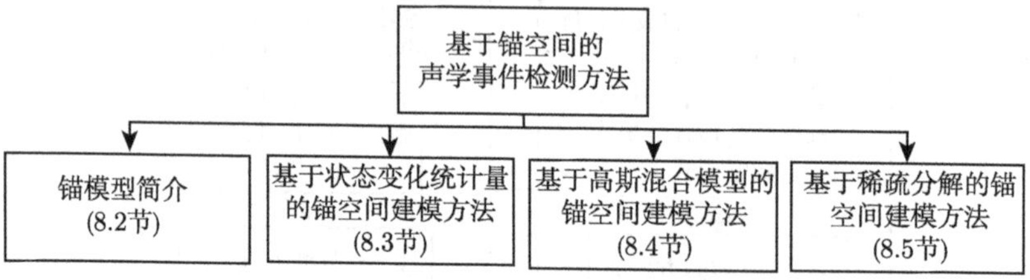

图 1-9　第 8 章研究内容

从第 9 章开始，进入本书的第二部分。主要从理论的角度讨论大数据环境下如何加速模型的训练过程。第 9 章介绍基于凸优化模型的大数据环境下信号处理与算法建模的框架 (图 1-10)，后续章节则就第 9 章中的每一节内容进行展开讨论。第 9 章首先介绍凸优化模型处理大数据问题的框架基础，然后分别介绍如何使用一阶方法处理不同的优化目标，包括光滑目标、非光滑目标、复合目标以及近端目标等，最后介绍如何通过随机化技术及并行与分布式计算来提高对大数据的处理能力。

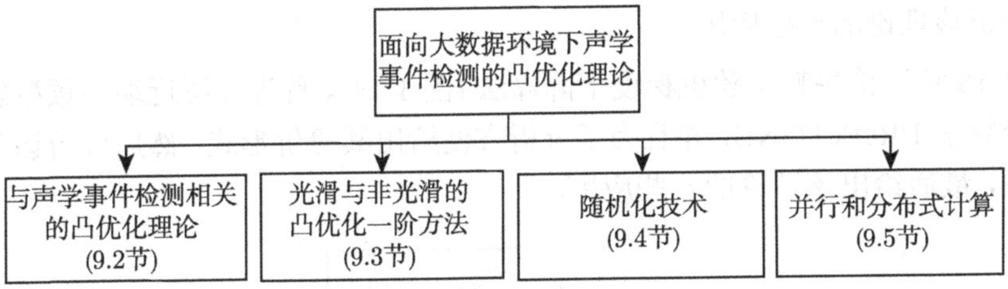

图 1-10 第 9 章研究内容

第 10 章主要介绍两种典型的支持向量机模型的训练加速算法 (图 1-11)：基于随机对偶坐标上升法的加速算法，以及针对正则损失最小化的加速近端随机对偶坐标上升的加速算法等。

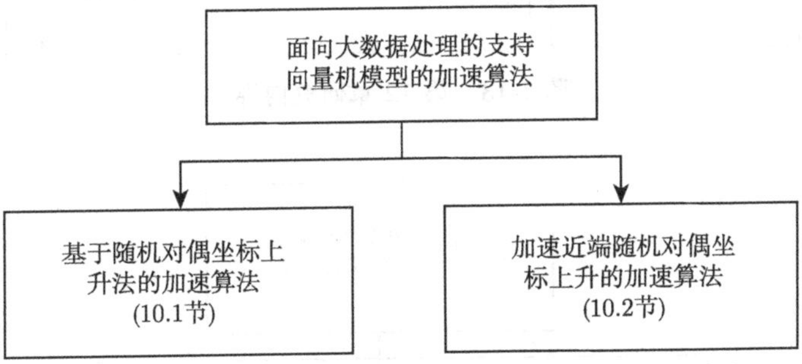

图 1-11 第 10 章研究内容

第 11 章介绍用于训练深度模型的随机梯度算法及其若干加速变体 (图 1-12)。首先介绍全梯度与随机梯度下降算法，然后介绍如何采用 Nesterov 加速技术来提高随机梯度算法的训练速度，最后介绍目标函数强凸情况下的若干指数型收敛的随机梯度下降算法，以及高维度特征下的坐标梯度下降算法等。

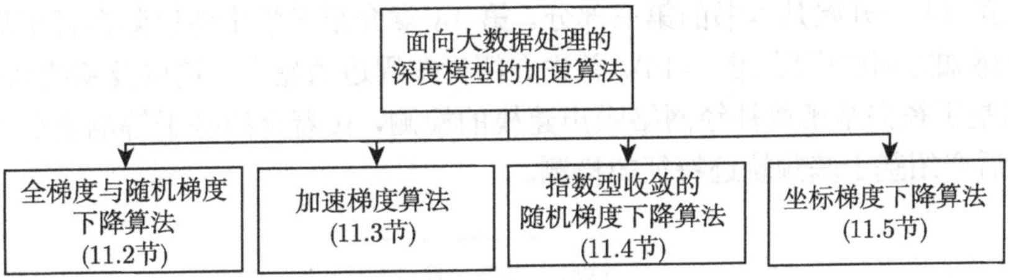

图 1-12 第 11 章研究内容

第 12 章介绍通用型在线及随机梯度下降算法 (图 1-13)。首先介绍在线的原始/对偶 (prime/dual) 通用梯度方法，以解决数据依次出现的问题，并给出悔度误差分析 (regret error analysis) 和收敛性分析，然后介绍通用随机梯度方法 (stochastic universal gradient，SUG)，并从理论上证明该方法能够收敛，且收敛速度为线性，最后介绍该理论的一些应用。

第 13 章讨论牛顿型随机梯度下降算法 (图 1-14)。首先介绍近端牛顿型随机梯度下降算法 PROXTONE，并且为了分析方便给出其等价形式。然后分析该算法的收敛性，最后给出该理论的一些应用。

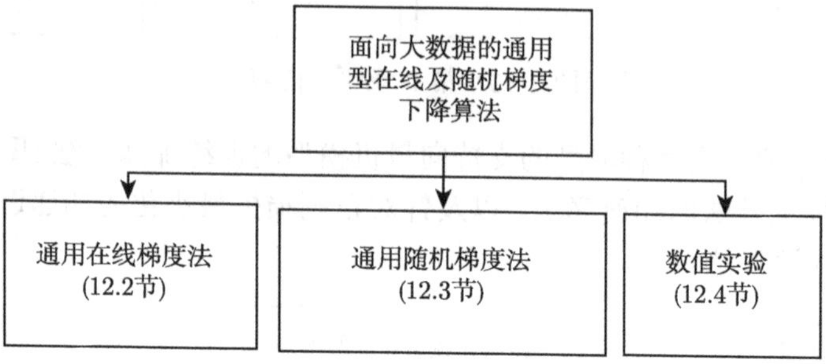

图 1-13　第 12 章研究内容

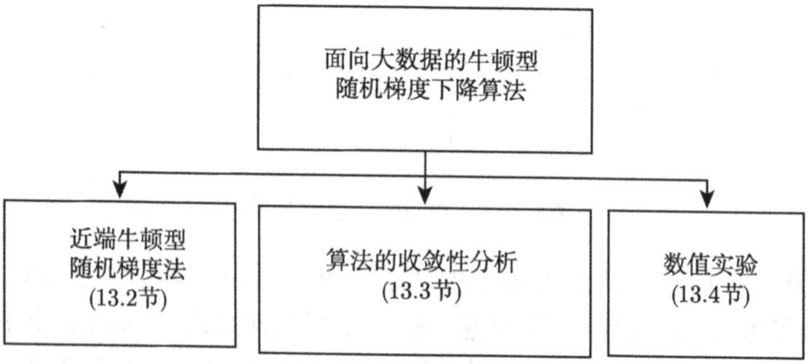

图 1-14　第 13 章研究内容

从第 14 章开始是本书的第三部分。第 14 章介绍声学事件检测在行车周边声音环境感知方面的应用 (图 1-15)。首先介绍行车周边的噪声环境以及基线系统，然后介绍基于径向基函数神经网络噪声建模的检测，接着介绍基于等响度曲线的检测，最后介绍基于基频轨迹特征的检测。

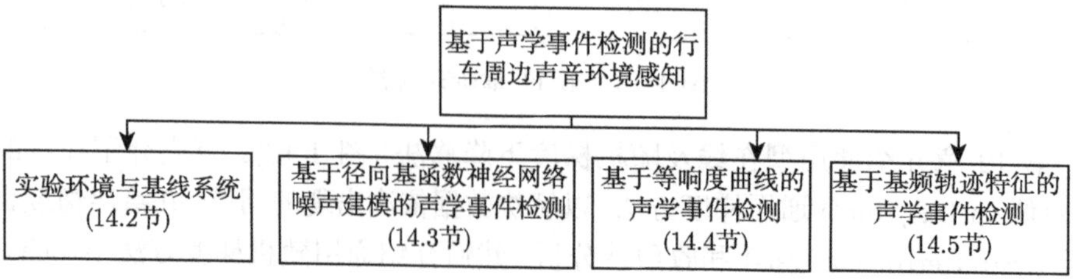

图 1-15　第 14 章研究内容

第 15 章介绍基于声学事件检测的音频场景识别方法 (图 1-16)。首先介绍基于高斯直方图特征的场景识别，接着将迁移学习引入场景识别中，介绍基于样本平衡和改进样本平衡的场景识别方法。

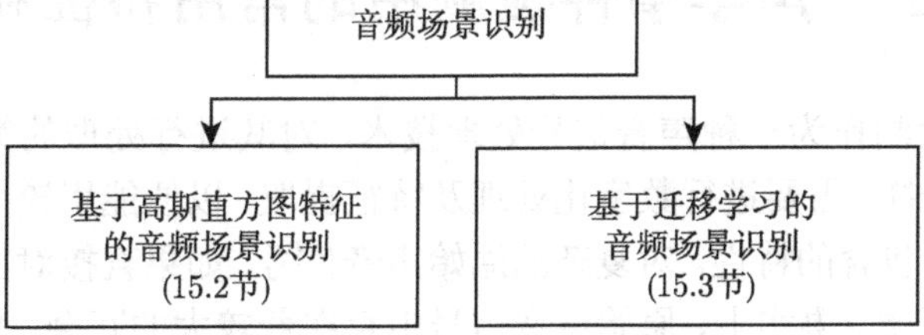

图 1-16 第 15 章研究内容

第 2 章　声学事件检测中的常用特征和模型

声学事件检测作为一种声音信号处理技术，对其进行处理的第一步也与其他信号处理过程一样，需要进行数字化处理及特征提取，以便能用较少的数据来表征原始声音信号所包含的特性。对复杂的原始声音信号，如果直接对其处理需要很多的计算与存储资源。事实上，原始声音信号中存在着较大的冗余，特征提取通过对原始声音信号的适当变换或从不同的角度来重新观测，可以在保证能足够反映原始声音信号精度的前提下，去除原信号中的冗余信息。同时也实现了数据降维，以利于对其进行高效的处理。

2.1　声学事件检测中的常用特征

2.1.1　声音信号的数字化

声音信号是时间和幅度都是连续变化的一维模拟信号，用现代信息技术手段对其进行处理的第一步，都是对信号数字化，以便能用计算机来进行处理。

数字化处理主要是对其进行采样和量化，将它变成时间和幅度都是离散的数字信号[119]。其中对信号进行采样时的频率，经典的方法是根据奈奎斯特 (Nyquist) 采样定理[120] 来确定，即信号的采样频率大于等于信号中最高频率的两倍时，采样后的数字信号能完整保留原始信号中的信息，并在误差允许的范围内重构原信号。

21 世纪初, Candès 等[89] 和 Donoho[88] 提出了压缩感知 (compressed sensing)，也称为压缩采样 (compressive sampling) 理论，打破了原有奈奎斯特采样定理的限制。传统的数字信号处理方法，一般先对原始信号通过采样来数字化，之后进行特征提取以压缩数据规模。与此不同，压缩感知方法试图在某种变换空间中来描述信号，直接采集变换空间中压缩后的数据，即直接感知压缩了的信息。从数字信号处理的角度看，它同时实现了对信号的数字化与特征提取。为了能保证从上述少量的压缩数据中解析出大量的信息，必须满足如下两个要求：① 这些少量采集到的数据包含了原信号的全局信息；② 存在一种算法能够从这些少量的数据中还原出原始的信息。是否满足①的要求，取决于原始信号的稀疏性和非相干性。从理论上看，任何信号都具有可压缩性，只要能找到其相应的稀疏表示空间，就可以对其进行有效压缩[121]。为满足②的要求，Candès 等[89] 和 Donoho[88] 的工作指出，如果假定信号满足某种特定的稀疏性，那么从这些少量的测量数据中，确实有可能还原出原始的较大的信号。其中所需要的计算部分是一个复杂的迭代优化过程，即所谓的 L_1-范数最小化算法。压缩感知能在远小于奈奎斯特采样频率的条件下，用随机采样获取信号的离散样本，然后通过非线性重建算法较好地重建信号。

经过数字化的声音信号实际上是一个时变信号，为了能借鉴传统的语音信号处理中的方法来对声音信号进行分析，经常也假设声音信号在几十毫秒的短时间内是平稳的，并在这一短时段内提取其特征，即短时特征分析。为了得到短时的声音信号，要对其进行加窗操作。窗函数平滑地在声音信号上滑动，将声音信号分成若干帧。分帧可以连续，但更多的时候是采用交叠分段的方法，其中交叠的部分称为帧移，它一般为窗长的一半。加窗时，不同的窗口选择将影响到声音信号分析的结果。在选择窗函数时，一般有两个问题需要考虑：一是窗口的形状，二是窗口的长度。无论什么样的窗口，窗的长度对能否反映声音信号的幅度变化起决定性作用。

下面将分别介绍声学事件检测中，常用的时域、频域和时频域中的短时特征。

2.1.2 声音信号的时域特征

声音信号的时域特征是其最简单与直接的特征，主要有短时能量、短时过零率、短时自相关函数、短时平均幅度差函数等。下面分别对它们加以介绍。

1. 短时能量

声音信号的能量随着时间变化比较明显，其短时能量分析给出了反映这些幅度变化的一个合适的描述方法。对于声音信号 $x(n)$，其短时能量可表示为

$$E_n = \sum_{m=-\infty}^{\infty} [x(m)w(n-m)]^2 \tag{2-1}$$

其中，E_n 表示从声音信号的第 n 点开始加窗时的能量; $w(n)$ 为窗函数，窗长度为 N。

短时能量可以有效地判断信号幅度的大小，并可用于进行有声/无声判定。尽管短时能量明确直观，但由于要对信号进行平方运算，因而人为地增加了高低信号之间的差距，在一些应用场合不太适用。解决这一问题的方法，一是采用对数能量，二是采用短时平均幅值来表示能量的变化：

$$M_n = \sum_{m=-\infty}^{\infty} |x(m)w(n-m)| \tag{2-2}$$

2. 短时过零率

短时过零率是声音信号时域分析中最简单的一种特征。顾名思义，它是指每帧内信号通过零值的次数。对于连续声音信号，可以考察其时域波形通过时间轴的情况。对于离散信号，实质上就是信号采样点符号变化的次数。如果是正弦信号，它

的平均过零率就是信号的频率除以两倍的采样频率，而采样频率是固定的，因此过零率在一定程度上可以反映出频率的信息。声音信号不是简单的正弦序列，所以过零率的表示方法就不那么确切。然而短时过零率仍然可以在一定程度上反映其频谱的性质，可以通过短时过零率获得频谱特性的一种粗略估计。

短时过零率的公式为

$$Z_n = \frac{1}{2}\sum_{m=-\infty}^{\infty} |\text{sgn}[x(m)] - \text{sgn}[x(m-1)]|w(n-m) \tag{2-3}$$

其中，$\text{sgn}[\cdot]$ 是符号函数，即

$$\text{sgn}[\cdot] = \begin{cases} 1, & x(m) \geqslant 0 \\ -1, & x(m) < 0 \end{cases}$$

可以将短时能量和短时过零率结合起来判断声音信号起止点的位置，即进行端点检测。在背景噪声较小的情况下，短时能量比较准确，而当背景噪声较大时，短时过零率可以获得较好的检测效果。

3. 短时自相关函数

一般情况下，相关函数用于测定两个信号在时域内的相似程度，可以分为互相关函数和自相关函数。互相关函数主要研究两个信号之间的相关性，如果两个信号完全不同、相互独立，那么互相关函数接近于零；如果两个信号的波形相同，则互相关函数会在超前和滞后处出现峰值，可据此求出两个信号之间的相似程度。自相关函数主要研究信号本身的同步性、周期性。

在任何一种情况下，信号的自相关函数都是描述信号特性的一种方便的方法。它具有很多性质：① 如果信号 $x(n)$ 具有周期性，那么它的自相关函数也具有周期性，并且周期与信号 $x(n)$ 的周期相同；② 自相关函数是一个偶函数，即 $R(k) = R(-k)$；③ 当 $k=0$ 时，自相关函数具有最大值，即信号和自己本身的自相关性最大。从这些性质可以看出，自相关函数相当于一个特殊情况下的能量；而更为重要的是，它提供了一种获取周期性信号周期的方法 —— 在周期信号的周期的整数倍上，其自相关函数可以达到最大值。即可以不用考虑信号的起始时间，而从自相关函数的第一个最大值的位置来估计其周期，这个性质使自相关函数成为估计各种信号周期的一个依据。因此，将自相关函数的定义用到声音信号处理中，以获得其短时自相关函数的表示是十分重要的。

短时自相关函数是在自相关函数的基础上将信号加窗后获得的:

$$R_n(k) = \sum_{m=-\infty}^{\infty} x(m)w(n-m)x(m+k)w(n-(m+k)) \tag{2-4}$$

通过上述对自相关函数的分析易于证明：$R_n(k)$ 是偶函数，即 $R_n(k) = R_n(-k)$；$R_n(k)$ 在 $k = 0$ 时具有最大值，并且 $R_n(0)$ 等于加窗声音信号的能量。

4. 短时平均幅度差函数

短时自相关函数是声音信号时域分析的重要参数，但是计算短时自相关函数需要很大的计算量，其原因是乘法运算所需的时间较长。简化计算自相关函数的方法有很多，但都无法避免乘法运算。为了避免乘法运算，常常采用另一种与自相关函数有类似作用的参量，即短时平均幅度差函数。它是基于这样一个想法：对于一个周期为 P 的单纯的周期信号作差值

$$d(n) = x(n) - x(n-k) \tag{2-5}$$

则在 $k = 0, \pm P, \pm 2P, \cdots$ 时式 (2-5) 将为零。即当 k 与信号周期吻合时，作为 $d(n)$ 的短时平均幅度值总是很小，因此短时平均幅度差函数的定义为

$$\gamma_n(k) = \sum_{m=-\infty}^{\infty} |x(m+k)w(n-(m+k)) - x(m)w(n-m)| \tag{2-6}$$

对于周期性的信号，$\gamma_n(k)$ 也呈现周期性。与 $R_n(k)$ 相反的是，在周期的各整数倍点上 $\gamma_n(k)$ 具有的是谷值，而不是峰值。由此可见，短时平均幅度差函数也可以用于基音周期的检测，而且计算上比短时自相关方法要简单。

2.1.3 声音信号的频域特征

1. 傅里叶频谱分析[122]

对声音信号进行频谱分析，是认识和处理声音信号的重要方法。傅里叶频谱分析是广泛采用的一种方法，其基础是傅里叶变换。用傅里叶变换及其反变换可以求得傅里叶谱、自相关函数、功率谱、倒谱等。由于声音信号的特性随着时间变化，因此，与时域特征分析一样，这里的傅里叶频谱分析也采用相同的短时分析技术。

声音信号 $x(n)$ 的短时傅里叶变换定义为

$$X_n(\omega) = \sum_{m=-\infty}^{\infty} x(m)w(n-m)\mathrm{e}^{-\mathrm{j}\omega m} \tag{2-7}$$

可以从两个角度来理解函数 $X_n(\omega)$ 的物理意义：第一种解释是当 n 固定时，如 $n = n_0$，则 $X_{n_0}(\omega)$ 是将窗函数的起点移至 n_0 处截取信号 $x(n)$，再做傅里叶变换而得到的一个频谱函数。这是直接从频率轴方向来理解的。另一种解释是从时间轴方向来理解，当频率固定时，如 $\omega = \omega_k$，则 $x_n(\omega_k)$ 可以看做信号经过一个中心频率为 ω_k 的带通滤波器产生的输出。这是因为窗口函数通常具有低通频率响应，而

指数 $e^{jn\omega_k}$ 对声音信号 $x(n)$ 有调制的作用，使频谱产生移位，即将 $x(n)$ 频谱中对应于频率 ω_k 的分量平移到零频。

在实际计算时，一般用离散傅里叶变换代替连续傅里叶变换，这就需要对信号进行周期性扩展，即把 $x(n)w(n)$ 看成某个周期信号的一个周期，然后对它做离散傅里叶变换，这时得到的是功率谱。值得注意的是，如果窗长为 N，那么 $x(n)w(n)$ 的长度为 N，而 $R_n(k)$ 的长度为 $2N$。如果对 $x(n)w(n)$ 以 N 为周期进行扩展，在自相关域就会出现混叠，即这个周期函数的循环相关在一个周期中的值就与线性相关 $R_n(k)$ 的值不同，这样得到的功率谱只是真正功率谱的一组欠采样，即 N 个采样值。若想得到功率谱的全部 $2N$ 个值，可以在 $x(n)w(n)$ 之后补充 N 个零，将其扩展成周期为 $2N$ 的信号再做离散傅里叶变换，这时的循环相关与线性相关才是等价的。

在短时傅里叶变换的基础上，可以得到短时功率谱。短时功率谱实际上是短时傅里叶变换幅度的平方，不难证明，它是信号 $x(n)$ 的短时自相关函数的傅里叶变换，即

$$P_n(e^{j\omega}) = |X_n(\omega)|^2 = \sum_{k=-\infty}^{\infty} R_n(k)e^{j\omega k} \tag{2-8}$$

其中，$R_n(k)$ 是前面讨论的自相关函数。

2. 线性预测分析特征[18]

对声音信号进行线性预测分析的基本思想是：一个声音信号的采样能够用过去若干个声音信号采样的线性组合来逼近，通过使线性预测到的采样在最小均方误差意义上逼近实际声音信号采样，可以求取一组唯一的预测系数。这里的预测系数就是线性组合中所用的加权系数。因此线性预测分析也常简称为 LPC (linear prediction coding)。

根据参数模型功率谱估计的思想，可以将声音信号 $x(n)$ 看做由一个输入序列 $u(n)$ 激励一个全极点的系统 (模型) $H(z)$ 而产生的输出，系统的传递函数为

$$H(z) = \frac{G}{1 - \sum\limits_{i=1}^{p} a_i z^{-i}} \tag{2-9}$$

其中，G 为常数；a_i 为实数；p 为模型的阶数。显而易见，这种模型是以系数 a_i 和增益 G 为模型参数的全极点模型。

用系数 $\{a_i\}$ 可以定义一个 p 阶线性预测器 $F(z)$：

$$F(z) = \sum_{i=1}^{p} a_i z^{-i} \tag{2-10}$$

从时域角度可以理解为，用信号的前 p 个样本来预测当前的样本得到预测值 $\tilde{x}(n)$：

$$\tilde{x}(n)=\sum_{i=1}^{p}a_i x(n-i) \tag{2-11}$$

预测器的预测误差 $e(n)$ 为

$$e(n)=x(n)-\tilde{x}(n)=x(n)-\sum_{i=1}^{p}a_i x(n-i) \tag{2-12}$$

在最小均方误差意义上可以计算出一组最佳预测系数。当采用不同的计算方法时，会存在不同的线性预测解法。下面介绍一种经典的 Levinson-Durbin 递推算法[123, 124]，其过程如下：

(1) 计算自相关系数 $R_n(j)$，$j=1,\cdots,p$；

(2) $E^0=R_n(0)$；

(3) $i=1$；

(4) 按如下公式进行递推运算：

(5)

$$k_i=\frac{R_n(i)-\sum_{j=1}^{i-1}a_j^{(i-1)}R_n(i-j)}{E^{(i-1)}} \tag{2-13}$$

$$a_i^{(i)}=k_i \tag{2-14}$$

$$a_j^{(i)}=a_j^{(i-1)}-k_i a_{(i-j)}^{(i-1)},\quad j=1,\cdots,i-1 \tag{2-15}$$

$$E^i=(1-k_i^2)E^{(i-1)} \tag{2-16}$$

(6) $i=i+1$。若 $i>p$ 则算法结束退出，否则返回 第 (5) 步，按式 (2-13)~ 式 (2-16) 进行递推。

算法 2-1 Levinson-Durbin 递推算法

注意上面各式中括号内的上标表示的是预测器的阶数。$a_j^{(i)}$ 表示第 i 阶预测器的第 j 个预测系数，$E^{(i)}$ 为第 i 阶预测器的预测残差能量，这样经过递推计算后，可得到 $i=1,2,\cdots,p$ 各阶预测器的解。实际上只需要第 p 阶的运算结果，最终解为

$$\hat{a}_j=a_j^{(p)},\quad j=1,2,\cdots,p \tag{2-17}$$

$$E^{(p)} = R_n(0)\prod_{i=1}^{p}(1 - k_i^2) \tag{2-18}$$

通过上述方法获得的一组线性预测系数可以作为一帧声音信号的频域特征参数。

3. 线性预测倒谱系数特征

信号的倒谱 (cepstrum) 可以通过对信号作傅里叶变换后取模的对数，再求傅里叶反变换得到[125]。在实际应用中，线性预测倒谱系数 (linear prediction cepstrum coefficient, LPCC) 主要根据它和线性预测系数之间的关系，通过如下递推获得：

$$C_1 = a_1 \tag{2-19}$$

$$C_n = a_n + \sum_{j=1}^{n-1}\frac{j}{n}a_{n-j}C_j, \quad 2 \leqslant n \leqslant p \tag{2-20}$$

$$C_n = \sum_{j=1}^{n-1}\frac{j}{p}a_{n-j}C_j, \quad n > p \tag{2-21}$$

其中，C_n 代表 LPCC 的第 n 个系数；p 为 LPC 的阶数；a_n 为省略了上标的 p 阶 LPC 的第 n 个系数。

4. 美尔频率倒谱系数特征[20]

美尔频率倒谱系数 (MFCC) 是语音识别中常用的特征。由于 MFCC 参数是将人耳的听觉感知特性和语音的产生机制相结合，因此目前大多数语音识别系统中广泛使用这种特征。同样，这种特征也适用于声音信号处理。

人耳具有一些特殊的功能，这些功能使得人耳在嘈杂的环境中，以及各种变异情况下仍能正常地分辨出各种声音，其中耳蜗起了很关键的作用。耳蜗实质上的作用相当于一个滤波器组，耳蜗的滤波作用是在对数频率尺度上进行的，在 1000Hz 以下为线性尺度，而在 1000Hz 以上为对数尺度，这就使得人耳对低频信号比对高频信号更敏感。基于这一原则，研究者根据心理学实验得到了类似于耳蜗作用的一组滤波器组，这就是美尔频率滤波器组。

对频率轴的不均匀划分是 MFCC 特征区别于前面所述的普通倒谱特征的最重要的特点。将频率变换到美尔域后，美尔带通滤波器组的中心频率是按照美尔频率刻度均匀排列的。在实际应用中，MFCC 计算过程如下：

(1) 将信号进行分帧，加汉明窗处理，然后进行短时傅里叶变换得到其频谱；

(2) 求出频谱平方，即能量谱，并用 M 个美尔带通滤波器进行滤波，由于每一个频带中分量的作用在人耳中是叠加的，因此将每个滤波频带内的能量进行叠加，这时第 k 个滤波器输出功率谱 $X'(k)$；

(3) 将每个滤波器的输出取对数，得到相应频带的对数功率谱，再进行反离散余弦变换，得到 V 个 MFCC，如式 (2-22) 所示，一般 V 取 12~16 个：

(4)

$$C_n = \sum_{k=1}^{M} \ln X'(k) \cos[\pi(k+0.5)n/M], \quad n = 1, 2, \cdots, V \tag{2-22}$$

算法 2-2 MFCC 计算过程

5. **感知线性预测系数**[40]

感知线性预测 (perceptual linear predictive, PLP) 系数是另一种基于听觉模型的特征参数，它先将人类听觉感知中的等响度预加重 (equal-loudness preemphasis)、强度响度幂律 (intensity-loudness power law) 等特性进行一系列的工程模拟，之后采用全极点模型进行线性预测分析从而得到相应的 LPC 系数。

感知线性预测分析的具体过程如下:

(1) 频谱分析。

计算离散傅里叶变换后声音信号频谱实部和虚部的平方和，得到短时功率谱:

$$P(\omega) = \mathrm{Re}[X(\omega)]^2 + \mathrm{Im}[X(\omega)]^2 \tag{2-23}$$

(2) 临界带分析 (critical-band spectral resolution)。

将频谱 $P(\omega)$ 的频率轴 ω 映射到 Bark 频率 Ω，有

$$\Omega(\omega) = 6\ln\{\omega/(1200\pi) + [(\omega/(1200\pi))^2 + 1]^{0.5}\} \tag{2-24}$$

按临界带曲线对 Ω 进行变换:

$$\Psi(\Omega) = \begin{cases} 0, & \Omega < -1.3 \\ 10^{2.5(\Omega+2.5)}, & -1.3 \leqslant \Omega < -0.5 \\ 1, & -0.5 \leqslant \Omega < 0.5 \\ 10^{-(\Omega-0.5)}, & 0.5 \leqslant \Omega < 2.5 \\ 0, & \Omega \geqslant 2.5 \end{cases}$$

$\Psi(\Omega)$ 与 $P(\omega)$ 的离散卷积将产生临界带功率谱:

$$\theta(\Omega_i) = \sum_{\Omega=-1.3}^{2.5} P(\Omega - \Omega_i)\Psi(\Omega) \tag{2-25}$$

一般 $\theta(\Omega)$ 按每个 Bark 间隔进行采样，通过选择合适的采样间隔可以保证用整数的采样值能覆盖整个分析频带。

(3) 等响度预加重。

$\theta[\Omega(\omega)]$ 按模拟等响度曲线进行预加重:

$$\Xi[\Omega(\omega)] = E(\omega)\theta[\Omega(\omega)] \tag{2-26}$$

函数 $E(\omega)$ 近似地反映人耳对不同频率的不同敏感性:

$$E(\omega) = [(\omega^2 + 56.8 \times 10^6)\omega^4]/[(\omega^2 + 6.3 \times 10^6)^2 \times (\omega^2 + 0.38 \times 10^9)] \tag{2-27}$$

(4) 强度-响度转换。

在进行全极点模型求线性预测系数之前的最后一步为响度幅值的压缩:

$$\Phi(\Omega) = \Xi(\Omega)^{0.33} \tag{2-28}$$

这一步是近似和模拟声音的强度与人耳感受的响度间的非线性关系。

(5) 全极点模型求线性预测系数。

从上面的计算过程可以看出，感知线性预测特征的运算比 MFCC 特征要复杂得多，而识别性能基本相当，但一些研究表明，在噪声环境下采用 PLP 特征的识别性能更好一些。

6. 频谱质心

频谱质心 (spectral centroid, SC)[126] 是频谱能量分布的中心，它是度量声音亮度 (brightness) 的指标。由于不同时间段内声音信号的频谱质心不同，因而其可作为声音信号的特征。频谱质心的计算公式为

$$\mathrm{SC} = \frac{\displaystyle\sum_{n=1}^{N} n|X_n(\omega)|^2}{\displaystyle\sum_{n=1}^{N} |X_n(\omega)|^2} \tag{2-29}$$

其中, N 表示一帧信号内采样点的个数; $X_n(\omega)$ 为傅里叶变换系数。

7. 子带能量[127]

对每帧信号进行傅里叶变换后，将分析频带划分为若干个子带，计算这些子带上的能量，它能反映不同声音信号的能量分布情况，可作为声音信号的特征。设对声音信号进行数字化时的采样率为 $2f_0$，若将频带划分为 4 个子带，则它们频段分别为 $\frac{f_0}{8}$ 以下、$\frac{f_0}{8}-\frac{f_0}{4}$、$\frac{f_0}{4}-\frac{f_0}{2}$、$\frac{f_0}{2}$ 以上。

第 j 个子带能量为

$$\mathrm{SE}_j=\sum_{k=l_j}^{u_j} X^2(\omega_k) \tag{2-30}$$

其中, l_j 和 u_j 分别是第 j 个子带的上下边界频率。

8. **基频**[128]

基频 (fundamental frequency) 是衡量音调高低的单位。它的倒数称为基音周期 (pitch)。对语音而言，基音周期是指发浊音时声带振动所引起的周期运动的时间间隔。鉴于基音往往具有准周期的特性，可以对其进行估计。这个过程称为基音检测 (pitch detection)。

基音检测的方法大致可分为三类: ① 波形估计法, 直接由信号波形来估计基音周期，分析出波形上的周期峰值。包括并行处理法、数据减少法等。② 相关处理法, 这种方法在语音信号处理中广泛使用，这是因为相关处理法抗波形的相位失真能力强，另外它在硬件处理上结构简单。包括波形自相关法、平均振幅差分函数法、简化逆滤波法等。③ 变换法, 将信号变换到频域或倒谱域来估计基音周期，利用同态分析方法将声道的影响消除，得到属于激励部分的信息，进一步求取基音周期，如倒谱法。虽然倒谱分析算法比较复杂，但基音估计效果较好。各种方法的特点对比见表 2-1。

表 2-1　典型的基音周期检测方法

分类	基音检测方法	特点
波形估计法	并行处理方法	由多种简单的波形峰值检测器决定提取的多数基音周期
	数据减少法	根据各种理论操作, 从波形中去掉修正基音脉冲以外的数据
	过零率法	关于波形的过零率，着眼于重复图形
相关处理法	自相关法及其改进	信号波形的自相关函数，根据中心削波平坦处理频谱，采用峰值削波可以简化运算
	简化逆滤波法	信号波形降低采样后，进行 LPC 分析，逆滤波器平坦处理频谱，通过预测误差的自相关函数，恢复时间精度
	平均振幅差分函数法	采用平均幅差函数检测周期性，也可以根据残差信号的均幅差函数进行提取
变换法	倒谱法	根据对数功率谱的傅里叶反变换，分离频谱包络和微细结构
	循环直方图	在频谱上求出基频高次谐波成分的直方图，根据高次谐波的公约数决定基音

下面介绍一种基于短时平均幅度差的基音周期估计方法。首先，将一帧信号 $\{x(n)\}$ 经过 900Hz 低通滤波器处理后得到 $\{x'(n)\}$；计算 $\{x'(n)\}$ 的平均幅度差函数 $\gamma(k)$，并求出取得这一最小值时的下标作为基音周期的初步值，即 $p = \arg\min_k \gamma(k)$。这时的平均幅度差函数的最小值为 $\gamma_{\min} = \min_k \gamma(k)$。其次，搜寻平均幅度差函数的若干局部极小值点作为基音周期的候选。这些局部极小值点必须满足两个条件：① 其取值应在 $\gamma_{\min} \sim \gamma_{\min} + \gamma_{\mathrm{TH}}$ 的范围内，γ_{TH} 是一个恰当选取的阈值；② 各个局部极小值点之间的间隔不得小于 l_{TH}，l_{TH} 是一个恰当选取的间隔值，在实际应用中要根据实验确定。对于各个局部极小值点进行再度检查，确定清晰点。在某个最小点左右各 8 个点范围内对平均幅度差函数求平均，若该最小点与此平均值的差距大于某个阈值 γ_D，称为清晰点。最后，在所有清晰点中找到最左边的那个点，就是该帧信号的基音周期值。

9. 能量熵[129]

能量熵 (energy entropy, EE) 用于衡量不同声音信号在能量层面上的变化。首先将每一帧平均分成 K 个大小相等的子窗口，接着计算每个子窗口的能量，并将其除以整帧能量来进行归一化，获得概率密度函数 $P(i)(i = 0, 1, \cdots, K-1)$，最后计算能量熵：

$$\mathrm{EE} = -\sum_{i=0}^{K-1} P(i) \ln P(i) \tag{2-31}$$

10. 频谱流量[71]

频谱流量 (spectrum flux, SF) 定义为一个片段中，相邻两帧间频谱变化量的均值，可计算如下：

$$\mathrm{SF} = \frac{1}{(L-1)(K-1)} \sum_{l=1}^{L-1} \sum_{k=l}^{K-1} [\ln(A(l,k)+\delta) - \ln(A(l-1,k)+\delta)]^2 \tag{2-32}$$

其中，$A(l,k)$ 为第 l 帧的离散傅里叶变换：

$$A(l,k) = \left| \sum_{m=-\infty}^{\infty} x(m) w(lN - m) \mathrm{e}^{\mathrm{j}\frac{2\pi}{N}km} \right| \tag{2-33}$$

N 是窗长；K 是离散傅里叶变换的阶数；L 是片段中声音信号的帧数；δ 是一个非常小的值以避免计算溢出。

通常情况下，语音的频谱流量高于音乐，普通环境声音的频谱流量最高，因此，使用频谱流量可用于语音与音乐的分类[71]。

2.1.4 声音信号的时频域特征

1. Gabor 变换

在短时信号分析中，窗函数有很多种选择方法。不同的窗函数在频域分析中对应不同的变换结果。矩形窗函数、汉明窗函数以及汉宁窗函数都是声音信号处理中常用的窗函数。

从时频分析的角度，另一种窗函数 —— 高斯函数也是经常使用的。这时的短时傅里叶变换称为 Gabor 变换[130]。

对于函数 $x(n) \in L^2(\mathbf{R})$，其 Gabor 变换的定义为

$$G_x(n,\omega) = \sum_{\tau=-\infty}^{\infty} x(\tau) g_a^*(\tau - n)\mathrm{e}^{-\mathrm{j}\omega\tau} \tag{2-34}$$

其中，$g_a(n) = \dfrac{1}{2\sqrt{\pi a}} \exp\left(-\dfrac{n^2}{4a}\right)$ 是高斯函数，a 是大于零的固定常数。

由于 $\displaystyle\sum_{n=-\infty}^{\infty} g_a(\tau - n) = 1$，因此 $\displaystyle\sum_{n=-\infty}^{\infty} G_x(n,\omega) = X(\mathrm{e}^{\mathrm{j}\omega})$。这表明信号 $x(n)$ 的 Gabor 变换 $G_x(n,\omega)$ 是对任何 $a > 0$, 在时间 $\tau = n$ 附近对 $x(n)$ 傅里叶变换的局部化。对于 $\forall \omega \in \mathbf{R}$，这种局部化完成得很好，达到了对 $X(\mathrm{e}^{\mathrm{j}\omega})$ 的精确分解，从而完整地给出了 $x(n)$ 频谱的局部信息，这充分体现了 Gabor 变换在时间域的局部化思想。

在对信号进行时频分析时，一般对快变的信号，希望它有较高的时间分辨率以观察其快变部分。由于快变信号对应的是高频信号，对这一类信号采用较高的时间分辨率，就要降低频率分辨率。反之，对慢变信号，由于它对应的是低频信号，所以希望在低频处有较高的频率分辨率，但不可避免地要降低时间分辨率。这体现了短时傅里叶变换中在时域和频域分辨率方面所固有的矛盾。我们希望能用时频分析算法自动适应这一要求。由于短时傅里叶变换窗函数的有效时宽和有效带宽不随 (n,ω) 的变化而变化，因而它不具备这一自动调节的能力。下面将要讨论的小波变换则具备这一能力。

2. 小波变换

小波变换是 20 世纪 80 年代中后期逐渐发展起来的一种数学分析方法[131]。所谓小波，就是小的波形。“小”指其具有衰减性，“波”指其波动性，具有振幅正负相间的振荡形式。用数学形式来表述小波，就是函数空间 $L^2(\mathbf{R})$ 中满足下述条件的一个函数或者信号 $\psi(t)$：

$$C_\psi = \int_{\mathbf{R}^*} \frac{|\Psi(\mathrm{e}^{\mathrm{j}\omega})|^2}{|\omega|}\omega < \infty \tag{2-35}$$

其中，$\mathbf{R}^* = \mathbf{R} - \{\mathbf{0}\}$ 表示非零实数全体, $\Psi(\mathrm{e}^{\mathrm{j}\omega})$ 为 $\psi(t)$ 的频域表示形式。$\psi(t)$ 称为小波母函数。对于任意的实数对 (a,b)，称如下形式的函数为由小波母函数 $\psi(t)$ 生成的依赖于参数 (a,b) 的连续小波函数，简称小波。其中参数 a 必须为非零实数：

$$\psi_{(a,b)}(t) = \frac{1}{\sqrt{a}}\psi\left(\frac{t-b}{a}\right) \tag{2-36}$$

其中的连续性指参数对 (a,b) 可以连续取值。若 a、b 不断变化，可以得到一族函数 $\psi_{(a,b)}(t)$。对于任意的参数对 (a,b)，显然 $\int_{\mathbf{R}} \psi_{(a,b)}(t)\mathrm{d}t = 0$。尺度因子 a 的作用是把基本小波 $\psi(t)$ 进行伸缩。b 的作用是确定对 $x(t)$ 分析的时间位置，即时间中心。$\psi_{(a,b)}(t)$ 在 $t=b$ 的附近存在明显的波动，而且波动的范围大小完全依赖于尺度因子 a 的变化。当 $a=1$ 时，这个范围与原来的小波函数 $\psi(t)$ 的范围一致；当 $a>1$ 时，这个范围比原来的小波函数 $\psi(t)$ 的范围大些，小波的波形变得矮宽，而且当 a 变得越来越大时，小波的形状变得越来越宽、越来越矮，整个函数的形状表现出来的变化越来越缓慢；当 $0<a<1$ 时，$\psi_{(a,b)}(t)$ 在 $t=b$ 的附近存在波动的范围比原来小波母函数 $\psi(t)$ 的要小，小波的波形变得尖锐而消瘦，当 $a>0$ 且越来越小时，小波的波形渐渐地接近于脉冲函数，整个函数的形状表现出来的变化越来越快。小波函数 $\psi_{(a,b)}(t)$ 随着参数 a 的这种变化规律，决定了小波分析能够对函数和信号进行任意指定点处的任意精细结构的分析，同时，这也决定了小波分析在对非平稳信号进行时频分析时具有对时频同时局部化的能力。

给定平方可积的信号 $x(t)$，即 $x(t) \in L^2(\mathbf{R})$，则 $x(t)$ 的小波变换定义为

$$W_x(a,b) = \int_{\mathbf{R}} x(t)\psi^*_{(a,b)}(t)\mathrm{d}t = \frac{1}{\sqrt{a}}\int_{\mathbf{R}} x(t)\psi^*\left(\frac{t-b}{a}\right)\mathrm{d}t \tag{2-37}$$

因此，对任意函数 $x(t)$，它的小波变换是一个二元函数，这与傅里叶变换不同。另外，因为小波母函数 $\psi(t)$ 只有在原点附近才会有明显偏离水平轴的波动，在远离原点的地方，函数值将迅速衰减为零，整个波动趋于平静。所以，对于任意的参数对 (a,b)，小波函数 $\psi_{(a,b)}(t)$ 在 $t=b$ 的附近存在明显的波动，远离 $t=b$ 的地方将迅速地衰减到零。因而，从形式上可以看出，小波变换的数值 $W_x(a,b)$ 表明的实质是原来函数 $x(t)$ 在附近按照 $\psi_{(a,b)}(t)$ 进行加权平均，体现的是以 $\psi_{(a,b)}(t)$ 为标准快慢的 $x(t)$ 变化情况。这样，参数 b 表示分析的时间中心或时间点，而参数 a 体现的是以 $t=b$ 为中心的附近范围的大小。因此，当 b 固定不变时，小波变换 $W_x(a,b)$ 体现的是原来的函数在 $t=b$ 附近，随着分析和观察的范围逐渐变化时表现出来的变化。

假设小波函数 $\psi(t)$，以及它的傅里叶变换 $\Psi(\mathrm{e}^{\mathrm{j}\omega})$ 都满足窗口函数的要求，可以证明对于任意参数对 (a,b)，连续小波 $\psi_{(a,b)}(t)$ 及它的傅里叶变换 $\Psi_{(a,b)}(\mathrm{e}^{\mathrm{j}\omega})$ 都满足窗口函数的要求，时频窗口的形状随着参数 a 而发生变化，这是与短时傅里

叶变换和 Gabor 变换完全不同的时频分析特性，正是这一点决定了小波变换在信号的时频分析中的特殊作用。

除上述各基本特征外，通常也采用动态特征来刻画声音信号的时变特性，即原始特征的一阶和二阶差分。如对数能量的一阶和二阶差分、MFCC 的一阶和二阶差分等。

2.1.5 特征降维与选择

在进行特征提取的过程中，提取出的特征维数可能很高或者对于给定任务特征间有冗余，这样会导致特征匹配时计算过于复杂，消耗系统资源，为此可采用特征降维或特征选择方法。特征降维，顾名思义就是要降低特征维度，即采用一个低维度的特征来表示高维度特征。特征选择是指从特征集中选择一个子集。它不改变原始特征空间的性质，只是从原始特征空间中选择一部分重要的特征组成一个新的特征。通过特征降维和特征选择，都能压缩特征规模，从而提高特征匹配时的效率。

下面就特征降维和特征选择分别介绍一种经典的方法。

1. *主成分分析 —— 经典的特征降维方法*

主成分分析 (PCA) 是经典的特征降维方法[132]。其出发点在于，对一个所要分析的研究对象，如果其变量太多无疑会增加分析的难度和复杂性。利用原变量间的相关关系，用较少的新变量代替原来较多的变量，并使这些少数变量尽可能多地保留原来较多变量所反映的信息，将使问题变得简单。

在信号处理领域中，通常认为信号具有较大的方差，而噪声具有较小的方差。这一点从信噪比的定义，即信号方差与噪声方差的比，就可以看出。主成分分析把给定的一组相关变量通过线性变换转成另一组少数几个不相关的综合变量，这些新的变量按照方差依次递减的顺序排列，即第一变量具有最大的方差，称为第一主成分；第二变量的方差次大，并且和第一变量不相关，称为第二主成分。因此每个主成分所提取的信息量是用其方差来度量。方差越大表示该主成分包含的信息越多。第一主成分应是原始信号的所有线性组合中方差最大的，如果第一主成分不足以代表原来的信息，再考虑选取第二个主成分。依次类推，直到获得后续各个主成分。

假设有一样本集 $\{\boldsymbol{x}_n\}(n=1,2,\cdots,N)$，$\boldsymbol{x}_n$ 为一个 D 维向量，我们的目标是将样本数据投影到一个维数为 $d<D$ 的空间上，使投影后的数据方差最大。

先假设将样本投影到一个一维空间 $(d=1)$。使用一个 D 维向量 $\boldsymbol{u}_1$ 来代表该空间的方向。为了不失一般性及处理方便，选择 $\boldsymbol{u}_1$ 为单位向量，即有 $\boldsymbol{u}_1^{\mathrm{T}}\boldsymbol{u}_1=1$。经过这样处理后，将只关注于 $\boldsymbol{u}_1$ 的方向而不关心其大小。每个样本点 $\boldsymbol{x}_n$ 在 $\boldsymbol{u}_1$ 上

的投影为一个标量值 $\boldsymbol{u}_1^{\mathrm{T}}\boldsymbol{x}_n$。投影后样本的平均值为 $\boldsymbol{u}_1^{\mathrm{T}}\bar{\boldsymbol{x}}$，其中 $\bar{\boldsymbol{x}}$ 为样本集的平均值：

$$\bar{\boldsymbol{x}} = \frac{1}{N}\sum_{n=1}^{N}\boldsymbol{x}_n \tag{2-38}$$

投影后样本的方差为

$$\frac{1}{N}\sum_{n=1}^{N}(\boldsymbol{u}_1^{\mathrm{T}}\boldsymbol{x}_n - \boldsymbol{u}_1^{\mathrm{T}}\bar{\boldsymbol{x}})^2 = \boldsymbol{u}_1^{\mathrm{T}}\boldsymbol{S}\boldsymbol{u}_1 \tag{2-39}$$

其中，$\boldsymbol{S}$ 为样本的协方差矩阵

$$\boldsymbol{S} = \frac{1}{N}\sum_{n=1}^{N}(\boldsymbol{x}_n - \bar{\boldsymbol{x}})(\boldsymbol{x}_n - \bar{\boldsymbol{x}})^{\mathrm{T}} \tag{2-40}$$

下面来求使投影方差 $\boldsymbol{u}_1^{\mathrm{T}}\boldsymbol{S}\boldsymbol{u}_1$ 最大的 $\boldsymbol{u}_1$。显然对这一最大化过程需要有相应的限制以防止出现 $\|\boldsymbol{u}_1\| \to \infty$ 的情况，这里 $\boldsymbol{u}_1^{\mathrm{T}}\boldsymbol{u}_1 = 1$ 可以作为一个限制。这样，通过使用拉格朗日乘子法引入参量 λ_1，则最大化的目标变为

$$\boldsymbol{u}_1^{\mathrm{T}}\boldsymbol{S}\boldsymbol{u}_1 + \lambda_1(1 - \boldsymbol{u}_1^{\mathrm{T}}\boldsymbol{u}_1) \tag{2-41}$$

令式 (2-41) 对 $\boldsymbol{u}_1$ 的导数为零，则可以导出

$$\boldsymbol{S}\boldsymbol{u}_1 = \lambda_1\boldsymbol{u}_1 \tag{2-42}$$

可以看出，$\boldsymbol{u}_1$ 是 $\boldsymbol{S}$ 的特征向量。式 (2-42) 若左乘 $\boldsymbol{u}_1^{\mathrm{T}}$ ，同时考虑 $\boldsymbol{u}_1^{\mathrm{T}}\boldsymbol{u}_1 = 1$ ，则有

$$\boldsymbol{u}_1^{\mathrm{T}}\boldsymbol{S}\boldsymbol{u}_1 = \lambda_1 \tag{2-43}$$

因此，当 $\boldsymbol{u}_1$ 取最大特征值 λ_1 所对应的特征向量时，投影后样本间的方差最大。这一特征向量即为第一个主成分。通过选择可能的与已有方向正交且能使投影后样本方差最大的方向，可以逐次求出其他各个主成分。这样对一个 d 维投影空间，由 d 个最大特征值 $\lambda_1,\cdots,\lambda_d$ 所对应的样本协方差矩阵 $\boldsymbol{S}$ 的 d 个特征向量是使投影后样本间方差最大的最优线性投影。

2. 浮动搜索算法 —— 经典的特征选择方法

特征选择也称为特征子集选择，是指从已有的 D 个特征中选择 d 个特征使得系统的特定指标最优。主要的方法有顺序前向选择 (sequential forward selection)[133] 和顺序后向选择 (sequential backward selection)[134] 方法。前者每次选择一个特征 x 加入特征子集 X，使得特征函数 $J(X+x)$ 最大。即每次都选择一个能使特征函

数的取值达到最优的特征加入。这种方法概念明了、实现简单，但它只能加入特征而不能去除特征。如果后加入的特征与前面特征有依赖关系，则会导致生成的特征集有冗余。后者与顺序前向选择相反，它先将全部特征加入特征集合 X，然后每次从特征集 X 中去除一个特征 x，使得 $J(X-x)$ 最优。这种方法的缺点是只能去除而不能加入。

浮动搜索 (floating search) 是在顺序前向选择和顺序后向选择基础上发展而来，与两者不同之处在于，它是一种有回溯的搜索方法。在搜索的过程中若发现有比之前过程中选出的特征子集更好的特征子集，就回溯到那一步，以更好的特征子集为起点，继续搜索。

下面介绍浮动搜索方法[135]。

设初始的特征个数为 D，拟从中选择出 d 个特征作为最优特征。原始 D 个特征的集合为 $Y=\{y_i, 1\leqslant i\leqslant D\}$ ，其中一个包含 k 个特征的子集为 $X_k=\{x_i, 1\leqslant i\leqslant k, x_i\in Y\}$ ，$J(X)$ 为所采用的评价函数，其值越大，则特征集合 X 越好。对当前的特征子集 X_k 定义一个特征的重要性函数，对于属于 X_k 的一个特征 $x_j(j=1,2,\cdots,k)$ ，其重要性函数定义为

$$S_{k-1}(x_j)=J(X_k)-J(X_k-x_j) \tag{2-44}$$

对于属于集合 $Y-X_k$ (不属于集合 X_k) 的特征 f_i ，其重要性函数定义为

$$S_{k+1}(f_j)=J(X_k+f_j)-J(X_k) \tag{2-45}$$

其中

$$Y-X_k=\{f_i, i=1,2,\cdots,D-k, f_i\in Y, f_i\neq x_l, \forall x_l\in X_k\} \tag{2-46}$$

在上面的定义中，约定空集的评价函数值为 0。

在特征集合 X_k 的所有特征中，若 x_j 满足如下条件，则称其为最重要 (最好) 特征:

$$S_{k-1}(x_j)=\max_{1\leqslant i\leqslant k} S_{k-1}(x_i) \tag{2-47}$$

$$\Rightarrow J(X_k-x_j)=\min_{1\leqslant i\leqslant k} J(X_k-x_i) \tag{2-48}$$

若 x_j 满足如下条件，则称其为最不重要 (最差) 特征:

$$S_{k-1}(x_j)=\min_{1\leqslant i\leqslant k} S_{k-1}(x_i) \tag{2-49}$$

$$\Rightarrow J(X_k-x_j)=\max_{1\leqslant i\leqslant k} J(X_k-x_i) \tag{2-50}$$

对属于集合 $Y-X_k$ 的特征 f_j，若满足如下条件，则称其为最重要 (最好) 特征:

$$S_{k+1}(f_j)=\max_{1\leqslant i\leqslant D-k} S_{k+1}(f_i) \tag{2-51}$$

$$\Rightarrow J(X_k+f_j)=\max_{1\leqslant i\leqslant D-k} J(X_k+f_i) \tag{2-52}$$

若 f_i 满足如下条件，则称其为最不重要 (最差) 特征:

$$S_{k+1}(f_j)=\min_{1\leqslant i\leqslant D-k} S_{k+1}(f_i) \tag{2-53}$$

$$\Rightarrow J(X_k+f_j)=\min_{1\leqslant i\leqslant D-k} J(X_k+f_i) \tag{2-54}$$

下面以顺序前向浮动搜索算法 (sequential forward floating search algorithm) 为例加以介绍。

假设已经从初始的特征集合 $Y=\{y_i,1\leqslant j\leqslant D\}$ 中按准则函数 $J(X_k)$ 挑选出了 k 个特征，形成了特征子集 X_k 。在这一搜索过程中，记录所有 $X_i(i=1,2,\cdots,k-1)$ 对应的 $J(X_i)$ 。

具体算法如下:

(1) 初始化: 令 $k=0$, X_0 为空集。在 $Y-X_0$ 中找到关于 X_0 的最重要特征 x_1 ，将其加入 X_0 ，则有 $X_1=X_0+x_1$ ，并且 $k=k+1$; 再在 $Y-X_1$ 中找到关于 X_1 的最重要特征 x_2，将其加入 X_1，同样有 $X_2=X_1+x_2$ ，并且 $k=2$。

(2) 使用顺序前向搜索方法，在 $Y-X_k$ 中找到关于 X_k 最重要的特征 x_{k+1}，加入 X_k，形成新的特征子集 X_{k+1}，即 $X_{k+1}=X_k+x_{k+1}$。

(3) 在特征集合 X_{k+1} 中找到最不重要特征。若 x_{k+1} 是 X_{k+1} 中最不重要特征，即

$$J(X_{k+1}-x_{k+1})\geqslant J(X_{k+1}-x_j),\quad \forall j=1,2,\cdots,k \tag{2-55}$$

则令 $k=k+1$，返回第 (2) 步。

(4) 如果 $x_r(1\leqslant r\leqslant k)$ 是 X_{k+1} 中最不重要特征，即 $J(X_{k+1}-x_r)\geqslant J(X_k)$ ，则将 x_r 从 X_{k+1} 中删除，形成新的集合 $X'_k=X_{k+1}-x_r$ 。此时 $J(X'_k)\geqslant J(X_k)$。若 $k=2$，则令 $X_k=X'_k$ ，$J(X_k)=J(X'_k)$，然后返回第 (2) 步，否则转第 (5) 步。

(5) 在特征集合 X'_k 中找到最不重要特征 x_s。若 $J(X'_k-x_s)\leqslant J(X_{k-1})$，则令 $X_k=X'_k$，$J(X_k)=J(X'_k)$，然后返回第 (2) 步。否则将 x_s 从 X'_k 中删除，形成新的集合 $X'_{k-1}=X'_k-x_s$，同时令 $k=k-1$。若 $k=2$，令 $X_k=X'_k$，$J(X_k)=J(X'_k)$。然后返回第 (2) 步，否则重复第 (5) 步。

算法 2-3　顺序前向浮动搜索算法

从以上浮动搜索的过程可以看出，评价值 $J(X_k)$ 在搜索过程中是动态浮动的，每次浮动都使评价值更接近于全局最优。

2.2 声学事件检测中的常用模型

研究者从模型层面提出了很多声学事件检测的方法。这些方法大多是基于机器学习中已成熟的模型或者改进模型，其中常用的方法可大致分为：基于隐马尔可夫模型的方法[106, 116, 136, 137]、基于支持向量机的方法[108, 110]、基于高斯混合模型的方法[109, 110]，以及其他分类方法[87, 116, 117, 138, 139]。

2.2.1 浅层模型

1. 基于隐马尔可夫模型的检测方法

由于隐马尔可夫模型在语音识别中的成功应用，早期的研究者一般直接将其用于声学事件检测中。然而由于声学事件的特殊性，很多时候无法切分出识别单元，或者无法得到足够多的识别单元的训练数据，因此基于隐马尔可夫模型的方法往往仅用于数据规模较小且应用环境单一的情况。鉴于隐马尔可夫模型目前在声学事件检测中较少使用的情况，本书在这里不对其进行展开介绍，感兴趣的读者可以参阅相关的文献。

2. 基于支持向量机的识别方法

支持向量机凭借其在处理小样本分类问题与线性不可分问题上的良好性能，成为当今最主流的分类方法之一[140]。在声学事件检测任务中也经常使用 SVM 的方法。与其他分类器，如线性分类器、GMM、决策树等相比，SVM 有较好的泛化能力，且其收敛速度较快，同时易于得到全局最优解。下面对 SVM 的类型和训练方法及其在模式分类中的应用进行简要介绍。

SVM 是一种以统计学习理论为基础，将输入空间中线性不可分的数据映射到高维特征空间后进行分类的方法[140]。SVM 分类器通过寻找经过核函数的高维映射后能使不同类别样本间的几何间隔最大化的分类界面，从而实现较好的分类能力。SVM 提出的初衷是为了解决二分类问题，下面就以二分类问题为例，阐述 SVM 的基本理论。

1) 线性可分的 SVM 分类器

在二分类问题中，训练样本集 $\{(\boldsymbol{x_i}, y_i)\}, i=1,\cdots,N, \boldsymbol{x}\in\mathbf{R}^n, y\in\{1,-1\}$，SVM 模型经过训练后得到的分类决策函数形式如下：

$$f(\boldsymbol{x}) = \operatorname{sgn}(\langle \boldsymbol{w}, \boldsymbol{x}\rangle + b) \tag{2-56}$$

其中，$\boldsymbol{w}$ 为支持向量；$\langle \boldsymbol{w}, \boldsymbol{x}\rangle + b = 0$ 为最优分类平面；$\dfrac{2}{\|\boldsymbol{w}\|^2}$ 为最大分类的几何间隔。为了使得训练出的 SVM 具有较好的泛化能力，要求在训练数据中获取能够正

确分隔正例与反例的分类平面，并且要求该分类平面具有最大的几何间隔，由此可以构造如下约束问题：

$$\begin{aligned}&\max \frac{2}{\|\boldsymbol{w}\|^2}\\ &\text{s.t.}\quad y_i(\boldsymbol{x}_i\cdot\boldsymbol{w}+b)-1\geqslant 0,\quad i=1,\cdots,N\end{aligned}\tag{2-57}$$

式 (2-57) 等价于

$$\begin{aligned}&\min 2\|\boldsymbol{w}\|^2\\ &\text{s.t.}\quad y_i(\boldsymbol{x}_i\cdot\boldsymbol{w}+b)-1\geqslant 0,\quad i=1,\cdots,N\end{aligned}\tag{2-58}$$

为了解决式 (2-58) 中的最优化问题，通过引入拉格朗日乘子，得到目标函数函数形式如下：

$$\boldsymbol{L}(\boldsymbol{w},b,\alpha)=\frac{1}{2}\|\boldsymbol{w}\|^2-\sum_{i=1}^{n}\alpha_i(y_i(\langle\boldsymbol{w},\boldsymbol{x}_i\rangle+b)-1)\tag{2-59}$$

引入拉格朗日乘子后，式 (2-58) 中的优化目标函数变成如下形式：

$$\min_{\boldsymbol{w},b}\max_{\alpha_i\geqslant 0}\boldsymbol{L}(\boldsymbol{w},b,\alpha)\tag{2-60}$$

式 (2-60) 中的优化目标满足 KKT(Karush-Kuhn-Tucker) 条件，因此式 (2-60) 等价于

$$\max_{\alpha_i\geqslant 0}\min_{\boldsymbol{w},b}\boldsymbol{L}(\boldsymbol{w},b,\alpha)$$

通过对 $\boldsymbol{L}(\boldsymbol{w},b,\alpha)$ 分别计算 $\boldsymbol{w}$ 和 b 的偏导，即

$$\begin{cases}\dfrac{\partial \boldsymbol{L}}{\partial \boldsymbol{w}}=0\Rightarrow \boldsymbol{w}=\displaystyle\sum_{i=1}^{n}\alpha_i y_i\boldsymbol{x}_i\\ \dfrac{\partial \boldsymbol{L}}{\partial b}=0\Rightarrow \displaystyle\sum_{i=1}^{n}\alpha_i y_i=0\end{cases}\tag{2-61}$$

将式 (2-57) 中最初的求最大几何间隔的优化问题转化为

$$\begin{aligned}&\boldsymbol{L}(\boldsymbol{w},b,\alpha)=\sum_{i=1}^{n}\alpha_i-\frac{1}{2}\sum_{i=1;j=1}^{n}\alpha_i\alpha_j y_i y_j\langle\boldsymbol{x}_i,\boldsymbol{x}_j\rangle\\ &\text{s.t.}\quad \alpha_i\geqslant 0,\quad i=1,\cdots,n\\ &\sum_{i=1}^{n}\alpha_i y_j=0\end{aligned}\tag{2-62}$$

2) 线性不可分的 SVM 分类器

在实际应用中，训练数据线性可分的情况较少，大多数的问题是在当前的输入空间中，训练数据线性不可分。针对这一问题，研究者提出了具有间隔的 SVM 分类器。

通过引入松弛变量 ξ_i，使约束条件弱化，将式 (2-57) 中的约束条件变为如下：

$$y_i\left(\langle \boldsymbol{w}, \Phi(\boldsymbol{x_i})\rangle + b\right) \geqslant 1 - \xi_i, \quad i = 1, \cdots, N \tag{2-63}$$

为了保证 SVM 模型在经验风险最小化与结构风险最小化间的平衡，可通过在优化目标函数中引入惩罚参数 C 来实现，则式 (2-57) 中的原始优化问题变成

$$\begin{aligned} &\min 2\left\|\boldsymbol{w}\right\|^2 + C\sum_{i=1}^{N}\xi_i \\ &\text{s.t.} \quad y_i\left(\langle \boldsymbol{w}, \Phi(\boldsymbol{x_i})\rangle + b\right) \geqslant 1 - \xi_i, \quad i = 1, \cdots, N \end{aligned} \tag{2-64}$$

其对偶问题可见式 (2-65)、式 (2-66)：

$$\min_{\alpha}\frac{1}{2}\sum_{i=1}^{N}\sum_{j=1}^{N} y_i y_j \alpha_i \alpha_j \left\langle \Phi(\boldsymbol{x_i}), \Phi(\boldsymbol{x_j})\right\rangle - \sum_{j=1}^{N}\alpha_j \tag{2-65}$$

$$\begin{aligned} \text{s.t.} \quad &\sum_{i=1}^{N} y_i \alpha_i = 0 \\ &C \geqslant \alpha_i \geqslant 0, \quad i = 1, \cdots, N \end{aligned} \tag{2-66}$$

3)SVM 的训练算法

SVM 的训练算法有很多种，常用的是增量算法和 SMO(sequential minimal optimization) 算法[141]，其中 SMO 算法仅针对二分类问题的 SVM 模型训练。与块算法相比，SMO 算法不需要很大的数据存储空间，并且适合数据稀疏的训练集。与传统的分解算法相比，SMO 算法工作集的选择既不是梯度下降算法，也不是随机梯度下降算法，而是启发式的算法，因此 SMO 算法训练出的 SVM 模型参数是全局最优的。SMO 算法的详细过程见算法 2-4。

(1) 输入：训练样本集 $\{(\boldsymbol{x}_i, y_i)\}, i = 1, \cdots, N, \boldsymbol{x}_i \in \mathbf{R}^n, y \in \{1, -1\}$。

(2) 输出：SVM 参数：$\alpha_i, i = 1, \cdots, n$。

(3) 对式 (2-65) 中的拉格朗日乘子使用启发式方法，选择其中一对，记为 $(\alpha_{k1}, \alpha_{k2})$。

(4) 固定除了 α_{k1}、α_{k2} 以外其他的乘子，根据式 (2-61) 中的约束条件，使用 α_{k1} 表示 α_{k2}，即 $\alpha_{k1}y_{k1} + \alpha_{k2}y_{k2} = \varsigma$。

(5) 此时式 (2-66) 变为式 (2-67)：

$$L_{k1,k2} = \max_{\alpha}\left\{(\alpha_{k1} + \alpha_{k2}) + \sum_{\substack{i=1 \\ i\neq k_1, i\neq k_2}}^{N} Q_i\right\} \tag{2-67}$$

其中

$$Q_i = \alpha_i - \frac{1}{2}\left\|\alpha_{k1}y_{k1}\boldsymbol{\Phi}(\boldsymbol{x}_{k1}) + \alpha_{k2}y_{k2}\boldsymbol{\Phi}(\boldsymbol{x}_{k2}) + \sum_{\substack{i=1\\ i\neq k_1, i\neq k_2}}^{N} \alpha_i y_i \boldsymbol{\Phi}(\boldsymbol{x}_i)\right\|^2$$

(6) 获得新的乘子 α_{k1}、α_{k2}。首先计算 α_{k1}、α_{k2} 的上下界:

当 $y_{k1} = y_{k2}$ 时:

$$L = \max\left(0, \alpha_{k2}^{\text{old}} - \alpha_{k1}^{\text{old}}\right), \quad H = \min\left(C, C + \alpha_{k2}^{\text{old}} - \alpha_{k1}^{\text{old}}\right)$$

当 $y_{k1} \neq y_{k2}$ 时:

$$L = \max\left(0, \alpha_{k2}^{\text{old}} + \alpha_{k1}^{\text{old}} - C\right), \quad H = \min\left(C, \alpha_{k2}^{\text{old}} + \alpha_{k1}^{\text{old}}\right)$$

然后计算 $L_{k1,k2}$ 的二阶导数:

$$\eta = 2\left\langle \Phi(\boldsymbol{x}_{k1}), \Phi(\boldsymbol{x}_{k2})\right\rangle - \left\langle \Phi(\boldsymbol{x}_{k1}), \Phi(\boldsymbol{x}_{k1})\right\rangle - \left\langle \Phi(\boldsymbol{x}_{k1}), \Phi(\boldsymbol{x}_{k1})\right\rangle$$

最后更新 α_{k2}:

$$\alpha_{k2}^{\text{new}} = \alpha_{k2}^{\text{old}} - \frac{y_{k2}\left(e_{k1} - e_{k2}\right)}{\eta}, \quad e_i = f^{\text{old}}\left(\boldsymbol{x}_i\right) - y_i$$

更新 α_{k1}:

$$\alpha_{k1}^{\text{new}} = \alpha_{k1}^{\text{old}} + y_{k1}y_{k2}\left(\alpha_{k2}^{\text{old}} - \alpha^{\text{temp}}\right)$$

其中 α^{temp} 由式 (2-68) 计算得出:

$$\alpha^{\text{temp}} = \begin{cases} H, & \alpha_{k2}^{\text{new}} \geqslant H \\ \alpha_{k2}^{\text{new}}, & L \leqslant \alpha_{k2}^{\text{new}} < H \\ L, & \alpha_{k2}^{\text{new}} < L \end{cases} \tag{2-68}$$

算法 2-4　SMO 算法

要介绍 SMO 算法中第一步的启发式搜索算法，首先需要了解一下 KKT 条件。KKT 条件是指在一定条件下，一个非线性规划 (nonlinear programming) 问题，其形式如式 (2-69) 所示:

$$L\left(a, b, x\right) = f\left(x\right) + \sum_{i=1}^{n} a_i g_i\left(x\right) + \sum_{j=1}^{m} b_j h_j\left(x\right) \tag{2-69}$$

它能有最优化解的一个充分和必要条件为，最优解 x^* 必须满足如下条件:

(1) $g_i\left(x^*\right) \leqslant 0, i = 1, \cdots, n$，且 $h_j\left(x^*\right) = 0, j = 1, \cdots, m$;

(2) $\nabla f\left(x^*\right) + \sum_{i=1}^{n} a_i \nabla g_i\left(x^*\right) + \sum_{j=1}^{m} b_j \nabla h_j\left(x^*\right) = 0$，其中 ∇ 为梯度算子;

(3) $b_j \neq 0$，且 $a_i \geqslant 0, a_i g_i\left(x^*\right) = 0, i = 1, \cdots, m$。

使用启发式方法从所有乘子中进行筛选的具体操作如下：

(1) 遍历式 (2-65) 中的全部拉格朗日乘子，一旦发现当前乘子违反了 KKT 条件，就将其作为更新对象，令其为 α_{k2}。

(2) 在所有满足 KKT 条件的乘子中，选择使 $|(f(x_{k1})-y_{k1})-(f(x_{k2})-y_{k2})|$ 最大的 α_{k2} 进行更新。

3. 基于高斯混合模型的识别方法

GMM 是对单一高斯概率密度函数的延伸，由于它能够平滑地近似任意形状的密度分布，因此近年来常被用在建模中，并获得了较好的效果。

对于观测数据集 $X=\{x_1,x_2,\cdots,x_N\}$ 中的单个采样，其高斯混合分布的密度函数为

$$P(x_i|\boldsymbol{\Theta})=\sum_{k=1}^{K}\pi_k p_k(x_i|\theta_k) \tag{2-70}$$

其中，π_k 是混合系数；$p_k(x_i|\theta_k)$ 表示各混合成分的先验概率；$\boldsymbol{\Theta}=(\theta_1,\theta_2,\cdots,\theta_K)$ 为各混合成分的参数向量，$\theta_k=(\mu_k,\varSigma_k)$ 是高斯分布的参数，即均值和方差。

在 GMM 中，$\boldsymbol{\Theta}$ 一般通过 EM(expectation maximization) 算法来进行估计。EM 算法是一种从“不完全数据”中求解模型分布参数的极大似然估计的方法[142]。所谓“不完全数据”一般指两种情况：一种是由于观测过程本身的限制或者错误，造成观测数据成为有错漏的“不完全”数据；另一种是参数的似然函数直接优化十分困难，而引入额外的参数 (隐含的或丢失的) 后就比较容易优化，于是定义原始观测数据加上额外参数组成“完全数据”，原始观测数据自然就成为“不完全数据”。实际上，在模式识别及其相关领域中，后一种情况更为常见[142]。

引入“丢失数据”，定义 $Z=\{X,Y\}$ 为“完全数据”，则前述的观测数据 X 称为“不完全数据”，“完全数据的似然函数”为

$$L(\boldsymbol{\Theta}|Z)=L(\boldsymbol{\Theta}|X,Y)=P(X,Y|\boldsymbol{\Theta}) \tag{2-71}$$

对于式 (2-71)，如果把它看做 X 和 $\boldsymbol{\Theta}$ 固定，以随机变量 Y 为自变量的函数，则此似然函数也是一个随机变量。随机变量直接求最大化不好计算，然而它的期望却是一个确定性的函数，优化起来就较容易。这也就是 EM 算法的基本思路。下面是 EM 迭代的基本步骤。

E-步骤:

$$Q(\boldsymbol{\Theta},\boldsymbol{\Theta}^t)=E[\ln P(X,Y|\boldsymbol{\Theta})|X,\boldsymbol{\Theta}^t] \tag{2-72}$$

M-步骤: 通过最大化 $Q(\boldsymbol{\Theta},\boldsymbol{\Theta}^t)$ 来获得新的 $\boldsymbol{\Theta}$ 。

基本步骤只是一个框架性的公式，要想实现 EM 算法，关键是要得到丢失数据 Y 的概率密度的表达式。在高斯混合模型中，引入指派变量来反映观测数据与

混合成分的对应关系，并将指派变量作为丢失数据[142]，这样就可以推导出指派变量的概率密度公式，进而可推出如下求解高斯混合模型的迭代公式：

$$\begin{cases} \alpha_k^t = \sum_{i=1}^{N} p(k|\boldsymbol{x}_i, \boldsymbol{\Theta}^t) \\ \pi_k^t = \dfrac{1}{N}\alpha_k^t \\ \boldsymbol{\mu}_k^{t+1} = \dfrac{1}{\alpha_k^t}\sum_{i=1}^{N} \boldsymbol{x}_i p(k|\boldsymbol{x}_i, \boldsymbol{\Theta}^t) \\ \Sigma_k^{t+1} = \dfrac{1}{\alpha_k^t}\sum_{i=1}^{N} p(k|\boldsymbol{x}_i, \boldsymbol{\Theta}^t)(\boldsymbol{x}_i - \boldsymbol{\mu}_v^{t+1})(\boldsymbol{x}_i - \boldsymbol{\mu}_v^{t+1})^{\mathrm{T}} \end{cases}$$

其中，$p(k|\boldsymbol{x}_i, \boldsymbol{\Theta}^t) = \dfrac{\pi_k^t p_k(\boldsymbol{x}_i|\boldsymbol{\Theta}^t)}{\sum_{j=1}^{K} \pi_j^t p_j(\boldsymbol{x}_i|\boldsymbol{\Theta}^t)}$。文献 [143] 证明了 EM 算法的收敛性。本书在使用 GMM 时，对于声音信号的每一个片段，利用片段内的所有帧特征，通过 EM 算法计算 GMM 模型作为各个片段的模型。

虽然高斯混合模型在很多应用中取得了较好的性能，但在很多情况下这种单一分布的模型并不适用。例如，对图 2-1 所示的数据形式，采用传统的高斯混合模型很难为其建模。

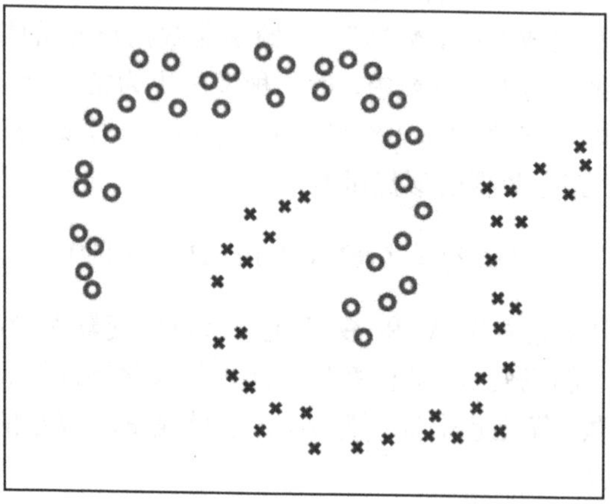

图 2-1　无法用传统 GMM 较好建模的数据形式

尽管以上这些经典的方法在很多应用中都取得了较好的性能，但面对当前数据类型繁杂与数据规模巨大的多媒体数据，直接应用这些方法来进行声学事件检测，还有很多问题需要解决。本书在后续的内容中，将尝试推广以上传统的机器学习方法，以更好地完成声学事件检测任务。

2.2.2 深度模型

近年来，深度学习的方法在语音和图像等领域获得了显著的成功。然而，这些深度学习策略还没有延伸应用到声学事件检测方面。目前仅有很少的工作涉及将深度学习方法应用在音频信息处理方面。特征提取是许多音频信号处理任务中一个关键部分。Hamel 等[144] 给出了对于给定任务，如何从音频中自动提出相关特征的系统。该特征提取系统由一个基于音频离散傅里叶变换的深度信念网络 (deep believe network，DBN) 组成。采用激活的训练网络作为非线性支持向量机分类器的输入。特别地，采用特征学习的策略解决类型识别任务。经过学习的特征明显优于 MFCC 特征，在 Tzanetakis 数据集上获得了 84.3%的精确度。他们还将同样的特征用于自动标记任务。经过特征训练的自动标记器的表现同样优于相应的 MFCC 特征系统。Lee 等[145] 将卷积 DBN 应用于音频数据，并在多变的音频分类任务中评价它们。对语音数据的研究表明，学习后的特征与音素有非常明显的对应关系。此外，DBN 能从无标记的音频数据中学习获得有代表性的特征，这些特征在多音频分类任务中能取得较好的性能。

本书的第二部分在讨论大数据环境下的声学事件检测方法中，将着重介绍深度学习的方法。从理论上给出深度学习方法在应用到声学事件检测任务时的可行性，同时讨论如何加速深度模型的训练过程，以及给出加速算法的收敛性分析。

2.3 本 章 小 结

本章从特征和模型两个角度分别介绍了声学事件检测中涉及的基本理论和技术，包括各种有效的特征以及对特征进行建模的常用的机器学习方法。这些工作是声学事件检测研究的基础，本书的后续内容将在此基础上分别进行展开。

第3章　基于基频段特征的声学事件检测

3.1　引　　言

大多数声学事件检测中通常采用短时特征，且对不同的声学事件，在进行特征提取时都采用定长的分析单元。然而近年来的研究结果与实际应用表明，基于较长时间段的特征对分类与识别有更大的帮助[69, 93]，并且在多数实际应用中，不同的声学事件所对应的音频片段长度不等。因此，需要研究新的特征提取时音频信号的分析处理单元，以及能同时反映较长时间段上信号的特点，且兼顾声学事件长度不等情况的特征提取方法。同时，随着数据量指数式的增长，集外数据量会异常庞大且复杂，从而导致传统的针对小规模简单应用环境的声学事件检测方法将产生较多的误识结果。因此也需要研究提高声学事件检测性能的有效方法。

在很多实际应用中，考虑到多数声学事件所对应的音频帧中大多包含基频，为应对不同声学事件所对应的音频片段长度不等的问题，本章提出使用基频段作为特征提取时所基于的基本长度单元，以若干个基频段的统计参数作为该声学事件的长时特征来进行声学事件检测。由于这种基于基频段的特征考虑了当前时刻的上下文信息，因此与短时特征相比，它能够更好地表征声学事件的特性。在分类阶段，为了进一步提高方法的准确率，通过对不同分类器结果的融合，进而得到更好的分类结果。此外，通过对集外的易混数据进行建模，提出基于混淆模型的确认模块用以对初步结果进行筛选。同时，考虑到声学事件之间的相似性，提出基于长时相似度的拒识模块用以进一步剔除误识结果。

为了验证本章所提出的若干方法的有效性，我们以识别并检出音频流中笑声、尖叫声、口哨声和掌声等声学事件作为任务进行检验。这些声学事件在短时和长时上都有较明显的特征，并且实验数据也易于获取，因此较为适合进行方法的验证。本章所提出的方法略加调整即可应用于其他声学事件的检测。

3.2　长时特征提取

3.2.1　长时统计特征提取

首先将音频流加窗分帧，基本特征是针对每帧来进行提取。本章使用的基于帧的基本特征包括短时过零率、能量、基频、美尔频率倒谱系数和线性预测倒谱系数等[74, 81, 146]。其中基频特征是通过检测归一化自相关函数峰值的方法计算得到[147]；

美尔频率倒谱系数特征是通过多通道滤波器输出得到[148]；线性预测倒谱系数特征也是通过经典的自相关方法得到[149]。以上这些特征都是在音频处理中较常用且有效的特征。记提取的特征序列为 $L=\{Z_t,M_t,L_t,P_t,E_t\}(t=1,\cdots,T)$，其中 T 是总的帧数，Z_t、M_t、L_t、P_t、E_t 分别表示第 t 帧的过零率、美尔频率倒谱系数、线性预测倒谱系数、基频和短时能量等。

一般来说，不同的声学事件特征会有不同的分布。例如，笑声和尖叫声、音乐以及语音在子带能量、频谱质心和过零率等特征上呈现不同的分布。这些不同的分布也可以作为特征用于声学事件的检测与分类。本节主要介绍本章中使用和提出的统计特征。

(1) 归一化子带能量的均值和方差。不失一般性，本章中音频信号均为 8kHz 采样。在此采样率下，定义九个频率子带，分别为 0~400Hz, 400~800Hz,$\cdots$, 3200~3600Hz。子带的能量可以反映信号的不同声学特性。通过比较大量的笑声、尖叫声、音乐以及语音片段，将相同子带上的能量取均值并归一化，使得各子带上的能量累加和为 1，从而得到图 3-1 所示的能量分布。从这些分布可以看出，笑声与尖叫声等目标声学事件和音乐以及语音的能量在不同子带上的分布有较大的区别：在前两个子带上，目标声学事件能量分布较接近，而音乐及语音则相差较悬殊；在三、四两个子带上，目标声学事件能量较大，而音乐以及语音则较小，因此三、四两个子带在目标声学事件中比音乐以及语音中有较大的影响。本章比较了以子带能量的 18 维均值和方差作为特征时的效果。为了计算帧长为 N 的声音信号 $x(n)$ 的子带能量，首先需要计算该信号的短时离散傅里叶变换 $X(\omega)$：

$$X(\mathrm{e}^{\mathrm{j}\omega})=\sum_{n=0}^{N-1}x(n)\mathrm{e}^{-\mathrm{j}\omega n} \tag{3-1}$$

然后不同的子带能量 SE_i 组合成为子带能量向量 SE，其中

$$\mathrm{SE}_i=\int_{\omega_i}^{\omega_{i+1}}\|X(\mathrm{e}^{\mathrm{j}\omega})\|^2\mathrm{d}\omega \tag{3-2}$$

SE 的均值和方差分别计算如下：

$$\overline{\mathrm{SE}}=\frac{1}{T}\sum_{t=1}^{T}\mathrm{SE}_t \tag{3-3}$$

和

$$\hat{\mathrm{SE}}=\frac{1}{T}\sum_{t=1}^{T}(\mathrm{SE}-\overline{\mathrm{SE}})^2 \tag{3-4}$$

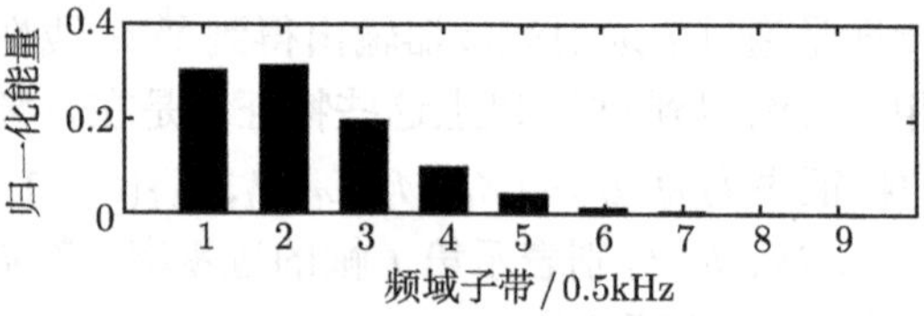

(a) 笑声、尖叫声等

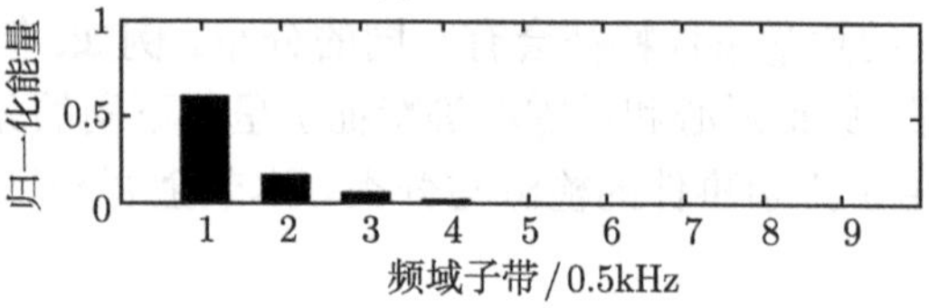

(b) 音乐

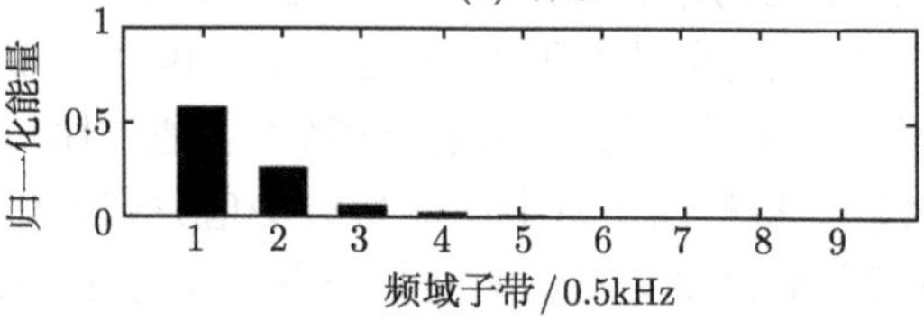

(c) 语音

图 3-1　笑声和尖叫声、音乐以及语音在不同子带上的能量分布

(2) μ_SC 的均值。频谱质心是功率谱分布的重心位置，能够作为近似度量音频响度的指标[62, 78, 82]。频谱质心的计算如下：

$$\mathrm{SC} = \sum_{i=1}^{N/2-1} i \times X(i) \Bigg/ \sum_{i=1}^{N/2-1} X(i) \tag{3-5}$$

其中，$X(i)(i = 1, 2, \cdots, N)$ 是一帧信号的傅里叶变换。此处引入参数 μ，定义了一个新特征 μ_SC：

$$\mu\_\mathrm{SC} = \frac{\displaystyle\sum_{i=1}^{N/2-1} i \times X^{\mu}(i)}{\displaystyle\sum_{i=1}^{N/2-1} X^{\mu}(i)} \tag{3-6}$$

当 $\mu = 1$ 时，μ_SC 是频谱质心；当 $\mu = 2$ 时，μ_SC 成为能量的质心。图 3-2(a) 和图 3-2(b) 分别给出了笑声和尖叫声、音乐以及语音 1_SC 和 2_SC 的分布。一般来说，笑声和尖叫声比音乐与语音响度高，因此有较大的 1_SC。当 μ 变大时，各分布也逐渐靠近，分类效果也逐渐降低。通常不同声学事件 μ_SC 的均值也不同，因此 μ_SC 的均值也常用于声学事件检测。μ_SC 的均值计算如下:

$$\overline{\mu\_\mathrm{SC}} = \frac{1}{T} \sum_{t=1}^{T} \mu\_\mathrm{SC}_t \tag{3-7}$$

(3) 短时过零率均值。一段时间内的过零率均值记为 mSTZCR。图 3-2(c) 显示了 mSTZCR 的分布，可以看出，音乐与语音的 mSTZCR 比笑声和尖叫声的都低，这也与主观上感觉笑声和尖叫声频率较高相一致。

(4) 高过零率比率 (high STZCR ratio，HZCRR)。高过零率比率定义为固定时段内大于既定阈值的帧所占的比率。图 3-2(d) 显示了不同音频的高过零率比率分布，可以看出，笑声和尖叫声的高过零率比率低于语音，而与音乐音频基本上有类似的分布。高过零率比率计算方法如下:

$$\mathrm{HZCRR}=\frac{\#\{\mathrm{STZCR}>\mathrm{th}\}}{\#\mathrm{STZCR}} \tag{3-8}$$

其中, #STZCR 表示该时段内过零率的总数目; #{STZCR > th} 表示该时段内过零率大于既定阈值 th 的总数目。

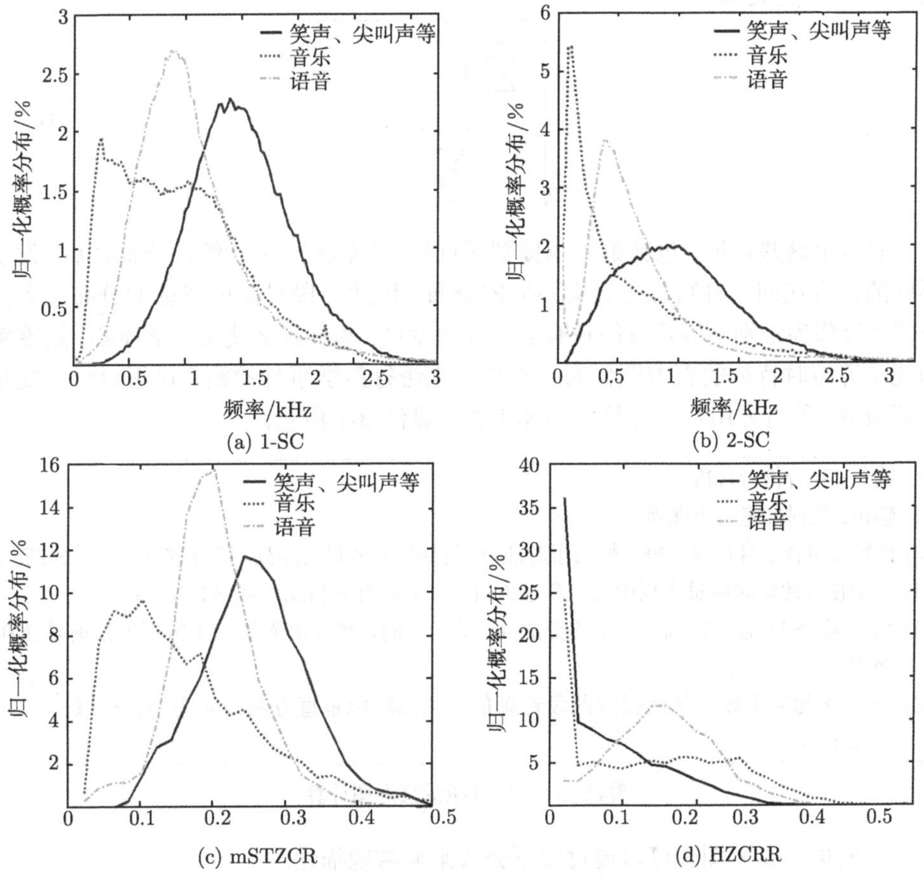

图 3-2 笑声和尖叫声、音乐以及语音在不同特征上的分布

(5) 能量熵。它首先把每一帧平均分成 K 个一样大小的子窗口，然后计算每个子窗口的能量，通过除以帧能量来归一化，记为 $\sigma(i)(i=0,1,\cdots,K-1)$，最后通过式 (3-9) 计算:

$$\mathrm{EE}=-\sum_{i=0}^{K-1}\sigma(i)\ln\sigma(i) \tag{3-9}$$

一般来说，不同声学事件 EE 的均值也不同，因此 EE 的均值也常用于声学事件检测。EE 的均值计算如下:

$$\overline{\mathrm{EE}}=\frac{1}{T}\sum_{t=1}^{T}\mathrm{EE}_t \tag{3-10}$$

(6) 展布频谱 (spectral spread，SS)。展布频谱表示频谱在频谱质心周围分布的范围[150]，其定义如下：

$$\mathrm{SS}=\sqrt{\frac{\sum\limits_{i=1}^{N/2-1}(i-\mathrm{SC})^2X(i)}{\sum\limits_{i=1}^{N/2-1}X(i)}} \tag{3-11}$$

对以上这些特征，包括第 2 章提到的特征 (如基频)，进行统计分析之后，发现不同的声音在同一种特征上会有不同的分布。因此一段时间内特征的分布或者直方图可以作为识别不同声音的较有区分性的度量。本章尝试使用频谱质心、过零率和能量等短时特征的直方图作为一种特征来进行声学事件检测。这里以短时能量特征为例，其直方图特征计算的具体步骤如算法 3-1 所示。

(1) 输入：声音信号片段;
(2) 输出：短时能量直方图特征;
(3) 计算此声音信号片段内每一帧的短时能量，得到短时能量的序列，记为 $\mathrm{STE}_1,\cdots,\mathrm{STE}_n$；
(4) 分别搜索此短时能量序列中最小和最大值，分别记为 $\mathrm{STE}_{\min}$ 和 $\mathrm{STE}_{\max}$；
(5) 将区间 $[\mathrm{STE}_{\min},\mathrm{STE}_{\max}]$ 平均分成 m 份子区间，统计落入每一子区间的短时能量频次数；
(6) 归一化此频次数，从而得到此段音频信号的短时能量直方图，记为 $\mathrm{Hist\_STE}_1,\cdots,\mathrm{Hist\_STE}_m$。

算法 3-1 短时能量直方图计算

短时能量直方图也可以通过如下公式来简洁地描述:

$$\mathrm{Hist\_STE}_i=\frac{\#\{\mathrm{th0}_i<\mathrm{STE}<\mathrm{th1}_i\}}{\#\mathrm{STE}} \tag{3-12}$$

其中, #STE 表示该时段内短时能量的总数目; $\#\{\text{th0}_i < \text{STE} < \text{th1}_i\}$ 表示该时段内短时能量在阈值 th0_i 和 th1_i 范围内的数目。其他直方图的计算方法类似，下面用到时不再赘述。

在长时上除了直方图统计特征以外，同时尝试使用包络特征 (contour features)。它通过直接计算音频片段内随时间变化的特征序列，从而能够表现特征随时间变化的情况。本章使用并比较的包络特征包括基频包络、过零率包络、能量包络、频谱质心包络、能量熵包络和展布频谱包络等。此处以能量包络为例，其包络特征向量为 $\text{CSTE} = (\text{CSTE}_1, \text{CSTE}_i, \cdots, \text{CSTE}_T)$，其中的每一分量计算如下:

$$\text{CSTE}_t = \frac{\text{STE}_t}{\sum_{t=1}^{T} \text{STE}_t} \tag{3-13}$$

3.2.2 基于基频段的特征提取

在大部分应用中，声学事件都是由发音的帧组成的，因此可以尝试取代以往事件检测中常采用的固定时长检测分类单元，而选择不定时长的基频段 (voiced fragments，VF) 作为声学事件检测与分类的单元。基频段的提取总结在算法 3-2 中。它的基本原理是在音频流中循环搜索有连续明显基频的片段，直至其结尾，这些片段就称为基频段。在这样的基频段上，计算统计值，包括均值、方差和直方图、时序以及韵律等作为最终用于建模与检测的特征。

(1) 输入: 未知音频 S;
(2) 输出: 未知音频 S 中所有能找到的基频段集合 VF;
(3) While 未到达 L 的结尾 do
(4) 从未知音频 S 中提取特征序列, 用 $L=\{Z_t, M_t, L_t, P_t, E_t\}, t=1,\cdots,T$, 表示提取出的基本特征序列, 令 s=1, VF= $\varnothing$;
(5) 从第 s 帧开始, 找到第一个大于阈值 P_{thre} 的 P_i, 令索引 i 为一个新的基频段开始, 如果所有 P_t 都小于 P_{thre}, 返回结束;
(6) 检查 i 帧之后的帧, 使得基频值小于 P_{thre} 的连续帧数不多于阈值 T_{thre}, 这样找到的最长段记为 F, VF $\leftarrow F$, 令 s 为在 S 中紧跟在 F 后的帧索引;
(7) end

算法 3-2 基频段搜索

3.3 基于长时统计特征的声学事件检测

通过 3.2 节的方法提取了若干特征，包括基本特征和长时统计特征，本节在这些特征基础上进行声学事件检测。

3.3.1 基于单分类器和多分类器融合的声学事件检测

在声学事件检测中，最直接的方法即为通过分类器来对事件进行分类。这里的分类器可以是高斯混合模型、神经网络或者是支持向量机等。在训练阶段，使用已知标注的数据训练分类器模型；在检测与分类阶段，可以通过算法 3-3 进行分类。

(1) 输入：未知音频段 S;
(2) 输出：未知音频段 S 中是否含有目标声学事件;
(3) 对于未知音频段，利用识别模型判断每帧特征的属性，即是否能够表征目标声学事件;
(4) if 未知音频的长度小于 L，then
(5) 　if 未知音频中目标声学事件有关的帧多于半数 then
(6) 　　判断未知音频含有目标声学事件;
(7) 　else
(8) 　　判断未知音频不含有目标声学事件;
(9) 　end
(10) else if 未知音频中含有目标声学事件有关的基频段多于 L_0，then
(11) 　　判断未知音频含有目标声学事件，并记录位置;
(12) end
(13) 判断未知音频不含有目标声学事件。

算法 3-3　基于单分类器的声学事件检测

一般来说，当使用多种方法对数据进行建模时会提高性能，例如，使用融合多个分类器进行判决可以提高系统的准确率[151-153]。记分量分类器模型为 $\Phi(\cdot)$，则各分量分类器的输出结果通过函数[154]

$$\Theta(\cdot)=\begin{cases}1, & g(\Phi_1(x),\Phi_2(x),\cdots,\Phi_m(x))>0\\ -1, & \text{其他}\end{cases} \tag{3-14}$$

进行融合，其中, $\Theta(\cdot)$ 即为融合分类器 (ensemble classifiers)；$g(\cdot,\cdot,\cdots,\cdot)$ 为融合所有分量分类器 $\Phi_i(\cdot)$ 输出结果的函数。可以看出，融合函数 $g(\cdot,\cdot,\cdots,\cdot)$ 的合理性直接决定了融合分类器的性能。本章尝试两种不同形式的融合方法:

(1) 投票法 (majority voting，MV)。投票法是最直接的融合方法，候选类别在分量分类器中得票数目最多的作为最终结果。此方法赋予各分量分类器同样的权重。投票法的形式化描述如下：

$$\Theta(x)=\arg\max_{y}\sum_{i=1}^{m}\delta(\Phi_i(x),y) \tag{3-15}$$

其中, y 是分类类别的标签；$\delta(\Phi_i(x),y)$ 函数当 $\Phi_i(x)==y$ 时取值 1，其他情况下取值 0。

(2) 融合分类器法 (fusion classifier，FC)。记 $\Phi_1(x),\Phi_2(x),\cdots,\Phi_m(x)$ 为 m 个不同分量分类器的输出结果。这些结果自然形成一个新向量。利用这些向量训练新的分类器，用于识别分量分类器的不同输出结果组合。其中，所涉及的新分类器可能就是之前分量分类器中的一种。本章尝试使用支持向量机作为融合所用的分类器。融合分类器法的形式化描述如下：

$$\Theta(x)=\Phi(\Phi_1(x),\Phi_2(x),\cdots,\Phi_m(x)) \tag{3-16}$$

其中，Φ 是任意一种分量分类器。

本章用到的分量分类器包括基于伪高斯混合模型 (pseudo GMM)、异质混合模型 (heterogeneous mixture models，hetMM) 和神经网络的分类器，以及 SVM 分类器等。其中，伪高斯混合模型和异质混合模型是高斯混合模型的两种推广，将在第 4 章进行详细介绍。

3.3.2 基于类内细分聚类的声学事件检测

相对于目标声学事件数据的统一性，集外数据就显得相当繁杂，没有固定统一的内部结构。本章提出基于类内聚类的分析方法，通过对不同类别的数据进行类内聚类，形成结构相对统一的小类，在此基础上进行声学事件检测。假设 $x_{1,i},x_{2,i},\cdots,x_{k_i,i}$ 为属于 C_i 类的特征向量，父类数目为 N_0，子类数目为 N_c，类内细分聚类 (in-class clustering，in-CC) 的过程如算法 3-4 所示。

在进行了类内细分聚类之后，父类即可由子类来代表。在检测分类时，如果特征被分类到属于某一子类，则判别此特征从属于该子类所代表的父类。

(1) 输入：父类 C_i；

(2) 输出：子类 $C_{i,j}(j=1,2,\cdots,N_i)$；

(3) 在所有父类中进行 K 均值聚类，这样所有的父类 $C_i(i=1,2,\cdots,N_{\text{o}})$ 在聚类之后都拥有 N_c 个子类 $C_{i,j}(j=1,2,\cdots,N_c)$，其中 $C_{i,j}$ 也表示组成这个集合的所有向量；

(4) 对于所有的子类 $C_{i,j}(i=1,2,\cdots,N_{\text{o}};j=1,2,\cdots,N_c)$，如果 $|C_{i,j}|<A$，则舍弃 $C_{i,j}$；

(5) 对于所有的子类对 $(C_{i,j},C_{k,h})(i\neq k)$，若 $d(C_{i,j},C_{k,h})<\delta$，则两个都舍弃，其中 $d(\cdot,\cdot)$ 是通过式 (3-17) 来定义的：

$$d(C_{i,j},C_{k,h})=\left\|\frac{1}{|C_{i,j}|}\sum_{x\in C_{i,j}}x-\frac{1}{|C_{k,h}|}\sum_{x'\in C_{k,h}}x'\right\| \tag{3-17}$$

(6) 将所有剩下的子类合并，如果 C_i 剩下 N_i 个子类，则这些子类记为 $C_{i,j}(j=1,2,\cdots,N_i)$。

算法 3-4 类内细分聚类算法

3.3.3　基于拒识和确认的声学事件检测

由于海量复杂数据环境下误识数据较多，因此需要拒识和确认模块进行进一步的筛选，以便提高准确率。一般集外数据中会有较多和目标声学事件在听觉感知上一致的易混数据。这些易混淆的数据需要进一步进行拒识处理。为了设计拒识模块，让原始系统在线运行以搜集易混淆数据。然后在此易混淆数据和原始数据上训练新的模型，这样新的模型即可以拒识原始模型误识的声学事件数据。

一般来说，有些种类的目标声学事件在长时上会呈现听觉的拟周期性，即相似的特征重复出现，如节目中的笑声和尖叫声等。这种拟周期性可以用于进一步确认目标声学事件。记声学事件的特征序列为 $\{\boldsymbol{F}_1,\cdots,\boldsymbol{F}_n\}$，则称所有特征对的余弦距离均值:

$$\text{LTSM}=\frac{1}{n^2}\sum_{i=1}^{n}\sum_{j=1}^{n}\frac{\boldsymbol{F}_i\boldsymbol{F}_j}{\|\boldsymbol{F}_i\|\|\boldsymbol{F}_j\|} \tag{3-18}$$

为长时相似性度量 (long-term similarity measure，LTSM)。图 3-3 比较了不同声学事件的 LTSM，可以看出，目标声学事件的 LTSM 集中在接近于 1 的一个较小区间，而其他声学事件的 LTSM 则呈现较平坦的分布。因此可以设计一个确认模块，通过设置阈值 $\text{LTSM}_{\text{thre}}$，从而进一步确认拒识之后的结果。如果 $\text{LTSM} > \text{LTSM}_{\text{thre}}$，则认为有较大可能为目标声学事件。

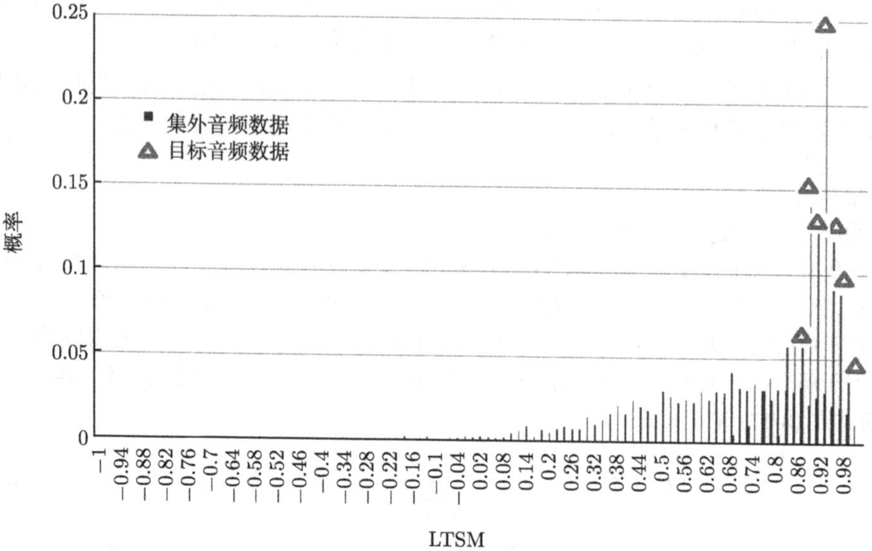

图 3-3　不同音频长时相似性度量的对比

3.4 实验和结果

3.4.1 实验设置

本章所有的音频实验数据主要来自于互联网。所有的集内训练数据通过人工标注，共 40h；集外训练数据共 100h，包括音乐、电影、新闻和语音等。测试集包括 233 个含目标声学事件的片段，3207 个不含声学事件的音频片段，长度从 1min 到 10min 不等。本实验中算法使用的参数如表 3-1 所示。

表 3-1 本实验中使用的参数设置

N_o	N_c	T	T_o	P_{thre}	T_{thre}
2	5	20s	9s	10	5

3.4.2 实验结果与分析

通过召回率 (recall rate，RR) 、误警率 (false positive rate，FPR) 和准确率 (precision) 等指标来衡量前面提到的方法。召回率、误警率和准确率的定义如下：

$$\text{RR} = \frac{\text{检测出的包含目标声学事件的文件数}}{\text{所有包含目标声学事件的文件数}} \times 100\% \tag{3-19}$$

$$\text{FPR} = \frac{\text{被误判为包含目标声学事件的文件数}}{\text{所有不含目标声学事件的文件数}} \times 100\% \tag{3-20}$$

$$\text{Precision} = \frac{\text{检测正确的包含声学事件的文件数}}{\text{所有检出的包含声学事件的文件数}} \times 100\% \tag{3-21}$$

1. 基于统计特征的声学事件检测

图 3-4 显示的是不同特征下系统的召回率和误警率，按顺序各特征依次是短时能量直方图、频谱宽度直方图、能量熵直方图、频谱质心直方图、短时过零率直方图、基频直方图、能量熵包络、美尔频率倒谱系数均值方差、综合特征、频谱质心的包络、短时能量的包络、过零率的包络以及基频的包络等。其中直方图特征如表 3-2 所示，由于能量的取值范围不定，所以能量熵直方图的中心是根据能量的取值范围自适应进行确定的。实验表明，其中短时能量特征性能最好。除了短时能量直方图特征，其他的直方图特征一般无法保持召回率和误警率之间的均衡。由于目标声学事件和集外声学事件在短时能量分布上有较明显的区别，因此短时能量分布具有较好的区分性。实验也表明，与美尔频率倒谱系数以及过零率和频谱特征的组合相比，直方图和包络特征具有较好的分类性能。

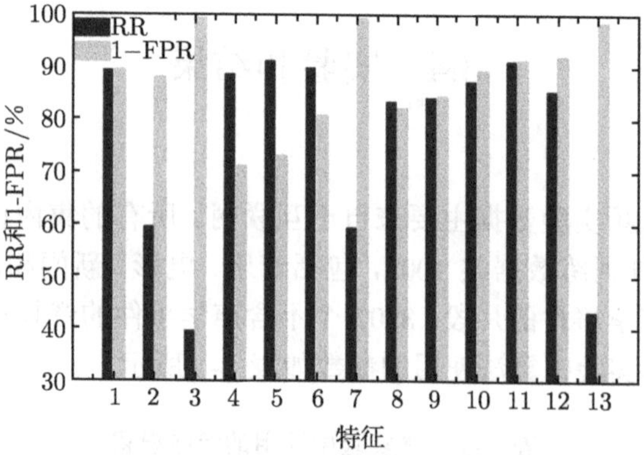

图 3-4　不同类型特征的性能对比

表 3-2　直方图特征

特征	直方图中心
Hist_ZCR	0, 0.05, ···, 0.5 (11)
Hist_SC	20, 25, ···, 80 (13)
Hist_Pitch	0, 20, ···, 240 (13)
Hist_EE	自适应 (10)
Hist_SS	10, 13, ···, 43 (12)

图 3-5 显示了能量直方图和短时能量包络的性能比较。包络特征在总体上具有较好的性能，这在很大程度上归因于包络基本上包含音频在时间上的变化趋势，而直方图特征仅是包络特征的降维表示。两种特征在性能的变化趋势上呈现出相同点：由于集外数据的繁杂，两种特征的召回率曲线下降较快，而误警率下降较慢。召回率和误警率的交点是召回率和误警率之间的平衡，可以选择达到此性能时的系统参数，作为一种较好的实际应用时的参数。

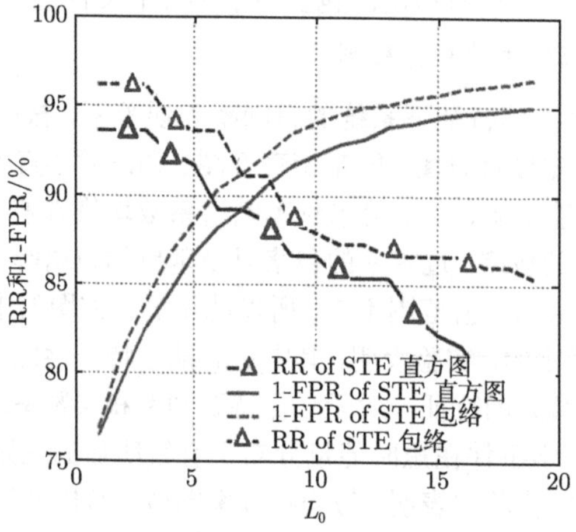

图 3-5　短时能量直方图和短时能量包络的性能比较

2. 基于类内细分聚类的声学事件检测

为了验证类内细分聚类方法对系统整体性能的影响，根据不同特征和方法的组合设计了表 3-3 所示的实验，其中 in-CC 表示类内细分聚类，multi-class SVMs 表示多分类 SVM，STE Historam 表示短时能量直方图。

表 3-3 基于不同特征和方法组合的系统

系统	描述
Baseline	使用 mFCC 与 SVM
MimS	使用 mFCC 与类内细分聚类 SVM
MSS	使用 mFCC 与短时能量直方图 SVM
MSimS	使用 mFCC 与短时能量直方图及类内细分聚类 SVM

图 3-6 显示了不同系统的性能，其中 MSimS 系统在召回率和错误接受率上都取得了最好的性能。由于短时能量直方图的作用，系统 MSS 和 MSimS 显示了较优的性能。它们分别比基线 (Baseline) 和 MimS 系统有较高的召回率和较低的误警率。系统 MSimS 和 MimS 相对基线系统和 MSS 有较优的召回率和几乎接近的误警率，其中能获得较优的召回率主要归因于类内细分的作用，而相近的误警率主要是由集外数据的繁杂所造成。这种繁杂的集外数据问题需要采用其他有效的方法来解决。

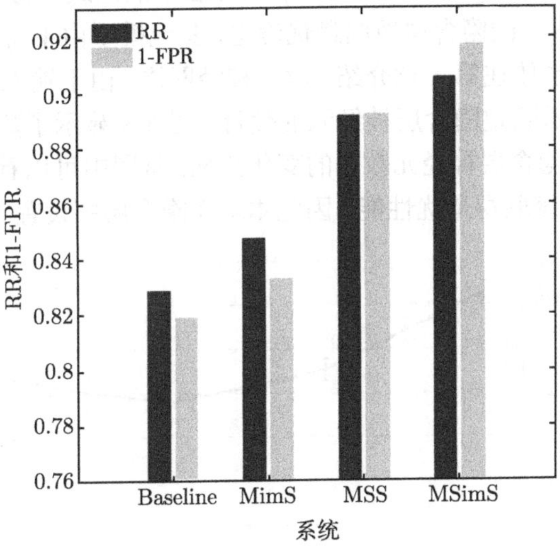

图 3-6 系统召回率和误警率的对比

图 3-7 所示为系统召回率与误警率随 L_0 变化情况。相对于变化较缓慢的误警率，召回率随着 L_0 的增加下降较快，这是因为一般来说目标声学事件在音频流中出现次数并不多，并且所占的时间不长，当 L_0 增加时，阈值变大，很多目标文件

就无法检出，所以导致召回率下降较快。

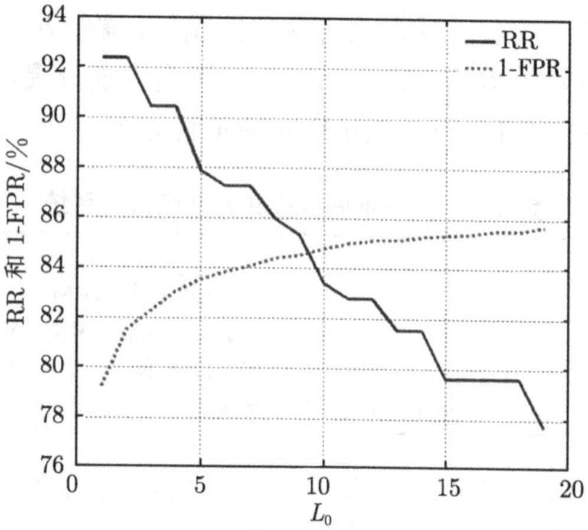

图 3-7　召回率和误警率随 L_0 变化情况

3. 基于拒识确认以及分类器融合的声学事件检测

本章组成融合分类器的分量分类器包括基于伪高斯混合模型 (pseudo GMM)、异质混合模型 (HetMM) 和人工神经网络模型 (ANN) 的分类器，以及支持向量机模型等。采用交叉验证 (cross-validation) 的方法来确定这些分量分类器的最优参数。这里仅给出 ANN 的隐含层数的最优确定，其他模型由于将在第 4 章作详细介绍，其参数的确定也放在第 4 章介绍。对于神经网络，由于输入层和输出层神经元数目确定，因此仅需确定隐含层神经元的数目。图 3-8 显示了基于 ANN 的声学事件检测系统性能随隐含层神经元数目的变化情况。从图中可以看出，当隐含层拥有 72 个神经元时，系统取得最优性能。因此本章在隐含层中设置 72 个神经元。

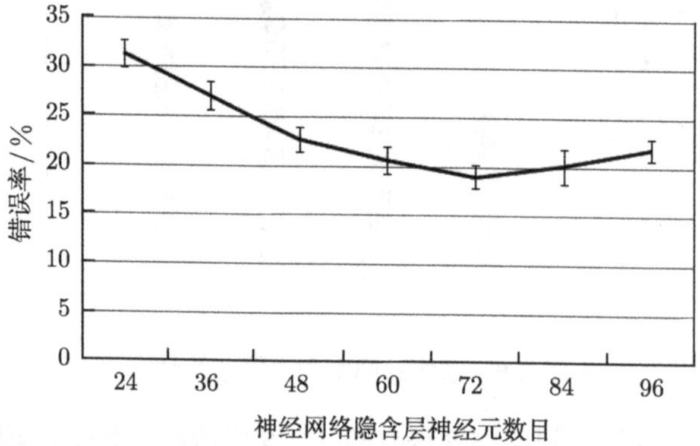

图 3-8　隐含层不同神经元数目下的基频段分类错误率

表 3-4 给出了离线测试中不同方法的性能。可以看出，融合分类器与其他单

分类器相比，均取得较好的性能。例如, 与 SVM 相比，误警率下降 10%；相对于 ANN，误警率下降 6%，召回率提高 4%；相对于 pseudo GMM，分别为 10%和 3%。而所有融合分类器性能相当，其中融合分类器方法优于较简单的投票方法。

从表 3-4 中也可以看出拒识和确认模块的作用。在增加这两个模块之后，系统的误警率有较大的下降，而召回率下降较少。从结果可以看出，拒识模块可以带来 10%的误警率下降，而召回率只下降 3%；确认模块分别带来了 5%和 3%的下降。如果同时使用两个模块，则分别会有 14%和 10%的下降。对于错误接受率，这样的方法最低可以达到 2.1%，此时召回率为 72.64%。

表 3-4　离线测试的系统性能 (单位：%)

模块		分量分类器				融合分类器	
		pseudo GMM	HetMM	SVM	ANN	MV	FC
无拒识和确认	召回率	85.84	85.84	84.90	83.02	81.13	79.27
	误警率	24.85	24.76	23.32	28.20	22.17	2.96
仅有拒识	召回率	83.96	83.01	84.90	73.58	80.19	77.35
	误警率	17.21	16.82	19.22	14.81	8.60	2.39
仅有确认	召回率	80.18	81.13	81.13	75.47	77.35	73.58
	误警率	19.69	19.78	17.87	25.14	17.20	2.58
有拒识和确认	召回率	78.30	79.24	80.19	70.75	75.47	72.64
	误警率	14.15	13.95	14.72	11.47	7.36	2.1

同时也进行了在线的测试，由于此时无法统计召回率，因此表 3-5 仅给出了准确率，这里的准确率是进行五次实验取平均值得到的结果。从表中可以看出，融合分类器平均能够提高 12%的准确率，最优能够达到 93.45%，基本上能够达到实用要求。

表 3-5　在线测试的系统性能 (准确率) (单位：%)

模块	分量分类器				融合分类器	
	pseudo GMM	HetMM	SVM	ANN	MV	FC
无拒识和确认	76.17	77.54	76.90	70.82	79.24	80.16
仅有拒识	79.93	78.96	80.76	75.54	81.24	86.44
仅有确认	80.05	80.54	78.11	75.62	84.83	83.69
有拒识和确认	81.02	80.69	82.50	80.26	90.33	93.45

3.5 本章小结

本章针对繁杂数据环境下的应用情况，提出了基于基频段特征的解决方法，包括基于基频段的特征提取方法、基于分类融合的识别方法、基于聚类的识别方法、基于混淆模型的确认方法、基于长时相似度的拒识方法等。实验表明，所提出的方法能够有效地提高声学事件检测的准确率与召回率。

第4章　基于混合模型的声学事件检测

4.1　引　　言

随着多媒体与网络技术的发展，当前数据库中的音频数据日趋繁杂，具体表现在：①数据来源复杂，如数据可能来自于不同的国家和地区；②数据采集方式复杂，如使用多样化的录音设备而获得的数据；③数据产生方式复杂，如自然数据或者人造数据等。面对如此繁杂的数据环境，以高斯混合模型为代表的传统数据建模方法存在其局限性。为了解决此类问题，本章提出两种对高斯混合模型进行推广的方法。

第一种推广方法基于如下的假设：如果将数据特征映射到高维空间，则使用高斯混合模型 GMM 可以描述更多的概率密度形式[155]。在这样的假设下，随之而来的问题就是如何对高维空间中混合模型的参数进行估计。如果直接将低维的数据转化到高维的空间，然后在此空间中寻找线性分类平面，将会遇到两个大问题：一是在高维度空间中计算将导致维数灾难 (curse of dimension) 问题；二是如果变量的维数远远低于样本数量，其样本协方差矩阵一般情况下可以保证是正定的，但在高维情况下，它却不一定是正定的。为解决这些问题，一般是通过核函数 $K(x_1, x_2) = \langle \phi(x_1), \phi(x_2) \rangle$ 来完成，其中 x_1 和 x_2 是低维空间中的点 (可以是标量，也可以是向量)，$\phi(x_i)$ 是将低维空间的点 x_i 转化为高维度空间中的点的表示，$\langle , \rangle$ 表示向量的内积[156]。这里核函数 $K(x_1, x_2)$ 的表达方式一般都不会显式地写为内积的形式，即我们不关心高维空间的形式。核函数巧妙地解决了上述的问题，通过低维点的核函数就可以计算高维空间中向量的内积。文献 [156] 使用核技巧 (kernel trick) 与蒙特卡罗 (Monte Carlo) 采样技术实现了高斯混合模型在高维空间中的参数估计。虽然使用蒙特卡罗技术可以提高参数估计的速度，但是由于和其他核方法类似，这种方法需要计算所有训练集上特征对的核函数；同时，为了得到最大的特征值，需要进行计算密集的奇异值分解操作，特别是当数据量巨大时，奇异值分解基本无法进行，因此这种方法每次迭代的时间复杂度依然很高。本章通过一种新的方式引入核函数，综合了传统 GMM 方法的速度与 kernel GMM 方法[156] 的性能优势：其迭代次数与 GMM 相同，且性能与 kernel GMM 相当。

第二种推广方法基于如下考虑：传统的混合模型通常基于单一分布形式，然而数据可能来源复杂，并非单一的分布形式就可以充分描述，需要多种不同的分布形式来组成异质的混合分布。一般来说，不同的分布有不同的性质，例如，与尾部以指数下降的高斯分布相比，Student's t 分布有较厚的尾部，因此基于 Student's t 的混合分布可以较好地对野点 (outlier values) 进行建模[157]；而对 Logistic 分布，虽然其与正态分布有相似的形状，但具有较厚的尾部以及较大的峭度 (kurtosis)[158]；另一个例子是 Beta 分布，在用于有界区域的建模时，与 GMM 相比是个较好的选择。因此我们通过将不同形式的分布加入混合分布中，提出了异质的混合模型 (heterogeneous mixture models，HetMM)。本章用到的分布包括多变量正态分布 (multivariate normal distribution，MND)、多变量 Student's t 分布 (multivariate student's t-distribution，MSD) 以及多变量 Logistic 分布 (multivariate logistic distribution，MLD)。

在下面的若干节中，将逐一介绍以上两种高斯混合模型的推广方法以及相关的若干问题，包括参数估计方法、混合模型的辨识性 (identifiability) 等，并与传统建模方法进行比较。

4.2 伪高斯混合模型

4.2.1 伪高斯混合模型的构建

GMM 模型假设观察特征数据符合高斯混合分布，其混合密度似然函数形式如下:

$$p(\boldsymbol{x}|\theta)=\sum_{k=1}^{N} w_k N(\boldsymbol{x}|\boldsymbol{\mu}_k,\boldsymbol{\Sigma}_k) \tag{4-1}$$

其中，N 是混合模型中高斯分量的数目；w_k 是高斯分量的权重，满足 $\sum\limits_{k=1}^{N} w_k = 1$，$w_k \geqslant 0$; $N(\boldsymbol{x}|\boldsymbol{\mu}_k,\boldsymbol{\Sigma}_k)$ 是高斯概率密度函数

$$N(\boldsymbol{x}|\boldsymbol{\mu}_k,\boldsymbol{\Sigma}_k)=\frac{1}{(2\pi)^{\frac{d}{2}}|\boldsymbol{\Sigma}_k|^{\frac{1}{2}}}\exp\left(-\frac{1}{2}(\boldsymbol{x}-\boldsymbol{\mu}_k)^{\mathrm{T}}\boldsymbol{\Sigma}_k^{-1}(\boldsymbol{x}-\boldsymbol{\mu}_k)\right) \tag{4-2}$$

其中, d 是特征 $\boldsymbol{x}=(x^1,\cdots,x^d)^{\mathrm{T}}$ 的维数; $\boldsymbol{\mu}_k=[\mu_k^1,\cdots,\mu_k^d]^{\mathrm{T}}$ 和 $\boldsymbol{\Sigma}_k$ 分别为均值向量和协方差矩阵，并且设 $\boldsymbol{\Sigma}_k$ 为对角矩阵 (Reynolds 证实对角协方差矩阵和全协方差矩阵性能类似[159])。

在很多应用中，GMM 模型的参数可通过基于最大似然 (maximum likelihood) 准则的 EM(expectation maximization) 算法来确定。

设 $\boldsymbol{X}=\{\boldsymbol{x}_1,\cdots,\boldsymbol{x}_m\}$ 是独立同分布 (independent identically distributed，i.i.d) 的观测数据，其中 m 是采样点的数目，这里使用 EM 算法来估计参数。其估计过程是在两个步骤，即 E-步骤和 M-步骤之间进行多次迭代，直到收敛[160]。对于 GMM，其 E-步骤和 M-步骤分别如下：

(1) E-步骤:

$$p(j|\boldsymbol{x}_i)=\frac{w_j N(\boldsymbol{x}_i|\boldsymbol{\mu}_j,\boldsymbol{\Sigma}_j)}{\sum\limits_{k=1}^{N} w_k N(\boldsymbol{x}_i|\boldsymbol{\mu}_k,\boldsymbol{\Sigma}_k)} \tag{4-3}$$

(2) M-步骤:

$$\boldsymbol{\mu}_j^{\text{new}}=\frac{\sum\limits_{k=1}^{m}\boldsymbol{x}_k p(j|\boldsymbol{x}_k)}{\sum\limits_{k=1}^{m} p(j|\boldsymbol{x}_k)} \tag{4-4}$$

$$\boldsymbol{\Sigma}_j^{\text{new}}=\frac{\sum\limits_{k=1}^{m} p(j|\boldsymbol{x}_k)(\boldsymbol{x}_k-\boldsymbol{\mu}_j^{\text{new}})(\boldsymbol{x}_k-\boldsymbol{\mu}_j^{\text{new}})^{\mathrm{T}}}{\sum\limits_{k=1}^{m} p(j|\boldsymbol{x}_k)} \tag{4-5}$$

$$w_j^{\text{new}}=\frac{1}{m}\sum_{k=1}^{m} p(j|\boldsymbol{x}_k) \tag{4-6}$$

由于 $\boldsymbol{\Sigma}_k$ 是对角阵，所以高斯概率密度函数可以写成

$$N(\boldsymbol{x}|\boldsymbol{\mu}_k,\boldsymbol{\Sigma}_k)=\frac{1}{(2\pi)^{\frac{d}{2}}\sqrt{|\boldsymbol{\Sigma}_k|}}\exp\left(-\frac{1}{2}(\boldsymbol{\Sigma}_k^{-1/2}\boldsymbol{x}-\boldsymbol{\Sigma}_k^{-1/2}\boldsymbol{\mu}_k)^{\mathrm{T}}(\boldsymbol{\Sigma}_k^{-1/2}\boldsymbol{x}-\boldsymbol{\Sigma}_k^{-1/2}\boldsymbol{\mu}_k)\right) \tag{4-7}$$

如果用一个一般的非线性测度 $f(\boldsymbol{\Sigma}_k^{-1/2}\boldsymbol{x},\boldsymbol{\Sigma}_k^{-1/2}\boldsymbol{\mu}_k)$ 来代替 $(\boldsymbol{\Sigma}_k^{-1/2}\boldsymbol{x}-\boldsymbol{\Sigma}_k^{-1/2}\boldsymbol{\mu}_k)^{\mathrm{T}}(\boldsymbol{\Sigma}_k^{-1/2}\boldsymbol{x}-\boldsymbol{\Sigma}_k^{-1/2}\boldsymbol{\mu}_k)$，则可以在更高维的空间中来表示数据的分布，并计算 $\boldsymbol{\mu}_k$ 和 $\boldsymbol{x}$ 之间的距离。通过归一化，从而得到伪高斯 (pseudo Gaussian) 概率密度函数:

$$G_p(\boldsymbol{x}|\boldsymbol{\mu}_k,\boldsymbol{\Sigma}_k)=\frac{1}{c(\boldsymbol{\mu}_k,\boldsymbol{\Sigma}_k)}\exp\left(-\frac{1}{2}f(\boldsymbol{\Sigma}_k^{-1/2}\boldsymbol{x},\boldsymbol{\Sigma}_k^{-1/2}\boldsymbol{\mu}_k)\right) \tag{4-8}$$

其中，$c(\boldsymbol{\mu}_k,\boldsymbol{\Sigma}_k)=\int\exp\left(-\frac{1}{2}f(\boldsymbol{\Sigma}_k^{-1/2}\boldsymbol{x},\boldsymbol{\Sigma}_k^{-1/2}\boldsymbol{\mu}_k)\right)\mathrm{d}\boldsymbol{x}$。如果基于这样的概率密度函数建立混合模型，则得到伪高斯混合模型 (pseudo GMM, pGMM):

$$p(\boldsymbol{x}|\theta)=\sum_{k=1}^{N} w_k G_p(\boldsymbol{x}|\boldsymbol{\mu}_k,\boldsymbol{\Sigma}_k) \tag{4-9}$$

在此伪高斯混合模型中，并没有像文献 [156] 那样将特征映射到高维空间，而是通过映射引入非线性元素，因此 pGMM 折中考虑了传统 GMM 和 kernel GMM

的速度与性能优势。为了保证伪高斯的可积性，仅需非线性函数的增长速度大于线性函数即可。由于函数 $f(\boldsymbol{x},\boldsymbol{x}')=\exp\left(\dfrac{\|\boldsymbol{x}-\boldsymbol{x}'\|}{2\sigma^2}\right)$ 在当 $\boldsymbol{x}$ 远离 $\boldsymbol{x}'$ 时，能比多项式函数更快地收敛到零，同时它与其他非线性函数相比有较低的计算量，因此本章采用此函数作为伪高斯中的非线性映射函数 (其他的非线性映射也可使用，不过由于性能差异不大，因此不一一赘述)。非线性映射中的参数 σ 可通过在一个开发集 (develop dataset) 上确定，具体细节在 4.4.1 节中进行详细介绍。

4.2.2　伪高斯混合模型参数估计的 EM 算法

我们使用最大似然估计准则来估计伪高斯混合模型的参数。为了估计最优参数，引入二值指示变量 $q_{i,j}\in\{0,1\}$，其中 $q_{i,j}=1$ 表示 $\boldsymbol{x}_i$ 变量属于伪高斯分量 j。此时 $\boldsymbol{X}=\{\boldsymbol{x}_i\}_{i=1}^m$ 和 $\boldsymbol{Q}=\{q_{i,j}\}_{i=1,\cdots,m;j=1,\cdots,N}$ 的对数伪联合似然度可以表示为

$$
\begin{aligned}
\ln p(\boldsymbol{X},\boldsymbol{Q}|\theta)=&\sum_{i=1}^{m}\sum_{j=1}^{N}\Bigg[q_{i,j}\ln w_j\\
&+q_{i,j}\ln\left(\frac{1}{c(\boldsymbol{\mu}_j,\boldsymbol{\Sigma}_j)}\exp\left(-\frac{1}{2}f(\boldsymbol{\Sigma}_j^{-1/2}\boldsymbol{x}_i,\boldsymbol{\Sigma}_j^{-1/2}\boldsymbol{\mu}_j)\right)\right)\Bigg]
\end{aligned}
\tag{4-10}
$$

然后考虑如下的辅助函数:

$$
\begin{aligned}
A(\theta,\theta^s)=&E_Q[\ln p(\boldsymbol{X},\boldsymbol{Q}|\theta)|\boldsymbol{X},\theta^s]\\
=&\sum_{i=1}^{m}\sum_{j=1}^{N}E_{\boldsymbol{Q}}[q_{i,j}|\boldsymbol{X},\theta^s]\Bigg[\ln w_j\\
&+\ln\left(\frac{1}{c(\boldsymbol{\mu}_j,\boldsymbol{\Sigma}_j)}\exp\left(-\frac{1}{2}f(\boldsymbol{\Sigma}_j^{-1/2}\boldsymbol{x}_i,\boldsymbol{\Sigma}_j^{-1/2}\boldsymbol{\mu}_j)\right)\right)\Bigg]
\end{aligned}
\tag{4-11}
$$

在进行伪高斯混合模型参数估计之前，先通过 K-均值 (K-means) 算法来初始化其模型参数。然后使用 EM 算法来进行参数估计 θ。

在 E-步骤时，$\boldsymbol{x}_i$ 属于第 j 个伪高斯分量的后验概率可以表示为

$$
E_Q[q_{i,j}|\boldsymbol{X},\theta^s]=p(j|\boldsymbol{x}_i,\theta^s)=\frac{w_j^sG_p(\boldsymbol{x}_i|\boldsymbol{\mu}_j^s,\boldsymbol{\Sigma}_j^s)}{\sum\limits_{k=1}^{N}w_k^sG_p(\boldsymbol{x}_i|\boldsymbol{\mu}_k^s,\boldsymbol{\Sigma}_k^s)}
\tag{4-12}
$$

M-步骤是寻找能够最大化 $A(\theta,\theta^s)$ 的参数 $\theta=\{w_1,\cdots,w_N;\ \boldsymbol{\mu}_1,\cdots,\boldsymbol{\mu}_N;\ \boldsymbol{\Sigma}_1,\cdots,$

$\boldsymbol{\Sigma}_N\}$。对于 $\boldsymbol{\mu}_j$，通过 $A(\theta,\theta^s)$ 对 $\boldsymbol{\mu}_j$ 求偏导并设其为零，可以得到

$$\begin{aligned}\frac{\partial A(\theta,\theta^s)}{\partial \boldsymbol{\mu}_j}=&\sum_{i=1}^{m}p(j|\boldsymbol{x}_i,\theta^s)\Bigg[-\frac{1}{2}f(\boldsymbol{\Sigma}_j^{-1/2}\boldsymbol{x}_i,\boldsymbol{\Sigma}_j^{-1/2}\boldsymbol{\mu}_j)\\&\times\frac{1}{\sigma^2}(\boldsymbol{\Sigma}_j^{-1/2}\boldsymbol{x}_i-\boldsymbol{\Sigma}_j^{-1/2}\boldsymbol{\mu}_j)^{\mathrm{T}}(-\boldsymbol{\Sigma}_j^{-1/2})\\&-\frac{1}{c(\boldsymbol{\mu}_j,\boldsymbol{\Sigma}_j)}\int\frac{\partial\exp\left(-\frac{1}{2}f(\boldsymbol{\Sigma}_j^{-1/2}\boldsymbol{x}_i,\boldsymbol{\Sigma}_j^{-1/2}\boldsymbol{\mu}_j)\right)}{\partial\boldsymbol{\mu}_j}\mathrm{d}\boldsymbol{x}\Bigg]=0\end{aligned}\tag{4-13}$$

由于伪高斯比传统高斯增长得快，从而满足 3-西格玛准则 (3-sigma rule)[161]，所以 $c(\boldsymbol{\mu}_j,\boldsymbol{\Sigma}_j)$ 和式 (4-13) 中的积分是通过计算 $\prod_{i=1}^{d}(\mu_j^i-3\Sigma_j^i,\mu_j^i+3\Sigma_j^i)$ 空间中的累加和来得到。其中 μ_j^i 和 Σ_j^i 中的 i 表示 $\boldsymbol{\mu}_j$ 和 $\boldsymbol{\Sigma}_j$ 等的第 i 维。从式 (4-13) 中无法得到 $\boldsymbol{\mu}_j^{\mathrm{new}}$ 的闭式解，可以采取梯度下降法：

$$\tilde{\boldsymbol{\mu}}_j^{\mathrm{new}}=\min_{\boldsymbol{\mu}_j}\left\|\partial A(\theta,\theta^s)/\partial\boldsymbol{\mu}_j\right\|_2^2\tag{4-14}$$

得到近似解 $\tilde{\boldsymbol{\mu}}_j^{\mathrm{new}}$。近似解 $\tilde{\boldsymbol{\mu}}_j^{\mathrm{new}}$ 可以通过之前得到的值 $\tilde{\boldsymbol{\mu}}_j^{\mathrm{old}}$ 为初始值 $\boldsymbol{\mu}_j^0$，然后使用梯度下降算法来进行更新迭代：

$$\boldsymbol{\mu}_j^{t+1}=\boldsymbol{\mu}_j^t-\eta(t)\nabla_{\boldsymbol{\mu}_j}\left\|\partial A(\theta,\theta^s)/\partial\boldsymbol{\mu}_j\right\|_2^2|_{\boldsymbol{\mu}_j^t}\tag{4-15}$$

直到 $\left\|\nabla_{\boldsymbol{\mu}_j}\left\|\partial A(\theta,\theta^s)/\partial\boldsymbol{\mu}_j\right\|_2^2|_{\boldsymbol{\mu}_j^t}\right\|_2<\varepsilon$，其中 $\eta(t)$ 为学习率 (learning rate)，从而得到 $\tilde{\boldsymbol{\mu}}_j^{\mathrm{new}}$。本章使用近似的最优学习率 $\eta(t)=\left\|\nabla_{\boldsymbol{\mu}_j}J\right\|_2^2/(\nabla_{\boldsymbol{\mu}_j}J)^{\mathrm{T}}\boldsymbol{H}(\nabla_{\boldsymbol{\mu}_j}J)|_{\boldsymbol{\mu}_j^t}$，其中 $J=\left\|\partial A(\theta,\theta^s)/\partial\boldsymbol{\mu}_j\right\|_2^2$，而 $\boldsymbol{H}$ 是元素为二阶偏导数 $\partial^2 J/\partial\mu_j^p\partial\mu_j^q$ 的 Hessian 矩阵[162]，其中 μ_j^p 和 μ_j^q 分别为 $\boldsymbol{\mu}_j$ 的第 p 维和第 q 维。

从 $\dfrac{\partial A(\theta,\theta^s)}{\partial\boldsymbol{\Sigma}_j}=0$，可以得到

$$\begin{aligned}\frac{\partial A(\theta,\theta^s)}{\partial \boldsymbol{\Sigma}_j}=&\sum_{i=1}^{m}p(j|\boldsymbol{x}_i,\theta^s)\Bigg[-\frac{1}{2}f(\boldsymbol{\Sigma}_j^{-1/2}\boldsymbol{x}_i,\boldsymbol{\Sigma}_j^{-1/2}\boldsymbol{\mu}_j)\frac{1}{\sigma^2}\\&\cdot\boldsymbol{I}_{d\times d}(\boldsymbol{x}_i-\boldsymbol{\mu}_j)(\boldsymbol{\Sigma}_j^{-1/2}\boldsymbol{x}_i-\boldsymbol{\Sigma}_j^{-1/2}\boldsymbol{\mu}_j)\\&-\frac{1}{c(\boldsymbol{\mu}_j,\boldsymbol{\Sigma}_j)}\int\frac{\partial\exp\left(-\frac{1}{2}f(\boldsymbol{\Sigma}_j^{-1/2}\boldsymbol{x}_i,\boldsymbol{\Sigma}_j^{-1/2}\boldsymbol{\mu}_j)\right)}{\partial\boldsymbol{\Sigma}_j}\mathrm{d}\boldsymbol{x}\Bigg]=0\end{aligned}\tag{4-16}$$

其中，$\boldsymbol{I}_{d\times d}$ 是 $d\times d$ 的单位矩阵。

类似于 $\boldsymbol{\mu}_j^{\text{new}}$，$\boldsymbol{\Sigma}_j^{\text{new}}$ 可以通过求解:

$$\tilde{\boldsymbol{\Sigma}}_j^{\text{new}} = \min_{\boldsymbol{\Sigma}_j} \left\| \partial A(\theta, \theta^s) / \partial \boldsymbol{\Sigma}_j \right\|_2^2 \tag{4-17}$$

近似得到。由于其过程与式 (4-14) 及式 (4-15) 的过程相类似，这里不再赘述。进而通过求解

$$\frac{\partial \left[A(\theta, \theta^s) + \left(1 - \sum_{k=1}^{N} w_k \right) \lambda_j \right]}{\partial w_j} = 0 \tag{4-18}$$

可以得到权重的迭代公式:

$$w_j^{\text{new}} = \frac{1}{m} \sum_{i=1}^{m} p(j|\boldsymbol{x}_i, \theta^s) \tag{4-19}$$

至此就得到除了 σ 之外的所有参数的迭代公式。而非线性映射中的参数 σ 可通过在一个开发集上确定，具体细节在实验章节中进行详细介绍。

4.3 异质混合模型

考虑到 p 个随机变量的集合 $\{X_1, \cdots, X_p\}$，其联合分布为

$$F(x_1, x_2, \cdots, x_p) = P(X_1 \leqslant x_1, X_2 \leqslant x_2, \cdots, X_n \leqslant x_p) \tag{4-20}$$

此分布的联合概率密度函数为满足

$$F(x_1, x_2, \cdots, x_p) = \int_{-\infty}^{x_1} \int_{-\infty}^{x_2} \cdots \int_{-\infty}^{x_p} f(u_1, u_2, \cdots, u_p) \mathrm{d}u_1 \mathrm{d}u_2 \cdots \mathrm{d}u_p \tag{4-21}$$

的正值函数 f。

本章为了解决由于数据复杂，仅使用高斯混合模型无法较好刻画数据分布形式的问题，提出将多种分布函数相结合来对复杂数据的分布进行描述的方法。其中用到的其他多变量函数包括如下：

(1) 多变量 Student's t 分布。其密度函数为

$$s(\boldsymbol{x}; v, \boldsymbol{\mu}, \boldsymbol{\Sigma}) = \frac{\Gamma\left(\dfrac{v+p}{2}\right)}{\Gamma\left(\dfrac{v}{2}\right)(v\pi)^{p/2}} |\boldsymbol{\Sigma}|^{-1/2} \left[1 + \frac{1}{v} (\boldsymbol{x} - \boldsymbol{\mu})^t \boldsymbol{\Sigma}^{-1} (\boldsymbol{x} - \boldsymbol{\mu}) \right]^{-\frac{v+p}{2}} \tag{4-22}$$

其中，$v > 0$ 是自由度，均值为 $\boldsymbol{\mu} \in \mathbf{R}^p$，伸缩参数 (scale parameter) 为 $p \times p$ 的对称和正定矩阵 $\boldsymbol{\Sigma}$; Γ 为 Gamma 函数; $|\boldsymbol{\Sigma}|$ 是矩阵行列式的绝对值。如果 $v \to \infty$，则

Student's t 分布趋向于协方差矩阵为 $\boldsymbol{\Sigma}$ 的正定分布。为了叙述方便，本章中 $\boldsymbol{\Sigma}$ 采用对角伸缩矩阵。

(2) 多变量 Logistic 分布。文献 [158] 给出了两种 MLD 的定义。本章使用第一种定义 (第二种的讨论类似)：变量为 $\boldsymbol{X}=(X_1,X_2,\cdots,X_p)^t$ 的 MLD 的分布函数为

$$L(X_1,X_2,\cdots,X_p)=\left[1+\sum_{k=1}^{p}\exp(-X_k)\right]^{-1} \tag{4-23}$$

密度函数为

$$l(x_1,x_2,\cdots,x_p)=p!\exp\left(-\sum_{k=1}^{p}x_k\right)\left[1+\sum_{k=1}^{p}\exp(-x_k)\right]^{-(p+1)} \tag{4-24}$$

其中, $-\infty<x_k<\infty,k=1,2,\cdots,p$。

为了构造基于 MLD 的混合模型，通过如下等式:

$$\int f(\boldsymbol{x})\mathrm{d}\boldsymbol{x}=\int f\left(\frac{\boldsymbol{x}}{\boldsymbol{\Sigma}}\right)\mathrm{d}\frac{\boldsymbol{x}}{\boldsymbol{\Sigma}}=\int \boldsymbol{\Sigma}^{-1}f((\boldsymbol{x}-\boldsymbol{\mu})/\boldsymbol{\Sigma})\mathrm{d}\boldsymbol{x} \tag{4-25}$$

我们在 MLD 中引入参数 $\boldsymbol{\mu}$ 和 $\boldsymbol{\Sigma}$，使得密度函数变为

$$\begin{aligned}l(x_1,x_2,\cdots,x_p;\boldsymbol{\mu},\boldsymbol{\Sigma})=&\left(\prod_{k=1}^{p}\sigma_k\right)^{-1}p!\exp\left(-\sum_{k=1}^{p}\left(\frac{x_k-\mu_k}{\sigma_k}\right)\right)\\&\cdot\left[1+\sum_{k=1}^{p}\exp\left(-\frac{x_k-\mu_k}{\sigma_k}\right)\right]^{-(p+1)}\end{aligned} \tag{4-26}$$

其中, $\boldsymbol{\mu}=(\mu_1,\mu_2,\cdots,\mu_p)$; $\boldsymbol{\Sigma}=(\sigma_1,\sigma_2,\cdots,\sigma_p)$。

4.3.1 多变量 Logistic 混合模型的可辨识性

在使用混合模型并利用观察数据进行参数估计之前，首先必须确定混合模型的可辨识性问题 (identifiability questions)。可辨识性表示分布和混合参数之间是否一一对应。如果某种分布的混合是可辨识的，则使用其对数据进行估计时将能够得到唯一的参数结果。对于可辨识性的问题，有很多学者进行了讨论，包括 Teicher[163]、Yakowitz 等[164]、Al-Hussaini 等[165]、Ahmad 等[166, 167] 及 Holzmann 等[168]。在以上这些工作中，对包括正态分布和 Student's t 分布在内的混合模型都已经有了可辨识性的证明，但目前还没有 Logistic 混合分布的可辨识性证明，本节主要讨论基于多变量 Logistic 分布的混合模型的可辨识性问题。

设 s 为 Logsitic 混合模型中分量的数目，$\boldsymbol{X}=(X_1,\cdots,X_p)^{\mathrm{T}}$ 为满足如下分布的随机向量：

$$G(\boldsymbol{X};\boldsymbol{\eta})=\sum_{i=1}^{s}\pi_i L(\boldsymbol{X};\boldsymbol{\mu}_i,\boldsymbol{\Sigma}_i) \tag{4-27}$$

其中，$\boldsymbol{\eta}=(\boldsymbol{\pi},\boldsymbol{\mu},\boldsymbol{\Sigma})$；$\boldsymbol{\pi}=(\pi_1,\pi_2,\cdots,\pi_s)$，$0<\pi_i<1$，$\sum\limits_{i=1}^{s}\pi_i=1$。对 $i=1,2,\cdots,s$，设 $\boldsymbol{\mu}=(\boldsymbol{\mu}_1,\cdots,\boldsymbol{\mu}_s)$，$\boldsymbol{\Sigma}=(\boldsymbol{\Sigma}_1,\cdots,\boldsymbol{\Sigma}_s)$，其中 $\boldsymbol{\mu}_i=(\mu_i^1,\cdots,\mu_i^p)\in\mathbf{R}^P$，$\boldsymbol{\Sigma}_i=(\sigma_i^1,\cdots,\sigma_i^p)\in(0,\infty)^p$。因此参数空间即可以表示为 $\Gamma=(0,1)^s\times(\mathbf{R}^P)^S\times((0,\infty)^P)^S$，而 $L(\bullet;\boldsymbol{\mu}_i,\boldsymbol{\Sigma}_i)$ 也就是 $(\boldsymbol{\mu}_i,\boldsymbol{\Sigma}_i)$ 分布的累积多变量分布函数 (cumulative distribution function，CDF)。

设 $\mathfrak{L}=\{L(\boldsymbol{X};\boldsymbol{\mu},\boldsymbol{\Sigma}):(\boldsymbol{\mu},\boldsymbol{\Sigma})\in\boldsymbol{\Theta}\}$ 为通过参数空间 $\boldsymbol{\Theta}$ 索引的 p 维 Logistic 分布，其中 $\boldsymbol{\Theta}=\mathbf{R}^P\times(0,\infty)^P$。设 $G\in\mathfrak{R}$ 为 $\boldsymbol{\Theta}$ 上的累积分布函数，则 $H(\boldsymbol{X},G)=\int_{\boldsymbol{\Theta}}L(\boldsymbol{X};\boldsymbol{\mu},\boldsymbol{\Sigma})\mathrm{d}G(\boldsymbol{\mu},\boldsymbol{\Sigma})$ 定义了一个混合分布，称其为 $\mathfrak{L}$ 上的一个 G 混合。本章主要讨论有限数目分量的混合，也就是说 $\mathfrak{R}$ 是所有在 $\boldsymbol{\Theta}$ 拥有有限支持集 (support set) 的分布。因此记和 $L(\bullet;\boldsymbol{\mu}_i,\boldsymbol{\Sigma}_i)$ 对应的混合系数为 $G(\boldsymbol{\mu},\boldsymbol{\Sigma})$。如果 $\boldsymbol{\Sigma}$ 固定，则 $\mathfrak{L}$ 变为 $\mathfrak{L}_{\boldsymbol{\Sigma}}=\{L_{\boldsymbol{\Sigma}}(\boldsymbol{X};\boldsymbol{\mu}):(\boldsymbol{\mu},\boldsymbol{\Sigma})\in\boldsymbol{\Theta}_{\boldsymbol{\Sigma}}\}$，其中 $\boldsymbol{\Theta}_{\boldsymbol{\Sigma}}=\mathbf{R}^P\times\boldsymbol{\Sigma}$。设 $\mathfrak{R}_{\boldsymbol{\Sigma}}$ 为 $\boldsymbol{\Theta}_{\boldsymbol{\Sigma}}$ 上具有有限支撑集的分布全体，则 $H(\boldsymbol{X},G_{\boldsymbol{\Sigma}})=\int_{\boldsymbol{\Theta}}L_{\boldsymbol{\Sigma}}(\boldsymbol{X};\boldsymbol{\mu})\mathrm{d}G_{\boldsymbol{\Sigma}}(\boldsymbol{\mu})$ 定义了 $\mathfrak{L}_{\boldsymbol{\Sigma}}$ 上的混合分布，其中 $G_{\boldsymbol{\Sigma}}\in\mathfrak{R}_{\boldsymbol{\Sigma}}$。按照 Yakowitz 等[164] 的定义，如果对于所有 $G_1,G_2\in\mathfrak{R}$ 满足 $H(\bullet,G_1)=H(\bullet,G_2)\Leftrightarrow G_1=G_2$，则称基于 $\mathfrak{R}$ 混合的混合分布 $\mathfrak{L}$ 是可辨识的。

定理 4.1　当 $p=1$ 时，基于如上定义的参数集 $\boldsymbol{\Theta}$ 以及混合分布 $\mathfrak{R}$ 下的 $\mathfrak{L}$ 是可辨识的。

定理 4.2　当 $p>1$ 时，基于如上定义的参数集 $\boldsymbol{\Theta}_{\boldsymbol{\Sigma}}$ 以及混合分布 $\mathfrak{R}_{\boldsymbol{\Sigma}}$ 下的 $\mathfrak{L}_{\boldsymbol{\Sigma}}$ 是可辨识的。

针对本问题，常用的基于矩量母函数 (moment generating function)、特征函数 (characteristic function) 以及拉普拉斯变换 (Laplace transforms) 等传统的方法将无法直接运用，因此需要特定的方法来解决。

我们首先给出并证明两个有用的引理。

引理 4.1　设 $\sum\limits_{i=1}^{s}d_i[1+\exp(-(x-\mu_i)/\sigma_i)]^{-1}\equiv 0$，如果 $(\mu_i,\sigma_i)(i=1,\cdots,s)$ 互不相同，且 $\sigma_i>0\ (i=1,\cdots,s)$，则 $d_i=0\ (i=1,\cdots,s)$。

证明　基于假设

$$\sum_{i=1}^{s}d_i[1+\exp(-(x-\mu_i)/\sigma_i)]^{-1}\equiv 0 \tag{4-28}$$

通过反证法来证明。

假设 $d_i \neq 0(i=1,\cdots,s)$。在式 (4-28) 中，设 $x \to \infty$，可以得到 $\sum_{i=1}^{s} d_i = 0$。结合式 (4-28)，则

$$\sum_{i=1}^{s} d_i[1+\exp((x-\mu_i)/\sigma_i)]^{-1} \equiv 0 \tag{4-29}$$

如果 $\sigma_1 = \cdots = \sigma_s$，则 $\mu_i(i=1,\cdots,s)$ 将互不相同。式 (4-29) 两边同时乘以 $1+\exp((x-\mu_1)/\sigma_1)$，并对 x 求导，可以得到

$$\sum_{i=2}^{s} d_i[\exp(-\mu_1/\sigma_1)-\exp(-\mu_i/\sigma_i)][1+\exp((x-\mu_i)/\sigma_i)]^{-2} \equiv 0 \tag{4-30}$$

与式 (4-29) 类似，循环地在式 (4-30) 两边同时乘以 $1+\exp((x-\mu_i)/\sigma_i)(i=2,\cdots,s)$ 并对 x 求导。可以得到 $d_s\left(\prod_{i=1}^{s-1}[\exp(-\mu_i/\sigma_i)-\exp(-\mu_1/\sigma_1)]\right)\left[1+\exp\left(\dfrac{x-\mu_s}{\sigma_s}\right)\right]^{-s}\equiv 0$，进一步得到 $d_s=0$，与假设矛盾。

另一方面，不失一般性，假设 $\sigma_1=\sigma_2=\cdots=\sigma_k<\sigma_{k+1}\leqslant\ldots\leqslant\sigma_s$。在式 (4-29) 两边同时乘以 $\exp(x/\sigma)$，其中 $\sigma<\sigma_1$，设 $x\to\infty$，可以得到 $\sum_{i=1}^{k} d_i\exp(\mu_i/\sigma_i)=0$。式 (4-29) 两边对 x 求导，可以得到

$$\sum_{i=1}^{s}(d_i/\sigma_i[1+\exp((x-\mu_i)/\sigma_i)]^{-1}-d_i/\sigma_i[1+\exp((x-\mu_i)/\sigma_i)]^{-2})\equiv 0 \tag{4-31}$$

两边同时乘以 $\exp(x/\sigma)$，其中 $\sigma<\sigma_1/2$，并设 $x\to\infty$，可以得到 $\sum_{i=1}^{k} d_i\exp(2\mu_i/\sigma_i)=0$。然后类似地对 x 求导 j 次，并在两边乘以 $\exp(x/\sigma)$，其中 $\sigma<\sigma_1/j(j=2,\cdots,k)$。然后设 $x\to\infty$，得到 $\sum_{i=1}^{k} d_i\exp(j\mu_i/\sigma_i)=0$，因此

$$\begin{cases}\sum_{i=1}^{k} d_i\exp(\mu_i/\sigma_i)=0\\ \sum_{i=1}^{k} d_i\exp(2\mu_i/\sigma_i)=0\\ \qquad\vdots\\ \sum_{i=1}^{k} d_i\exp(k\mu_i/\sigma_i)=0\end{cases} \tag{4-32}$$

使用 Vandermonde 规则[169]，可以得到 $d_i=(i=1,\cdots,k)$，与假设矛盾，引理得证。

□

引理 4.2　假设 $\sum_{i=1}^{s} d_i\left[1+\sum_{k=1}^{p}\exp(-(x_k-\mu_i^k)/\sigma^k)\right]^{-1}\equiv 0$，如果 $\boldsymbol{\mu}_i$ $(i=1,\cdots,s)$ 互不相同，其中 $\boldsymbol{\mu}_i=(\mu_i^1,\cdots,\mu_i^p)$，$\mu_i\in\mathbf{R}^P,\boldsymbol{\Sigma}=(\sigma^1,\cdots,\sigma^P)$，并且 $\boldsymbol{\Sigma}\in(0,\infty)^p$，则 $d_i=0$ $(i=1,\cdots,s)$。

证明　基于假设

$$\sum_{i=1}^{s} d_i\left[1+\sum_{k=1}^{p}\exp(-(x_k-\mu_i^k)/\sigma^k)\right]^{-1}\equiv 0 \tag{4-33}$$

通过 s 和 p 上的归纳法来证明。

当 $s=1$ 时，显然成立。当 $p=1$ 时，即为引理 4.1。

设 $s>1$ 固定，并设 $p>1$，且 $p-1$ 时成立。设 $x_1=\sigma^1x-y_1,x_2=\sigma^2x-y_2$，可以得到 (y_1^0,y_2^0) 满足：如果 $(\mu_i^1,\mu_i^2)\neq(\mu_j^1,\mu_j^2)$，则 $\exp((y_1^0+\mu_i^1)/\sigma^1)+\exp((y_2^0+\mu_i^2)/\sigma^2)\neq\exp((y_1^0+\mu_j^1)/\sigma^1)+\exp((y_2^0+\mu_j^2)/\sigma^2)$。否则对所有 (y_1,y_2) 都存在一对 (i,j) 满足 $(\mu_i^1,\mu_i^2)\neq(\mu_j^1,\mu_j^2)$，并且 $\exp((y_1+\mu_i^1)/\sigma^1)+\exp((y_2+\mu_i^2)/\sigma^2)=\exp((y_1+\mu_j^1)/\sigma^1)+\exp((y_2+\mu_j^2)/\sigma^2)$。这样可以得到一对 (i,j) 以及一个二维序列 $(y_1^{h,k},y_2^h)$ 满足：当 $\lim\limits_{h\to\infty}y_2^h=\infty$ 时，固定 h，且 $\lim\limits_{k\to\infty}y_1^{h,k}=\infty$ 时，满足 $(\mu_i^1,\mu_i^2)\neq(\mu_j^1,\mu_j^2)$ 和

$$\exp((y_1^{h,k}+\mu_i^1)/\sigma^1)+\exp((y_2^h+\mu_i^2)/\sigma^2)=\exp((y_1^{h,k}+\mu_j^1)/\sigma^1)+\exp((y_2^h+\mu_j^2)/\sigma^2) \tag{4-34}$$

固定 h，在式 (4-34) 中设 $k\to\infty$，可以得到 $\mu_i^1=\mu_j^1$。设 $h\to\infty$，可以得到 $\mu_i^2=\mu_j^2$，与假设矛盾。

因此在式 (4-33) 中设 $x_1=\sigma^1x-y_1^0,x_2=\sigma^2x-y_2^0$，此时退化为 $p-1$ 的情形，引理得证。□

基于引理 4.2，下面来证明定理 4.1。

证明　根据文献 [164] 中的定理，定理 4.1 与 $\mathfrak{L}$ 在实数域线性无关等价，而引理 4.2 即证明了 $\mathfrak{L}$ 在实数域上的线性无关性，因此当 $p=1$ 时，基于如上定义的参数集 $\boldsymbol{\Theta}$ 以及混合分布 $\mathfrak{R}$ 下的 $\mathfrak{L}$ 是可辨识的。

下面来证明定理 4.2。

证明　与以上的证明类似，根据引理 4.2 以及文献 [164]，定理 4.2 显然成立。□

猜想　当 $p>1$ 时，基于如上定义的参数集 $\boldsymbol{\Theta}$ 以及混合分布 $\mathfrak{R}$ 下的 $\mathfrak{L}$ 是可辨识的。

4.3.2 异质混合模型的构建

常见的传统混合模型一般是针对单一类型的分布，但在实际应用中，数据可能

来自于不同的异质来源。对于这样一个问题，可以尝试使用组合多种不同类型的分布，即

$$f(\boldsymbol{x})=\sum_{i=1}^{N}\sum_{j=1}^{K_i}\pi_{i,j}p_i(\boldsymbol{x};\theta_{i,j}) \tag{4-35}$$

其中，$\pi_{i,j}\geqslant 0$; $\sum_{i=1}^{N}\sum_{j=1}^{K_i}\pi_{i,j}=1$; $p_i\ (i=1,\cdots,N)$ 是 N 种不同的分布; K_i 是第 i 种分布的个数; $\theta_{i,j}$ 是第 i 种分布中第 j 个分量分布的参数。

本章尝试结合多变量正态分布、多变量 Student's t 分布以及多变量 Logistic 分布组合成为异质混合模型：

$$\begin{aligned}f(\boldsymbol{x};\theta)=&\sum_{i=1}^{K_\alpha+K_\beta+K_\gamma}\pi_i p(\boldsymbol{x};\theta_i)=\sum_{i=1}^{K_\alpha}\alpha_i g(\boldsymbol{x};\boldsymbol{\mu}_i^g,\boldsymbol{\Sigma}_i^g)+\sum_{j=1}^{K_\beta}\beta_j s(\boldsymbol{x};v_j,\boldsymbol{\mu}_j^s,\boldsymbol{\Sigma}_j^s)\\&+\sum_{k=1}^{K_\gamma}\gamma_k l(\boldsymbol{x};\boldsymbol{\mu}_k^l,\boldsymbol{\Sigma}_k^l)\end{aligned} \tag{4-36}$$

其中，$\alpha_i\geqslant 0,\beta_j\geqslant 0,\gamma_k\geqslant 0$; $\sum_{i=1}^{K_\alpha}\alpha_i+\sum_{j=1}^{K_\beta}\beta_j+\sum_{k=1}^{K_\gamma}\gamma_k=1$; K_α、K_β 和 K_γ 分别是异质混合模型中正态分布、Student's t 分布以及 Logistic 分布的分量数目。这三种分布之间的共同点是定义域都为整个欧几里得空间。当其中 Student's t 分布和 Logistic 分布的分量数目为零时，即为一般的高斯混合模型，因此异质混合模型是一种更一般的混合模型。

4.3.3 异质混合模型的参数估计

同伪高斯混合模型类似，此处异质混合模型的参数也是通过最大似然估计准则来进行求解。类似地，为了估计最优参数，引入二值指示变量 $q_{i,j}\in\{0,1\}$，其中 $q_{i,j}=1$ 表示 $\boldsymbol{x}_i$ 变量属于异质混合中的分量 j。此时独立同分布的采样点 $\boldsymbol{X}=\{\boldsymbol{x}_i\}_{i=1}^m$ 和指标变量 $\boldsymbol{Q}=\{q_{i,j}\}_{i=1,\cdots,m;j=1,\cdots,K_\alpha+K_\beta+K_\gamma}$ 的对数联合似然度可以表示为

$$\ln f(\boldsymbol{X},\boldsymbol{Q}|\theta)=\sum_{i=1}^{m}\sum_{j=1}^{K_\alpha+K_\beta+K_\gamma}[q_{i,j}\ln\pi_j+q_{i,j}\ln p(\boldsymbol{x}_i;\theta_j)] \tag{4-37}$$

对应的辅助函数为

$$\begin{aligned}A(\theta,\theta^{\text{old}})&=E_{\boldsymbol{Q}}[\ln f(\boldsymbol{X},\boldsymbol{Q}|\theta)|\boldsymbol{X},\theta^{\text{old}}]\\&=\sum_{i=1}^{m}\sum_{j=1}^{K_\alpha+K_\beta+K_\gamma}E_Q[q_{i,j}|\boldsymbol{X},\theta^{\text{old}}][\ln\pi_j+\ln p(\boldsymbol{x}_i;\theta_j)]\end{aligned} \tag{4-38}$$

此时可以使用 EM 算法来迭代估计参数 θ。E-步骤和各分量分布的类型无关，对于所有分量的更新方式相同。$\boldsymbol{x}_i$ 属于第 j 个概率分量的后验概率可以表示为

$$E_Q[q_{i,j}|\boldsymbol{X},\theta^{\text{old}}]=p(j|\boldsymbol{x}_i,\theta^{\text{old}})=\pi_j^s p(\boldsymbol{x}_i|\theta_j^{\text{old}})\Big/\sum_{k=1}^{K_\alpha+K_\beta+K_\gamma}\pi_k^s p(\boldsymbol{x}_i|\theta_k^{\text{old}}) \tag{4-39}$$

M-步骤是通过最大化 $A(\theta,\theta^{\text{old}})$ 来求解 $\theta=\{\alpha_1,\cdots,\alpha_{K_\alpha},\boldsymbol{\mu}_1^g,\cdots,\boldsymbol{\mu}_{K_\alpha}^g,\boldsymbol{\Sigma}_1^g,\cdots,\boldsymbol{\Sigma}_{K_\alpha}^g;\beta_1,\cdots,\beta_{K_\beta},v_1,\cdots,v_{K_\beta},\boldsymbol{\mu}_1^s,\cdots,\boldsymbol{\mu}_{K_\beta}^s,\boldsymbol{\Sigma}_1^s,\cdots,\boldsymbol{\Sigma}_{K_\beta}^s;\gamma_1,\cdots,\gamma_{K_\gamma},\boldsymbol{\mu}_1^l,\cdots,\boldsymbol{\mu}_{K_\gamma}^l,\boldsymbol{\Sigma}_1^l,\cdots,\boldsymbol{\Sigma}_{K_\gamma}^l\}$。此时对于不同的分布，其更新的方式也不同。对于正态分布分量，使 $A(\theta,\theta^{\text{old}})$ 对 $\boldsymbol{\mu}_1^g,\cdots,\boldsymbol{\mu}_{K_\alpha}^g,\boldsymbol{\Sigma}_1^g,\cdots,\boldsymbol{\Sigma}_{K_\alpha}^g$ 求导并等于零，则得到

$$\boldsymbol{\mu}_j^{g,\text{new}}=\sum_{k=1}^m \boldsymbol{x}_k g(j|\boldsymbol{x}_k,\boldsymbol{\mu}_j^g,\boldsymbol{\Sigma}_j^g)\Big/\sum_{k=1}^m g(j|\boldsymbol{x}_k,\boldsymbol{\mu}_j^g,\boldsymbol{\Sigma}_j^g),\quad j=1,\cdots,K_\alpha \tag{4-40}$$

$$\boldsymbol{\Sigma}_j^{g,\text{new}}=\frac{\sum\limits_{k=1}^m g(j|\boldsymbol{x}_k,\boldsymbol{\mu}_j^g,\boldsymbol{\Sigma}_j^g)(\boldsymbol{x}_k-\boldsymbol{\mu}_j^{g,\text{new}})(\boldsymbol{x}_k-\boldsymbol{\mu}_j^{g,\text{new}})^{\mathrm{T}}}{\sum\limits_{k=1}^m g(j|\boldsymbol{x}_k,\boldsymbol{\mu}_j^g,\boldsymbol{\Sigma}_j^g)},\quad j=1,\cdots,K_\alpha \tag{4-41}$$

其中，$g(j|\boldsymbol{x}_k,\boldsymbol{\mu}_j^g,\boldsymbol{\Sigma}_j^g)$ 是 $\boldsymbol{x}_k$ 属于第 j 个正态分量的后验概率。

对于 Student's t 分布分量来说，与正态分布分量类似，使得 $A(\theta,\theta^{\text{old}})$ 对 $\boldsymbol{\mu}_1^s,\cdots,\boldsymbol{\mu}_{K_\beta}^s,\boldsymbol{\Sigma}_1^s,\cdots,\boldsymbol{\Sigma}_{K_\beta}^s,v_1,\cdots,v_{K_\beta}$ 求导并分别设为零，得到

$$\boldsymbol{\mu}_j^{s,\text{new}}=\frac{\sum\limits_{k=1}^m \boldsymbol{x}_k s(j|\boldsymbol{x}_k,v_j,\boldsymbol{\mu}_j^s,\boldsymbol{\Sigma}_j^s)/(1+v_j^{-1}\delta(\boldsymbol{x}_k;\boldsymbol{\mu}_j^s,\boldsymbol{\Sigma}_j^s))}{\sum\limits_{k=1}^m s(j|\boldsymbol{x}_k,v_j,\boldsymbol{\mu}_j^s,\boldsymbol{\Sigma}_j^s)/(1+v_j^{-1}\delta(\boldsymbol{x}_k;\boldsymbol{\mu}_j^s,\boldsymbol{\Sigma}_j^s))},\quad j=1,\cdots,K_\beta \tag{4-42}$$

$$\boldsymbol{\Sigma}_j^{s,\text{new}}=\frac{\sum\limits_{k=1}^m s(j|\boldsymbol{x}_k,v_j,\boldsymbol{\mu}_j^s,\boldsymbol{\Sigma}_j^s)(1+v_j^{-1}p)\dfrac{(\boldsymbol{x}_k-\boldsymbol{\mu}_j^s)(\boldsymbol{x}_k-\boldsymbol{\mu}_j^s)^{\mathrm{T}}}{(1+v_j^{-1}\delta(\boldsymbol{x}_k;\boldsymbol{\mu}_j^s,\boldsymbol{\Sigma}_j^s))}}{\sum\limits_{k=1}^m s(j|\boldsymbol{x}_k,v_j,\boldsymbol{\mu}_j^s,\boldsymbol{\Sigma}_j^s)},\quad j=1,\cdots,K_\beta \tag{4-43}$$

$$\begin{aligned}\sum_{k=1}^m s(j|\boldsymbol{x}_k,v_j,\boldsymbol{\mu}_j^s,\boldsymbol{\Sigma}_j^s)\bigg[&\psi\left(\frac{v_j+1}{2}\right)-\psi\left(\frac{v_j}{2}\right)-v_j^{-1}p-\ln(1+v_j^{-1}\delta(\boldsymbol{x}_k;\boldsymbol{\mu}_j^s,\boldsymbol{\Sigma}_j^s))\\&+(1+v_j^{-1}p)\frac{\delta(\boldsymbol{x}_k;\boldsymbol{\mu}_j^s,\boldsymbol{\Sigma}_j^s)}{v_j+\delta(\boldsymbol{x}_k;\boldsymbol{\mu}_j^s,\boldsymbol{\Sigma}_j^s)}\bigg]=0,\quad j=1,\cdots,K_\beta\end{aligned} \tag{4-44}$$

其中，$\delta(\boldsymbol{x}_k;\boldsymbol{\mu}_j^s,\boldsymbol{\Sigma}_j^s)=(\boldsymbol{x}_k-\boldsymbol{\mu}_j^s)^t(\boldsymbol{\Sigma}_j^{s-1})(\boldsymbol{x}_k-\boldsymbol{\mu}_j^s)$ 是 Mahalanobis 平方距离；而 $\psi(x)=\dfrac{\partial\ln\Gamma(x)}{\partial x}$ 是 digamma 函数；$s(j|\boldsymbol{x}_k,v_j,\boldsymbol{\mu}_j^s,\boldsymbol{\Sigma}_j^s)$ 是 $\boldsymbol{x}_k$ 属于第 j 个 Student's t 分布分量的后验概率。为了求解式 (4-44)，使用网格搜索 (grid search) 的方法，将得到的近似解作为第 j 个 Student's t 分布分量新的自由度 v_j。

对于 Logistic 分量，使得 $A(\theta,\theta^{\text{old}})$ 对 $\boldsymbol{\mu}_1^l,\cdots,\boldsymbol{\mu}_{K_\gamma}^l,\boldsymbol{\Sigma}_1^l,\cdots,\boldsymbol{\Sigma}_{K_\gamma}^l$ 求导并分别设为零，得到

$$\begin{aligned}\partial A(\theta,\theta^{\text{old}})/\partial\boldsymbol{\mu}_j^l&=\sum_{k=1}^m\frac{\partial A(\theta,\theta^{\text{old}})}{\partial\ln l(\boldsymbol{x}_k;\boldsymbol{\mu}_j^l,\boldsymbol{\Sigma}_j^l)}\Big/\partial\ln l(\boldsymbol{x}_k;\boldsymbol{\mu}_j^l,\boldsymbol{\Sigma}_j^l)\,\partial\boldsymbol{\mu}_j^l\\&=\sum_{k=1}^m l(j|\boldsymbol{x}_k,\boldsymbol{\mu}_j^l,\boldsymbol{\Sigma}_j^l)\,\partial\ln l(\boldsymbol{x}_k;\boldsymbol{\mu}_j^l,\boldsymbol{\Sigma}_j^l)/\partial\boldsymbol{\mu}_j^l=\boldsymbol{0}\end{aligned}$$

$$\begin{aligned}\partial A(\theta,\theta^{\text{old}})/\partial\boldsymbol{\Sigma}_j^l&=\sum_{k=1}^m\frac{\partial A(\theta,\theta^{\text{old}})}{\partial\ln l(\boldsymbol{x}_k;\boldsymbol{\mu}_j^l,\boldsymbol{\Sigma}_j^l)}\,\partial\ln l(\boldsymbol{x}_k;\boldsymbol{\mu}_j^l,\boldsymbol{\Sigma}_j^l)/\partial\boldsymbol{\Sigma}_j^l\\&=\sum_{k=1}^m l(j|\boldsymbol{x}_k,\boldsymbol{\mu}_j^l,\boldsymbol{\Sigma}_j^l)\,\partial\ln l(\boldsymbol{x}_k;\boldsymbol{\mu}_j^l,\boldsymbol{\Sigma}_j^l)/\partial\boldsymbol{\Sigma}_j^l=\boldsymbol{0},\quad j=1,\cdots,K_\gamma\end{aligned}$$

经过化简，可以得到

$$\sum_{k=1}^m l(j|\boldsymbol{x}_k,\boldsymbol{\mu}_j^l,\boldsymbol{\Sigma}_j^l)\left[1-(p+1)\frac{\exp\left(-\dfrac{(x_{k,i}-\mu_{j,i}^l)}{\Sigma_{j,i}^l}\right)}{1+\displaystyle\sum_{i=1}^p\exp\left(-\dfrac{(x_{k,i}-\mu_{j,i}^l)}{\Sigma_{j,i}^l}\right)}\right]=0 \tag{4-45}$$

$$j=1,\cdots,K_\gamma;i=1,\cdots,p$$

$$\Sigma_{j,i}^l=\frac{\displaystyle\sum_{k=1}^m l(j|\boldsymbol{x}_k,\boldsymbol{\mu}_j^l,\boldsymbol{\Sigma}_j^l)(x_{k,i}-\mu_{j,i}^l)\left(1-\frac{(p+1)\exp\left(-\dfrac{(x_{k,i}-\mu_{j,i}^l)}{\boldsymbol{\Sigma}_{j,i}^l}\right)}{1+\displaystyle\sum_{i=1}^p\exp\left(-\dfrac{(x_{k,i}-\mu_{j,i}^l)}{\Sigma_{j,i}^l}\right)}\right)}{\displaystyle\sum_{k=1}^m l(j|\boldsymbol{x}_k,\boldsymbol{\mu}_j^l,\boldsymbol{\Sigma}_j^l)} \tag{4-46}$$

$$j=1,\cdots,K_\gamma;i=1,\cdots,p$$

其中，$\boldsymbol{\mu}_j^l=(\mu_{j,1}^l,\mu_{j,2}^l,\cdots,\mu_{j,p}^l)$；$\boldsymbol{\Sigma}_j^l=(\Sigma_{j,1}^l,\Sigma_{j,2}^l,\cdots,\Sigma_{j,p}^l)$；$\boldsymbol{x}_k=(x_{k,1},x_{k,2},\cdots,x_{k,p})$；$p$ 是特征空间的维数；$l(j|\boldsymbol{x}_k,\boldsymbol{\mu}_j^l,\boldsymbol{\Sigma}_j^l)$ 是 $\boldsymbol{x}_k$ 属于第 j 个 Logistic 分布分量的后验概率。同求解式 (4-44) 类似，式 (4-45) 和式 (4-46) 也是采用网格搜索的方法，得到的近似解作为第 j 个 Logistic 分量新的中心和伸缩参数。

对于先验概率，结合约束条件，可以得到

$$J(\theta,\theta^{\text{old}}) = A(\theta,\theta^{\text{old}}) + \left(1 - \sum_{j=1}^{K_\alpha+K_\beta+K_\gamma} \pi_j\right)\lambda_j \tag{4-47}$$

其中，λ_j 是拉格朗日乘子。$J(\theta,\theta^{\text{old}})$ 对 π_j 求导并设为零，可以得到

$$\pi_j^{\text{new}} = \frac{1}{m}\sum_{i=1}^{m} p(j|\boldsymbol{x}_i,\theta^s) \tag{4-48}$$

也就是说

$$\begin{cases} \alpha_j^{\text{new}} = \dfrac{1}{m}\displaystyle\sum_{k=1}^{m} g(j|\boldsymbol{x}_k,\boldsymbol{\mu}_j^g,\boldsymbol{\Sigma}_j^g), & j=1,\cdots,K_\alpha \\ \beta_j^{\text{new}} = \dfrac{1}{m}\displaystyle\sum_{k=1}^{m} s(j|\boldsymbol{x}_k,v_j,\boldsymbol{\mu}_j^s,\boldsymbol{\Sigma}_j^s), & j=1,\cdots,K_\beta \\ \gamma_j^{\text{new}} = \dfrac{1}{m}\displaystyle\sum_{k=1}^{m} l(j|\boldsymbol{x}_k,\boldsymbol{\mu}_j^l,\boldsymbol{\Sigma}_j^l), & j=1,\cdots,K_\gamma \end{cases} \tag{4-49}$$

至此我们得到了所有参数的迭代公式。与其他混合模型类似，在使用 EM 算法迭代参数之前，首先通过 K-均值 (K-means) 算法来初始化异质混合模型的参数。

4.4 实验和结果

4.4.1 基于伪高斯混合模型的声学事件检测

本章使用的数据和第 3 章相同，不再赘述。伪高斯中非线性映射的宽度参数 (width parameter) 的不同会导致不同的性能结果。调整这样的参数一般来说是通过多次交叉验证来进行的，如最小化交叉验证的误差等。本章首先固定分量数为 1024，使用训练集上的 5 次交叉验证来寻找 $\ln\sigma^2$ 最优值。此处使用基频段的分类结果错误率作为标准。图 4-1(a) 显示了错误率随 $\ln\sigma^2$ 变化的情况，当 $\ln\sigma^2=2$ 时，系统得到最小的错误率。因此在本章中，设置 $\ln\sigma^2=2$。

对于混合模型中分量的最优数目，使用同样的交叉验证来进行确定。图 4-1(b) 显示了错误率随分量数目变化的情况。综合考虑错误率以及模型的复杂度，对于传统高斯混合模型以及伪高斯混合模型，本章中均采用 256 个分量。从图 4-1(b) 中也可以看出，伪高斯混合模型性能优于传统高斯混合模型。

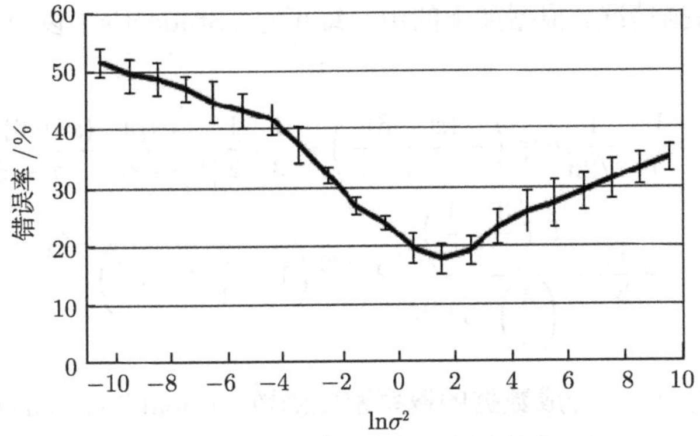

(a) 模型$\ln\sigma^2$参数调整

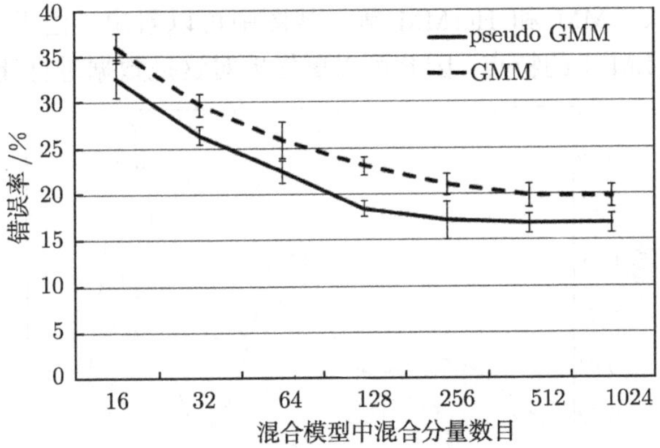

(b) 模型分量数目调整

图 4-1 伪高斯混合模型参数调整

我们同时进行了在线测试的性能，由于和第 3 章同样的原因，这里仅使用准确率进行衡量。实验进行了 5 次，每次持续 2h。表 4-1 显示了基于高斯混合模型以及伪高斯混合模型方法的不同实验结果。从结果可以看出，相对于传统的高斯混合模型，基于伪高斯混合模型的系统平均有 5%左右的性能提升，准确率可以达到 81.06%。因此伪高斯混合模型在本任务中是一种更好的建模方法。

表 4-1 基于高斯混合模型以及伪高斯混合模型方法的在线测试性能

方法	准确率/%
GMM	76.70
pseudo GMM	81.02

4.4.2 基于异质混合模型的声学事件检测

对于异质混合模型，首先分别从一维与二维情况给出两个直观的合成数据实验。

(1) 一维数据情况。根据如下的由一维正态、Student's t 以及 Logisitic 混合的分布:

$$f(x) = \frac{1}{3}\cdot\frac{1}{\sqrt{2\pi}}\exp\left(-\frac{(x-6)^2}{2}\right)+\frac{1}{3}\cdot\frac{1}{2}\frac{\exp(-(x+6)/2)}{[1+\exp(-(x+6)/2)]^2}$$
$$+\frac{1}{3}\cdot\frac{\Gamma\left(\frac{3+1}{2}\right)}{\Gamma\left(\frac{3}{2}\right)(3\pi)^{1/2}}2^{-1/2}\left(1+\frac{1}{3}\cdot 2^{-1}x^2\right)^{-\frac{3+1}{2}}$$

产生 10000 个样本①。合成数据的概率密度函数 (probability density function，pdf) 如图 4-2 所示。图 4-3 显示了使用不同混合分布进行估计得到的概率密度函数，包括 GMM、SMM、LMM 和 HetMM 等。从图中可以看出，由于 HetMM 结合了 GMM、SMM 和 LMM 的特点，因此可以更好地对这批数据进行建模。

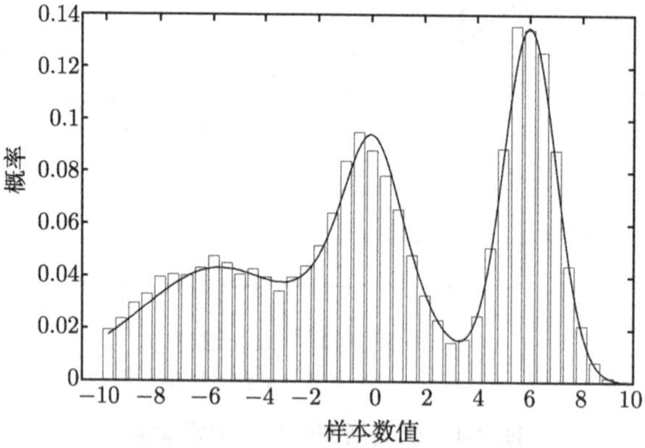

图 4-2　合成数据的概率密度函数以及直方图

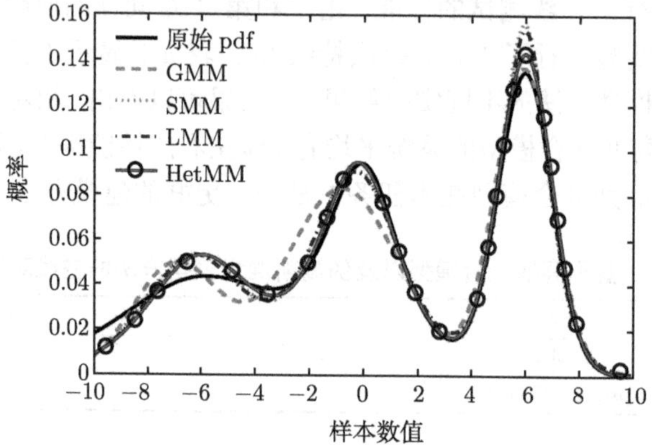

图 4-3　GMM、SMM、LMM 以及 HetMM 估计的结果比较

①http://webscripts.softpedia.com/script/Scientific-Engineering-Ruby/Statistics-and-Probability/ANYRND-53122.html.

(2) 二维数据情况。我们从 $[0,1]\times[0,1]$ 上的均匀分布 (uniform distribution) 随机抽取 10000 个采样点。图 4-4 显示了此合成数据的直方图以及使用不同混合模型，包括高斯混合模型、Student's t 混合模型、Logsitic 混合模型，以及异质混合模型等估计得到的概率密度。从图中可以看出，异质混合模型可以很好地结合不同分布的不同特征。

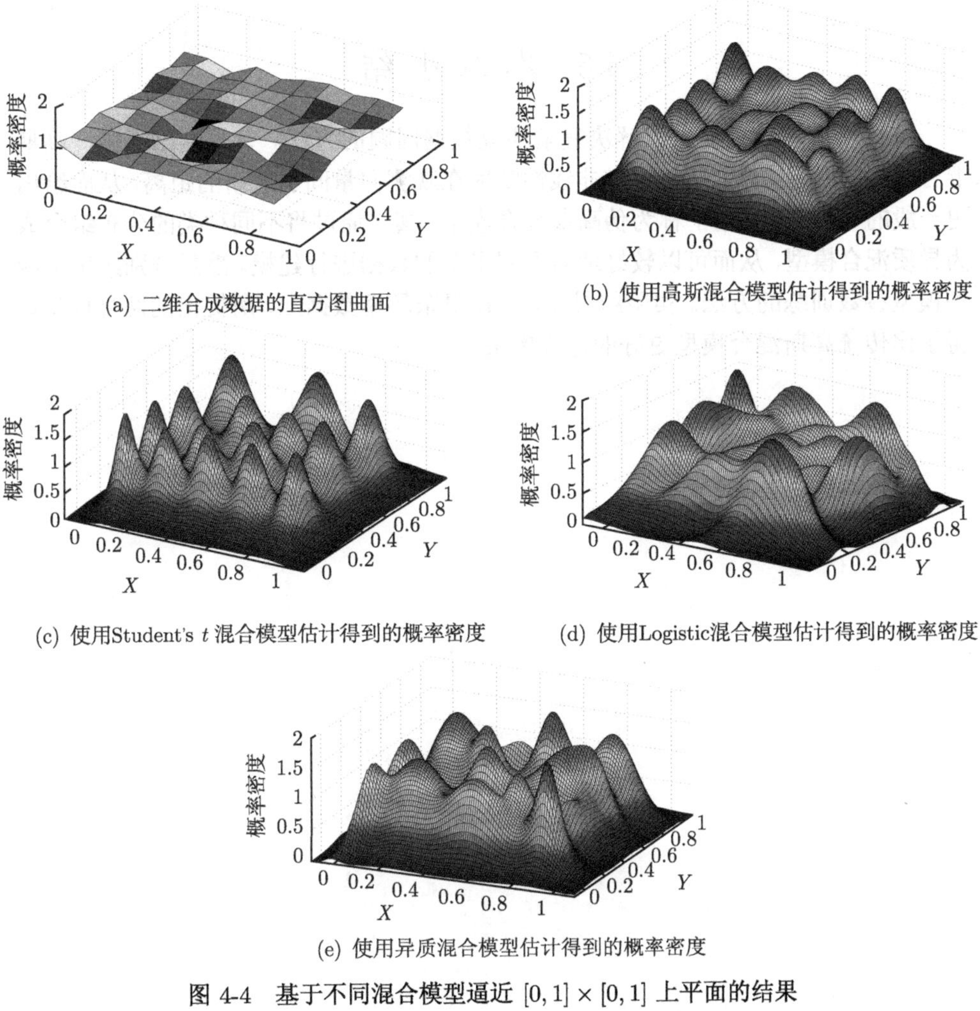

(a) 二维合成数据的直方图曲面

(b) 使用高斯混合模型估计得到的概率密度

(c) 使用Student's t 混合模型估计得到的概率密度

(d) 使用Logistic混合模型估计得到的概率密度

(e) 使用异质混合模型估计得到的概率密度

图 4-4 基于不同混合模型逼近 $[0,1]\times[0,1]$ 上平面的结果

以上是合成数据实验，下面介绍异质混合模型在声学事件检测中的应用结果。根据上一节的结果，这里同样采用 256 个混合分量。在异质混合分布中，设置不同分量数目基本相当。表 4-2 显示了使用不同的混合模型进行基频段分类的结果，从中可以看出，基于异质混合模型的方法具有最好的分类性能。因此验证了这种方法

的有效性和合理性。

表 4-2　基于 GMM、SMM、LMM 以及 HetMM 等不同混合模型方法的基频段分类准确率

方法	GMM	SMM	LMM	HetMM
准确率/%	80.6	80.6	78.1	82.1

4.5　本章小结

本章从模型级上提出了解决复杂环境数据问题的方法。首先给出了推广高斯混合模型的两种方法：其一通过非线性映射在观测向量间引入新的距离，从而给出更一般的一种混合模型，称为伪高斯混合模型；其二通过将不同种类的分布组合成为异质混合模型，从而可以较好地对不同来源的数据进行建模。然后分别给出了两种模型参数训练的方法。实验结果显示，在复杂环境数据上，所提出的两种模型取得了比传统高斯混合模型更好的建模效果。

第5章　基于稀疏低秩特征的声学事件检测

5.1　引　　言

在声学事件检测中，传统的特征往往在鲁棒性方面表现较差，尤其对于突发的随机大幅噪声，其检测性能会有较大的下降。本章尝试使用基于长时结构信息的稀疏与低秩表示特征来进行声学事件的检测，以克服复杂数据环境下传统特征失效的问题。

近年来，有关信号的稀疏表示 (sparse representations) 研究在统计信号处理领域受到了广泛的重视[170]。以往的研究主要集中在解决稀疏限制下的优化问题，如信号的表示和压缩，较少地将关注点放在信号的分类上。由于在分解中会选择最能表示输入信号的原子子集，而忽略无关的原子子集，所以基于原子的稀疏表示本身就具有较好的区分性，且对信号的畸变具有鲁棒性[171, 172]。听觉生理学的研究表明，初级听皮层主要通过不同时域及频域的分辨率来对声学刺激进行编码[173]。这里的编码是通过选择对特定时域以及频域信号敏感的神经元来构成一个组合表示。初级听皮层上的神经元可以理解为作用在时频域上的一个线性滤波器，从而可以理解为声学输入下的稀疏反应[174]。因此可以用能产生稀疏解的基于 L_1 范数正则化的线性系统来进行声学特征的提取[174]。这样提取的特征由于较好地模拟了人耳的听觉特性，所以对噪声具有较好的鲁棒性。本章尝试使用声音信号在过完备字典集上的 L_1 最小化得到的稀疏表示投影来作为特征。

传统的特征表示多为向量的形式[13, 74, 80, 87, 175]，尽管对这种形式的特征处理起来较为方便，但是对于判决来说往往基于长时 (如数秒级别) 的特征更为合适。长时特征最直接的构造方法是通过在时间上累积短时特征形成矩阵形式的数据来获得。这种矩阵形式的特征可以看做基于稀疏表示的向量特征的推广。同时，这样得到的矩阵形式数据，由于是从一段连续时间上的数据中得到，其内容往往仅受有限的因素影响，因此可以假设此矩阵为低秩 (low-rank) 的。它是数据在长时上的一个结构表征。基于以上的假设，本章尝试使用低秩矩阵逼近原始数据，将矩阵形式的数据映射到低秩矩阵空间，从而提出一种基于低秩技术的特征提取方法。这种低秩特征能够得到组成观测数据中最主要的影响因素，从而将次要的干扰信号部分去除，因此是一种较好的鲁棒特征提取方法。

为了将基于声音段的矩阵数据映射到鲁棒的低秩空间，本章将迹范正则化

(trace norm regularization) 技术引入声音信号处理中。之所以使用迹范而不是秩，主要原因是基于秩最小化的矩阵优化问题一般都是 NP 难的，而迹范是秩的较好近似[176]。迹范正则化是通过凸优化来求解低秩矩阵的最主要方法[176]。类似的最优化问题还出现在其他的机器学习问题中，包括矩阵恢复[177]、多任务学习[178]、鲁棒主成分分析 (robust principle component antilysis，robust PCA)[179, 180] 以及矩阵分类 (matrix classification)[181] 等。本章使用鲁棒主成分分析技术将声音段映射到鲁棒的特征空间。

在提取了鲁棒的矩阵特征之后，需要使用这样的特征来进行分类。本章使用近年来由 Tomioka 和 Aihara[181] 提出的基于迹范正则化的矩阵分类方法。其主要思想是在同时考虑迹范及训练数据上的误差双重限制下，对分类器的权值及偏差进行估计。迹范限制主要用于控制分类器的复杂程度。这样形成的优化问题同样也属于基于凸优化的低秩学习问题。

对于此凸优化问题，一般可以使用加速近似梯度方法 (accelerated proximal gradient，APG)[182, 183] 框架进行求解。通常在使用加速近似梯度方法时，每一次迭代都需要估计下降的步长[182, 183]。但在本问题中，由于问题的特殊性，我们可以明确地给出利普希茨常数 (Lipschitz constant)，从而省略了步长估计所需要的计算。

以上方法是针对二维形式的数据，本章也将上述方法推广到三维或者三维以上的数据形式，即张量 (tensor) 数据形式。大部分音频或者语音研究中提取的特征可以粗略地分为时域特征、频域特征或者它们的组合等[175]。以往的研究者一般只是简单地将不同域的特征直接拼接作为新特征。这样的方法无法有效地利用来自不同域特征的信息。而张量是一种比较自然的能够结合不同域特征的方法。本章尝试使用张量形式的音频特征进行声学事件检测。同矩阵数据类似，首先将声音数据表达成张量形式，然后将此张量形式数据通过推广的鲁棒主成分分析 (tensor robust principal component analysis，tensor PCA) 映射到低秩的张量空间，经过后处理将其作为特征。

同矩阵类似，对于张量数据分类的研究也较少，最早的研究出现在文献 [184] 中。其模型为

$$f(\boldsymbol{\mathcal{X}};\boldsymbol{\mathcal{W}},b)=\langle\boldsymbol{\mathcal{W}},\boldsymbol{\mathcal{X}}\rangle+b \tag{5-1}$$

其中，$\boldsymbol{\mathcal{W}},\boldsymbol{\mathcal{X}}\in\mathbf{R}^{I_1\times I_2\times\cdots\times I_N}$ 为 N 维张量；$\boldsymbol{\mathcal{X}}$ 为输入张量；$\boldsymbol{\mathcal{W}}$ 为权值张量；$b\in\mathbf{R}$ 为偏差。张量分类学习的目的即为从训练样本 $\{\boldsymbol{\mathcal{X}}_i,y_i\}_{i=1}^s$ 中学习得到权值张量和偏差。

为了得到较好的泛化性能，需要控制分类器的复杂程度，从而能够和经验误差保持平衡。与矩阵情况类似，很多学者提出张量形式下的迹范定义：

$$\|\boldsymbol{\mathcal{X}}\|_* := \gamma_i \sum_{i=1}^{N} \|\boldsymbol{X}_{(i)}\|_* \tag{5-2}$$

或者

$$\|\boldsymbol{\mathcal{X}}\|_* := \frac{1}{N} \sum_{i=1}^{N} \|\boldsymbol{X}_{(i)}\|_* \tag{5-3}$$

并用于控制线性分类模型的复杂度[184-186]。式 (5-2) 中，$\boldsymbol{X}_{(i)}$ 为 $\boldsymbol{\mathcal{X}}$ 根据第 i 维 (mode-i) 的展开矩阵，$\|\boldsymbol{X}_{(i)}\|_*$ 为矩阵 $\boldsymbol{X}_{(i)}$ 的迹范，也就是矩阵 $\boldsymbol{X}_{(i)}$ 所有奇异值的和，$\gamma_i \geqslant 0$ 为 $\|\boldsymbol{X}_{(i)}\|_*$ 的加权。当 $N=2$ 时，式 (5-3) 定义的张量迹范等同于矩阵迹范。与式 (5-3) 相比，在式 (5-2) 中，可以根据经验数据对不同维使用不同的权重。本章将使用此迹范定义，同时此定义也使得文献 [181] 中的工作成为 $N=2$ 的特例。

分类器参数的学习可以转化为求解如下的凸优化问题：

$$\min_{\boldsymbol{\mathcal{W}},b} F_s(\boldsymbol{\mathcal{W}},b) = f_s(\boldsymbol{\mathcal{W}},b) + \lambda \|\boldsymbol{\mathcal{W}}\|_* \tag{5-4}$$

其中，$f_s(\boldsymbol{\mathcal{W}},b) = \sum_{i=1}^{s} \ell(y_i, \langle \boldsymbol{\mathcal{W}}, \boldsymbol{\mathcal{X}}_i \rangle + b)$ 是基于凸光滑损失函数 $\ell(\cdot,\cdot)$ 的经验误差，y_i 为标签，λ 为正则化权值。本章使用标准平方损失函数 (standard squared loss function)，$f_s(W,b)$ 的下标 s 表示采样点的数目，具体含义从上下文可以分辨。

为了解决权值更新的问题，本章尝试结合使用交替方向乘子法 (alternating direction method of multipliers，ADM) 以及加速近似梯度方法来进行求解。交替方向乘子法已被成功地用于张量恢复等问题中[101,184-186]。同矩阵形式类似，我们给出了明确的利普希茨常数，从而省略了加速近似梯度方法迭代中的步长估计。

在下面的若干节中，将逐一详细介绍以上提到的稀疏、低秩、张量等特征，以及基于这些特征的分类方法，并与使用传统特征的方法进行比较。

5.2 基于稀疏表示特征的声学事件检测

为了有效利用声学事件的声学特征，本章使用在数据库中有明显基频的音频帧来进行训练和分类。将训练数据集记为 $A=[\boldsymbol{a}_1,\cdots,\boldsymbol{a}_n] \in \mathbf{R}^{m\times n}$，其中同时包括集内与集外数据，此时字典学习即转化为如下的优化问题：

$$f_n(\boldsymbol{D}) := \frac{1}{n} \sum_{i=1}^{n} l(\boldsymbol{a}_i, \boldsymbol{D}) \tag{5-5}$$

其中，$\boldsymbol{D} \in \mathbf{R}^{m\times k}$ 是字典，每一列表示一个基向量；$l(\boldsymbol{a},\boldsymbol{D})$ 表示损失函数，用于刻画字典能够表示目标信号的能力。在稀疏表示中，$l(\boldsymbol{a},\boldsymbol{D})$ 一般表示为如下函数：

$$l(\boldsymbol{a},\boldsymbol{D}) := \min_{x\in\mathbf{R}^k} \frac{1}{2}\left\|\boldsymbol{a}-\boldsymbol{D}\boldsymbol{x}\right\|_2^2+\lambda\left\|\boldsymbol{x}\right\|_0 \tag{5-6}$$

其中，λ 是正则化参数；$\boldsymbol{x}$ 表示信号 $\boldsymbol{a}$ 在字典 $\boldsymbol{D}$ 上分解得到的系数；$\|\cdot\|_0$ 表示 L_0 范数，它返回非零元素的个数。当将式 (5-6) 代入式 (5-5) 作为损失函数时，则式 (5-5) 本质上变为一个组合优化问题，因此是 NP 难的。通过使用 L_1 范数代替 L_0 时得到

$$l(\boldsymbol{a},\boldsymbol{D}) := \min_{\boldsymbol{x}\in\mathbf{R}^k} \frac{1}{2}\left\|\boldsymbol{a}-\boldsymbol{D}\boldsymbol{x}\right\|_2^2+\lambda\left\|\boldsymbol{x}\right\|_1 \tag{5-7}$$

为了防止字典元素变得无限大，一般总是将字典限定在如下范围内：

$$\Omega := \{\boldsymbol{D}\in\mathbf{R}^{m\times k}, \text{s.t.} \quad \forall j=1,\cdots,k, \boldsymbol{d}_j^{\mathrm{T}}\boldsymbol{d}_j \leqslant 1\} \tag{5-8}$$

这样式 (5-5) 变为

$$\min_{\boldsymbol{D}\in\Omega,\boldsymbol{x}_i\in\mathbf{R}^k} \frac{1}{n}\sum_{i=1}^{n}\left(\frac{1}{2}\left\|\boldsymbol{a}_i-\boldsymbol{D}\boldsymbol{x}_i\right\|_2^2+\lambda\left\|\boldsymbol{x}_i\right\|_1\right) \tag{5-9}$$

Marial 等[187] 提出了一种基于随机逼近的在线学习方法来求解式 (5-9)，本章即使用这种方法。当得到字典时，通过式 (5-7) 可以得到稀疏系数。为了降低计算量，在这里引入一个随机矩阵 $\boldsymbol{W}$，这样式 (5-7) 变为如下的形式：

$$l(\boldsymbol{a},\boldsymbol{D}) := \min_{\boldsymbol{x}\in\mathbf{R}^k} \frac{1}{2}\left\|\boldsymbol{W}^{\mathrm{T}}\boldsymbol{a}-\boldsymbol{W}^{\mathrm{T}}\boldsymbol{D}\boldsymbol{x}\right\|_2^2+\lambda\left\|\boldsymbol{x}\right\|_1 \tag{5-10}$$

通过此式得到的系数向量将作为最终的特征。

通过式 (5-9) 可以得到目标声学事件和集外声学事件的字典，然后将训练数据在字典上进行分解，用得到的系数作为特征，此时即可通过分类器来对未知数据进行分类。若某测试文件中目标声学事件帧的数量较多，则判断其为目标声学事件数据文件，反之判断其为非目标声学事件数据。对于此处的分类器，使用目前较受关注的高斯过程分类器[138]。下面对这种分类器作一个简要介绍。

假设给定服从某一联合分布 $p(x,y)$ 的数据和标识。训练数据和标识分别用 $X=\{x_i|i=1,2,\cdots,n\}$ 和 $Y=\{y_i|i=1,2,\cdots,n\}$ 表示，并假设 $B=\{(x_i,y_i)|i=1,2,\cdots,n\}=(X,Y)$。当给定这样的训练数据集时，希望预测测试样本 x_* 的标识。高斯过程分类通过引入一个映射到单位区间内的 Logistic 隐函数 $\sigma(u)=(1+\exp(-u))^{-1}$，使得 $p(y_*|x_*,B)$ 可以写为 $\sigma(y_*f(x_*))$。高斯过程分类的示意图如图 5-1 所示。它是一个完全由均值函数 $m(x)=E[f(x)]$ 和协方差函数 $K(x,x')=$

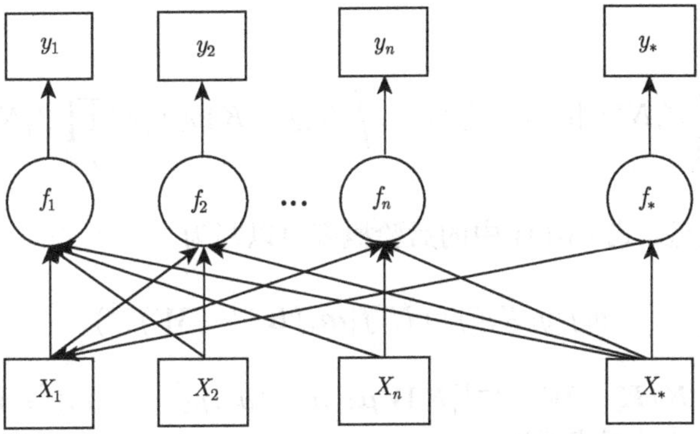

图 5-1 高斯过程分类示意图

$V[f(x), f(x')]$ 决定的随机过程[138]。高斯过程分类中假设隐函数符合一个高斯过程的先验概率。如文献 [139] 所示，测试样本 x_* 的后验概率是通过在隐函数上的平均来得到：

$$p(y_*|x_*, B, \theta) = \int p(y_*|f_*, \theta)p(f_*|x_*, B, \theta)\mathrm{d}f_* \tag{5-11}$$

其中，$p(y_*|f_*, \theta)$ 是在给定隐函数值情况下的似然概率：

$$p(y_*|f_*, \theta) = 1/[1 + \exp(-y_* f_*)] \tag{5-12}$$

而 $p(f_*|x_*, B, \theta)$ 是通过在训练数据隐变量上的边际积分而得到：

$$p(f_*|x_*, D, \theta) = \int p(f_*|f, f_*, X, \theta)p(f|y, X, \theta)\mathrm{d}f \tag{5-13}$$

其中，$p(f|y, X, \theta)$ 是训练隐变量 f 上的后验概率：

$$p(f|y, X, \theta) = \frac{p(y|f)p(f|X, \theta)}{\int p(y|f)p(f|X, \theta)\mathrm{d}f} = \frac{N(f|0, K)}{p(y|X, \theta)} \prod_{i=1}^{n} \sigma(y_i f_i) \tag{5-14}$$

其中，$N(f|0, K)$ 是均值为 0、方差为 K 的高斯分布，而联合概率 $p(f_*|f, x_*, X, \theta)$ 可以分解为后验概率 $p(f|y, X, \theta)$ 和条件先验概率

$$N(f_*|K_*^{\mathrm{T}} K^{-1} f, K_{**} - K_*^{\mathrm{T}} K^{-1} K_*) \tag{5-15}$$

的乘积，其中，$K_{*i} = K(x_i, x_*)$，$K_{**ij} = K(x_{*,i}, x_{*,j})$，$K_{**} = K(x_*, x_*)$，$K_{*ij} = K(x_i, x_{*,j})$。然而预测函数的式 (5-11) 和隐分布的式 (5-13) 不能写成解析形式。文献 [139] 给出了近似的 EP 算法。它通过非归一化高斯 $Z_j N(f_j|\mu_j, \sigma_j^2)$ 来逼近式 (5-14) 中的 $p(y_i|f_i)\sigma(y_i f_i)$。这里的非归一化高斯 $Z_j N(f_j|\mu_j, \sigma_j^2)$ 满足如下

条件：

$$\int N(f|0,K)\prod_{j=1}^{n} Z_j N(f_j|\mu_j,\sigma_j^2)\mathrm{d}f_{\neg i} = \int N(f|0,K)p(y_i|f_i)\prod_{j\neq i} Z_j N(f_j|\mu_j,\sigma_j^2)\mathrm{d}f_{\neg i} \tag{5-16}$$

基于这样一个逼近，式 (5-14) 中的后验概率可以写为

$$p(f|y,X,\theta) \approx N(f|\boldsymbol{m},(\boldsymbol{K}^{-1}+\boldsymbol{W})^{-1}) \tag{5-17}$$

其中，$\boldsymbol{m} = [\boldsymbol{I}-\boldsymbol{K}(\boldsymbol{K}+\boldsymbol{W}^{-1})^{-1}]\boldsymbol{K}\boldsymbol{W}\boldsymbol{\mu}$；$\boldsymbol{\mu} = (\mu_1,\mu_2,\cdots,\mu_n)^{\mathrm{T}}$；$\boldsymbol{W} = [\sigma_i^{-2}]_{ii}$。从而边际似然可以通过下式逼近：

$$\ln p(y|X,\theta) \approx \sum_{i=1}^{n} \ln\frac{Z_i}{\sqrt{2\pi}} - \frac{1}{2}\boldsymbol{m}^{\mathrm{T}}(\boldsymbol{K}^{-1}+\boldsymbol{K}^{-1}\boldsymbol{W}^{-1}\boldsymbol{K}^{-1})\boldsymbol{m} - \frac{1}{2}\ln|\boldsymbol{K}+\boldsymbol{W}^{-1}| \tag{5-18}$$

5.3 基于低秩矩阵表示特征的声学事件检测

通常长时段上的特征对于判决有较好的作用，但是大部分特征往往是基于帧的向量形式。为了构造长时段上的特征，最直接的方法是在时间上累积帧特征，这样音频段的数据即可转换成为矩阵形式的数据。一般在一段时间内，影响音频特征的主要因素有限，因此能够通过低秩矩阵来进行逼近替代。在此逼近过程中，往往能够去掉那些非主要部分的随机大幅噪声，因此基于低秩变换信号构造得到的特征具有较好的鲁棒性。

5.3.1 低秩矩阵表示特征提取

给定观测数据 $\boldsymbol{D} \in \mathbf{R}^{m\times n}$，其中 m 为累积的帧数目，n 为每帧中的采样点数据，假设此观测数据由低秩部分和噪声部分组成：

$$\boldsymbol{D} = \boldsymbol{A} + \boldsymbol{E} \tag{5-19}$$

其中，$\boldsymbol{A}$ 为低秩部分；$\boldsymbol{E}$ 为误差或者噪声部分。此处的目的就是在不知道秩的情况下恢复低秩成分 $\boldsymbol{A}$。对于这样的问题，主成分分析是一个较好的方法[188]，但是对突发的随机大幅噪声，即使只是一小部分数据被噪声污染，主成分分析方法都会完全失去作用[180]。为了解决这样的问题，研究者通过解如下的优化问题从而得到更鲁棒的解：

$$\min_{\boldsymbol{A},\boldsymbol{E}\in\mathbf{R}^{m\times n}} \|\boldsymbol{A}\|_* + \lambda\|\boldsymbol{E}\|_1, \quad \text{s.t. } \boldsymbol{D} = \boldsymbol{A} + \boldsymbol{E} \tag{5-20}$$

其中，$\|\cdot\|_*$ 表示矩阵的迹范，它是矩阵的所有奇异值的和；$\|\cdot\|_1$ 是矩阵的 L_1 范数，表示矩阵所有元素绝对值的和；$\lambda > 0$ 为正则化参数。这种方法即使在有大幅

噪声的情况也能恢复其隐含的低秩成分。对于式 (5-20)，研究者提出了若干方法，本章使用文献 [180] 中提到的方法来恢复低秩成分，并以此作为特征。

为了使用增强拉格朗日乘子方法 (augmented Lagrange multiplier，ALM)，Lin 等[180] 将式 (5-20) 转化为

$$X = (A, E), \quad f(X) = \|A\|_* + \lambda\|E\|_1$$

且

$$h(X) = D - A - E \tag{5-21}$$

此时，拉格朗日方程为

$$L(A, E, Y, \mu) \doteq \|A\|_* + \lambda\|E\|_1 + \langle Y, D - A - E\rangle + \frac{\mu}{2}\|D - A - E\|_F^2 \tag{5-22}$$

Lin 等[180] 给出了两种增强拉格朗日乘子方法来求解以上问题。综合考虑处理速度以及准确率，本章采用近似增强拉格朗日乘子方法 (inexact ALM) 进行求解。现将整个提取声音段低秩表示特征的提取算法总结在算法 5-1 中。

(1) 输入：$D \in \mathbf{R}^{m\times n}$ (声音段的矩阵表示形式)；
(2) 输出：$A \in \mathbf{R}^{m\times n}$(声音段的低秩表示)；
(3) 初始化：$Y_0 = D/J(D), E_0 = 0, \mu_0 > 0, \rho > 1, k = 0, \epsilon > 0$;
(4) while $\|A_k - A_{k+1}\| > \epsilon$ do
(5) $(U, S, V) = \mathrm{svd}(D - E_k + \mu_k^{-1}Y_k)$; /* 求解 $A_{k+1} = \arg\min_A L(A, E_k, Y_k, \mu_k)$*/
(6) $A_k = U\mathcal{S}_{\mu_k^{-1}}[S]V^{\mathrm{T}}$;
(7) $E_{k+1} = \mathcal{S}_{\lambda\mu_k^{-1}}(D - A_{k+1} + \mu_k^{-1}Y_k)$; /* 求解 $E_{k+1} = \arg\min_E L(A_{k+1}, E, Y_k, \mu_k)$*/
(8) $Y_{k+1} = Y_k + \mu_k(D - A_{k+1} - E_{k+1})$;
(9) 更新 μ_k 为 μ_{k+1};
(10) $k \leftarrow k + 1$;
(11) end
(12) $A \leftarrow A_k$。

算法 5-1 基于鲁棒主成分分析的声音段低秩成分提取

5.3.2 低秩矩阵分类的问题描述

在提取出了鲁棒的矩阵表示特征之后，基于文献 [181] 提出的框架，本章采用迹范正则化下的线性分类方法来进行特征的判别。这里使用迹范正则化主要有以下两种考虑：首先迹范考虑了矩阵中不同帧之间的交互信息，而其他简单处理方法则忽略了这些信息；其次迹范是线性分类器复杂度的合适度量。基于迹范正则化的矩阵分类可以表示为

$$\min_{W,b} F_s(W, b) = f_s(W, b) + \lambda\|W\|_* \tag{5-23}$$

其中，$\boldsymbol{W} \in \mathbf{R}^{m\times n}$ 为未知权值矩阵；$b \in \mathbf{R}$ 为偏差；$\|\cdot\|_*$ 表示迹范，定义为矩阵所有特征值的和；λ 为正则化参数。$f_s(\boldsymbol{W}, b) = \sum_{i=1}^{s} \ell(y_i, \mathrm{Tr}(\boldsymbol{W}^{\mathrm{T}}\boldsymbol{X}_i) + b)$ 是基于凸光滑损失函数 $\ell(\cdot,\cdot)$ 的经验误差，$\mathrm{Tr}(\cdot)$ 为矩阵的迹。本章使用平方损失函数，因此经验损失函数为 $f_s(\boldsymbol{W}, b) = \sum_{i=1}^{s} (y_i - \mathrm{Tr}(\boldsymbol{W}^{\mathrm{T}}\boldsymbol{X}_i) - b)^2$，其中 $(\boldsymbol{X}_i, y_i) \in \mathbf{R}^{m\times n} \times \mathbf{R}$ 为第 i 个样本。

5.3.3　基于加速近似梯度方法的矩阵分类学习

对于式 (5-23)，近年来 Toh 等[182]、Ji 等[183] 以及 Liu 等[189] 同时独立提出了基于加速近似梯度并以$O\left(\dfrac{1}{k^2}\right)$ 速度收敛的算法，其中 k 为迭代的次数。使用加速近似梯度方法的充分条件是损失函数满足光滑、凸的性质，并且梯度满足利普希茨条件。在本章工作中，由于 $f_s(\boldsymbol{W}, b)$ 为光滑凸函数和仿射映射的复合函数，因此是凸光滑的[190]。对于利普希茨条件，$f_s(\boldsymbol{W}, b)$ 的梯度为

$$\nabla_{\boldsymbol{W}} f_s(\boldsymbol{W}, b) = -2\sum_{i=1}^{s} (y_i - \mathrm{Tr}(\boldsymbol{W}^{\mathrm{T}}\boldsymbol{X}_i) - b)X_i \tag{5-24}$$

我们在下面的定理中证明 $\nabla_{\boldsymbol{W}} f_s(\boldsymbol{W}, b)$ 是利普希茨连续的，并且给出利普希茨常数。

定理 5.1　$\nabla_{\boldsymbol{W}} f_s(\cdot, b)$ 是利普希茨连续的，并且利普希茨常数为 $L = 2mn\sum_{i=1}^{s}\|\boldsymbol{X}_i\|_{\mathrm{F}}^2$，也就是说 $\forall \boldsymbol{U}, \boldsymbol{V} \in \mathbf{R}^{m\times n}$，满足 $\|\nabla_{\boldsymbol{W}} f_s(\boldsymbol{U}, b) - \nabla_{\boldsymbol{W}} f_s(\boldsymbol{V}, b)\|_{\mathrm{F}} \leqslant L\|\boldsymbol{U} - \boldsymbol{V}\|_{\mathrm{F}}$，其中 $\|\cdot\|_{\mathrm{F}}$ 是 Frobenius 范数 (Frobenius norm)。

证明　需要证明存在 L 使得

$$\|\nabla_{\boldsymbol{W}} f_s(\boldsymbol{U}, b) - \nabla_{\boldsymbol{W}} f_s(\boldsymbol{V}, b)\|_{\mathrm{F}} \leqslant L\|\boldsymbol{U} - \boldsymbol{V}\|_{\mathrm{F}} \tag{5-25}$$

根据式 (5-24) 将 $\boldsymbol{U}$、$\boldsymbol{V}$ 位置上的梯度代入式 (5-25)，可以得到

$$\begin{aligned}
&\|\nabla_{\boldsymbol{W}} f_s(\boldsymbol{U}, b) - \nabla_{\boldsymbol{W}} f_s(\boldsymbol{V}, b)\|_{\mathrm{F}} \\
=&\left\|-2\sum_{i=1}^{s}(y_i - \mathrm{Tr}(\boldsymbol{U}^{\mathrm{T}}\boldsymbol{X}_i) - b)\boldsymbol{X}_i + 2\sum_{i=1}^{s}(y_i - \mathrm{Tr}(\boldsymbol{V}^{\mathrm{T}}\boldsymbol{X}_i) - b)\boldsymbol{X}_i\right\|_{\mathrm{F}} \\
=&2\left\|\sum_{i=1}^{s}(\mathrm{Tr}(\boldsymbol{U}^{\mathrm{T}}\boldsymbol{X}_i)\boldsymbol{X}_i - \mathrm{Tr}(\boldsymbol{V}^{\mathrm{T}}\boldsymbol{X}_i))\boldsymbol{X}_i\right\|_{\mathrm{F}} \\
\leqslant&2\sum_{i=1}^{s}\left|\mathrm{Tr}((\boldsymbol{U}^{\mathrm{T}} - \boldsymbol{V}^{\mathrm{T}})\boldsymbol{X}_i)\right|\|\boldsymbol{X}_i\|_{\mathrm{F}}
\end{aligned}$$

$$\begin{aligned}
&\leqslant 2mn\sum_{i=1}^{s}\left\|\boldsymbol{U}^{\mathrm{T}}-\boldsymbol{V}^{\mathrm{T}}\right\|_{\mathrm{F}}\|\boldsymbol{X}_i\|_{\mathrm{F}}^2\\
&=\left(2mn\sum_{i=1}^{s}\|\boldsymbol{X}_i\|_{\mathrm{F}}^2\right)\left\|\boldsymbol{U}^{\mathrm{T}}-\boldsymbol{V}^{\mathrm{T}}\right\|_{\mathrm{F}}
\end{aligned}$$

其中，在最后一个不等式上，使用了如下事实：$\forall \boldsymbol{A},\boldsymbol{B}\in\mathbf{R}^{m\times n}$，$\mathrm{Tr}(\boldsymbol{A}^{\mathrm{T}}\boldsymbol{B})\leqslant\|\boldsymbol{A}\|_1\|\boldsymbol{B}\|_1\leqslant mn\|\boldsymbol{A}\|_{\mathrm{F}}\|\boldsymbol{B}\|_{\mathrm{F}}$，其中 $\|\cdot\|_1$ 为 L_1 范数，表示所有矩阵元素绝对值的和。

至此定理得证，也就是说 $\nabla_W f_s(\cdot,b)$ 是利普希茨连续的，并且利普希茨常数为 $L=2mn\sum_{i=1}^{s}\|\boldsymbol{X}_i\|_{\mathrm{F}}^2$。 □

因此可以使用加速近似梯度方法解决此问题。为了解式 (5-23) 这种无约束优化问题，加速近似梯度方法通过固定 b，并且在局部使用如下的平方函数逼近 $f_s(\boldsymbol{W},b)$，并更新 $\boldsymbol{W}$：

$$\begin{aligned}
\boldsymbol{W}_{k+1}=\arg\min_{\boldsymbol{W}\in\mathbf{R}^{m\times n}}Q(\boldsymbol{W},\boldsymbol{Z}_k)&=f_s(\boldsymbol{Z}_k,b)+\frac{t_k}{2}\|\boldsymbol{W}-\boldsymbol{Z}_k\|_{\mathrm{F}}^2\\
&+\langle\nabla_{\boldsymbol{W}}f_s(\boldsymbol{Z}_k,b),\boldsymbol{W}-Z_k\rangle+\lambda\|\boldsymbol{W}\|_*
\end{aligned}\tag{5-26}$$

根据 Toh 等[182] 的工作，若在迭代中加入中间变量$\boldsymbol{Z}_k=\boldsymbol{W}_k+\dfrac{t_{k-1}-1}{t_k}(\boldsymbol{W}_k-\boldsymbol{W}_{k-1})$，且序列 t_k 满足 $t_{k+1}^2-t_{k+1}\leqslant t_k^2$，则权值的收敛速度可以达到 $O\left(\dfrac{1}{k_2}\right)$，并且由于在定理 5.1 中给出了利普希茨常数的准确值，因此省略了通用加速近似梯度方法中步长 t_k 的估计。

算法 5-2 总结了以上过程，它就是基于加速近似梯度方法的矩阵分类学习算法，其中 $\mathcal{S}_\varepsilon[\cdot]$ 为文献 [180] 中提出的松弛阈值算符 (soft-thresholding operator)：

$$\mathcal{S}_\varepsilon[x]\doteq\begin{cases}x-\varepsilon, & x>\varepsilon\\ x+\varepsilon, & x<-\varepsilon\\ 0, & \text{其他}\end{cases}\tag{5-27}$$

若变量为向量和矩阵，则松弛阈值算符对变量中的所有元素同时单独进行运算。

通用加速近似梯度方法[182, 183, 189] 仅更新权值矩阵，并没有给出偏差的更新规则。为了更新偏差，可以固定 $\boldsymbol{W}_k$，求解如下问题：

$$b_k=\min_b\sum_{i=1}^{s}(y_i-\mathrm{Tr}(\boldsymbol{W}_k^{\mathrm{T}}\boldsymbol{X}_i)-b)^2+\lambda\|\boldsymbol{W}_k\|_*\tag{5-28}$$

从而得到偏差的更新方程：

$$b_k = \frac{1}{s}\sum_{i=1}^{s}(y_i - \mathrm{Tr}(\boldsymbol{W}_k^{\mathrm{T}}\boldsymbol{X}_i)) \tag{5-29}$$

这样就得到了算法 5-2 中的步骤。对于算法 5-2 的收敛条件，可以使用如下的相对误差条件：

$$\|\boldsymbol{W}_{k+1} - \boldsymbol{W}_k\|_{\mathrm{F}}/\|\boldsymbol{W}_k\|_{\mathrm{F}} < \varepsilon_1 \quad 且 \quad |b_{k+1} - b_k|/|b_k| < \varepsilon_2 \tag{5-30}$$

(1) 输入：训练数据：$(\boldsymbol{X}_i, y_i) \in \mathbf{R}^{m\times n} \times \mathbf{R}, i = 1, \cdots, s$;

(2) 输出：矩阵分类器权值以及偏差：$\boldsymbol{W}, b$;

(3) 初始化：$\boldsymbol{W}_0 = \boldsymbol{Z}_1 \in \mathbf{R}^{m\times n}, \alpha_1 = 1, L = 2mn\sum_{i=1}^{s}\|\boldsymbol{X}_i\|_{\mathrm{F}}^2, \lambda, \epsilon$;

(4) while $\|\boldsymbol{W}_k - \boldsymbol{W}_{k+1}\| > \epsilon$ 或者 $|b_k - b_{k+1}| > \epsilon$ do;

(5) $(\boldsymbol{U}, \boldsymbol{S}, \boldsymbol{V}) = \mathrm{svd}\left(\boldsymbol{Z}_k - \frac{1}{L}\left(-2\sum_{i=1}^{s}(y_i - \mathrm{Tr}(\boldsymbol{Z}_k^{\mathrm{T}}\boldsymbol{X}_i) - b)\boldsymbol{X}_i\right)\right)$;

(6) $\boldsymbol{W}_k = \boldsymbol{U}\mathcal{S}_{\frac{\lambda}{L}}[\boldsymbol{S}]\boldsymbol{V}^{\mathrm{T}}$;

(7) $\alpha_{k+1} = \frac{1+\sqrt{1+4\alpha_k^2}}{2}$;

(8) $\boldsymbol{Z}_{k+1} = \boldsymbol{W}_k + \frac{\alpha_k - 1}{\alpha_{k+1}}(\boldsymbol{W}_k - \boldsymbol{W}_{k-1})$;

(9) $b_k = \frac{1}{s}\sum_{i=1}^{s}(y_i - \mathrm{Tr}(\boldsymbol{W}_k^{\mathrm{T}}\boldsymbol{X}_i))$;

(10) $k \leftarrow k+1$;

(11) end

(12) $\boldsymbol{W} \leftarrow \boldsymbol{W}_k$, $b \leftarrow b_k$

算法 5-2 基于加速近似梯度方法的矩阵分类权值学习算法

当得到了权值矩阵 $\boldsymbol{W}$ 以及偏差 b 时，观测到的使用美尔频率倒谱系数为参数的矩阵 $\boldsymbol{X}_i$ 可以按如下公式进行分类：

$$\hat{y}_i = \mathrm{Tr}(\boldsymbol{W}^{\mathrm{T}}\boldsymbol{X}_i) + b \tag{5-31}$$

5.4 基于低秩张量表示特征的声学事件检测

以往的研究者一般只是简单地将不同域的特征直接拼接作为新特征，这种方式无法有效地利用来自不同域特征的信息。而张量是一种比较自然的能够结合不同来源特征的方法。为了将长时的声音片段映射到张量空间，首先将相邻帧信号作为列构成矩阵，然后再将此矩阵形式的信号累积成为张量。通常情况下，在一段有限时间内，相邻的帧或者矩阵信号仅仅受有限的因素影响，因此在排除噪声的影响下，这样得到的张量特征本质上应为低秩的。本节将使用低秩张量来逼近原始信号，其进一步的变换，例如，将低秩张量中的所有行降维成美尔频率倒谱系数，将作为分类特征。

5.4.1 张量计算相关记号

在有关张量的计算中，张量阶数 N 表示张量的维数，也常被称为路或者模。矩阵 (维数为 2 的张量) 用大写字母表示，如 $\boldsymbol{X}$，小写字母表示矩阵中的元素，如 x_{ij}。高维张量 (维数大于或等于 3) 用欧拉脚本字体表示，如 $\boldsymbol{\mathcal{X}}$，并且 N 维张量位置 $(i_1, i_2, \cdots, i_N)$ 上的元素记为 $x_{i_1 i_2 \cdots i_N}$。纤维 (fibers) 类似于矩阵中行或者列，定义为固定张量中除某一维外的其他维，例如，模 n 的纤维表示是通过固定 $\{i_1, i_2, \cdots, i_N\} \setminus i_n$ 位置上的值而得到的向量 $x_{i_1 \cdots i_{n-1} : i_{n+1} \cdots i_N}$。张量 $\boldsymbol{\mathcal{X}} \in \mathbf{R}^{I_1 \times I_2 \times \cdots \times I_N}$ 依据模 n 展开 (unfolding) 或者称为矩阵化 (matricization)，表示将所有模 n 的纤维当做列向量而得到的矩阵，记为 $\boldsymbol{X}_{(n)}$。展开算符记为 unfold$(\cdot)$，相反的算符记为 refold$(\cdot)$，表示将矩阵折为张量。在展开的过程中，张量元素 $(i_1, i_2, \cdots, i_N)$ 被映射到矩阵元素 (i_n, j)，其中

$$j = 1 + \sum_{\substack{k=1 \\ k \neq n}}^{N} (i_k - 1) J_k$$

这里，$J_k = \prod_{\substack{m=1 \\ m \neq n}}^{k-1} I_m$，因此 $\boldsymbol{X}_{(n)} \in \mathbf{R}^{I_n \times I_1 \cdots I_{n-1} I_{n+1} \cdots I_N}$。$N$ 维张量的 n 秩表示矩阵 $\boldsymbol{X}_{(n)}$ 的秩，也就是由模 n 纤维张成空间的维度，记为 $\mathrm{rank}_n(\boldsymbol{\mathcal{X}})$。两个张量 $\boldsymbol{\mathcal{X}}, \boldsymbol{\mathcal{Y}} \in \mathbf{R}^{I_1 \times I_2 \times \cdots \times I_N}$ 的内积定义为

$$\langle \boldsymbol{\mathcal{X}}, \boldsymbol{\mathcal{Y}} \rangle = \sum_{i_1=1}^{I_1} \sum_{i_2=1}^{I_2} \cdots \sum_{i_N=1}^{I_N} x_{i_1 i_2 \cdots i_N} y_{i_1 i_2 \cdots i_N}$$

对应的范数记为 $\|\boldsymbol{\mathcal{X}}\|_{\mathrm{F}} = \sqrt{\langle \boldsymbol{\mathcal{X}}, \boldsymbol{\mathcal{X}} \rangle}$，一般称为 Frobenius 范数。

5.4.2 低秩张量表示特征提取

给定观测数据 $\boldsymbol{\mathcal{D}} \in \mathbf{R}^{I_1 \times I_2 \times \cdots \times I_N}$，假设此观测数据由低秩部分和噪声部分组成，因此可以分解为

$$\boldsymbol{\mathcal{D}} = \boldsymbol{\mathcal{W}} + \boldsymbol{\mathcal{E}} \tag{5-32}$$

其中，$\boldsymbol{\mathcal{W}}$ 为低秩部分；$\boldsymbol{\mathcal{E}}$ 为误差或者噪声部分。这里的目的就是在不知道秩的情况下恢复低秩成分 $\boldsymbol{\mathcal{W}}$。为解决这一问题，研究者通过解如下的优化问题从而得到

更鲁棒的解：

$$\min_{\mathcal{W},\mathcal{E}\in\mathbf{R}^{I_1\times I_2\times\cdots\times I_N}} \|\mathcal{E}\|_1+\lambda\|\mathcal{W}\|_*,\quad \text{s.t. } \mathcal{D}=\mathcal{W}+\mathcal{E} \tag{5-33}$$

或者

$$\min_{\mathcal{W}\in\mathbf{R}^{I_1\times I_2\times\cdots\times I_N}} \|\mathcal{D}-\mathcal{W}\|_1+\lambda\|\mathcal{W}\|_* \tag{5-34}$$

其中，$\|\cdot\|_*$ 表示张量的迹范，如式 (5-3) 所示 (本章为了叙述简洁使用式 (5-3) 作为迹范定义，对于另一种迹范定义 (5-2) 的讨论基本类似，不再赘述)；$\|\cdot\|_1$ 为 L_1 范数，表示张量所有元素绝对值的和；$\lambda>0$ 为正则化参数。类似矩阵情形依照 Wright 的定义[179]，依然称式 (5-33) 为鲁棒主成分分析。对于式 (5-33) 的类似问题，研究者提出了若干方法，本章尝试使用交替方向乘子法来进行低秩张量提取[101]。

交替方向乘子法可以追溯到 20 世纪 70 年代[191]。其主要思想是在原始变量以及对偶变量上交替更新直到收敛，且每一次更新仅涉及单一变量，其他变量固定。本章通过引入 N 个新的表示不同的模 n 展开的张量，从而形成增强拉格朗日乘子，并可同时更新所有参数。引进 N 个新参数 $\mathcal{Y}_i\in\mathbf{R}^{I_1\times I_2\times\cdots\times I_N}$，并将式 (5-33) 转化为

$$\begin{aligned}&\min_{\mathcal{W},\mathcal{Y}_i}\quad \frac{L}{2}\|\mathcal{W}-\mathcal{D}\|_{\mathrm{F}}^2+\frac{\lambda}{N}\sum_{i=1}^{N}\|\boldsymbol{Y}_{i,(i)}\|_*\\&\text{s.t.}\quad \mathcal{Y}_i=\mathcal{W},\quad \forall i\in\{1,\cdots,N\}\end{aligned} \tag{5-35}$$

记 $f(\mathcal{W})=\dfrac{L}{2}\|\mathcal{W}-\mathcal{D}\|_{\mathrm{F}}^2$，$g(\mathcal{Y})=\dfrac{\lambda}{N}\sum_{i=1}^{N}\|\boldsymbol{Y}_{i,(i)}\|_*$，其中 $\mathcal{Y}=(\mathcal{Y}_1,\cdots,\mathcal{Y}_N)^{\mathrm{T}}$。因此变量 $\mathcal{Y}$ 和 $\mathcal{W}$ 之间的约束变为 $\mathcal{Y}=(\mathcal{W},\cdots,\mathcal{W})$，同时式 (5-35) 的增强拉格朗日乘子转化为

$$\mathcal{L}_A(\mathcal{W},\mathcal{Y},\mathcal{U})=\frac{L}{2}\|\mathcal{W}-\mathcal{D}\|_{\mathrm{F}}^2+\sum_{i=1}^{N}\left(\frac{\lambda}{N}\|\boldsymbol{Y}_{i,(i)}\|_*-\langle\mathcal{U}_i,\mathcal{W}-\mathcal{Y}_i\rangle+\frac{\beta}{2}\|\mathcal{W}-\mathcal{Y}_i\|_{\mathrm{F}}^2\right) \tag{5-36}$$

其中，β 为任意正数；$\mathcal{U}=(\mathcal{U}_1,\cdots,\mathcal{U}_N)^{\mathrm{T}}$ 为拉格朗日乘子。通过固定其他变量，使得 $\mathcal{L}_A(\mathcal{W},\mathcal{Y},\mathcal{U})$ 对于单一变量最小化，从而得到所有变量 $\mathcal{Y},\mathcal{W},\mathcal{U}$ 的更新规则：

$$\begin{cases}\mathcal{W}^{k+1}=\left(L\mathcal{D}+\beta\sum_{i=1}^{N}\mathcal{Y}_i^k+\sum_{i=1}^{N}\mathcal{U}_i^k\right)\Big/(L+\beta N)\\ \mathcal{Y}_i^{k+1}=\mathrm{refold}(\boldsymbol{U}\mathcal{S}_{\frac{\lambda}{\beta N}}[\boldsymbol{S}]\boldsymbol{V}^{\mathrm{T}}),\quad i=1,\cdots,N\\ \mathcal{U}_i^{k+1}=\mathcal{U}_i^k-\beta(\mathcal{W}^{k+1}-\mathcal{Y}_i^{k+1}),\quad i=1,\cdots,N\end{cases} \tag{5-37}$$

其中，$\boldsymbol{USV}^{\mathrm{T}}$ 为 $\left(W_{(j)}^{k+1}-\dfrac{1}{\beta}U_{j,(j)}^k\right)$ 的奇异值分解；算符 $\mathrm{refold}(\cdot)$ 和 $\mathcal{S}_\varepsilon[\cdot]$ 的定义

参考前面章节。至此描述了声音段的低秩张量分量的提取过程，将其总结在算法 5-3 中。

(1) 输入：声音段张量表示形式：$\boldsymbol{\mathcal{D}} \in \mathbf{R}^{m\times n\times p}$；
(2) 输出：声音段低秩张量分量：$\boldsymbol{\mathcal{W}}$；
(3) 初始化：$\boldsymbol{\mathcal{D}} \in \mathbf{R}^{m\times n\times p}, \beta > 0, k = 0, \epsilon$;
(4) while $\|\boldsymbol{\mathcal{W}}_k - \boldsymbol{\mathcal{W}}_{k+1}\|_{\mathrm{F}}^2 > \epsilon$ do
(5) $\quad \boldsymbol{\mathcal{W}}^{k+1} = \left(L\boldsymbol{\mathcal{D}} + \beta\sum_{i=1}^{N}\boldsymbol{\mathcal{Y}}_i + \sum_{i=1}^{N}\boldsymbol{\mathcal{U}}_i\right)\Big/(L+\beta N)$;
(6) $\quad$ for i=1 to N do;
(7) $\qquad \boldsymbol{USV}^{\mathrm{T}} = \mathrm{svd}\left(\boldsymbol{W}_{(j)}^{k+1} - \frac{1}{\beta}\boldsymbol{U}_{j,(j)}^{k}\right)$;
(8) $\qquad \boldsymbol{\mathcal{Y}}_i^{k+1} = \mathrm{refold}(\boldsymbol{U}\boldsymbol{\mathcal{S}}_{\frac{\lambda}{\beta N}}[\boldsymbol{S}]\boldsymbol{V}^{\mathrm{T}})$;
(9) $\qquad \boldsymbol{\mathcal{U}}_i^{k+1} = \boldsymbol{\mathcal{U}}_i^{k} - \beta(\boldsymbol{\mathcal{W}}^{k+1} - \boldsymbol{\mathcal{Y}}_i^{k+1})$;
(10) $\quad$ end
(11) $\quad k \leftarrow k+1$;
(12) end
(13) $\boldsymbol{\mathcal{W}} \leftarrow \boldsymbol{\mathcal{W}}_k$。

算法 5-3 基于交替方向乘子法的声音段低秩张量分量提取 (也称为张量鲁棒主成分分析)

5.4.3 基于加速近似梯度方法的张量分类学习

在 5.1 节中，将张量分类学习转化为凸优化学习问题，见式 (5-4)。众所周知，如果不含迹范正则项，则 $\min\limits_{\boldsymbol{\mathcal{W}}} f_s(\boldsymbol{\mathcal{W}}, b)$ 可以通过梯度下降法：

$$\boldsymbol{\mathcal{W}}_k = \boldsymbol{\mathcal{W}}_{k-1} - \frac{1}{t_k}\nabla_{\boldsymbol{\mathcal{W}}} f_s(\boldsymbol{\mathcal{W}}_{k-1}, b) \tag{5-38}$$

进行求解[182]。此求解方法与通过 $f_s(\boldsymbol{\mathcal{W}}, b)$ 在 $\boldsymbol{\mathcal{W}}_{k-1}$ 处线性逼近的近邻正则化：

$$\boldsymbol{\mathcal{W}}_k = \operatorname*{argmin}_{\boldsymbol{\mathcal{W}}} P_{t_k}(\boldsymbol{\mathcal{W}}, \boldsymbol{\mathcal{W}}_{k-1}) \tag{5-39}$$

求解本质上是相同的，其中

$$P_{t_k}(\boldsymbol{\mathcal{W}}, \boldsymbol{\mathcal{W}}_{k-1}) = f_s(\boldsymbol{\mathcal{W}}_{k-1}, b) + \frac{t_k}{2}\|\boldsymbol{\mathcal{W}} - \boldsymbol{\mathcal{W}}_{k-1}\|_{\mathrm{F}}^2 + \langle \boldsymbol{\mathcal{W}} - \boldsymbol{\mathcal{W}}_{k-1}, \nabla_{\boldsymbol{\mathcal{W}}} f_s(\boldsymbol{\mathcal{W}}_{k-1}, b)\rangle \tag{5-40}$$

且 $\nabla_{\boldsymbol{\mathcal{W}}} f_s(\cdot, b)$ 为 $f_s(\cdot, b)$ 在 $\boldsymbol{\mathcal{W}}$ 的梯度。

根据此等价关系以及文献 [182]、[183]、[189] 中提到的加速框架，可以通过

$$\boldsymbol{\mathcal{W}}_k = \operatorname*{argmin}_{\boldsymbol{\mathcal{W}}} Q_{t_k}(\boldsymbol{\mathcal{W}}, \boldsymbol{\mathcal{W}}_{k-1}) \stackrel{\mathrm{def}}{=\!=} P_{t_k}(\boldsymbol{\mathcal{W}}, \boldsymbol{\mathcal{W}}_{k-1}) + \lambda\|\boldsymbol{\mathcal{W}}\|_* \tag{5-41}$$

或者等价的

$$\mathcal{W}_k = \underset{\mathcal{W}}{\operatorname{argmin}} \left\{ \frac{t_k}{2} \left\| \mathcal{W} - \left(\mathcal{W}_{k-1} - \frac{1}{t_k} \nabla_{\mathcal{W}} f_s(\mathcal{W}_{k-1}, b) \right) \right\|_{\mathrm{F}}^2 + \lambda \|\mathcal{W}\|_* \right\} \tag{5-42}$$

求解式 (5-4)。

当张量的维数为 2 时，式 (5-42) 可以通过奇异值分解以及松弛法进行求解[183]；但是当张量的维数为 3 或者更大时，式 (5-42) 并没有闭式的解析解。此问题也可以通过交替方向乘子法进行求解，类似的问题以及求解过程已经在上一节进行了介绍，此处不再赘述。

与矩阵形式类似，对于张量分类，同样可以给出利普希茨常数的显式值，从而省略加速近似梯度方法中的步长估计计算量。定理 5.2 证明了 $\nabla_{\mathcal{W}} f_s(\cdot, b)$ 为利普希茨连续的，且利普希茨常数为 $L = 2\prod_{m=1}^{N} I_m \sum_{i=1}^{s} \|\mathcal{X}_i\|_{\mathrm{F}}^2$。

定理 5.2　$\nabla_{\mathcal{W}} f_s(\cdot, b)$ 是利普希茨连续的，且利普希茨常数为 $L = 2\prod_{m=1}^{N} I_m \sum_{i=1}^{s} \|\mathcal{X}_i\|_{\mathrm{F}}^2$，也就说 $\forall\, \mathcal{U}, \mathcal{V} \in \mathbf{R}^{I_1 \times I_2 \times \cdots \times I_N}$，满足 $\|\nabla_{\mathcal{W}} f_s(\mathcal{U}, b) - \nabla_{\mathcal{W}} f_s(\mathcal{V}, b)\|_{\mathrm{F}} \leqslant L\|\mathcal{U} - \mathcal{V}\|_{\mathrm{F}}$，其中 $\|\cdot\|_{\mathrm{F}}$ 表示 Frobenius 范数。

证明　需要证明存在 L 使得

$$\|\nabla_{\mathcal{W}} f_s(\mathcal{U}, b) - \nabla_{\mathcal{W}} f_s(\mathcal{V}, b)\|_{\mathrm{F}} \leqslant L\|\mathcal{U} - \mathcal{V}\|_{\mathrm{F}} \tag{5-43}$$

当使用标准平方损失函数时，$f_s(\mathcal{W}, b)$ 函数在 $\mathcal{W}$ 上的梯度成为

$$\nabla_{\mathcal{W}} f_s(\mathcal{W}, b) = -2\sum_{i=1}^{s} (y_i - \langle \mathcal{W}, \mathcal{X}_i \rangle - b)\mathcal{X}_i \tag{5-44}$$

按照式 (5-44) 将 $\mathcal{U}$、$\mathcal{V}$ 位置上的梯度代入式 (5-43) 右边，得到

$$\begin{aligned}
&\|\nabla_{\mathcal{W}} f_s(\mathcal{U}, b) - \nabla_{\mathcal{W}} f_s(\mathcal{V}, b)\|_{\mathrm{F}} \\
=&\left\| -2\sum_{i=1}^{s} (y_i - \langle \mathcal{U}, \mathcal{X}_i \rangle - b)\mathcal{X}_i + 2\sum_{i=1}^{s} (y_i - \langle \mathcal{V}, \mathcal{X}_i \rangle b)\mathcal{X}_i \right\|_{\mathrm{F}} \\
=&2\left\| \sum_{i=1}^{s} (\langle \mathcal{U}, \mathcal{X}_i \rangle - \langle \mathcal{V}, \mathcal{X}_i \rangle)\mathcal{X}_i \right\|_{\mathrm{F}} \\
\leqslant&2\sum_{i=1}^{s} |\langle \mathcal{U} - \mathcal{V}, \mathcal{X}_i \rangle|\, \|\mathcal{X}_i\|_{\mathrm{F}} \\
\leqslant&2\prod_{m=1}^{N} I_m \sum_{i=1}^{s} \|\mathcal{U} - \mathcal{V}\|_{\mathrm{F}}\, \|\mathcal{X}_i\|_{\mathrm{F}}^2
\end{aligned}$$

$$= \left(2\prod_{m=1}^{N} I_m \sum_{i=1}^{s} \|\boldsymbol{\mathcal{X}}_i\|_{\mathrm{F}}^2\right) \|\boldsymbol{\mathcal{U}} - \boldsymbol{\mathcal{V}}\|_{\mathrm{F}}$$

其中在最后一个不等式中，使用了如下事实：对于 $\forall \boldsymbol{\mathcal{A}}, \boldsymbol{\mathcal{B}} \in \mathbf{R}^{I_1\times I_2\times\cdots\times I_N}$，满足 $\langle \boldsymbol{\mathcal{A}}, \boldsymbol{\mathcal{B}}\rangle \leqslant \|\boldsymbol{\mathcal{A}}\|_1 \|\boldsymbol{\mathcal{B}}\|_1 \leqslant \prod_{m=1}^{N} I_m \|\boldsymbol{\mathcal{A}}\|_{\mathrm{F}} \|\boldsymbol{\mathcal{B}}\|_{\mathrm{F}}$，其中 $\|\cdot\|_1$ 表示张量的 L_1 范数，为张量所有元素绝对值的和。

至此定理得证，因此 $\nabla_{\boldsymbol{\mathcal{W}}} f_s(\cdot, b)$ 是利普希茨连续的，且利普希茨常数为 $L = 2\prod_{m=1}^{N} I_m \sum_{i=1}^{s} \|\boldsymbol{\mathcal{X}}_i\|_{\mathrm{F}}^2$。 □

当得到了权值张量后，为了求解偏差，固定此权值，得到如下的优化函数：

$$b_k = \underset{b}{\operatorname{argmin}} \left\{ \sum_{i=1}^{s} (y_i - \langle \boldsymbol{\mathcal{W}}_k, \boldsymbol{\mathcal{X}}_i\rangle - b)^2 + \lambda \|\boldsymbol{\mathcal{W}}_k\|_* \right\} \tag{5-45}$$

从而得到偏差 b 的更新方式：

$$b_k = \frac{1}{s} \sum_{i=1}^{s} (y_i - \langle \boldsymbol{\mathcal{W}}_k, \boldsymbol{\mathcal{X}}_i\rangle) \tag{5-46}$$

至此，得到了权值以及偏差的更新方程，将求解过程总结在算法 5-4 中。算法首先对权值、利普希茨常数等进行初始化，然后使用加速近似梯度方法迭代求解式 (5-42) 得到权值，最后通过更新式 (5-46) 得到偏差。

(1) 输入：训练数据：$(\boldsymbol{\mathcal{X}}_i, y_i), i = 1, \cdots, s$；
(2) 输出：张量分类器权值以及偏差：$\boldsymbol{\mathcal{W}}, b$；
(3) 初始化：$\boldsymbol{\mathcal{W}}_0 = \boldsymbol{\mathcal{Z}}_1 \in \mathbf{R}^{I_1\times I_2\times\cdots\times I_N}, \alpha_1 = 1, L = 2\prod_{m=1}^{N} I_m \sum_{i=1}^{s} \|\boldsymbol{\mathcal{X}}_i\|_{\mathrm{F}}^2, \lambda, b_0 = 0, k = 1, \epsilon$；
(4) while $\|\boldsymbol{\mathcal{W}}_k - \boldsymbol{\mathcal{W}}_{k+1}\|_{\mathrm{F}}^2 > \epsilon$ 或者 $|b_k - b_{k+1}| > \epsilon$ do
(5) 　使用张量鲁棒主成分分析算法 5-3 求解
(6) 　$\boldsymbol{\mathcal{W}}_k = \underset{\boldsymbol{\mathcal{W}}}{\operatorname{argmin}} \left\{ \frac{L}{2} \left\|\boldsymbol{\mathcal{W}} - \left(\boldsymbol{\mathcal{Z}}_k - \frac{1}{L}\nabla_{\boldsymbol{\mathcal{W}}} f_s(\boldsymbol{\mathcal{Z}}_k, b_{k-1})\right)\right\|_{\mathrm{F}}^2 + \lambda \|\boldsymbol{\mathcal{W}}\|_* \right\}$；
(7) 　$\alpha_{k+1} = \dfrac{1 + \sqrt{1 + 4\alpha_k^2}}{2}$；
(8) 　$\boldsymbol{\mathcal{Z}}_{k+1} = \boldsymbol{\mathcal{W}}_k + \dfrac{\alpha_k - 1}{\alpha_{k+1}} (\boldsymbol{\mathcal{W}}_k - \boldsymbol{\mathcal{W}}_{k-1})$；
(9) 　$b_k = \dfrac{1}{s} \sum_{i=1}^{s} (y_i - \langle \boldsymbol{\mathcal{W}}_k, \boldsymbol{\mathcal{X}}_i\rangle)$；
(10) 　$k \leftarrow k + 1$；
(11) end
(12) $\boldsymbol{\mathcal{W}} \leftarrow \boldsymbol{\mathcal{W}}_k, b \leftarrow b_k$。

算法 5-4　基于加速近似梯度的批量张量分类学习算法

5.5 实验和结果

本节通过实验对复杂噪声环境下传统特征与稀疏、低秩特征的抗噪能力进行对比。

5.5.1 基于稀疏表示特征的声学事件检测

为了验证稀疏表示特征在复杂环境下的鲁棒性，本节通过区分语音声学事件以及非语音声学事件来进行验证。下面分别介绍数据集、实验以及结果。

1. *声音数据*

实验数据主要来源于公开的数据集以及 Freesound 项目[192]。语音声学事件主要从 GTZAN 音乐/语音数据集①、Scheirer&Slaney 音乐/语音数据集②[193] 以及 emoDB 数据集③[194] 中进行收集。对于非语音的样本数据，从 Freesound 项目[192] 通过下载最热门标签对应的非语音音频文件得到，标签包括 “ambience” “bass” “digital” “drum” “electronic” “industrial” “machine” “music” “nature” “piano” “rain” “street” “train” 以及 “water” 等。下载的非音频文件总数为 2512，通过丢弃包含大量语音以及较低质量的音频，用于实验的非语音音频包含 1800 个文件。所有的音频数据都转化为单声道，8kHz 采样率以及 16 比特编码的形式。所有的音频流通过加窗得到短时帧 (20ms 长度，10ms 交叠) 序列。为了去掉与采集条件相关的因素，将所有音频信号进行归一化使得均值为 0，方差为 1。

2. *实验验证*

为了验证稀疏特征的鲁棒性，在前面提到的数据集上进行了语音/非语音声学事件的分类实验。本节使用文献 [139] 中介绍的高斯过程分类器来进行分类。基于稀疏特征的分类方法，首先对语音和非语音数据通过式 (5-9) 分别训练得到各自字典并进行合并。然后将训练数据在此字典上使用式 (5-7) 分解得到的系数作为特征。记提取得到的训练数据中语音以及非语音特征和标记分别为 $\boldsymbol{D}_{\rm sp}=(\boldsymbol{X}_{\rm sp},\boldsymbol{Y}_{\rm sp})$ 和 $\boldsymbol{D}_{\text{non-sp}}=(\boldsymbol{X}_{\text{non-sp}},\boldsymbol{Y}_{\text{non-sp}})$。在分类阶段，对于未知音频数据，提取特征为 $\boldsymbol{X}_*$，则预测标签为 $p(y_*|\boldsymbol{X}_*,\boldsymbol{D},\theta)$，其中 $\boldsymbol{D}=\boldsymbol{D}_{\rm sp}+\boldsymbol{D}_{\text{non-sp}}$。

在噪声情况下，我们进行了两类对比实验：一是保持分类器不变，使用本节提出的稀疏特征与传统的美尔频率倒谱系数特征 (MFCCs+ΔMFCCs+Δ^2MFCCs) 进行对比；二是保持特征不变，使用本节提出的高斯过程分类器与流行的高斯核支持向量机进行对比。依据文献 [187]，设置式 (5-9) 和式 (5-7) 中的正则化参数为

① http://marsyas.info/download/data_sets.

② http://labrosa.ee.columbia.edu/sounds/musp/scheislan.html.

③ http://pascal.kgw.tu-berlin.de/emodb/.

$\lambda=1.2/\sqrt{120}$。将收集到的 2400 个音频数据文件分成 6 份，进行 6-fold 的交叉验证。在每一次验证中 5/6 的数据用于训练，剩余的数据用于测试，因此每次的训练数据为 2000 个文件。支持向量机上的超参数是通过由 60 个语音文件以及 120 个非语音文件的小数据集进行 6-fold 交叉验证得到。图 5-2 给出了支持向量机的性能随 $\ln\sigma^2$ 的变化情况。可以看出，当 $\ln\sigma^2=1$ 时能够达到最小的错误率，因此在本章工作中设置 $\ln\sigma^2=1$。

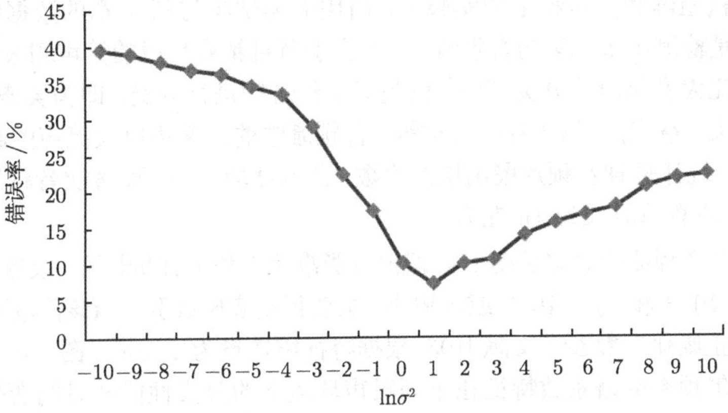

图 5-2 分类错误率随 $\ln\sigma^2$ 变化情况

图 5-3 给出了不同分类器、不同特征提取方法以及不同噪声情况下的系统性能随特征维数的变化情况。最优的分类性能 (96.11%) 是使用高斯过程分类以及稀疏表示特征得到的。由于使用了交叉验证，因此可以计算标准差，在达到最优分类性能时，其标准差为 1.17%。为了验证稀疏表示特征的鲁棒性，在测试语料中加

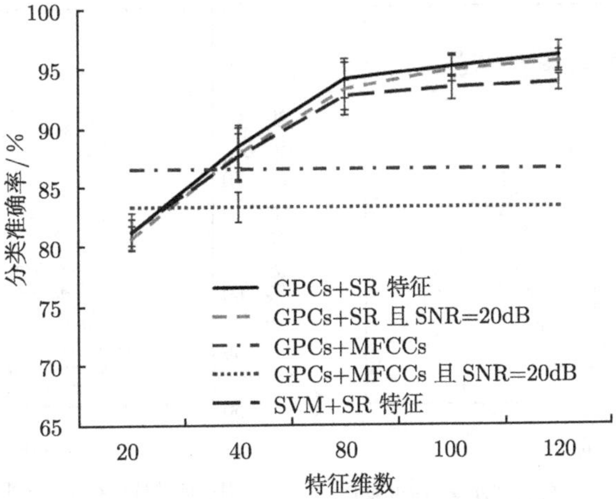

图 5-3 不同特征以及不同环境下的分类准确率

入 20dB 的高斯白噪声。图 5-3 表明，无论在有噪声还是无噪声情况下，稀疏特征的性能均优于传统特征。尤其在噪声情况下，传统特征性能有 3.22%的下降，而稀疏特征仅下降 0.56%。因此稀疏特征较传统特征更适合复杂环境下的声学事件检测。

5.5.2　基于低秩矩阵表示特征的声学事件检测

在低秩矩阵和张量特征的实验中，所用的测试集与第 2 章的数据集相同，但主要任务是检测出数据集的音频流中，对应于节目精彩片段的笑声和鼓掌声等。本章将其转化为音频段的分类任务，就是对小段音频进行分类，即为笑声/非笑声音频片段分类、掌声/非掌声片段分类等。音频流中的鼓掌声以及笑声的起始位置由人工标注，统计每种音频片段出现的次数，共 800 段左右，而每次音频片段的时长为 3~8 s，所有总时长为 1h 左右。

实验以音频流中固定长度 (1s) 段的分类准确率作为评价标准。收敛条件 (5-30) 设为 $\varepsilon_1 = 10^{-6}$ 和 $\varepsilon_2 = 10^{-6}$ 或者更小 (主要根据实验经验，当该值取更大时算法不收敛)。正则化参数参考文献 [195] 根据特征维数设为 $1/\sqrt{50}$。图 5-4 给出了低秩特征和美尔频率倒谱系数特征在不同噪声环境下的分类性能随时间变化的对比情况。其中噪声环境包括信噪比为 5dB、0dB 和 −5dB 的高斯白噪声 (white Gaussian noise，WGN) 以及比例为 10%、30%、50%的随机大幅噪声。从图中可以看出，传统的美尔频率倒谱系数矩阵特征对于噪声的鲁棒性较差，特别是随机大幅噪声。如果 10%的数据被大幅噪声污染，则分类性能下降 25%左右，而对于低秩矩阵特征平均只有 5%的下降。对高斯白噪声也有类似的结果，但不如随机大幅噪声下降明显。实验表明，低秩部分与原特征相比对复杂环境更鲁棒。

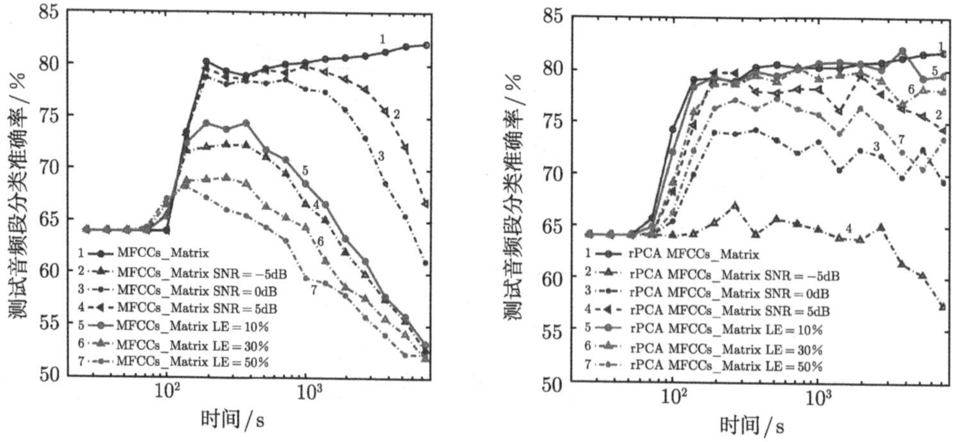

(a) 美尔频率倒谱系数矩阵特征在掌声 / 非掌声分类中的性能　　(b) 低秩特征在掌声 / 非掌声分类中的性能

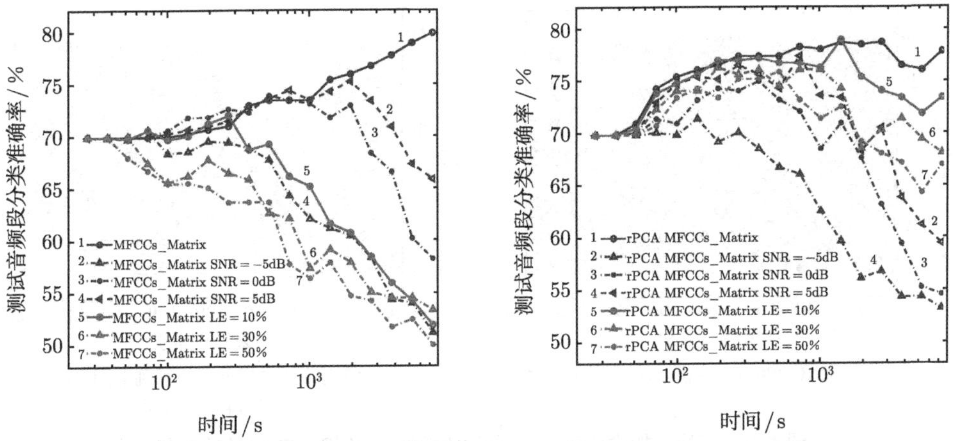

(c) 美尔频率倒谱系数矩阵特征在笑声 / 非笑声分类中的性能

(d) 低秩特征在笑声 / 非笑声分类中的性能

图 5-4 低秩特征和美尔频率倒谱系数矩阵特征在音频段分类中的性能比较

图 5-5 与图 5-6 给出了使用鲁棒主成分分析从原始信号、被噪声污染的信号，以及从这些信号中恢复出来的低秩成分。为了便于比较，在此过程中，正则化参数 λ 统一设为 1。从图中可以看出，低秩成分对突发的随机大幅噪声以及白噪声均鲁棒。理想情况下，这些低秩成分是不随噪声变化的不变量，可以作为音频特征直接使用。但是为了在实际应用中折中考虑速度及性能，将低秩矩阵的每一行独立映射为美尔频率倒谱系数，得到的结果作为最终特征。图 5-7 与图 5-8 分别给出了与图 5-5 和图 5-6 信号一一对应的频谱。从中可以看出，与原始信号相比，低秩成分的频谱一般较少受噪声的影响，其基本保持不变。

同时也将本方法和目前较优的基于支持向量机的分类算法进行了比较。输入支持向量机的特征为将低秩矩阵向量化后得到的长向量 (650 维)。实验结果见表 5-1 和表 5-2。结果表明，当噪声环境为 5dB 高斯白噪声或者 10% 随机大幅噪

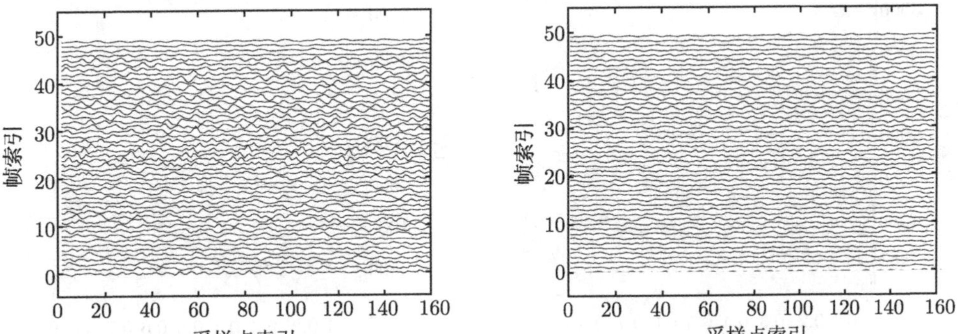

(a) 典型笑声音频片段的矩阵形式

(b) 使用鲁棒主成分分析得到的图(a)中音频矩阵低秩分量

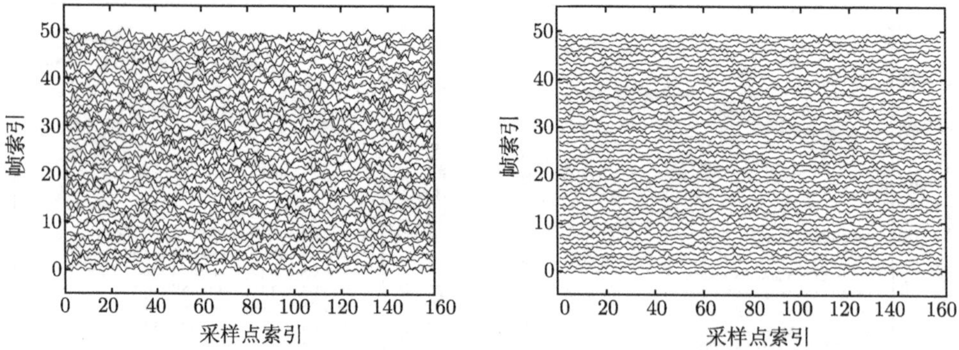

(c) SNR＝20dB白噪声污染后的音频片段

(d) 使用鲁棒主成分分析得到的图(c)中音频矩阵低秩分量

图 5-5　干净、加白噪形式的音频段矩阵以及相对应的低秩变换

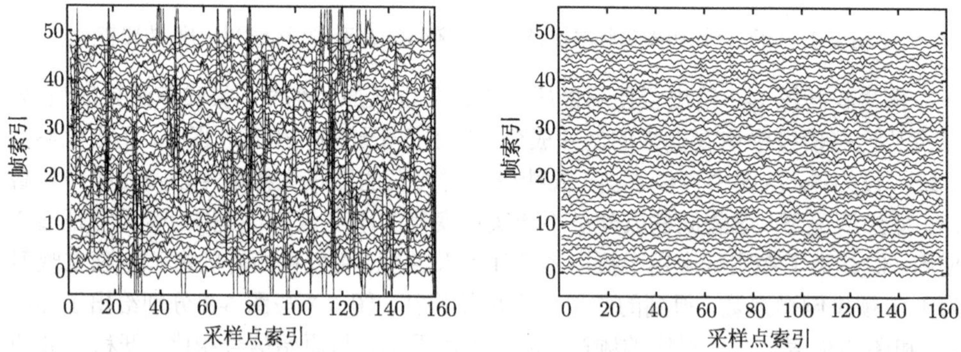

(a) 白噪声以及突发随机大幅噪声污染后的音频片段

(b) 使用鲁棒主成分分析得到的图(a)中音频矩阵低秩分量

图 5-6　干净、加白噪声及大幅噪声形式的音频段矩阵以及相对应的低秩变换

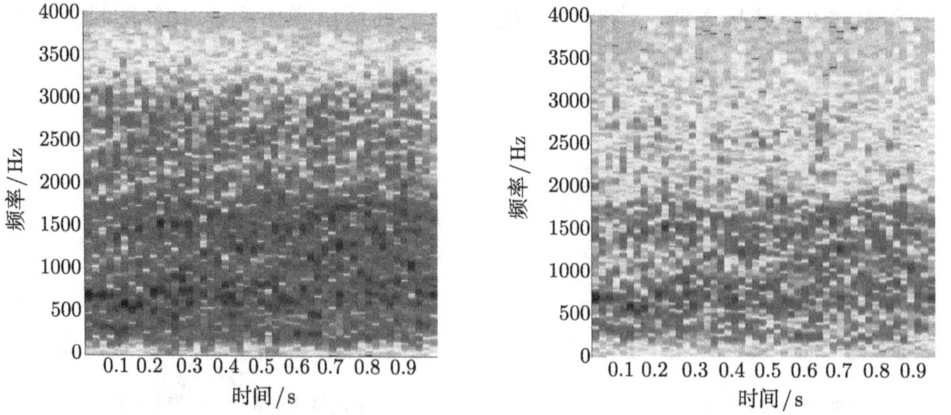

(a) 原笑声音频片段的频谱

(b) 原笑声音频片段低秩分量的频谱

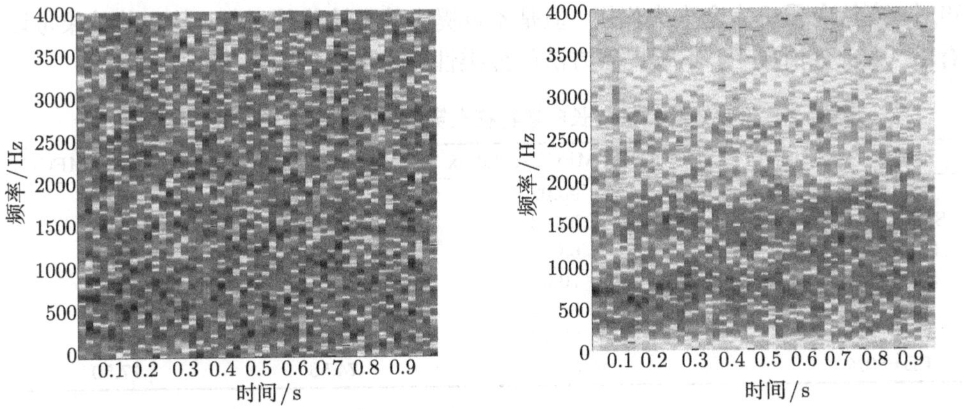

(c) SNR＝20dB白噪声污染后的音频片段频谱

(d) SNR＝20dB白噪声污染后的音频片段低秩部分频谱

图 5-7 干净、加白噪形式的音频段原矩阵及低秩成分的对应频谱

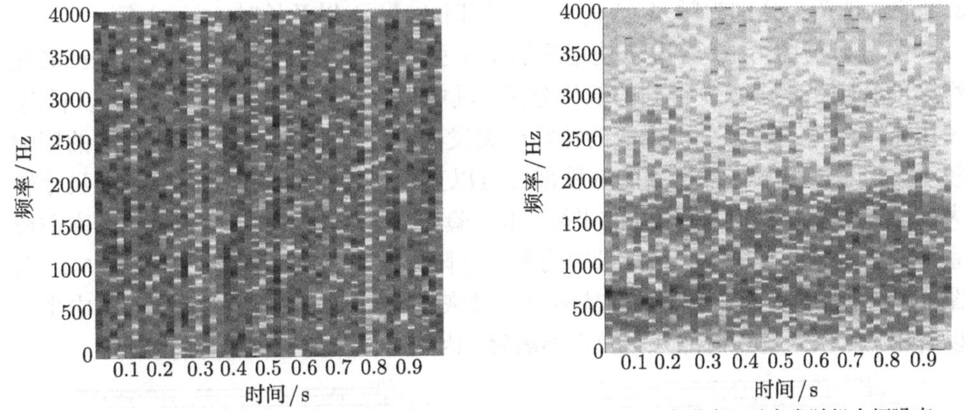

(a) 白噪声以及突发随机大幅噪声污染后音频片段频谱

(b) 白噪声以及突发随机大幅噪声污染后音频片段低秩分量频谱

图 5-8 干净、加白噪声及大幅噪声形式的音频段原矩阵及低秩成分的对应频谱

表 5-1 低秩矩阵特征与长向量特征在掌声与非掌声分类上的性能比较

准确率/%	SVM+LV	APG+MFCCs_Matrix	SVM+rPCA LV	APG+rPCA MFCCs
无噪声情形	81.88	82.76	81.88	82.17
SNR=−5dB	—	51.11	64.07	54.44
SNR=0dB	—	55.87	64.07	61.75
SNR=5dB	—	61.76	64.07	70.47
LE=10%	—	52.78	81.77	80.33
LE=30%	—	52.10	81.55	76.22
LE=50%	—	51.16	81.43	72.96

声时，支持向量机完全失去作用，但是本章提出的方法依然可行。从实验结果可以看出，大部分情况下，本章提出方法的分类性能优于支持向量机。

表 5-2　低秩矩阵特征与长向量特征在笑声与非笑声分类上的性能比较

准确率/%	SVM+LV	APG+MFCCs_Matrix	SVM+rPCA LV	APG+rPCA MFCCs
无噪声情形	81.88	90.02	75.06	85.84
SNR=−5dB	—	53.03	60.01	54.36
SNR=0dB	—	63.64	60.01	67.71
SNR=5dB	—	70.07	60.01	76.97
LE=10%	—	54.30	74.81	84.76
LE=30%	—	52.47	74.97	80.24
LE=50%	—	52.59	74.56	77.50

5.5.3　基于低秩张量表示特征的声学事件检测

本节的实验数据和 5.5.2 节用于测试低秩张量特征的测试数据相同。在特征提取时，首先通过累积使用 5.5.2 节方法得到音频矩阵构成音频张量，因此张量特征 3 维的物理意义分别为频率 ($I_{\text{frequency}}$)、短时 (I_{stime}) 以及长时 (I_{ltime}) 等。

图 5-9 与图 5-10 给出了使用算法 5-3 张量鲁棒主成分分析，从干净或者被污染的音频张量中恢复得到的低秩分量，其中设置正则参数为 1。从中可以看出，使用张量鲁棒主成分分析提取的特征受突发随机大幅噪声，以及高斯噪声的影响较小。理想情况下这样得到的低秩部分可以直接作为特征，但是由于特征尺寸较大，综合考虑速度和性能之间的平衡，本实验将张量低秩分量转换为美尔频率倒谱系数的张量，也就是将低秩张量中的所有行降维成美尔频率倒谱系数。图 5-11 与图 5-12 给出了从干净音频以及被污染音频恢复得到的低秩分量的频谱，从中也可以看出，低秩分量频谱部分对噪声不敏感，因此可以作为一种鲁棒特征。

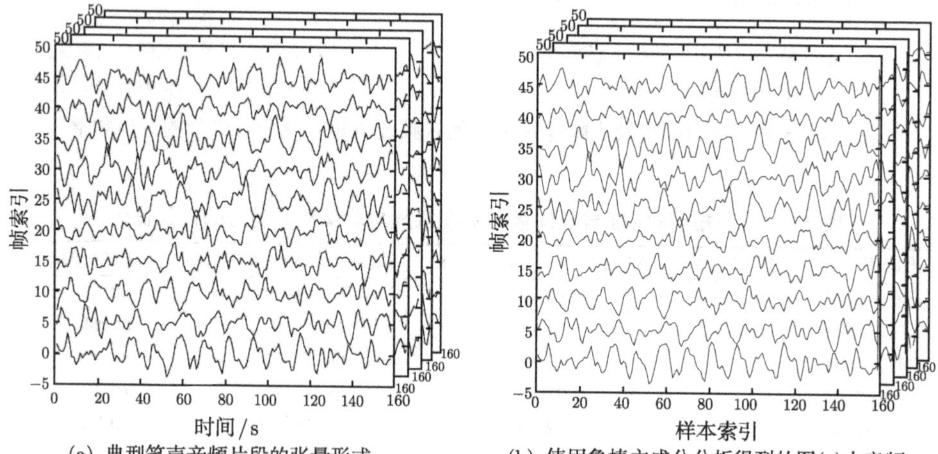

(a) 典型笑声音频片段的张量形式　　(b) 使用鲁棒主成分分析得到的图(a)中音频张量低秩分量

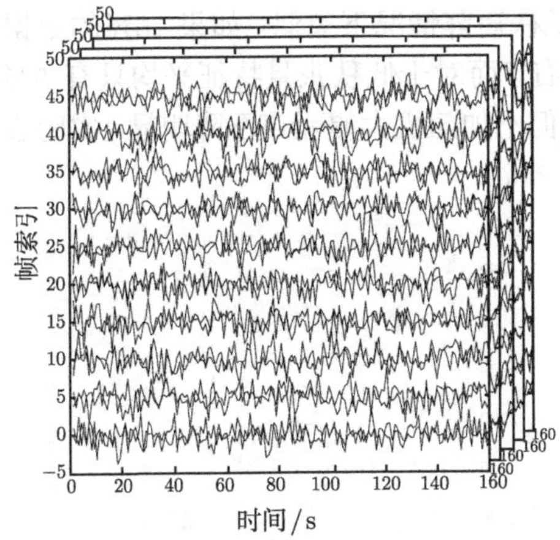

(c) SNR＝20dB白噪声污染后的音频片段

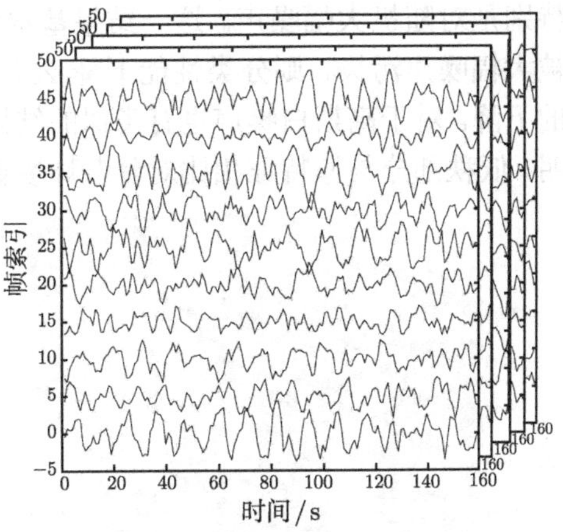

(d) 使用鲁棒主成分分析得到的图(c)中音频张量低秩分量

图 5-9 干净、加白噪形式的音频段张量以及相对应的低秩变换

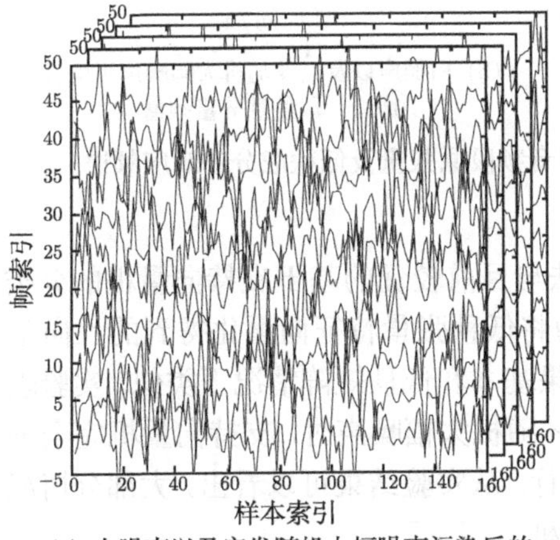

(a) 白噪声以及突发随机大幅噪声污染后的音频片段

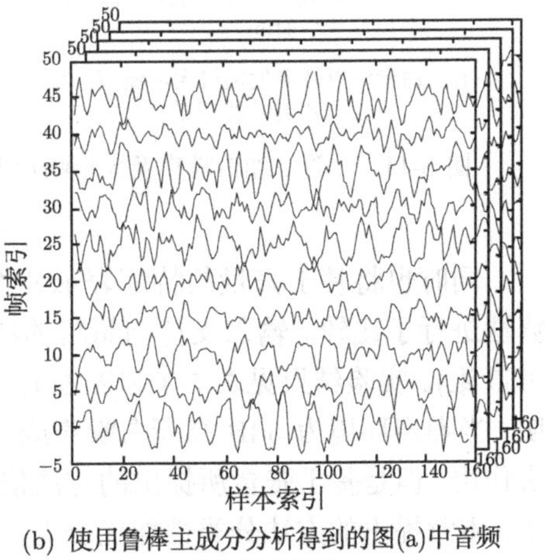

(b) 使用鲁棒主成分分析得到的图(a)中音频张量低秩分量

图 5-10 干净、加白噪声及大幅噪声形式的音频段张量以及相对应的低秩分量

实验中提取了包括能量在内的 13 维美尔频率倒谱系数特征，相邻的 5 帧美尔频率倒谱系数形成一个矩阵，然后连续的 10 个矩阵形成一个 3 维的张量，因此本章用于声学事件检测的张量音频特征维数为 $13 \times 5 \times 10$。与矩阵情形类似，实验采用对音频流中固定长度段的分类准确率作为评价标准。正则化参数参考文献 [195] 根据特征维数设为 $1/\sqrt{50}$。图 5-13 给出了低秩特征和美尔频率倒谱系数特征在不同噪声环境下的分类性能随时间变化的对比情况，其中噪声环境包括信噪比为 5dB、0dB 和 -5dB 的高斯白噪声，以及比例为 10%、30%、50%的随机大幅噪声。从图中可以看出，传统的美尔频率倒谱系数张量特征对于噪声的鲁棒性较差，

特别是对随机大幅噪声。这一结果基本与低秩矩阵情况下类似，如果 10%的数据被大幅噪声污染，则分类性能下降 25%左右，而对于低秩张量特征平均只有 5%的下降。对于高斯白噪声也有类似的结果，但不如随机大幅噪声下降明显。实验表明，低秩部分与原特征相比对复杂环境更鲁棒。

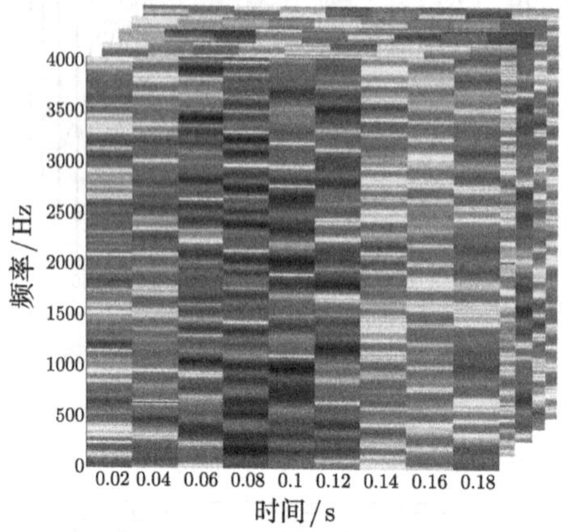

(a) 白噪声以及突发随机大幅噪声污染后声音片段频谱

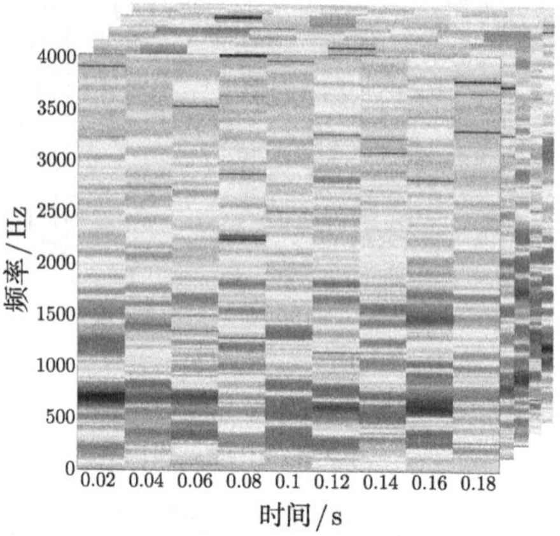

(b) 白噪声以及突发随机大幅噪声污染后声音片段低秩分量频谱

图 5-11　干净、加白噪声及大幅噪声形式的音频段原张量及低秩成分的对应频谱

同时也将基于张量的特征表示分类方法与目前较优的基于支持向量机的分类算法进行了比较。输入支持向量机的特征为将低秩张量特征向量化得到的长向量 (650 维)。实验结果见表 5-3 和表 5-4。其结果基本和低秩矩阵情况下类似。实验表明，当噪声环境为 5dB 高斯白噪声或者 10%随机大幅噪声时，支持向量机完全失去作用，但是基于张量所提出的方法依然可行。从实验结果可以看出，大部分情况下，本章提出的方法分类性能优于支持向量机。

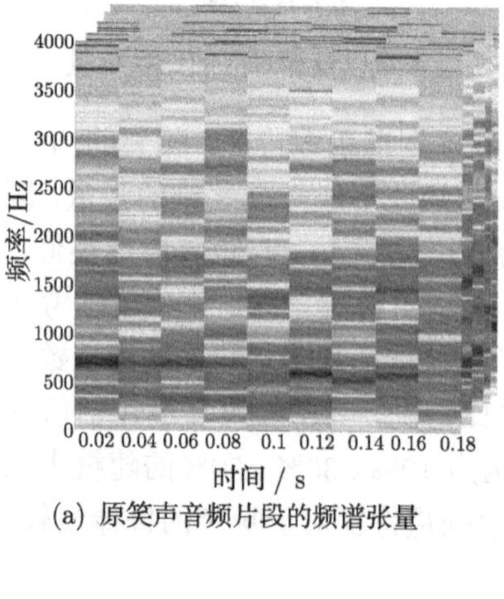

(a) 原笑声音频片段的频谱张量

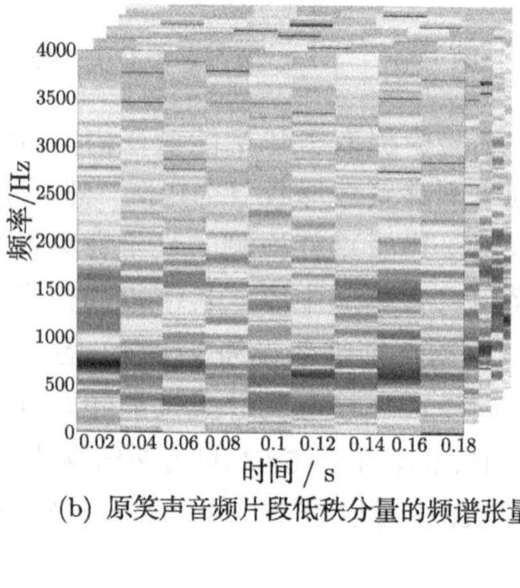

(b) 原笑声音频片段低秩分量的频谱张量

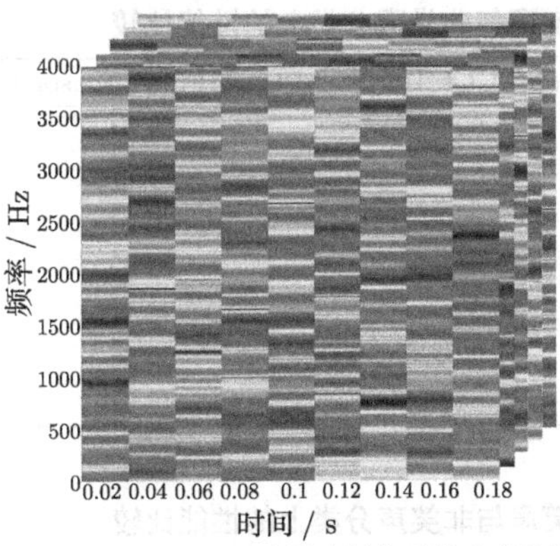

(c) SNR = 20dB白噪声污染后的声音片段频谱

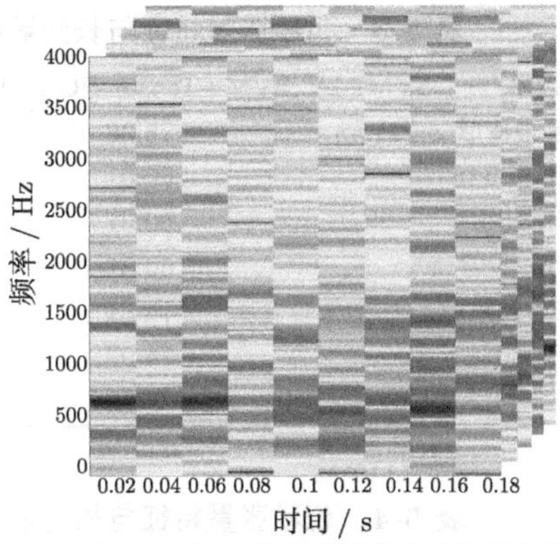

(d) SNR = 20dB白噪声污染后的声音片段低秩部分频谱

图 5-12 干净、加白噪形式的声音段原张量及低秩成分的对应频谱

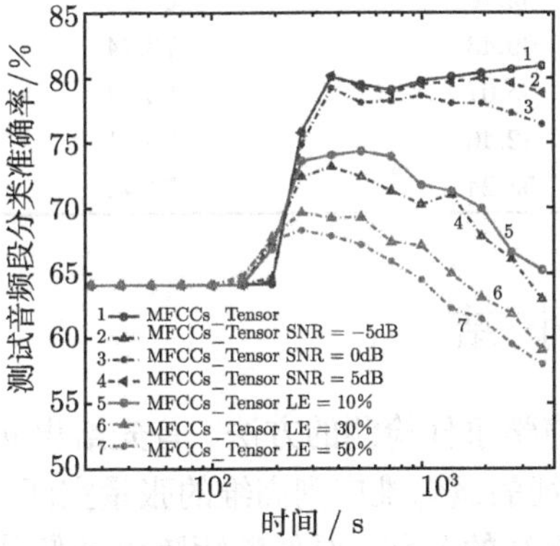

(a) 美尔频率倒谱系数张量特征在掌声 / 非掌声分类中的性能

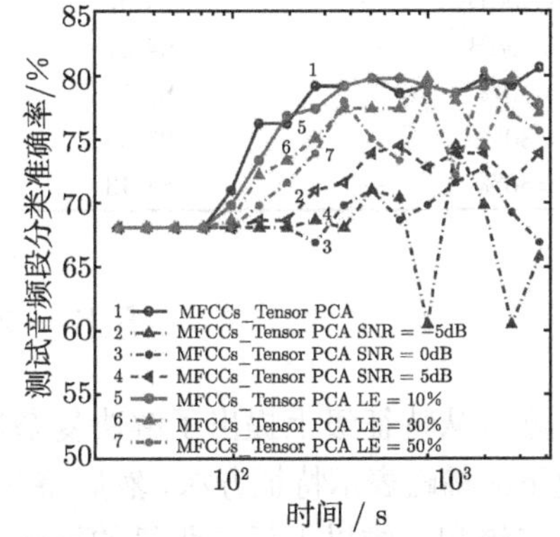

(b) 低秩特征在掌声 / 非掌声分类中的性能

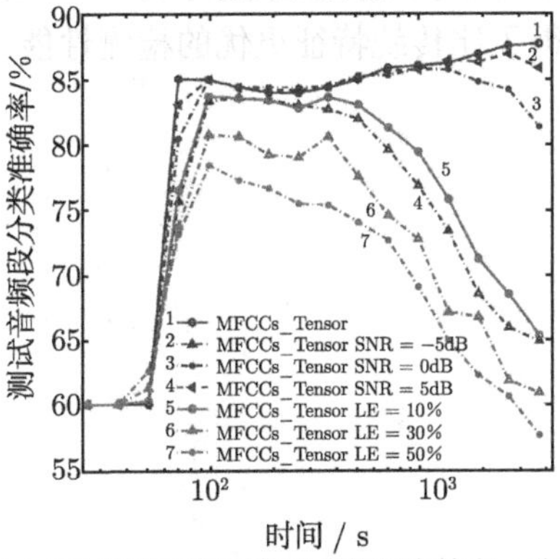

(c) 美尔频率倒谱系数张量特征在笑声 / 非笑声分类中的性能

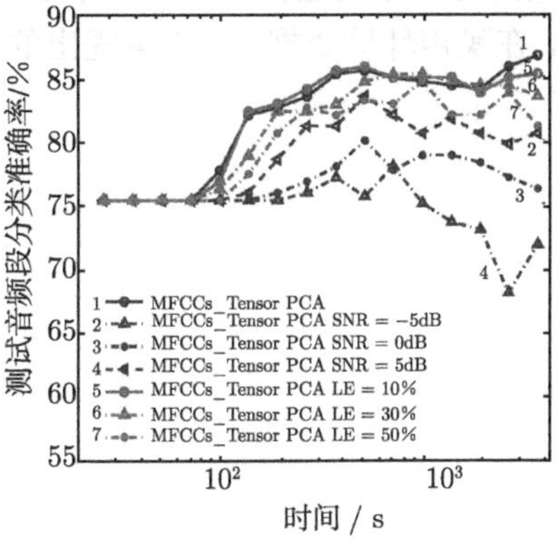

(d) 低秩特征在笑声 / 非笑声分类中的性能

图 5-13 低秩特征和美尔频率倒谱系数张量特征在声音段分类中的性能比较

表 5-3　低秩张量特征与长向量特征在掌声与非掌声分类上的性能比较

准确率/%	SVM+LV	SVM+Tensor PCA LV	APG+MFCCs_Tensor	APG+MFCCs_Tensor PCA
无噪声情形	81.88	75.06	90.02	89.94
SNR=−5dB	—	60.01	54.89	73.87
SNR=0dB	—	60.01	62.06	76.61
SNR=5dB	—	60.01	69.27	80.05
LE=10%	—	74.81	54.00	88.47
LE=30%	—	74.97	51.92	86.86
LE=50%	—	74.56	52.64	83.01

表 5-4　低秩张量特征与长向量特征在笑声与非笑声分类上的性能比较

准确率/%	SVM+LV	SVM+Tensor PCA LV	APG+MFCCs_Tensor	APG+MFCCs_Tensor PCA
无噪声情形	81.88	81.88	82.10	82.88
SNR=−5dB	—	64.07	54.91	52.02
SNR=0dB	—	64.07	62.48	68.91
SNR=5dB	—	64.07	69.43	73.44
LE=10%	—	81.77	55.07	80.63
LE=30%	—	81.55	52.46	76.51
LE=50%	—	81.43	53.24	74.43

5.6 本章小结

本章从特征级上提出了解决复杂环境下声学事件检测的方法。首先给出向量情况下的稀疏表示特征方法，然后将此稀疏特征的概念推广到高维的张量空间，考虑到二维和二维以上低秩张量的提取与表示方法的差别，对低秩矩阵以及低秩张量形式的特征分别进行了介绍。同时，提出了针对低秩特征的分类方法。实验结果表明，在噪声环境数据上，本章提出的特征获得了比传统特征更优的检测性能。

第 6 章 基于松弛边际下模型训练的声学事件检测

6.1 引 言

与传统的音频分类方法中使用的向量特征不同[74, 87]，第 5 章提出了低秩矩阵与张量特征，并且验证了其对大幅噪声具有较好的鲁棒性。对于那样的矩阵与张量特征，各种机器学习方法都可以用来进行分类，如基于规则的方法、高斯混合模型、支持向量机与贝叶斯网络等[87, 175]，尤其是支持向量机在理论与应用中都显示了优秀的性能。然而，由于这些方法不能有效地利用矩阵 2 维与张量 n 维结构中的空间以及相关性信息，并且在采用向量化矩阵与张量特征时可能会引起维数灾难，因此需要研究针对矩阵与张量特征的分类算法。

近年来，不同于基于向量数据的分类方法，Tomioka 和 Aihara[181] 提出了基于迹范框架的矩阵分类方法。这种框架的目标是通过结合迹范以及误差的共同限制来估计权值矩阵和偏差，其中迹范用于刻画分类器的复杂程度。这种方法一般属于基于凸优化的低秩矩阵学习范畴，类似的问题出现在很多机器学习问题中，包括矩阵恢复[177]、多任务学习[178]、鲁棒 PCA[179, 180] 等。

本章通过结合支持向量机中的结构风险最小化原则与迹范限制，将此原则推广到矩阵与张量数据的分类中。这种新的推广方法在得到最优分类界面的同时，能使用迹范和 Frobenius 范数来控制分类器的复杂程度，我们称这种分类器为低秩支持向量机 (low-rank SVM)。它是一种结构性的分类方法，与传统机器学习方法相比，能够有效地利用矩阵与张量数据的结构信息。

6.2 基于迹范限制下的最大边际矩阵分类

6.2.1 基于迹范限制与松弛边际的矩阵分类问题描述

本章同样考虑的是矩阵的线性分类模型：

$$y_i = \mathrm{Tr}(\boldsymbol{W}^{\mathrm{T}}\boldsymbol{X}_i) + b \tag{6-1}$$

其中，$\boldsymbol{W} \in \mathbf{R}^{m\times n}$，分别是未知的权值矩阵；$b \in \mathbf{R}$ 是偏差；$(\boldsymbol{X}_i, y_i) \in \mathbf{R}^{m\times n} \times \{-1, +1\}(i = 1, \cdots, s)$ 为训练特征。未知参数的训练可以简单地通过将矩阵训练数据当作向量进行处理来得到。Tomioka 和 Aihara[181] 通过引入迹范，将问题转化为

凸优化问题：

$$\min_{\boldsymbol{W},b}\sum_{i=1}^{s}\ln(1+\exp(-z_i))+\lambda\|\boldsymbol{W}\|_*,\quad \text{s.t. } y_i(\text{Tr}(\boldsymbol{W}^{\text{T}}\boldsymbol{X}_i)+b)=z_i \quad \forall i\in\{1,\cdots,s\} \tag{6-2}$$

其中，$\|\cdot\|_*$ 表示矩阵的迹范，为矩阵所有奇异值的和；$z_i\ (i=1,\cdots,s)$ 为潜在变量。在第 5 章曾提出如下的替代方法用于低秩音频分类：

$$\min_{W,b}\sum_{i=1}^{s}(y_i-\text{Tr}(\boldsymbol{W}^{\text{T}}\boldsymbol{X}_i)-b)^2+\lambda\|\boldsymbol{W}\|_* \tag{6-3}$$

所有以上的方法都在各自的应用中得到了较好的性能。对有监督学习，以往的研究表明，SVM 较其他学习算法一般有更好的性能。因此 SVM 中使用的原则可以移植到本章所涉及的矩阵分类问题中来。

经典 SVM 的核心原则是通过寻找能够同时最大化边际和最小化错误分类情况下的分类向量 $\boldsymbol{W}\in\mathbf{R}^{m\times n}$。如果不区分数据类型，用于对矩阵分类的 SVM 的优化形式可以表述为

$$\begin{aligned}\min_{\boldsymbol{W},b}\quad & \frac{1}{2}\|\boldsymbol{W}\|_{\text{F}}^2+C\sum_{i=1}^{n}\xi_i\\ \text{s.t.}\quad & y_i(\text{Tr}(\boldsymbol{W}^{\text{T}}\boldsymbol{X}_i)+b)\geqslant 1-\xi_i,\quad \forall i\in\{1,\cdots,s\}\\ & \xi_i\geqslant 0,\quad \forall i\in\{1,\cdots,s\}\end{aligned} \tag{6-4}$$

以上的问题形式并没有区分数据类型是 2 维形式的矩阵，还是 N 维形式的张量。因此本质上等同于向量形式的 SVM。可以通过在式 (6-4) 中引入空间或者相关性信息用于控制模型的复杂度，从而称为 2 维形式的 SVM。

下面将首先介绍基于迹范限制的矩阵分类，然后在 6.3 节推广到张量情况。通过将迹范正则化矩阵分类 (式 (6-2) 和式 (6-3)) 与 SVM 框架 (式 (6-4)) 相结合，可以得到如下的迹范限制下的最大边际矩阵分类：

$$\begin{aligned}\min_{\boldsymbol{W},b}\quad & \frac{1}{2}\|\boldsymbol{W}\|_{\text{F}}^2+C\sum_{i=1}^{n}\xi_i+\lambda\|\boldsymbol{W}\|_*\\ \text{s.t.}\quad & y_i(\text{Tr}(\boldsymbol{W}^{\text{T}}\boldsymbol{X}_i)+b)\geqslant 1-\xi_i\\ & \xi_i\geqslant 0,\quad \lambda>0\\ & \forall i\in\{1,\cdots,s\}\end{aligned} \tag{6-5}$$

6.2.2 基于交替搜索方式的矩阵分类学习算法

通过引入参数 $\boldsymbol{Z}$，可以将式 (6-5) 转化为如下形式：

$$\begin{aligned}\min_{\boldsymbol{W},\boldsymbol{Z},b}\ & \frac{1}{2}\|\boldsymbol{W}\|_{\mathrm{F}}^2+C\sum_{i=1}^{n}\xi_i+\lambda\|\boldsymbol{Z}\|_*\\ \text{s.t.}\quad & y_i(\mathrm{Tr}(\boldsymbol{W}^{\mathrm{T}}\boldsymbol{X}_i)+b)\geqslant 1-\xi_i\\ & \xi_i\geqslant 0,\quad \lambda>0,\quad \boldsymbol{W}=\boldsymbol{Z}\\ & \forall i\in\{1,\cdots,s\}\end{aligned}\tag{6-6}$$

进而为了满足鲁棒性的需求，等式约束关系 $\boldsymbol{W}=\boldsymbol{Z}$ 可以弱化为 $\|\boldsymbol{W}-\boldsymbol{Z}\|_{\mathrm{F}}<\varepsilon$。这样问题可以等价为

$$\begin{aligned}\min_{\boldsymbol{W},\boldsymbol{Z},b}\ & \frac{1}{2}\|\boldsymbol{W}\|_{\mathrm{F}}^2+C\sum_{i=1}^{n}\xi_i+\lambda\|\boldsymbol{Z}\|_*+\frac{v}{2}\|\boldsymbol{W}-\boldsymbol{Z}\|_{\mathrm{F}}^2\\ \text{s.t.}\quad & y_i(\mathrm{Tr}(\boldsymbol{W}^{\mathrm{T}}\boldsymbol{X}_i)+b)\geqslant 1-\xi_i\\ & \xi_i\geqslant 0,\quad \lambda>0,\quad v>0\\ & \forall i\in\{1,\cdots,s\}\end{aligned}\tag{6-7}$$

其中，$v>0$ 是为了控制 $\boldsymbol{Z}$ 与 $\boldsymbol{W}$ 之间的距离。

本章主要解决形式为式 (6-7) 的优化问题。然而目标方程不是凸的，但对任一固定变量而言是凸的。因此可以通过轮换搜索 (alternative searching) 的方式得到式 (6-7) 的解。当 $\boldsymbol{Z}$ 固定时，设 $\tilde{\boldsymbol{W}}=\boldsymbol{W}-\dfrac{v}{v+1}\boldsymbol{Z}$，$\tilde{\xi}_i=\xi_i+y_i\dfrac{v}{v+1}\mathrm{Tr}(\boldsymbol{Z}^{\mathrm{T}}\boldsymbol{X}_i)$，此时式 (6-7) 转化为如下形式：

$$\begin{aligned}\min_{\tilde{\boldsymbol{W}},b}\ & \frac{v+1}{2}\|\tilde{\boldsymbol{W}}\|_{\mathrm{F}}^2+C\sum_{i=1}^{n}\tilde{\xi}_i\\ \text{s.t.}\quad & y_i(\mathrm{Tr}(\tilde{\boldsymbol{W}}^{\mathrm{T}}\boldsymbol{X}_i)+b)\geqslant 1-\tilde{\xi}_i\\ & \tilde{\xi}_i\geqslant -y_i\frac{v}{v+1}\mathrm{Tr}(\boldsymbol{Z}^{\mathrm{T}}\boldsymbol{X}_i)\\ & \forall i\in\{1,\cdots,s\}\end{aligned}\tag{6-8}$$

此时如将最后一个不等式约束中$-y_i\dfrac{v}{v+1}\mathrm{Tr}(\boldsymbol{Z}^{\mathrm{T}}\boldsymbol{X}_i)$ 替换为 0，即为经典的松弛边际 SVM。这种目标函数的原形式和共轭形式均为凸的，因此可以通过常用的 SVM 算法进行分类，这里选择 LIBSVM[196]。

另一方面，当 $\boldsymbol{W}$ 固定时，问题变化为如下形式：

$$\min_{\boldsymbol{Z}}\lambda\|\boldsymbol{Z}\|_*+\frac{v}{2}\|\boldsymbol{W}-\boldsymbol{Z}\|_{\mathrm{F}}^2\tag{6-9}$$

根据文献 [183] 中的定理 3.1，式 (6-9) 可以首先通过对 $\boldsymbol{W}_k$ 进行奇异值分解，然后在每一个奇异值上运用松弛阈值算子，即可得到解。具体细节可以参考算法 6-1。该算法给出了解式 (6-7) 的整个框架。其中算子 $\mathcal{S}_{\varepsilon}[\cdot]$ 为松弛阈值算子[180]：

$$\mathcal{S}_{\varepsilon}[x] \doteq \begin{cases} x-\varepsilon, & x>\varepsilon \\ x+\varepsilon, & x<-\varepsilon \\ 0, & \text{其他} \end{cases} \tag{6-10}$$

其中，$x \in \mathbf{R}$ 且 $\varepsilon > 0$。

(1) 输入：训练数据：$(\boldsymbol{X}_i, y_i), i=1,\cdots,s$;
(2) 输出: $\boldsymbol{Z} \leftarrow \boldsymbol{Z}_k, b \leftarrow b_k$;
(3) 初始化：$\boldsymbol{W}_0 = \boldsymbol{Z}_0 = \min(m,n)^{-1}\boldsymbol{I}$, 其中 $\boldsymbol{I} \in \mathbf{R}^{m\times n}$ 的右上角为 $\min(m,n)\times\min(m,n)$ 单位矩阵，$k=1$，$\epsilon>0$;
(4) while $\Vert\boldsymbol{Z}_k - \boldsymbol{Z}_{k+1}\Vert_{\mathrm{F}}^2 > \epsilon$ 或者 $\vert b_k - b_{k+1}\vert > \epsilon$ do
(5) 　在 $\boldsymbol{Z} = \boldsymbol{Z}_{k-1}$ 的情况下使用 LIBSVM 求解式 (6-8) 得到 $\boldsymbol{W}_k, b_k$;
(6) 　$(\boldsymbol{U}, \boldsymbol{S}, \boldsymbol{V}) = \mathrm{svd}(\boldsymbol{W}_k)$;
(7) 　$\boldsymbol{Z}_k = \boldsymbol{U}\mathcal{S}_{\frac{\lambda}{v}}[\boldsymbol{S}]\boldsymbol{V}^{\mathrm{T}}$;
(8) 　$k \leftarrow k+1$;
(9) end

算法 6-1　基于低秩支持向量机的矩阵分类学习算法

通过以上步骤即可得到式 (6-7) 的解，但在进行此轮换搜索前，首先需要对所有参数进行初始化。我们将 $\boldsymbol{W} = \boldsymbol{Z}$ 初始化为 $\min(m,n)^{-1}\boldsymbol{I}$，其中 $\boldsymbol{I} \in \mathbf{R}^{m\times n}$，且右上角为 $\min(m,n)\times\min(m,n)$ 的单位矩阵。

6.3　基于迹范限制下的最大边际张量分类

6.3.1　基于迹范限制与松弛边际的张量分类问题描述

与矩阵情况类似，本章考虑的是张量的线性分类模型：

$$f(\boldsymbol{\mathcal{X}}; \boldsymbol{\mathcal{W}}, b) = \langle \boldsymbol{\mathcal{W}}, \boldsymbol{\mathcal{X}} \rangle + b \tag{6-11}$$

其中，$\boldsymbol{\mathcal{W}} \in \mathbf{R}^{I_1\times I_2\times\cdots\times I_N}$ 是未知的权值张量；$b \in \mathbf{R}$ 是偏差；$(\boldsymbol{\mathcal{X}}_i, y_i) \in \mathbf{R}^{I_1\times I_2\times\cdots\times I_N} \times \{-1,+1\}(i=1,\cdots,s)$ 为训练特征。

对于张量数据，由于没有一致的迹范概念，很多研究者提出了不同的定义用于优化问题，以控制并且平衡分类器的复杂程度和推广性能。其中使用最广的定义为文献 [185]、[186] 中提出的如式 (6-12) 与式 (6-13) 所示的定义。本章与第 5 章类似，主要使用定义 (6-13)：

$$\Vert\boldsymbol{\mathcal{X}}\Vert_* := \gamma_i \sum_{i=1}^{N} \Vert\boldsymbol{X}_{(i)}\Vert_* \tag{6-12}$$

或者

$$\|\boldsymbol{\mathcal{X}}\|_* := \frac{1}{N}\sum_{i=1}^{N}\|\boldsymbol{X}_{(i)}\|_* \tag{6-13}$$

Signoretto 等[197] 提出了通过如下的凸优化问题来估计张量的权重和偏差：

$$\min_{\boldsymbol{\mathcal{W}},b} F_s(\boldsymbol{\mathcal{W}},b) = f_s(\boldsymbol{\mathcal{W}},b) + \lambda\|\boldsymbol{\mathcal{W}}\|_* \tag{6-14}$$

其中，$f_s(\boldsymbol{\mathcal{W}},b) = \sum_{i=1}^{s}\ell(y_i,\langle\boldsymbol{\mathcal{W}},\boldsymbol{\mathcal{X}}_i\rangle + b)$ 是通过某个光滑凸损失函数 $\ell(\cdot,\cdot)$ 定义的经验损失函数，它为正则化参数。本章使用标准的平方损失函数。函数 $f_s(\boldsymbol{W},b)$ 的下标表示训练数据的数量或者训练过程的进度。

对于基于迹范限制与松弛边际的张量分类数学形式，推导流程大致和 6.2.1 节的矩阵分类相似，但是其中某些环节的解法有较大差异，本节及 6.3.2 节将主要介绍差异的地方。依循以上矩阵分类的流程，得到近似等价的基于迹范限制与松弛边际的张量分类数学形式：

$$\begin{aligned}\min_{\boldsymbol{\mathcal{W}},\boldsymbol{\mathcal{Z}},b}\quad & \frac{1}{2}\|\boldsymbol{\mathcal{W}}\|_{\mathrm{F}}^2 + C\sum_{i=1}^{n}\xi_i + \lambda\|\boldsymbol{\mathcal{Z}}\|_* + \frac{v}{2}\|\boldsymbol{\mathcal{W}}-\boldsymbol{\mathcal{Z}}\|_{\mathrm{F}}^2\\ \text{s.t.}\quad & y_i(\langle\boldsymbol{\mathcal{W}},\boldsymbol{\mathcal{X}}_i\rangle + b) \geqslant 1-\xi_i\\ & \xi_i \geqslant 0,\quad \lambda > 0,\quad v > 0\\ & \forall i \in \{1,\cdots,s\}\end{aligned} \tag{6-15}$$

6.3.2 基于交替搜索方式的张量分类学习算法

与矩阵形式类似，采用轮流优化方法来求解，当 $\boldsymbol{\mathcal{Z}}$ 固定时，设 $\tilde{\boldsymbol{\mathcal{W}}} = \boldsymbol{\mathcal{W}} - \frac{v}{v+1}\boldsymbol{\mathcal{Z}}$，$\tilde{\xi}_i = \xi_i + y_i\frac{v}{v+1}\langle\boldsymbol{\mathcal{Z}},\boldsymbol{\mathcal{X}}_i\rangle$，此时式 (6-15) 转化为如下形式：

$$\begin{aligned}\min_{\tilde{\boldsymbol{\mathcal{W}}},b}\quad & \frac{v+1}{2}\|\tilde{\boldsymbol{\mathcal{W}}}\|_{\mathrm{F}}^2 + C\sum_{i=1}^{n}\tilde{\xi}_i\\ \text{s.t.}\quad & y_i(\langle\tilde{\boldsymbol{\mathcal{W}}},\boldsymbol{\mathcal{X}}_i\rangle + b) \geqslant 1-\tilde{\xi}_i\\ & \tilde{\xi}_i \geqslant -y_i\frac{v}{v+1}\langle\boldsymbol{\mathcal{Z}},\boldsymbol{\mathcal{X}}_i\rangle\\ & \forall i \in \{1,\cdots,s\}\end{aligned} \tag{6-16}$$

此时与矩阵类似可以通过 LIBSVM[196] 进行求解。

当 $\boldsymbol{\mathcal{W}}$ 固定时，问题转化为

$$\min_{\boldsymbol{\mathcal{Z}},b} \lambda\|\boldsymbol{\mathcal{Z}}\|_* + \frac{v}{2}\|\boldsymbol{\mathcal{W}}-\boldsymbol{\mathcal{Z}}\|_{\mathrm{F}}^2 \tag{6-17}$$

此问题与矩阵形式完全不同，不能沿用矩阵形式的解决方法进行求解。为了求解式 (6-17)，引入 N 个新的变量 $\boldsymbol{\mathcal{Y}}_i \in \mathbf{R}^{I_1\times I_2\times\cdots\times I_N}$，将式 (6-17) 转化为

$$\begin{aligned}&\min_{\boldsymbol{\mathcal{Z}},\boldsymbol{\mathcal{Y}}_i} \quad \frac{\upsilon}{2}\|\boldsymbol{\mathcal{Z}}-\boldsymbol{\mathcal{W}}\|_{\mathrm{F}}^2+\frac{\lambda}{N}\sum_{i=1}^{N}\|\boldsymbol{Y}_{i,(i)}\|_*\\&\text{s.t.} \quad \boldsymbol{\mathcal{Y}}_i=\boldsymbol{\mathcal{Z}}, \quad \forall i\in\{1,\cdots,N\}\end{aligned} \tag{6-18}$$

设 $\boldsymbol{\mathcal{Y}}=(\boldsymbol{\mathcal{Y}}_1,\cdots,\boldsymbol{\mathcal{Y}}_N)^{\mathrm{T}}$，对于 $\boldsymbol{\mathcal{Y}}$ 与 $\boldsymbol{\mathcal{Z}}$ 约束关系为 $\boldsymbol{\mathcal{Y}}=(\boldsymbol{\mathcal{Z}},\cdots,\boldsymbol{\mathcal{Z}})$。因此式 (6-18) 的增强型拉格朗日形式为

$$\begin{aligned}\mathcal{L}_A(\boldsymbol{\mathcal{Z}},\boldsymbol{\mathcal{Y}},\boldsymbol{\mathcal{U}})=&\frac{\upsilon}{2}\|\boldsymbol{\mathcal{Z}}-\boldsymbol{\mathcal{W}}\|_{\mathrm{F}}^2\\&+\sum_{i=1}^{N}\left(\frac{\lambda}{N}\|\boldsymbol{Y}_{i,(i)}\|_*-\langle\boldsymbol{\mathcal{U}}_i,\boldsymbol{\mathcal{Z}}-\boldsymbol{\mathcal{Y}}_i\rangle+\frac{\beta}{2}\|\boldsymbol{\mathcal{Z}}-\boldsymbol{\mathcal{Y}}_i\|_{\mathrm{F}}^2\right)\end{aligned} \tag{6-19}$$

其中，β 为任意正数；$\boldsymbol{\mathcal{U}}=(\boldsymbol{\mathcal{U}}_1,\cdots,\boldsymbol{\mathcal{U}}_N)^{\mathrm{T}}$ 为拉格朗日乘子。拉格朗日形式通过对每一个单独变量求解最小化，可以得到所有变量的更新准则如下：

$$\begin{cases}\boldsymbol{\mathcal{Z}}^{k+1}=\left(\upsilon\boldsymbol{\mathcal{W}}+\beta\displaystyle\sum_{i=1}^{N}\boldsymbol{\mathcal{Y}}_i^k+\sum_{i=1}^{N}\boldsymbol{\mathcal{U}}_i^k\right)\Big/(\upsilon+\beta N)\\ \boldsymbol{\mathcal{Y}}_i^{k+1}=\operatorname{refold}(\boldsymbol{U}\mathcal{S}_{\frac{\lambda}{\beta N}}[\boldsymbol{S}]\boldsymbol{V}^{\mathrm{T}}), \quad i=1,\cdots,N\\ \boldsymbol{\mathcal{U}}_i^{k+1}=\boldsymbol{\mathcal{U}}_i^k-\beta(\boldsymbol{\mathcal{Z}}^{k+1}-\boldsymbol{\mathcal{Y}}_i^{k+1}), \quad i=1,\cdots,N\end{cases} \tag{6-20}$$

其中，$\boldsymbol{U}\boldsymbol{S}\boldsymbol{V}^{\mathrm{T}}$ 为 $\boldsymbol{Z}_{(j)}^{k+1}-\frac{1}{\beta}\boldsymbol{U}_{j,(j)}^k$ 的 SVD 分解。

将基于交替搜索方式的张量分类学习算法流程总结在算法 6-2 中，与矩阵情况类似，首先 $\boldsymbol{\mathcal{W}}=\boldsymbol{\mathcal{Z}}$ 初始化为 $\min(I_1,I_2,\cdots,I_N)^{-1}\boldsymbol{I}$，其中 $\boldsymbol{I}\in\mathbf{R}^{I_1\times I_2\times\cdots\times I_N}$ 且右上角为 $\min(I_1,I_2,\cdots,I_N)\times\cdots\times\min(I_1,I_2,\cdots,I_N)$ 的单位张量。然后通过轮流固定 $\boldsymbol{\mathcal{Z}}$ 与 $\boldsymbol{\mathcal{W}}$、b，从而求解另一变量。当 $\boldsymbol{\mathcal{Z}}$ 的 Frobenius 范数变化小于某阈值即停止此搜索过程，返回结果。

(1) 输入：训练数据：$(\boldsymbol{\mathcal{X}}_i,y_i),i=1,\cdots,s$;
(2) 输出: $\boldsymbol{\mathcal{Z}}\leftarrow\boldsymbol{\mathcal{Z}}_k,b\leftarrow b_k$;
(3) 初始化：$\boldsymbol{\mathcal{W}}_0=\boldsymbol{\mathcal{Z}}_0=\min(I_1,I_2,\cdots,I_N)^{-1}\boldsymbol{I}$，其中 $\boldsymbol{I}\in\mathbf{R}^{I_1\times I_2\times\cdots\times I_N}$ 的右上角为 $\min(I_1,I_2,\cdots,I_N)\times\min(I_1,I_2,\cdots,I_N)\times\cdots\times\min(I_1,I_2,\cdots,I_N)$ 单位矩阵，$k=1$，ϵ;
(4) while $\|\boldsymbol{\mathcal{Z}}_k-\boldsymbol{\mathcal{Z}}_{k+1}\|_{\mathrm{F}}^2>\epsilon$ 或者 $|b_k-b_{k+1}|>\epsilon$ do
(5) 　在 $\boldsymbol{\mathcal{Z}}=\boldsymbol{\mathcal{Z}}_{k-1}$ 的条件下使用 LIBSVM[196] 求解式 (6-16) 得到 $\boldsymbol{\mathcal{W}}_k,b_k$;
(6) 　在 $\boldsymbol{\mathcal{W}}=\boldsymbol{\mathcal{W}}_{k-1}$ 的条件下使用 Tensor PCA(算法 5-3) 求解式 (6-17) 得到 $\boldsymbol{\mathcal{Z}}_k$;
(7) end

算法 6-2　基于低秩支持向量机的张量分类学习算法

6.4 实验和结果

本节通过在实际音频数据上的实验验证本章方法的性能。实验共比较了六种方法：Signoretto 等[184] 的方法 (CMLE); Tomioka 与 Aihara[181] 的方法 (TA); 第 5 章中算法 5-2(Mx); 第 5 章中算法 5-4(Tr); 本章提出的基于矩阵张量分类的方法 (Low-rank Mx/Tr SVM)。所有的算法运行环境相同，皆在 MATLAB 环境下运行，主机配置为 Intel 3.40GHz 的 CPU 和 2GB 的内存。根据文献正则化参数 λ 设为 $1/\sqrt{650}$[195]。通过经验调试，参数 v 设为 1。参数 v 的自动挑选需要进行深入的研究，但由于它不是本章工作的重点，这里不对此进行详细讨论。

实验数据是从 Youku 人工收集的约 40h 的音视频数据，包括不同语言和不同类型的节目[198]。对节目中笑声和鼓掌声的开始和结束位置进行了人工标注。本数据库包含 800 段左右的笑声和鼓掌声片段，每段的长度为 3~8s 不等，共约 1h。所有的音频数据均转化为单声道，8kHz 采样率，16 比特量化的标准音频数据。所有的音频数据均进行了归一化，使得均值为 0，方差为 1，从而排除了录音条件对音频数据的影响。本实验中所有的音频数据帧长为 20ms，且帧间无交叠。相邻的 50 帧音频数据中，每帧作为一行，从而使得 1s 的音频数据变换为一个矩阵。对于张量情况，相邻的 5 帧 MFCC 特征数据 (100ms 的音频) 组成一个 MFCC 矩阵，然后 10 个 MFCC 矩阵 (1s 的音频数据) 组成一个 3 维的张量。因此本章中用于音频数据分类的张量数据维数为 $13 \times 5 \times 10$，且对应的音频数据长度为 1s。得到对应的矩阵和张量表示音频特征之后，接着将所有的矩阵和张量映射到低秩空间。最后通过对低秩特征进行识别实现笑声与掌声等声学事件的检出。

首先通过实验说明本章提出的学习算法 6-1 与算法 6-2 是收敛的。分类器使用 5/6 的数据进行训练，剩余的 1/6 作为测试数据。从理论上来说，在每一次迭代中，$\boldsymbol{W}_k/\boldsymbol{\mathcal{W}}_k$ 与 $\boldsymbol{Z}_k/\boldsymbol{\mathcal{Z}}_k$ 是两个凸优化问题的解，因此是收敛的。图 6-1 和图 6-2 给出了式 (6-7) 与式 (6-15) 的目标函数值随时间的变化情况，可以看出，一般来说当迭代次数到 15~25 之后即可收敛。

图 6-3 和图 6-4 比较了三种算法分类效果随着时间变化的情况。可以看出，当所有算法的性能趋向于稳定之后，低秩支持向量机在不同的分类任务中均取得了最好的结果。在本实验中，TA、Mx 与 Tr 算法的收敛条件分别采用文献 [181] 中提出的条件。同时，将本章算法和目前较好的 SVM 算法进行了比较。其中 SVM 用于分类的特征是通过将低秩特征进行向量化得到的 650 维向量特征。实验的比较结果如表 6-1 所示 (表中的结果均是算法收敛之后的结果)。由于在将特征向量化之后丢失了内在的空间和时间信息，所有的迹范算法均优于支持向量机的性能。

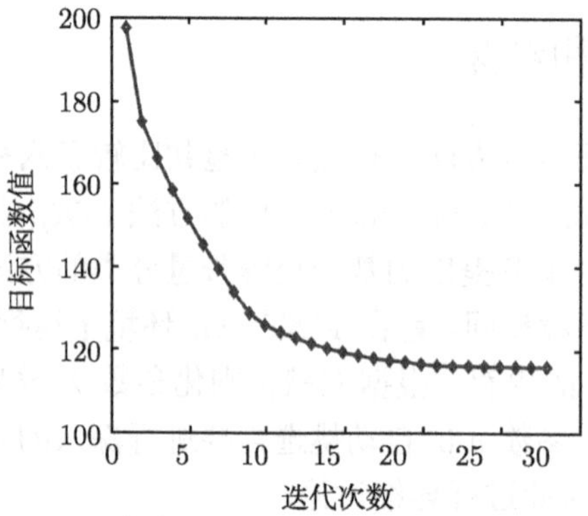

(a) 笑声与非笑声分类学习中的收敛情况

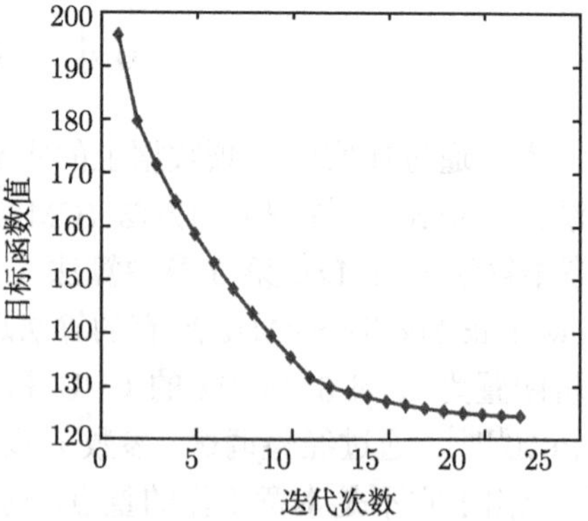

(b) 掌声与非掌声分类学习中的收敛情况

图 6-1　低秩 SVM 的目标函数值随时间的收敛 (矩阵情况)

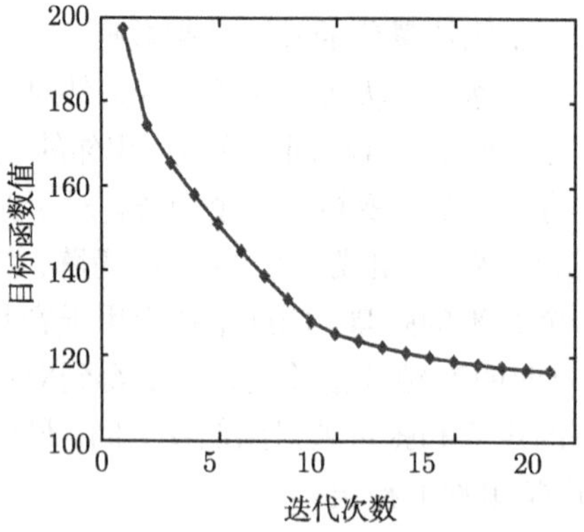

(a) 笑声与非笑声分类学习中的收敛情况

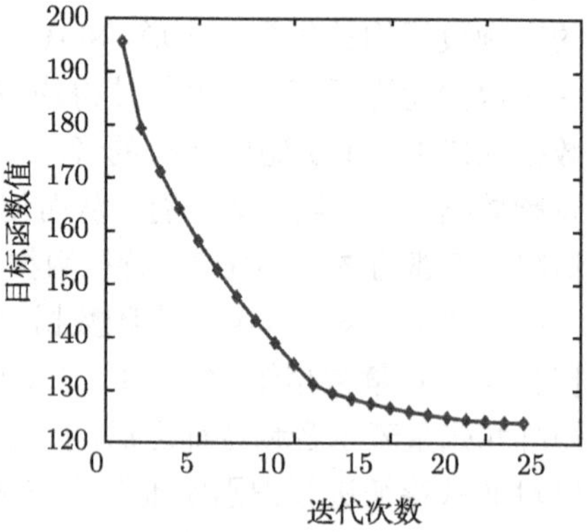

(b) 掌声与非掌声分类学习中的收敛情况

图 6-2　低秩 SVM 的目标函数值随时间的收敛 (张量情况)

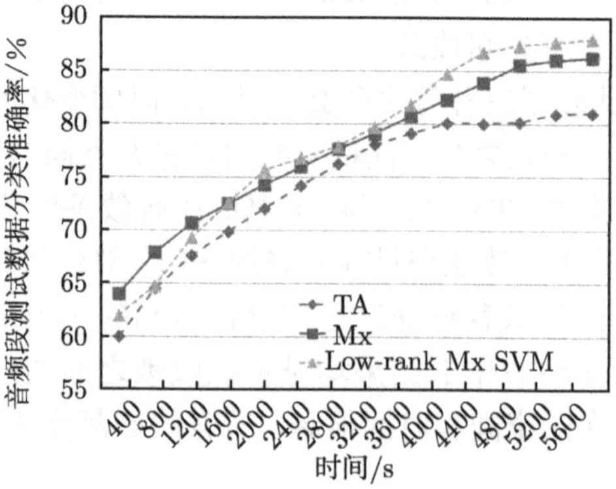

(a) 笑声与非笑声检测比较

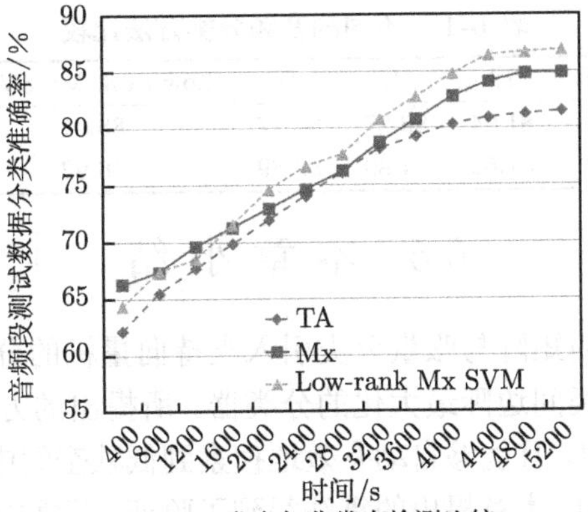

(b) 掌声与非掌声检测比较

图 6-3　基于低秩矩阵分类的声学事件检测比较

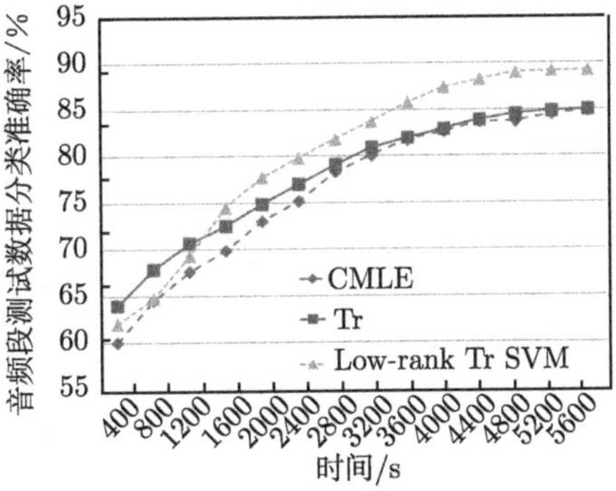

(a) 笑声与非笑声检测比较

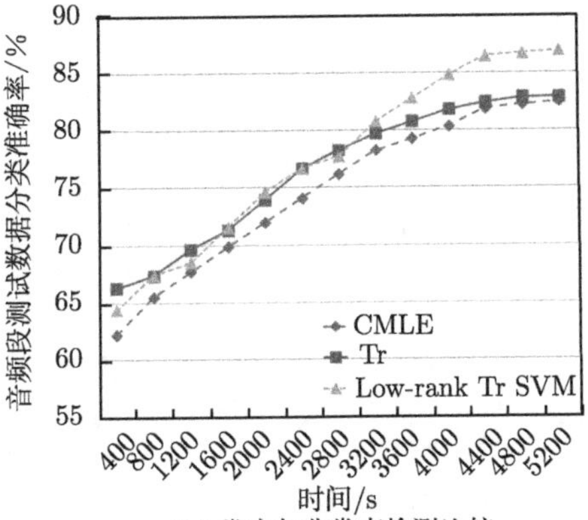

(b) 掌声与非掌声检测比较

图 6-4　基于低秩张量分类的声学事件检测比较

表 6-1　不同的音频分类方法比较

方法/%	SVM	CMLE	TA	Mx	Tr	Low-rank Mx SVM	Low-rank Tr SVM
笑声	77.36	84.49	81.04	86.27	84.97	88.01	89.21
掌声	75.82	82.50	81.50	84.89	82.89	86.92	86.92

6.5 本章小结

本章将迹范限制的矩阵与张量分类引入支持向量机的分类框架下，即寻找同时满足迹范最小化与类间边际最大化的分类器。所提出的方法可以充分利用矩阵与张量数据的结构信息，且能够自动有效地搜索到低秩空间中的最优分类界面。在低秩音频分类的应用中，本章提出的算法得到了验证，其性能均优于其他同类的算法。同时，虽然此分类器在本章中仅用于音频分类，但它在其他模式分类领域中也可使用。

第7章　基于在线并行模型训练的声学事件检测

7.1　引　　言

前面各章针对复杂的数据环境，分别从特征及模型层面研究了新的有效的声学事件检测方法。对于所阐述的低秩矩阵特征，尽管前面已经初步给出了使用这类特征的声学事件检测与分类方法，但这些方法并不支持大规模数据或者在线环境下的自适应学习问题。本章将主要讨论这些问题。

在第 6 章提到的矩阵和张量分类方法中，训练阶段都是批量处理模式。它在每一次迭代中都需要处理所有的训练数据，以使得损失函数和迹范的加权和最小化。对于常用的机器，由于其内存规模有限，从而导致海量或者巨量规模的训练数据集无法一次性加载，因此前面的训练模式并不适合大规模数据的情况。此外，这种训练模式由于需要等待所有的训练数据都准备完毕后方可进行训练，因此也不适合以序列方式出现的训练数据，如音频或者视频处理等。

为了解决此问题，本章提出在线 (online) 的学习方式。它可以每次仅处理一个或者小批量的观测样本用于更新权值和偏差。此处的在线概念取自文献 [187]，它和传统的定义不同，之前的在线学习多指模型在遇到新观测数据时自动更新参数的训练方式。我们将第 5 章提出的基于加速近似梯度的批量模式算法 5-2 和算法 5-4 改进为在线学习框架。这种框架只需要当前的训练样本以及过去的信息，无须存储训练样本，节省了大量空间。进一步在此框架下，可以使用逼近加速近似梯度方法 (inexact APG, IAPG) 代替先前的精确加速近似梯度方法，从而使每次迭代的计算量降低，进而增加单位时间内所处理的样本数。对于小批量模式的训练方法，为了进一步提高处理的速度，将训练算法中诸如信息更新等若干模块进行了并行化处理。实验表明，在保证同等性能的情况下改进的算法速度能够提高 10 倍左右。

7.2　在线并行的矩阵数据分类学习方法

本节将介绍矩阵数据在线学习算法的主要部分，以及用于提高训练速度的若干改进措施。

7.2.1　基于加速近似梯度方法的矩阵分类在线学习

大部分在线学习算法的原理基本类似，都是首先通过观测样本来更新问题参数，然后在新的参数下求解问题得到新的识别模型。这里在算法 5-2 的基础上，给出基于加速近似梯度方法的矩阵分类在线学习方法。

假设训练数据是由未知分布 $p(\boldsymbol{X}, y)$ 产生的独立同分布样本，在一次迭代中，在线学习算法先从训练数据中取出一个样本，接着使用此样本来更新过去的信息，然后以前一次迭代得到的 $\boldsymbol{W}_{t-1}$ 为初始权值，使用算法 5-2 来更新权值。由于当 t 逐渐变大时，$F_t(\boldsymbol{W}, b_{t-1})$ 和 $F_{t-1}(\boldsymbol{W}, b_{t-1})$ 逐渐接近，从而 $\boldsymbol{W}_t$ 和 $\boldsymbol{W}_{t-1}$ 也很靠近，因此使用 $\boldsymbol{W}_{t-1}$ 作为初始权值时，算法可以较快地收敛到 $\boldsymbol{W}_t$。

对于收敛条件，使用如下的相对误差条件：

$$\|\boldsymbol{W}_{k+1}-\boldsymbol{W}_k\|_{\mathrm{F}}/\|\boldsymbol{W}_k\|_{\mathrm{F}}<\varepsilon_1, \quad |b_{k+1}-b_k|/|b_k|<\varepsilon_2 \tag{7-1}$$

这种在线算法的主要过程总结在算法 7-1 中。其中 $\otimes$ 算子表示克罗内克内积

(1) 输入：训练数据：$(\boldsymbol{X}_i, y_i)\in\mathbf{R}^{m\times n}\times\mathbf{R}, i=1,\cdots,T$；
(2) 输出：矩阵分类器权值、偏差序列以及最终结果：$\boldsymbol{W}, b, \boldsymbol{W}_i, b_i, i=1,\cdots,T$；
(3) 初始化：$\boldsymbol{W}_0\in\mathbf{R}^{m\times n}, b_0\in\mathbf{R}, L_0=0, \lambda\in\mathbf{R}, \epsilon$；
(4) $\boldsymbol{A}_0\in\mathbf{R}^{m\times n}\leftarrow 0, \boldsymbol{B}_0\in\mathbf{R}^{mm\times nn}\leftarrow 0, c_0\in\mathbf{R}\leftarrow 0, \boldsymbol{D}_0\in\mathbf{R}^{m\times n}\leftarrow 0$(初始化过去信息)；
(5) for i=1 to T do
(6) 从未知分布 $p(X, y)$ 中取出样本 $(\boldsymbol{X}_t, y_t)$；
(7) $\boldsymbol{A}_t\leftarrow\boldsymbol{A}_{t-1}+y_t\boldsymbol{X}_t$； /* 更新过去信息 */
(8) $\boldsymbol{B}_t\leftarrow\boldsymbol{B}_{t-1}+\boldsymbol{X}_t\otimes\boldsymbol{X}_t$；
(9) $c_t\leftarrow c_{t-1}+y_t$；
(10) $\boldsymbol{D}_t\leftarrow\boldsymbol{D}_{t-1}+\boldsymbol{X}_t$；
(11) $L_t\leftarrow L_{t-1}+2mn\|\boldsymbol{X}_t\|_{\mathrm{F}}^2$；
(12) $\boldsymbol{W}_{0,t}=\boldsymbol{Z}_{1,t}=\boldsymbol{W}_{t-1}\in\mathbf{R}^{m\times n}, b_{0,t}=b_{t-1}, \alpha_1=1, k=1$； /* 以 W_{t-1} 和 b_{t-1} 为初始值，使用算法 5-2 更新 $\boldsymbol{W}_t$ 和 b_t*/
(13) while $\|\boldsymbol{W}_{k+1,t}-\boldsymbol{W}_{k,t}\|_{\mathrm{F}}>\epsilon$; $|b_{k+1,t}-b_{k,t}|>\epsilon$ do
(14) $(\boldsymbol{U},\boldsymbol{S},\boldsymbol{V})=\mathrm{svd}\left(\boldsymbol{Z}_{k,t}-\dfrac{1}{L_t}(-2\boldsymbol{A}_t+2\mathrm{GridTr}(\boldsymbol{Z}_{k,t},\boldsymbol{B}_t)+2b_{k-1,t}\boldsymbol{D}_t)\right)$；
(15) $\boldsymbol{W}_{k,t}=\boldsymbol{U}\mathcal{S}_{\frac{\lambda}{L_t}}[\boldsymbol{S}]\boldsymbol{V}^{\mathrm{T}}$；
(16) $\alpha_{k+1}=\dfrac{1+\sqrt{1+4\alpha_k^2}}{2}$；
(17) $\boldsymbol{Z}_{k+1,t}=\boldsymbol{W}_{k,t}+\dfrac{\alpha_k-1}{\alpha_{k+1}}(\boldsymbol{W}_{k,t}-\boldsymbol{W}_{k-1,t})$；
(18) $b_{k,t}=\dfrac{1}{t}(c_t-\mathrm{Tr}(\boldsymbol{W}_{k,t}^{\mathrm{T}}\boldsymbol{D}_t))$；
(19) $k\leftarrow k+1$；
(20) end
(21) $\boldsymbol{W}_t\leftarrow\boldsymbol{W}_{k,t}, b_t\leftarrow b_{k,t}$；
(22) end

算法 7-1 基于加速近似梯度方法的在线矩阵分类学习

(Kronecker product)。给定两个矩阵 $\boldsymbol{A}\in\mathbf{R}^{m_1\times n_1}$ 和 $\boldsymbol{B}\in\mathbf{R}^{m_2\times n_2}$，则 $\boldsymbol{A}\otimes\boldsymbol{B}$ 得到一个空间 $\mathbf{R}^{m_1m_2\times n_1n_2}$ 中的矩阵，且此矩阵由 $m_1\times n_1$ 个块组成，每个块的尺寸为 $m_2\times n_2$，而 $(i,j)(i=1,\cdots,m_1;j=1,\cdots,n_1)$ 位置上的矩阵块为 $\boldsymbol{A}[i,j]\boldsymbol{B}$。函数 $\mathrm{GridTr}(\boldsymbol{Z}_{k,t},\boldsymbol{B}_t)$ 是输入 $\boldsymbol{Z}_{k,t}\in\mathbf{R}^{m\times n}$ 和 $\boldsymbol{B}_t\in\mathbf{R}^{mm\times nn}$ 的函数，其输出为 $\mathbf{R}^{m\times n}$ 中的矩阵，且在 (i,j) 位置上的元素为 $\boldsymbol{Z}_{k,t}^{\mathrm{T}}$ 和 $\boldsymbol{B}_t$ 的第 (i,j) 个 $\mathbf{R}^{m\times n}$ 块的乘积的迹，如图 7-1 所示，可以将 $\boldsymbol{Z}_{k,t}^{\mathrm{T}}$ 和 $\boldsymbol{B}_t$ 矩阵所有元素的乘积运算按 $\boldsymbol{B}_t$ 的行在不同的计算机或多核处理器计算机的不同核上执行，从而达到并行化。

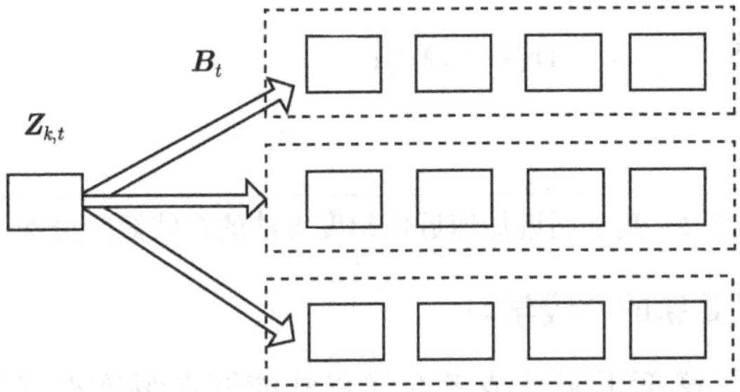

图 7-1 GridTr(·,·) 的并行计算

7.2.2 基于逼近加速近似梯度方法的在线学习

算法 7-1 对于每一个新到的样本都会调用算法 5-2 来求解如下问题的精确解:

$$\boldsymbol{W}_t=\min_{\boldsymbol{W}}\sum_{i=1}^{t}(y_i-\mathrm{Tr}(\boldsymbol{W}^{\mathrm{T}}\boldsymbol{X}_i)-b_{t-1})^2+\lambda\|\boldsymbol{W}\|_* \tag{7-2}$$

而这一过程必然进行大量的迭代，从而导致大量的运算，特别是对于海量的数据，这种情况更为明显。对求解过程进行分析可以看出，由于相邻两次外部迭代时的权值矩阵变化不大，因此无须精确地求解子问题 (7-2)。在实际应用中可以发现，甚至可以在内循环中仅仅迭代一次，整个算法也能够收敛。根据以上思路则得到了基于非精确的加速近似梯度方法的矩阵分类学习算法 7-2，其中省略的部分和算法 7-1 相同。

(1) $\boldsymbol{A}_0\in\mathbf{R}^{m\times n}\leftarrow 0, \boldsymbol{B}_0\in\mathbf{R}^{mm\times nn}\leftarrow 0, c_0\in\mathbf{R}\leftarrow 0, \boldsymbol{D}_0\in\mathbf{R}^{m\times n}\leftarrow 0$(初始化过去信息)；
(2) for i=1 to T do
(3) 　从未知分布 $p(\boldsymbol{X},y)$ 中取出样本 $(\boldsymbol{X}_t,y_t)$；
(4) 　$\boldsymbol{A}_t\leftarrow\boldsymbol{A}_{t-1}+y_t\boldsymbol{X}_t$； 　/* 更新过去信息 */
(5) 　$\boldsymbol{B}_t\leftarrow\boldsymbol{B}_{t-1}+\boldsymbol{X}_t\otimes\boldsymbol{X}_t$；
(6) 　$c_t\leftarrow c_{t-1}+y_t$；
(7) 　$\boldsymbol{D}_t\leftarrow\boldsymbol{D}_{t-1}+\boldsymbol{X}_t$；

(8) $L_t \leftarrow L_{t-1} + 2mn\|\boldsymbol{X}_t\|_{\mathrm{F}}^2$;
(9) $\boldsymbol{W}_{0,t} = \boldsymbol{W}_{t-1} \in \mathbf{R}^{m\times n}$; /* 以 $\boldsymbol{W}_{t-1}$ 和 b_{t-1} 为初始值，使用逼近加速近似梯度方法更新 $\boldsymbol{W}_t$ 和 b_t*/
(10) $(\boldsymbol{U},\boldsymbol{S},\boldsymbol{V}) = \mathrm{svd}\left(\boldsymbol{W}_{0,t} - \frac{1}{L_t}(-2\boldsymbol{A}_t + 2\mathrm{GridTr}(\boldsymbol{W}_{0,t},\boldsymbol{B}_t) + 2b_{t-1}\boldsymbol{D}_t\right)$;
(11) $\boldsymbol{W}_{1,t} = \boldsymbol{U}\mathcal{S}_{\frac{\lambda}{L_t}}[\boldsymbol{S}]\boldsymbol{V}^{\mathrm{T}}$;
(12) $(\boldsymbol{U},\boldsymbol{S},\boldsymbol{V}) = \mathrm{svd}\left(\boldsymbol{W}_{1,t} - \frac{1}{L_t}(-2\boldsymbol{A}_t + 2\mathrm{GridTr}(\boldsymbol{W}_{1,t},\boldsymbol{B}_t) + 2b_{t-1}\boldsymbol{D}_t\right)$;
(13) $\boldsymbol{W}_{2,t} = \boldsymbol{U}\mathcal{S}_{\frac{\lambda}{L_t}}[\boldsymbol{S}]\boldsymbol{V}^{\mathrm{T}}$;
(14) $\boldsymbol{W}_t \leftarrow \boldsymbol{W}_{2,t}, b_t = \frac{1}{t}(c_t - \mathrm{Tr}(\boldsymbol{W}_t^{\mathrm{T}}\boldsymbol{D}_t))$;
(15) $k \leftarrow k+1$;
(16) end

算法 7-2 基于逼近加速近似梯度方法的在线矩阵分类学习

7.2.3 基于小批量更新的在线学习

一般来说，如果梯度下降法或者在线算法能够在每次迭代处理中不是只处理单个样本，而是处理 $\mu > 1$ 的若干样本，则可以提高收敛速度。设 $(\boldsymbol{X}_{t,1}, y_{t,1}), \cdots, (\boldsymbol{X}_{t,\mu}, y_{t,\mu})$ 为在第 t 次迭代中的样本，设计下面的小批量过去信息更新方式：

$$\begin{cases} \boldsymbol{A}_t \leftarrow \boldsymbol{A}_{t-1} + \sum_{i=1}^{\mu} y_{t,i}\boldsymbol{X}_{t,i} \\ \boldsymbol{B}_t \leftarrow \boldsymbol{B}_{t-1} + \sum_{i=1}^{\mu} \boldsymbol{X}_{t,i} \otimes \boldsymbol{X}_{t,i} \\ c_t \leftarrow c_{t-1} + \sum_{i=1}^{\mu} y_{t,i} \\ \boldsymbol{D}_t \leftarrow \boldsymbol{D}_{t-1} + \sum_{i=1}^{\mu} \boldsymbol{X}_{t,i} \\ L_t \leftarrow L_{t-1} + \sum_{i=1}^{\mu} 2mn\|\boldsymbol{X}_{t,i}\|_{\mathrm{F}}^2 \end{cases} \tag{7-3}$$

来取代算法 7-1 和算法 7-2 中单个样本过去信息的更新方式，从而可得到相应的基于小批量更新方式的在线学习算法。

7.2.4 基于并行计算加速的矩阵分类学习

在实际应用中，由于采用式 (7-3) 进行批量过去信息更新时可能需要较多的时间，因此在线学习算法的整体收敛速度可能会下降。同时，由于变量 $\boldsymbol{B}_t$ 的更新需要计算克罗内克内积，而克罗内克内积的计算需要较多的资源。如果式 (7-3) 的计算量可以忽略或者能较大程度地降低，如通过并行计算，则使用小批量更新算法的收敛速度能够有 μ 倍的提高。本节尝试将所有算法中的过去信息更新与 $\mathrm{GridTr}(\cdot,\cdot)$

计算进行并行化处理。在并行计算框架下，首先将依据分布 $p(\boldsymbol{X}, y)$ 产生的观测样本发送给从属节点 (slave nodes)。对于每一个从属节点，计算局部过去信息，再发送给主节点 (master node)。然后主节点计算出全局过去信息，再利用这些过去信息更新参数。GridTr$(\cdot,\cdot)$ 的并行化过程记为 ParaGridTr$(\cdot,\cdot)$，其过程如图 7-1 所示，基本与“过去信息更新”的并行化类似，不再赘述。算法 7-3 对在线及并行的计算方式进行了总结，并给出了计算细节。

(1) 输入：训练数据：$(\boldsymbol{X}_i, y_i) \in \mathbf{R}^{m\times n} \times \mathbf{R}, i = 1, \cdots, T$；
(2) 输出：矩阵分类器权值、偏差序列以及最终结果：$\boldsymbol{W}, b, \boldsymbol{W}_i, b_i, i = 1, \cdots, T$；
(3) 初始化：$\boldsymbol{W}_0 \in \mathbf{R}^{m\times n}, b_0 \in \mathbf{R}, L_0 = 0, \lambda \in \mathbf{R}, \epsilon$；
(4) $\boldsymbol{A}_0 \in \mathbf{R}^{m\times n} \leftarrow 0, \boldsymbol{B}_0 \in \mathbf{R}^{mm\times nn} \leftarrow 0, c_0 \in \mathbf{R} \leftarrow 0, \boldsymbol{D}_0 \in \mathbf{R}^{m\times n} \leftarrow 0$；
(5) for t=1 to T do
(6) 从未知分布 $p(\boldsymbol{X}, y)$ 中随机抽取若干张量训练样本 $(\boldsymbol{X}_{t,i}, y_{t,i}), i = 1, \cdots, M$，并分发到各从属节点；
(7) for i=1 to T do
(8) $\boldsymbol{A}_{t,i} \leftarrow \boldsymbol{A}_{t-1,i} + y_{t,i}\boldsymbol{X}_{t,i}$; $\boldsymbol{B}_{t,i} \leftarrow \boldsymbol{B}_{t-1,i} + \boldsymbol{X}_{t,i} \otimes \boldsymbol{X}_{t,i}$;
$c_{t,i} \leftarrow c_{t-1,i} + y_{t,i}$; $\boldsymbol{D}_{t,i} \leftarrow \boldsymbol{D}_{t-1,i} + X_{t,i}$;
$L_{t,i} \leftarrow L_{t-1,i} + 2mn\,\|\boldsymbol{X}_{t,i}\|_{\mathrm{F}}^2$; /* 更新过去信息 */
(9) end
(10) $\boldsymbol{A}_t \leftarrow \sum_{i=1}^{M} \boldsymbol{A}_{t-1,i}$，$\boldsymbol{B}_t \leftarrow \sum_{i=1}^{M} \boldsymbol{B}_{t-1,i}$，$c_t \leftarrow \sum_{i=1}^{M} c_{t-1,i}$，
$\boldsymbol{D}_t \leftarrow \sum_{i=1}^{M} \boldsymbol{D}_{t-1,i}$，$L_t \leftarrow \sum_{i=1}^{M} L_{t-1,i}$; /* 综合各从属节点信息 */
(11) $\boldsymbol{W}_{0,t} = \boldsymbol{Z}_{1,t} = \boldsymbol{W}_{t-1} \in \mathbf{R}^{m\times n}, b_{0,t} = b_{t-1}, \alpha_1 = 1, k = 1$; /* 以 $\boldsymbol{W}_{t-1}$ 和 b_{t-1} 为初始值，使用算法 5-2 更新 $\boldsymbol{W}_t$ 和 b_t*/
(12) while $\|\boldsymbol{W}_{k+1,t} - \boldsymbol{W}_{k,t}\|_{\mathrm{F}} > \epsilon$, $|b_{k+1,t} - b_{k,t}| > \epsilon$ do
(13) $(\boldsymbol{U}, \boldsymbol{S}, \boldsymbol{V}) = \mathrm{svd}\left(\boldsymbol{Z}_{k,t} - \dfrac{1}{L_t}(-2\boldsymbol{A}_t + 2\mathrm{ParaGridTr}(\boldsymbol{Z}_{k,t}, \boldsymbol{B}_t) + 2b_{k-1,t}\boldsymbol{D}_t)\right)$;
(14) $\boldsymbol{W}_{k,t} = \boldsymbol{U}\mathcal{S}_{\frac{\lambda}{L_t}}[\boldsymbol{S}]\boldsymbol{V}^{\mathrm{T}}$;
(15) $\alpha_{k+1} = \dfrac{1 + \sqrt{1 + 4\alpha_k^2}}{2}$;
(16) $\boldsymbol{Z}_{k+1,t} = \boldsymbol{W}_{k,t} + \dfrac{\alpha_k - 1}{\alpha_{k+1}}(\boldsymbol{W}_{k,t} - \boldsymbol{W}_{k-1,t})$;
(17) $b_{k,t} = \dfrac{1}{t}(c_t - \mathrm{Tr}(\boldsymbol{W}_{k,t}^{\mathrm{T}}\boldsymbol{D}_t))$;
(18) $k \leftarrow k + 1$;
(19) end
(20) $\boldsymbol{W}_t \leftarrow \boldsymbol{W}_{k,t}, b_t \leftarrow b_{k,t}$;
(21) end

算法 7-3 基于加速近似梯度方法的并行在线矩阵分类学习

7.3 在线并行的张量数据分类学习方法

对于张量数据分类，同样会遇到海量或者巨量数据的问题，以及序列数据的问题，因此也需要设计在线的分类学习算法。由于张量分类和矩阵分类均采用了基于加速近似梯度的算法，因此其在线学习框架基本类似，本节仅给出其不同之处。在线分类算法的细节请参考算法 7-4～算法 7-6。

(1) 输入：训练数据：$(\boldsymbol{\mathcal{X}}_i, y_i) \in \mathbf{R}^{I_1\times I_2\times\cdots\times I_N} \times \mathbf{R}, i=1,\cdots,T$;
(2) 输出：矩阵分类器权值、偏差序列以及最终结果：$\boldsymbol{\mathcal{W}}, b, \boldsymbol{\mathcal{W}}_i, b_i, i=1,\cdots,T$;
(3) 初始化：$\boldsymbol{\mathcal{W}}_0 = 0 \in \mathbf{R}^{I_1\times I_2\times\cdots\times I_N}, b_0 \in \mathbf{R}, \lambda$;
(4) $\boldsymbol{\mathcal{A}}_0 \in \mathbf{R}^{I_1\times I_2\times\cdots\times I_N} \leftarrow 0, \boldsymbol{\mathcal{B}}_0 \in \mathbf{R}^{I_1 I_1\times I_2 I_2\times\cdots\times I_N I_N} \leftarrow 0, c_0 \in \mathbf{R} \leftarrow 0, \boldsymbol{\mathcal{D}}_0 \in \mathbf{R}^{I_1\times I_2\times\cdots\times I_N} \leftarrow 0, L_0 = 0 \in \mathbf{R}$; /* 初始化过去信息 */
(5) for i=1 to T **do**
(6) 从未知分布 $p(\boldsymbol{\mathcal{X}}, y)$ 中取出样本 $(\boldsymbol{\mathcal{X}}_t, y_t)$;
(7) $\boldsymbol{\mathcal{A}}_t \leftarrow \boldsymbol{\mathcal{A}}_{t-1} + y_t\boldsymbol{\mathcal{X}}_t$, $\boldsymbol{\mathcal{B}}_t \leftarrow \boldsymbol{\mathcal{B}}_{t-1} + \boldsymbol{\mathcal{X}}_t \otimes \boldsymbol{\mathcal{X}}_t$, $c_t \leftarrow c_{t-1} + y_t$,
$\boldsymbol{\mathcal{D}}_t \leftarrow \boldsymbol{\mathcal{D}}_{t-1} + \boldsymbol{\mathcal{X}}_t$, $L_t \leftarrow L_{t-1} + 2\prod_{m=1}^{N} I_m \|\boldsymbol{\mathcal{X}}_t\|_{\mathrm{F}}^2$; /* 更新过去信息 */
(8) $\boldsymbol{\mathcal{W}}_{0,t} = \boldsymbol{\mathcal{Z}}_{1,t} = \boldsymbol{\mathcal{W}}_{t-1} \in \mathbf{R}^{I_1\times I_2\times\cdots\times I_N}, b_{0,t} = b_{t-1}, \alpha_1 = 1, k = 1$;
/* 以 $\boldsymbol{\mathcal{W}}_{t-1}$ 和 b_{t-1} 为初始值，使用算法 5-4 更新 $\boldsymbol{\mathcal{W}}_t$ 和 b_t*/
(9) while $\|\boldsymbol{\mathcal{W}}_{k+1,t} - \boldsymbol{\mathcal{W}}_{k,t}\|_{\mathrm{F}} > \epsilon$; $|b_{k+1,t} - b_{k,t}| > \epsilon$ do
(10) $\boldsymbol{\mathcal{W}}_{k,t} = \underset{\boldsymbol{\mathcal{W}}}{\operatorname{argmin}} \frac{L_t}{2}\left\|\boldsymbol{\mathcal{W}} - \left(\boldsymbol{\mathcal{Z}}_{k,t} + \frac{2}{L}\left(\boldsymbol{\mathcal{A}}_t - \operatorname{GridTr}(\boldsymbol{\mathcal{Z}}_{k,t}, \boldsymbol{\mathcal{B}}_t) - b_{k-1,t}\boldsymbol{\mathcal{D}}_t\right)\right)\right\|_{\mathrm{F}}^2 + \lambda\|\boldsymbol{\mathcal{W}}\|_*$;
(11) $\alpha_{k+1} = \frac{1+\sqrt{1+4\alpha_k^2}}{2}$;
(12) $\boldsymbol{\mathcal{Z}}_{k+1,t} = \boldsymbol{\mathcal{W}}_{k,t} + \frac{\alpha_k - 1}{\alpha_{k+1}}(\boldsymbol{\mathcal{W}}_{k,t} - \boldsymbol{\mathcal{W}}_{k-1,t})$;
(13) $b_{k,t} = \frac{1}{t}(c_t - \langle \boldsymbol{\mathcal{W}}_{k,t}, \boldsymbol{\mathcal{D}}_t\rangle)$;
(14) $k \leftarrow k+1$;
(15) end
(16) $\boldsymbol{\mathcal{W}}_t \leftarrow \boldsymbol{\mathcal{W}}_{k,t}, b_t \leftarrow b_{k,t}$;
(17) end

算法 7-4 基于加速近似梯度方法的在线张量分类学习算法

在线的张量分类框架也分为两个部分：第一个部分是过去信息的更新；第二个部分是权值和偏差的更新。在过去信息的更新部分，当张量的维数大于等于 3 时，变量 $\boldsymbol{\mathcal{B}}_t$ 的更新为

$$\boldsymbol{\mathcal{B}}_t \leftarrow \boldsymbol{\mathcal{B}}_{t-1} + \boldsymbol{\mathcal{X}}_t \otimes \boldsymbol{\mathcal{X}}_t \tag{7-4}$$

其中，$\otimes$ 为张量克罗内克运算符，输入为两个相同阶数的张量 $\boldsymbol{\mathcal{A}} \in \mathbf{R}^{I_1\times\cdots\times I_N}$ 和

$\mathcal{B} \in \mathbf{R}^{J_1\times\cdots\times J_N}$，输出 $\mathcal{A}\otimes\mathcal{B}$ 为空间 $\mathbf{R}^{I_1J_1\times\cdots\times I_NJ_N}$ 中的张量，在 $(i_1,\cdots,i_N)$ 位置上尺寸 $J_1\times\cdots\times J_N$ 的块为 $a_{i_1\cdots i_N}\mathcal{B}$。张量空间的函数 $\mathrm{GridTr}(\mathcal{W},\mathcal{B}_t)$ 较矩阵情况复杂，其输入为 $\mathcal{W}\in\mathbf{R}^{I_1\times\cdots\times I_N}$ 和 $\mathcal{B}_t\in\mathbf{R}^{I_1J_1\times\cdots\times I_NJ_N}$，输出为 $\mathbf{R}^{I_1\times\cdots\times I_N}$ 中的张量，且在 $(i_1,\cdots,i_N)$ 位置上的元素为 $\mathcal{W}$ 和 $\mathcal{B}_t$ 的第 $(i_1,\cdots,i_N)$ 个 $\mathbf{R}^{I_1\times\cdots\times I_N}$ 块的乘积的迹。在张量情况下，利普希茨常数也不尽相同，其更新也需随常数形式进行改变：

$$L_t \leftarrow L_{t-1} + 2\prod_{m=1}^{N} I_m \|\mathcal{X}_t\|_{\mathrm{F}}^2 \tag{7-5}$$

(1) 输入：训练数据：$(\mathcal{X}_i, y_i)\in\mathbf{R}^{I_1\times I_2\times\cdots\times I_N}\times\mathbf{R}, i=1,\cdots,T$;

(2) 输出：矩阵分类器权值、偏差序列以及最终结果：$\mathcal{W}, b, \mathcal{W}_i, b_i, i=1,\cdots,T$;

(3) 初始化：$\mathcal{W}_0=0\in\mathbf{R}^{I_1\times I_2\times\cdots\times I_N}, b_0\in\mathbf{R}, \lambda$;

(4) $\mathcal{A}_0 \in \mathbf{R}^{I_1\times I_2\times\cdots\times I_N} \leftarrow 0, \mathcal{B}_0 \in \mathbf{R}^{I_1I_1\times I_2I_2\times\cdots\times I_NI_N} \leftarrow 0, c_0\in\mathbf{R}\leftarrow 0, \mathcal{D}_0 \in \mathbf{R}^{I_1\times I_2\times\cdots\times I_N} \leftarrow 0, L_0=0\in\mathbf{R}$; /* 初始化过去信息 */

(5) for i=1 to T do

(6) 从未知分布 $p(\mathcal{X},y)$ 中取出样本 $(\mathcal{X}_t, y_t)$;

(7) $\mathcal{A}_t\leftarrow\mathcal{A}_{t-1}+y_t\mathcal{X}_t$, $\mathcal{B}_t\leftarrow\mathcal{B}_{t-1}+\mathcal{X}_t\otimes\mathcal{X}_t$, $c_t\leftarrow c_{t-1}+y_t$,
$\mathcal{D}_t\leftarrow\mathcal{D}_{t-1}+\mathcal{X}_t$, $L_t\leftarrow L_{t-1}+2\prod_{m=1}^{N} I_m\|\mathcal{X}_t\|_{\mathrm{F}}^2$; /* 更新过去信息 */

(8) $\mathcal{W}_{0,t}=\mathcal{Z}_{1,t}=\mathcal{W}_{t-1}\in\mathbf{R}^{I_1\times I_2\times\cdots\times I_N}, b_{0,t}=b_{t-1}, \alpha_1=1, k=1$; /* 以 $\mathcal{W}_{t-1}$ 和 b_{t-1} 为初始值，使用非精确加速近似梯度方法更新 $\mathcal{W}_t$ 和 b_t*/

(9) $\mathcal{W}_{0,t}=\mathcal{Z}_{1,t}=\mathcal{W}_{t-1}\in\mathbf{R}^{I_1\times I_2\times\cdots\times I_N}, b_{0,t}=b_{t-1}, \alpha_1=1, k=1$;

(10) $\mathcal{W}_{1,t}=\underset{\mathcal{W}}{\operatorname{argmin}}\dfrac{L_t}{2}\left\|\mathcal{W}-\left(\mathcal{Z}_{1,t}+\dfrac{2}{L}(\mathcal{A}_t-\mathrm{GridTr}(\mathcal{Z}_{1,t},\mathcal{B}_t)-b_{0,t}\mathcal{D}_t)\right)\right\|_{\mathrm{F}}^2+\lambda\|\mathcal{W}\|_*$;

(11) $\alpha_2=\dfrac{1+\sqrt{1+4\alpha_1^2}}{2}$;

(12) $\mathcal{Z}_{2,t}=\mathcal{W}_{1,t}+\dfrac{\alpha_1-1}{\alpha_2}(\mathcal{W}_{1,t}-\mathcal{W}_{0,t})$;

(13) $b_{1,t}=\dfrac{1}{t}(c_t-\langle\mathcal{W}_{1,t},\mathcal{D}_t\rangle)$;

(14) $\mathcal{W}_{2,t}=\underset{\mathcal{W}}{\operatorname{argmin}}\dfrac{L_t}{2}\left\|\mathcal{W}-\left(\mathcal{Z}_{2,t}+\dfrac{2}{L}(\mathcal{A}_t-\mathrm{GridTr}(\mathcal{Z}_{2,t},\mathcal{B}_t)-b_{1,t}\mathcal{D}_t)\right)\right\|_{\mathrm{F}}^2+\lambda\|\mathcal{W}\|_*$;

(15) $\alpha_3=\dfrac{1+\sqrt{1+4\alpha_2^2}}{2}$;

(16) $\mathcal{Z}_{3,t}=\mathcal{W}_{2,t}+\dfrac{\alpha_2-1}{\alpha_3}(\mathcal{W}_{2,t}-\mathcal{W}_{1,t})$;

(17) $b_{2,t}=\dfrac{1}{t}(c_t-\langle\mathcal{W}_{2,t},\mathcal{D}_t\rangle)$;

(18) $\mathcal{W}_t\leftarrow\mathcal{W}_{2,t}, b_t\leftarrow b_{2,t}$;

(19) end

算法 7-5 基于逼近加速近似梯度方法的在线张量分类学习

(1) 输入：训练数据：$(\boldsymbol{\mathcal{X}}_i, y_i) \in \mathbf{R}^{I_1\times I_2\times\cdots\times I_N} \times \mathbf{R}, i=1,\cdots,T$;
(2) 输出：矩阵分类器权值、偏差序列以及最终结果：$\boldsymbol{W}, b, \boldsymbol{W}_i, b_i, i=1,\cdots,T$;
(3) 初始化：$\boldsymbol{\mathcal{W}}_0 = 0 \in \mathbf{R}^{I_1\times I_2\times\cdots\times I_N}, b_0 \in \mathbf{R}, \lambda$;
(4) $\boldsymbol{\mathcal{A}}_0 \in \mathbf{R}^{I_1\times I_2\times\cdots\times I_N} \leftarrow 0, \boldsymbol{\mathcal{B}}_0 \in \mathbf{R}^{I_1I_1\times I_2I_2\times\cdots\times I_NI_N} \leftarrow 0, c_0 \in \mathbf{R} \leftarrow 0, \boldsymbol{\mathcal{D}}_0 \in \mathbf{R}^{I_1\times I_2\times\cdots\times I_N} \leftarrow 0, L_0 = 0 \in \mathbf{R}$; /* 初始化过去信息 */
(5) for t=1 to T do
(6) 　从未知分布 $p(\boldsymbol{\mathcal{X}}, y)$ 中随机抽取若干张量训练样本 $(\boldsymbol{\mathcal{X}}_{t,i}, y_{t,i}), i=1,\cdots,M$，并分发到各从属节点；
(7) 　for i=1 to T do
(8) 　　$\boldsymbol{\mathcal{A}}_{t,i} \leftarrow \boldsymbol{\mathcal{A}}_{t-1,i} + y_{t,i}\boldsymbol{\mathcal{X}}_{t,i}$; $\boldsymbol{\mathcal{B}}_{t,i} \leftarrow \boldsymbol{\mathcal{B}}_{t-1,i} + \boldsymbol{\mathcal{X}}_{t,i} \otimes \boldsymbol{\mathcal{X}}_{t,i}$;
　　$c_{t,i} \leftarrow c_{t-1,i} + y_{t,i}$; $\boldsymbol{\mathcal{D}}_{t,i} \leftarrow \boldsymbol{\mathcal{D}}_{t-1,i} + \boldsymbol{\mathcal{X}}_{t,i}$;
　　$L_{t,i} \leftarrow L_{t-1,i} + 2\prod_{m=1}^{N} I_m \|\boldsymbol{\mathcal{X}}_{t,i}\|_{\mathrm{F}}^2$; /* 更新过去信息 */
(9) 　end
(10) 　$\boldsymbol{\mathcal{A}}_t \leftarrow \sum_{i=1}^{M} \boldsymbol{\mathcal{A}}_{t-1,i}$, $\boldsymbol{\mathcal{B}}_t \leftarrow \sum_{i=1}^{M} \boldsymbol{\mathcal{B}}_{t-1,i}$, $c_t \leftarrow \sum_{i=1}^{M} c_{t-1,i}$,
　$\boldsymbol{\mathcal{D}}_t \leftarrow \sum_{i=1}^{M} \boldsymbol{\mathcal{D}}_{t-1,i}$, $L_t \leftarrow \sum_{i=1}^{M} L_{t-1,i}$; /* 主节点综合各从属节点信息 */
(11) 　$\boldsymbol{\mathcal{W}}_{0,t} = \boldsymbol{\mathcal{Z}}_{1,t} = \boldsymbol{\mathcal{W}}_{t-1} \in \mathbf{R}^{I_1\times I_2\times\cdots\times I_N}, b_{0,t} = b_{t-1}, \alpha_1 = 1, k = 1$; /* 以 $\boldsymbol{\mathcal{W}}_{t-1}$ 和 b_{t-1} 为初始值，使用算法 5-4 更新 $\boldsymbol{\mathcal{W}}_t$ 和 b_t*/
(12) 　while $\|\boldsymbol{\mathcal{W}}_{k+1,t} - \boldsymbol{\mathcal{W}}_{k,t}\|_{\mathrm{F}} > \epsilon$, $|b_{k+1,t} - b_{k,t}| > \epsilon$ do
(13) 　　$\boldsymbol{\mathcal{W}}_{k,t} = \underset{\boldsymbol{\mathcal{W}}}{\operatorname{argmin}} \frac{L_t}{2}\left\|\boldsymbol{\mathcal{W}} - \left(\boldsymbol{\mathcal{Z}}_{k,t} + \frac{2}{L}(\boldsymbol{\mathcal{A}}_t - \mathrm{GridTr}(\boldsymbol{\mathcal{Z}}_{k,t}, \boldsymbol{\mathcal{B}}_t) - b_{k-1,t}\boldsymbol{\mathcal{D}}_t)\right)\right\|_{\mathrm{F}}^2 + \lambda\|\boldsymbol{\mathcal{W}}\|_*$;
(14) 　　$\alpha_{k+1} = \frac{1+\sqrt{1+4\alpha_k^2}}{2}$;
(15) 　　$\boldsymbol{\mathcal{Z}}_{k+1,t} = \boldsymbol{\mathcal{W}}_{k,t} + \frac{\alpha_k - 1}{\alpha_{k+1}}(\boldsymbol{\mathcal{W}}_{k,t} - \boldsymbol{\mathcal{W}}_{k-1,t})$;
(16) 　　$b_{k,t} = \frac{1}{t}(c_t - \langle \boldsymbol{\mathcal{W}}_{k,t}, \boldsymbol{\mathcal{D}}_t\rangle)$;
(17) 　　$k \leftarrow k+1$;
(18) 　end
(19) 　$\boldsymbol{\mathcal{W}}_t \leftarrow \boldsymbol{\mathcal{W}}_{k,t}, b_t \leftarrow b_{k,t}$;
(20) end

算法 7-6　基于加速近似梯度方法的并行在线张量分类学习

更新完过去信息后，需要求解新的权值。在更新权值时，与矩阵情况下拥有闭式解不同，对于张量来说，如下的更新方程 (参见算法 7-4)：

$$\boldsymbol{\mathcal{W}}_{k,t} = \underset{\boldsymbol{\mathcal{W}}}{\operatorname{argmin}} \frac{L_t}{2}\left\|\boldsymbol{\mathcal{W}} - \left(\boldsymbol{\mathcal{Z}}_{k,t} + \frac{2}{L}(\boldsymbol{\mathcal{A}}_t - \mathrm{GridTr}(\boldsymbol{\mathcal{Z}}_{k,t}, \boldsymbol{\mathcal{B}}_t) - b_{k-1,t}\boldsymbol{\mathcal{D}}_t)\right)\right\|_{\mathrm{F}}^2 + \lambda\|\boldsymbol{\mathcal{W}}\|_* \tag{7-6}$$

并没有闭式解。由于其形式和鲁棒主成分分析类似，因此可以通过算法 5-3 进行迭代求解。与矩阵情况类似，若需要在单位时间内处理更多的训练样本时，可以采用基于非精确加速近似梯度的方法来进行权值的更新，对应的更新部分仅需迭代若干次，无须收敛。

通过使用下面的小批量过去信息更新方式:

$$\begin{cases} \boldsymbol{\mathcal{A}}_t \leftarrow \boldsymbol{\mathcal{A}}_{t-1} + \sum_{i=1}^{\mu} y_{t,i} \boldsymbol{\mathcal{X}}_{t,i} \\ \boldsymbol{\mathcal{B}}_t \leftarrow \boldsymbol{\mathcal{B}}_{t-1} + \sum_{i=1}^{\mu} \boldsymbol{\mathcal{X}}_{t,i} \otimes \boldsymbol{\mathcal{X}}_{t,i} \\ c_t \leftarrow c_{t-1} + \sum_{i=1}^{\mu} y_{t,i} \\ \boldsymbol{\mathcal{D}}_t \leftarrow \boldsymbol{\mathcal{D}}_{t-1} + \sum_{i=1}^{\mu} \boldsymbol{\mathcal{X}}_{t,i} \\ L_t \leftarrow L_{t-1} + \sum_{i=1}^{\mu} 2 \prod_{m=1}^{N} I_m \left\| \boldsymbol{\mathcal{X}}_{t,i} \right\|_{\mathrm{F}}^2 \end{cases} \tag{7-7}$$

取代算法 7-4 和算法 7-5 中单个样本过去信息的更新方法，从而能得到相应的基于小批量更新方式的在线学习算法。对于并行化，其过程基本与矩阵分类情况类似。基于小批量更新的张量分类并行在线学习算法的细节总结在算法 7-6 中。

7.4 实验和结果

本节实验的数据主要为第 5 章采用的数据集以及个别合成数据集，其中合成的数据集将在使用时作详细介绍。

7.4.1 基于在线并行学习的低秩矩阵特征分类

为了验证基于在线学习的矩阵分类算法的性能，本节共比较五种算法：传统的基于加速近似梯度的批处理算法 (APG)、基于精确加速近似梯度法的在线算法 (OL_APG)、基于逼近加速近似梯度法的在线算法 (OL_IAPG)、基于精确加速近似梯度法以及小批量更新的在线算法 (OL_APG_Batch)、基于逼近加速近似梯度法以及小批量更新的在线算法 (OL_IAPG_Batch) 等。所有的算法均是在 Intel 2.53GHz 双核处理器和 3.25GB 内存的个人计算机上 MATLAB 环境下运行。

为了验证本章提出的方法，我们设计了笑声与掌声检测的实验。音频流首先通过加窗形成短时帧序列 (每帧 20ms，且无帧叠)，然后对每帧提取包含能量在内的 13 维美尔频率倒谱系数，连续的 50 帧美尔频率倒谱系数即形成了美尔频率倒谱系数矩阵。最后通过学习算法实现这些矩阵的分类。对于算法 OL_APG 和

OL_APG_Batch 中的收敛条件 (7-1)，设置 $\varepsilon_1 = 10^{-8}$，$\varepsilon_2 = 10^{-8}$，设置原因与第 5 章类似，不再赘述。从算法 7-1 中可以看出，正则化参数 λ 与加速近似梯度算法中梯度下降步长 L 相关联。这意味着在实际应用中，需要根据步长 L 进行参数 λ 的自适应。如果 λ 不同，则算法的比较失去意义，因此在所有算法中固定 $\lambda = 1$。

图 7-2 比较了所有算法的相关性能，其中在线的算法是从训练集中随机抽取数据，同时采用的时间尺度为对数尺度。图 7-2(a) 和图 7-2(c) 给出了训练集上目标函数随时间变化的情况。从中可以看出，不使用批处理或者使用小批量处理的算法比使用大批量处理的算法收敛得更快，其中的原因在 7.2.4 节已经作了详细的解释。当在线的或者小批量的算法收敛时，基本上和批量算法取得了相当的分类性能。图 7-2(b) 和图 7-2(d) 分别给出了不同方法在测试集上的分类准确率随时间的

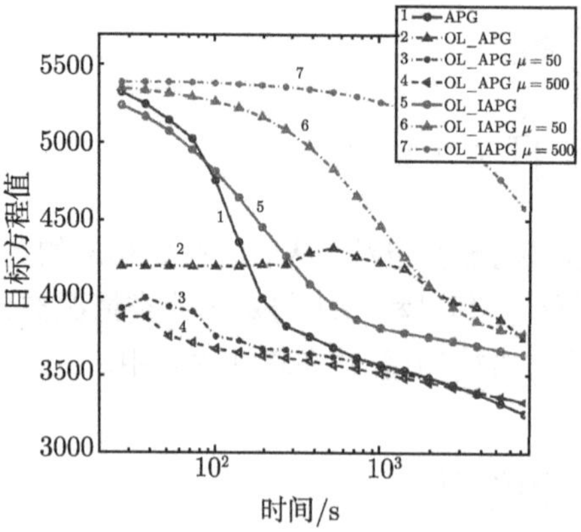

(a) 掌声检测中在线学习优化函数值随时间变化情况

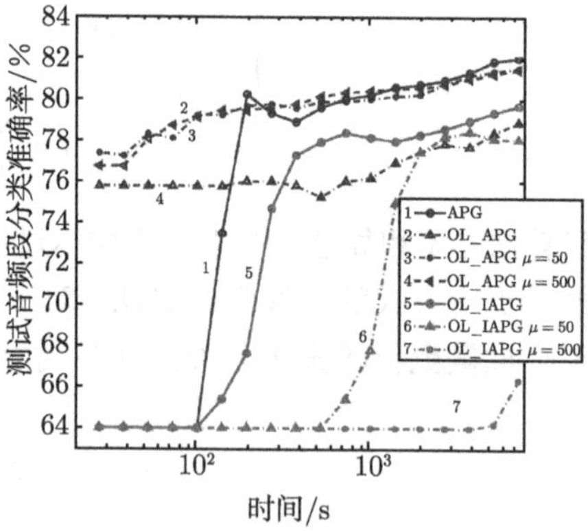

(b) 基于在线学习的掌声检测性能

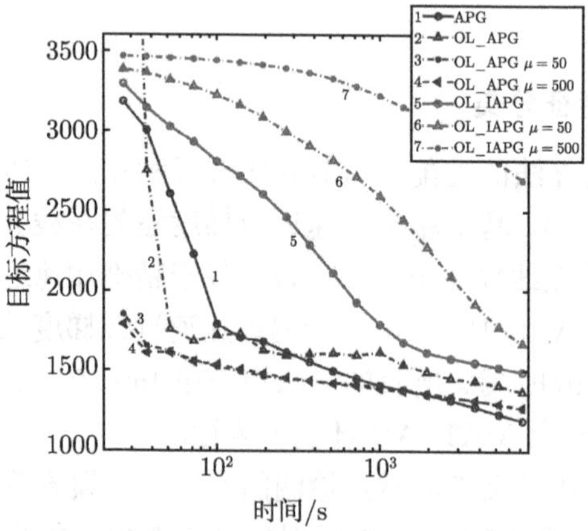

(c) 笑声检测中在线学习优化函数值随时间变化情况

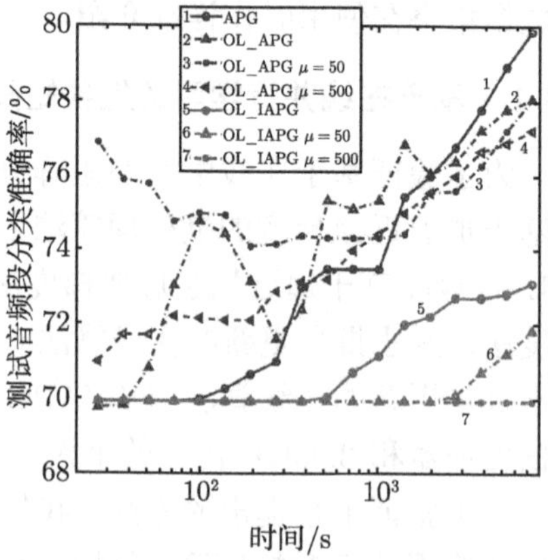

(d) 基于在线学习的笑声检测性能

图 7-2　基于不同矩阵分类在线学习方法的声学事件检测性能对比

变化情况，基本上和目标函数的变化情况是对应的。虽然使用逼近加速近似梯度的算法能够在单位时间内处理更多的训练样本，但是由于并没有完全利用样本的所有信息，因此整体收敛较慢。

在同一环境下，关于并行运算对算法的加速效果也进行了实验，共比较了四种算法，包括：基于精确加速近似梯度的并行在线算法 (Para_OL_APG)；基于精确加速近似梯度的在线算法 (OL_APG)；基于逼近加速近似梯度的并行在线算法 (Para_OL_IAPG)；基于逼近加速近似梯度的在线算法 (OL_IAPG)。图 7-3 给出四种算法随时间的收敛情况，可以看出，使用并行计算的算法收敛得比普通算法要快。对基于非加速近似梯度法的算法来说，当达到相同的性能时，并行算法使用的时间为不使用并行计算时的 1/10。

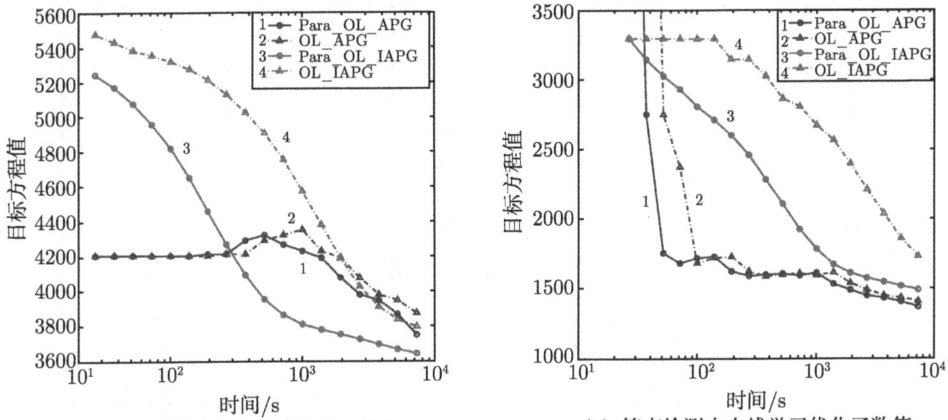

(a) 掌声检测中在线学习优化函数值 (b) 笑声检测中在线学习优化函数值

图 7-3 并行/非并行算法的性能对比

7.4.2 基于在线并行学习的低秩张量特征分类

对于张量分类的在线学习，分别使用合成数据以及真实数据进行了测试。首先介绍基于合成数据的实验。通过随机产生 2.4×10^5 个 3 阶张量 $10 \times 10 \times 10$，这些张量包含各种不同的秩 (此处的秩和前面的张量秩不是同一概念，这里的秩是和 CANDECOMP/PARAFAC 分解相关的，具体的定义细节可以参考文献 [199])；2×10^5 个张量用于训练，其他的用于测试。目的是根据秩将不同的张量分成不同的类，也就是自动张量秩预测估计。为了可控地产生不同秩的张量，通过使用随机的三个向量 (向量元素以均匀分布取自区间 (0, 1)) 进行外积 (outer product) 计算产生 1 阶的张量。如果需要产生 r 阶的张量，则通过相加前面产生的 r 个 1 阶张量即可。基于与第 6 章相同的原因，此处参数的设置为 $\varepsilon_1 = 10^{-10}$，$\varepsilon_2 = 10^{-10}$，$\lambda = 1$，且 $\beta = 10^7$, $\gamma = 10^{-7}$。

图 7-4 比较了不同算法的性能，包括基于加速近似梯度的批处理学习方法 (APG)、基于加速近似梯度的在线学习算法 (OL_APG)、基于加速近似梯度的小批量更新在线学习算法。批处理学习算法使用一个 2×10^3 随机数据集，而在线算法是从整个训练数据集中随机抽取训练样本。图 7-4(a) 给出了张量秩预测的均方误差，可以看出在线算法是收敛的，且基本与批处理算法收敛到相同的系统性能。从图 7-4(a) 中也可看出，批处理算法收敛的比相对应的在线算法要快。图 7-4(b) 给出了张量秩的估计预测误差范围 $\eta=1$ 时的准确率。这里的误差范围 η 指的是当预测的值和真实值相差的范围小于 η 时，则判断为预测正确。从图中可以看出，分类准确率的收敛对应于均方预测误差的收敛。当使用 $\eta=1$ 的容忍误差范围时，可以达到 95.9% 的预测准确率。

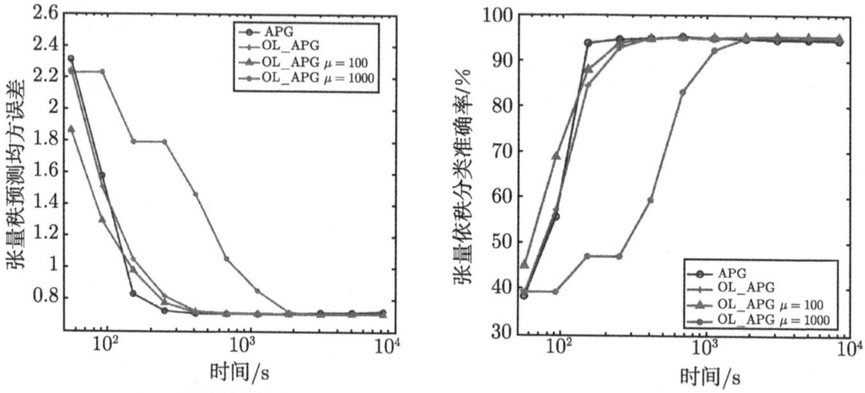

(a) 秩预测的均方误差

(b) 基于秩的张量分类在预测误差范围$\eta=1$时的准确率

图 7-4 不同算法的张量秩预测学习性能比较

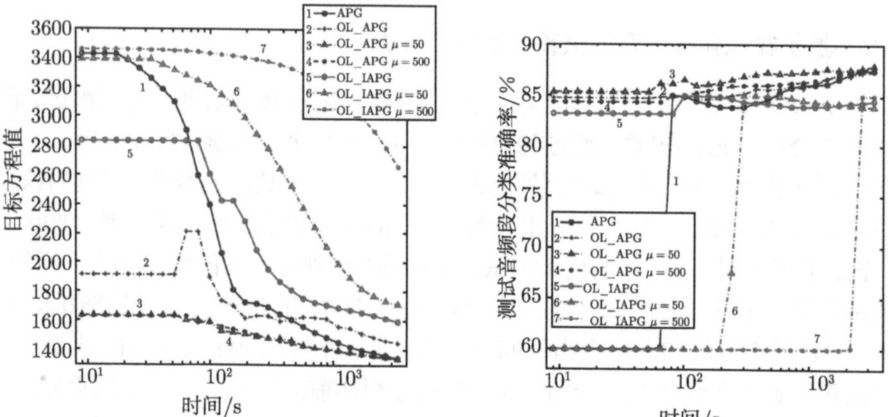

(a) 掌声检测中在线学习优化函数值随时间变化情况

(b) 基于在线学习的掌声检测性能

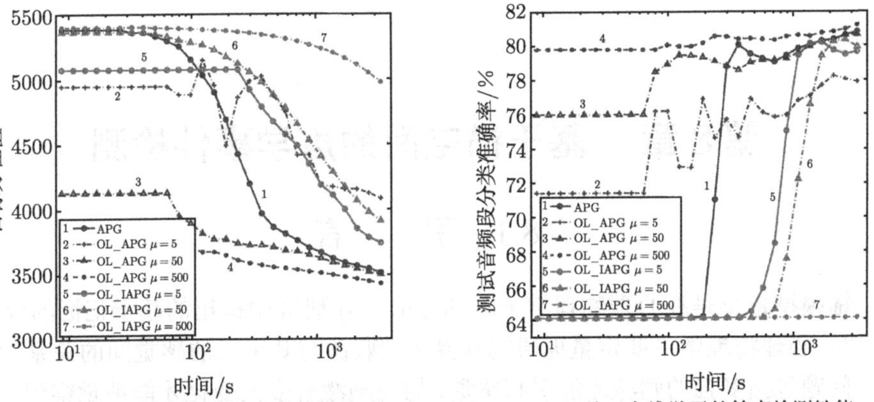

(c) 笑声检测中在线学习优化函数值随时间变化情况

(d) 基于在线学习的笑声检测性能

图 7-5 真实环境下不同在线张量分类学习方法的性能对比

对于张量的在线学习算法也在真实的声学事件检测任务中进行了验证，实验数据以及设置与第 5 章张量学习实验的数据和设置相同。在这样的数据集上，在线算法的收敛性也得到了验证。图 7-5 给出了所有算法的性能。从图中可以看出，现实世界中的问题比前面提到的人工合成的问题更为复杂，因此算法需要较长的时间才能收敛，且分类性能也要比合成数据时的要差。对于张量学习的并行化方法，其基本与矩阵情况下类似，这里不再赘述。

7.5 本章小结

本章首先提出了在线的学习方法，以解决低秩矩阵与张量形式特征情况下的海量训练数据问题，并从理论及实验上验证了在线算法的收敛性。同时给出了若干在线算法的改进，包括使用逼近加速近似梯度方法代替先前的精确加速近似梯度方法、过去信息更新模块的并行化等。这些改进使得每次迭代的计算量降低，从而在单位时间内所处理的样本数增加，进一步提高了处理的速度。实验表明，在同等性能下改进的算法速度能够提高 10 倍左右。

第 8 章　基于锚空间的声学事件检测

8.1 引　　言

锚模型最早是在心理物理学 (psychophysics) 研究中提出的基于记忆的分类模型[200]。心理物理学主要定量地研究外界物理刺激与其引发的感觉间的关系。它涉及的问题包括多强的刺激才能引起感觉、物理刺激有多大变化才能被觉察到、感觉怎样随物理刺激的大小而变化等。心理物理学既是实验心理学的早期工作，也是目前实验心理学中的基本方法。

实验心理学研究中经常需要对收集的数据进行分类，例如，要求受试者将所接收到的一个物理刺激划归为若干感受类别中的一个分类上。实验心理学中，物理刺激通常是有次序的，因此，其所对应的感觉程度类别也应是有次序的。这样，当一个刺激被标定为特定的感觉类别时，更倾向于将紧随其后的刺激标定为相同的感觉类别。心理学中这种对物理刺激进行感觉分类的机制表明，对历史信息的记忆和使用在感觉分类中起着非常关键的作用。并且记忆在数小时甚至数天内保持感觉的一致性。锚模型正是基于记忆在分类中的作用，而提出的一个可计算模型。它构建了一个基于记忆的能够对物理刺激产生的感觉进行分类的方法，其中，对记忆中不同感觉类别的通用表示称为锚[200]。因此，锚模型的关键是建立一个锚，并用这种锚来建立一个刺激与受刺激后感觉程度所对应的类别间的关系。由此看来，锚模型搭建起了一座心理物理学与记忆研究之间的桥梁。

通常一个类别对应特定的一个锚，多个类别的锚张成了一个锚空间。它能将刺激大小的连续值映射为感觉程度所属的离散类别上。在这一映射过程中，为了体现上述记忆的特点，对一个给定的刺激，它使用部分匹配机制仅激活记忆模型中与这一刺激大小相似的一个锚。只要锚相对稳定，则其输出类别随时间保持不变。在上述选择锚的匹配过程中，主要基于刺激与锚之间的相似性来作为选择依据。然而，是否能选择出合适的锚，除了受相似性因素影响外，也可能受其他因素的影响。因此在每次实验中并不能保证都能检索到与目标刺激最佳匹配的锚。当刺激的大小与从记忆中所获得的锚的大小之间差异较大时，锚模型中构建了一个校正机制来进行相应的调整，以促使刺激与感觉程度之间相一致。鉴于认知系统具有可塑性，每次经验都可能会对后续的过程产生影响，因此，锚模型方法也设定了一个强制性的学习机制以使相关锚更趋向于刚刚出现的刺激。这样，每次实验都会使模型中一个与本次实验相关的锚产生微小的变化。经过这种增量式的学习，在多次实验后每个锚的值趋于能引发同一感觉类别的所有刺激的加权平均值。

基于锚空间的基本思想，已有将其应用到说话人识别研究的相关工作[201]。本章讨论将这种技术应用于声学事件检测研究中。通过建立声音信号的特征向量与对应声学事件类别关系的锚模型，进而构建能反映声学事件语义空间的锚空间，并将音频段映射到这一语义空间中。通过语义空间中的距离测度来反映音频段在语义层面的相似性。通过度量测试声学事件和目标声学事件在锚空间的统计分布的差异来反映其在语义层面上的差异。尽管前面几章已经对声学事件检测的方法进行了相关的研究，但都没有太多涉及在语义层面上的检测。本章将讨论三种基于锚空间的声学事件检测方法[202]。

8.2 锚模型简介

实验心理学中由刺激引发的感觉分类过程的简化结构如图 8-1 所示[200, 203]。它由感知子系统和中心子系统两个部分组成。其中 S 表示外部刺激信号，M 表示由外部刺激诱发的内部反应值的大小，R 表示感觉分类标签。从图中可以看出，感知子系统将外部刺激 S 的强度解码为一个内部反应 M，接着在中心子系统中对 M 进行处理，以确定其所对应的一个感觉类别的标签 R。当然真正的处理过程要比图 8-1 所示的过程复杂得多。在上述这种感觉分类过程中，内部反应 M 作为感知子系统的输出，以及中心子系统的输入起着主要的桥梁作用。而感觉类别 R 不仅依赖于当前的刺激，也依赖于先前的刺激和感觉类别。

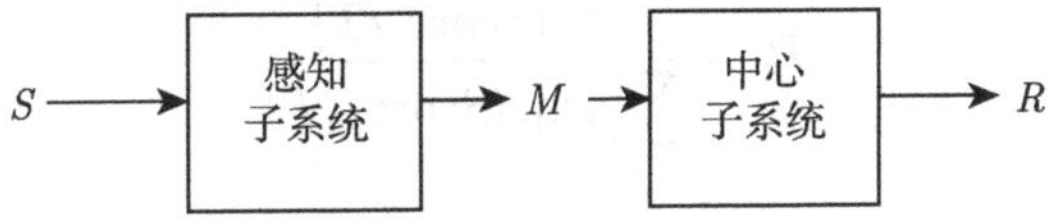

图 8-1 由刺激引发的感觉分类过程的简化图

在锚模型中，反映中心子系统工作机制的部分与记忆相关，这样能保证锚模型在刻画中心子系统的同时，也考虑到了感知子系统的作用。具体针对声学事件检测而言，可以使用其来表示目标场景的目标锚模板、集外场景的集外锚模板以及测试音频片段的锚向量等。

感知子系统的实现要遵循两个准则，即韦伯准则 (Weber's law) 和史蒂文斯准则 (Stevens's law)[203]。

韦伯准则指的是对给定的感知模式，刺激信号的变化量与刺激信号的比是一个常量，即

$$\frac{\Delta S}{S} = k \tag{8-1}$$

其中，k 是一个常量。

史蒂文斯准则是根据大量关于反应值 M 与感觉分类关系的研究而得到的，它指出对连续的刺激平均感觉分类率 R 与刺激信号 S 的强度近似呈指数关系：

$$R = aS^n \tag{8-2}$$

在锚模型中，与感知子系统相比，中心子系统起着更为关键的作用。锚模型为每个感觉程度类别建立一个锚，当需要对一个反应值 M 所产生的感觉程度进行分类时，M 能起到一个记忆线索的作用，帮助完成在众多的锚中挑选最匹配的一个。

锚模型主要通过三种机制来实现，它们分别为匹配机制、结果校正机制和学习更新机制[200, 203]。

假设 A_i 表示锚空间中任一个锚的大小值，M 为由刺激 S 引发的内部反应值。匹配机制就是通过计算 M 值与锚空间中每个锚之间的一个相对打分来选择最相似的锚。第 i 个相对打分的计算公式如下：

$$\text{Score}_i = -|M - A_i| + HB_i \tag{8-3}$$

式 (8-3) 中的相对打分包含两项内容的和，一为目标 M 值与锚 A_i 的相似程度，另一为历史信息 HB_i。前者先使用 M 与 A_i 差的绝对值来反映两者间的不匹配程度，之后通过简单地取其负值来作为它们间的相似程度。后者给出了对每个锚的基准激活值 B_i 经过参数 H 加权后的基准值，它可以认为是对前面获得的相似度的一种归正。

在获得了相对打分后，接着将其转换为一个选择概率值，转换公式如下：

$$P_i = \frac{\exp\left(\text{Score}_i/T\right)}{\sum\limits_j \exp\left(\text{Score}_j/T\right)} \tag{8-4}$$

其中，$\exp(\cdot)$ 代表指数函数；温度 T 是模型的一个自由参数，其作用是控制部分匹配过程中不确定性的程度。

通过上述的过程，当计算出每个锚的选择概率值后，就可以从中选择概率值最大的一个作为选中的锚。在获得了这样的锚之后，为了避免仅使用相似度来选择锚时的局限性，加入了一个校正机制，通过使用一个参数 d 来反映 M 值与锚 A_i 的差异，这里 d 有五种取值。这时的校正打分公式如下：

$$\text{CorrScore}_k = |d_k - (M - A)|, \quad k = -2, -1, 0, 1, 2 \tag{8-5}$$

校正后的打分也可使用式 (8-4) 将其转换成为一个选择概率值。但由于校正打分与前面的打分符号相反，因此在使用这种选择概率值进行决策时，不是取选择概率值最大的一个锚作为结果，而是取选择概率值最小的一个锚作为结果。同时需要使用不一样的温度参数 T。

锚的学习更新机制是通过对所选中锚的先前值与新的反应值 M 的线性组合来进行更新：

$$\text{new\_}A = \alpha \cdot M + (1-\alpha) \cdot \text{old\_}A \tag{8-6}$$

其中，α 是学习率参数，一般在模拟实验中 $\alpha = 0.5$; old_A 是锚原来的大小。

8.3 基于状态变化统计量的锚空间声学事件检测

在与声学事件检测相关的语音识别研究中，音频的时序信息对改进识别性能具有重要的作用。因此，在相关的应用中广泛使用表征音频动态特性的差分参数，如 MFCC 参数的一阶差分参数和二阶差分参数。同理，声学事件中相邻音频帧的状态变化信息有助于改进声学事件检测的性能。本节将讨论基于相邻音频帧状态变化统计量的锚空间声学事件检测方法。

基于状态变化统计量的锚空间声学事件检测系统结构如图 8-2 所示。从图中

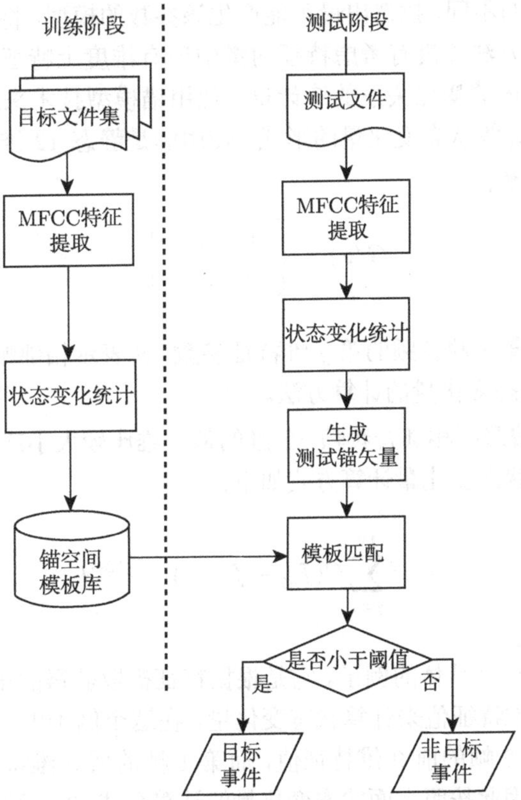

图 8-2 基于状态变化统计量的锚空间声学事件检测系统结构图

可以看出，训练数据仅采用目标音频文件，而没有采用集外音频文件。训练阶段每个目标文件先提取 MFCC 特征，接着进行状态变化的统计形成一个目标锚模板，之后所有目标锚模板张成锚空间；对于测试阶段，采用与训练阶段获取锚时相近的方法来得到测试锚向量，并将测试锚向量与锚模板库中的每个锚模板进行相似度的计算，获得相似度最大的一个音频文件作为目标候选。由于没有使用集外音频信息，因此接下来加入一个确认环节，即将目标候选的相似度与一个预先定义的阈值来比较，以判断是否为目标声学事件文件。

本节使用的主要特征是 MFCC，它的相关计算方法已经在第 2 章中进行了详细介绍，这里不再赘述。本节将介绍基于状态变化统计量建立锚空间的方法，以及对测试音频进行分类的机制。

8.3.1 基于状态变化统计量的锚空间生成方法

传统的基于统计模型的声学事件检测方法，大多是利用声学事件的特征参数在特征空间上的分布不同，挑选出最可能产生该参数的模型，将其所对应的事件作为检测结果。这类方法并没有考虑特征向量中所有维度上特征大小变化的相对关系。本节将基于上述的变化关系的统计量，使用锚模型技术来进行声学事件的检测，共比较了三种计算状态变化量的形式。使用的是静态 12 维的 MFCC 特征。

定义如下的函数：

$$G(x) = \begin{cases} 1, & x > 0 \\ 0, & x \leqslant 0 \end{cases}$$

假设 $f_{i,j}$ 表示第 i 帧音频的第 j 维特征参数。S 表示相邻帧的变化状态值。下面分别给出 3 种状态变化量的计算方法。

(1) 状态变化按照两相邻音频帧 12 维的每一维比较大小产生 [0,4096) 之间的一个数。第 i 帧的状态变化量计算方式如下：

$$S_i = \sum_{j=1}^{12} G(f_{i,j} - f_{i+1,j}) \times 2^{12-j} \tag{8-7}$$

图 8-3 给出了一个具体的例子。它是根据特征提取获得的第 1 帧的 12 维特征值与第 2 帧的 12 维特征值来计算状态变化量。在这个例子中，由于第 1 帧的前 9 维特征值均小于第 2 帧的前 9 维特征值，而第 1 帧的后 3 维特征值均大于第 2 帧的后 3 维特征值，因此按照上面状态变化量的计算公式 (8-7) 可以求得其状态变化量为 7。

f_{11}	$\leqslant$	f_{21}	0	
f_{12}	$\leqslant$	f_{22}	0	
f_{13}	$\leqslant$	f_{23}	0	
f_{14}	$\leqslant$	f_{24}	0	
f_{15}	$\leqslant$	f_{25}	0	
f_{16}	$\leqslant$	f_{26}	0	
f_{17}	$\leqslant$	f_{27}	→ 0	→ 7
f_{18}	$\leqslant$	f_{28}	0	
f_{19}	$\leqslant$	f_{29}	0	
f_{110}	$>$	f_{210}	1	
f_{111}	$>$	f_{211}	1	
f_{112}	$>$	f_{212}	1	

图 8-3　两相邻 12 维音频帧的每一维比较大小

(2) 状态变化按照每帧的每一维与其 8 个方向的相邻维进行大小比较而产生的一个为 [0,256) 的数。图 8-4 是以第 2 帧的第 2 维特征值为中心，根据周围相邻帧相邻维的特征值所计算出来的状态变化量的例子。对第 2 帧的第 2 维特征值，在与其进行比较的相应维上，只有第 2 帧的第 3 维特征值、第 1 帧的第 2 维和第 3 维特征值存在大于关系，其余均为小于或者等于关系。这样计算出来的状态变化量为 7，其具体计算过程如下：

$$\begin{aligned}S=&G(f_{11}-f_{22})\times 2^7+G(f_{21}-f_{22})\times 2^6+G(f_{31}-f_{22})\times 2^5\\&+G(f_{32}-f_{22})\times 2^4+G(f_{33}-f_{22})\times 2^3+G(f_{23}-f_{22})\times 2^2\\&+G(f_{13}-f_{22})\times 2+G(f_{12}-f_{22})=7\end{aligned}$$

f_{11}	f_{21}	f_{31}		$\leqslant$	$\leqslant$	$\leqslant$		0	0	0	
f_{12}	f_{22}	f_{32}	→	$>$		$\leqslant$	→	1		0	→ 7
f_{13}	f_{23}	f_{33}		$>$	$>$	$\leqslant$		1	1	0	

图 8-4　每帧的每一维与 8 个方向的相邻维比较大小

(3) 状态变化按照每帧的每一维与其前 4 帧和后 4 帧同维比较大小而产生的一个在 [0,256) 之间的数。其状态变化量计算如下：

$$S_{i,j}=\sum_{k=-4}^{4}G(f_{i+k,j}-f_{i,j})\times 2^{9-(i+k)} \tag{8-8}$$

图 8-5 为以第 5 帧的第 1 维特征值为中心，根据第 1 帧到第 4 帧和第 6 帧到第 9 帧的第 1 维特征值计算状态变化量的例子。可以看出，与第 5 帧的第 1 维特征值相比，只有第 7 帧、第 8 帧、第 9 帧的第 1 维特征值存在大于关系，其余均为小于或者等于关系，因此，按照式 (8-8) 计算出来的状态变化量为 7。

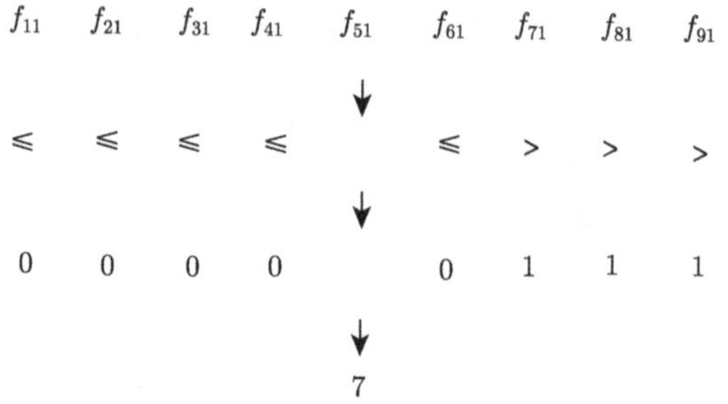

图 8-5 每帧的每一维与前 4 帧和后 4 帧同维比较大小

状态统计是指统计音频片段中根据帧的相邻关系所计算出来的每种状态变化量所出现的次数。这样音频特征在时序上的变化关系就转化为若干变化状态。基于这些变化状态的统计信息就可张成一个锚空间。每个目标音频文件在此锚空间中映射成一个锚向量，将此锚向量作为目标场景的一个模板，从而构成目标场景库。

以第 1 种计算状态变化的方式为例，它将 12 维 MFCC 特征的动态变化划分为 $2^{12} = 4096$ 个状态。假设一个训练音频文件共有 T 帧，其对应的锚模板用 M 表示，$M = \{q_i\}\,(i = 0, 1, \cdots, 4095)$，则模板中每个状态变化量出现的概率为

$$q_i = \frac{n_i}{T-1} \tag{8-9}$$

其中，n_i 表示状态变化量 i 出现的次数。这样 4096 个状态变化量出现的概率组成单个音频文件对应的锚模板，所有的音频文件所形成的锚模板共同张成锚空间，用以表示训练的目标声学事件。

每个属于目标场景的音频片段形成一个模板，因而目标场景由多个模板组成，分类时要逐一进行模板匹配。

设 M_{tl} 为第 t 个测试音频片段的第 l 个状态变化量，M_{jl} 表示锚空间中第 j 个模板的第 l 个分量。锚空间中总模板数为 J 个，总状态变化量为 L 个，β 为经验阈值。计算测试模板与锚模型中的模板之间的距离，从中挑选出距离最小的值：

$$d = \min_j \operatorname{sqrt}\left(\sum_{l=0}^{L-1} (M_{tl} - M_{jl})^2\right), \quad j = 1, 2, \cdots, J \tag{8-10}$$

经过上述匹配过程后，如果 $d < \beta$，则测试音频片段属于 d 所对应的第 j 个目标声学事件。否则，该测试音频片段不属于目标声学事件。

8.3.2 实验与讨论

本章所用的训练数据和测试数据都是从网络上下载的众多娱乐类音频节目。所有音频文件可通过 ffmpeg 统一转换为采样频率 8kHz、采样位数 16 位、单声道的 WAV 音频文件。语料库中，包含目标声学事件的训练数据共 323 个片段，内容包括有代表性的掌声、笑声声学事件的音频。集外音频片段为 3437 个，内容包括呼吸类音频、音乐类音频、演讲类音频、普通谈话类音频等，全部是长度大于 3s 的 WAV 文件。测试音频数据是约 21h 的音频文件。内容包括赵本山的小品、郭德纲与于谦的相声、周立波的海派清口、康熙来了、快乐大本营、李强的演讲、美国的老友记、韩国的情书和 X-man；语言包括汉语、英语、韩语。其内容如表 8-1 所示。从中可以看出，此语料库在检测令人兴奋的语义片段，即掌声和笑声等声学事件上是具有代表性的。

表 8-1 实验用到的语料

节目名称	时间长度	参数内容
周末喜相迎	01:52:26	317
康熙来了	01:25:11	188
快乐大本营	03:43:14	999
老友记	01:56:52	590
郭德纲相声	01:01:26	208
赵本山小品	00:35:18	120
周立波海派清口	01:09:30	201
X-man	02:22:18	348
情书	01:55:16	192
演讲	04:30:12	481
红男绿女	00:53:58	351
合计	21:25:41	3995

实验性能从召回率和错误接收率两方面来衡量。三种状态变化统计形式的性能比较如表 8-2 所示。其中锚模空间由 323 个目标场景片段训练得到的 323 个锚模板组成。

表 8-2 三种状态变化统计形式的性能比较

状态变化量	召回率/%	错误接收率/%
第 1 种状态变化量	83.95	10.64
第 2 种状态变化量	80.25	12.35
第 3 种状态变化量	82.40	17.57

从表 8-2 中可以看出，三种统计形式在声学事件检测中都可以取得较好的效果。其中，按照第 1 种状态变化量进行状态变化统计的召回率高于第 2 种和第 3

种状态变化量的情况，而错误接收率低于第 2 种和第 3 种状态变化量的情况。总体表明，按照第 1 种状态变化量进行状态变化统计优于第 2 种和第 3 种状态变化量的情况。这说明前后相邻两帧的时序信息比相邻多帧的关联性更大，相邻帧的同维比较要比同帧的不同维比较以及不同帧的不同维度的比较具有更重要的意义。

实验过程中发现，有几个锚模板被大量测试音频频繁地选中。为分析其原因，又进一步进行了锚模板有效性的实验。同样的测试音频逐一地对单个锚模板进行测试，结合每个锚模板召回率和错误接收率的大小，从中挑选出最好的 50 个锚模板。根据选中的这 50 个锚模板进行测试。实验结果表明，召回率由 83.95%提高到 85.67%，错误接收率由 10.64%降低到 9.57%。进一步表明，训练的目标声学事件文件的选择对实验结果有一定影响。为了降低这种影响，本章后面的两种锚空间方法都尝试着对类别生成锚模板，即目标场景生成一个锚模板，集外场景生成一个锚模板。

8.4　基于高斯混合模型锚空间的声学事件检测

GMM 的每个高斯分量都能够模拟部分训练数据的音频特征分布，并且每个均值向量参数决定了此高斯分量的位置。基于此，本节将通过大量语料训练背景 GMM，并基于这些模型中各高斯分量的均值向量参数张成锚空间。

向量之间的余弦距离可以表示两个向量之间的关系大小，例如，同一向量余弦距离为 1，表示关系最大；互相垂直的两个向量余弦距离为 0，表示关系最小。基于此，本节采用一帧特征向量与各高斯分量均值向量的余弦距离来构成其在锚空间的空间坐标，进而实现音频帧到锚空间的映射。每帧 MFCC 特征在锚空间上的空间坐标也称为分解系数。

对目标场景，可以认为其所有目标文件各帧映射到锚空间的样点服从特定的分布，建立该分布的统计模型来描述目标场景，即目标锚模板。同样，对于非目标场景，也可以认为其所有集外文件各帧映射到锚空间的样点服从特定的分布，建立该分布的统计模型来描述非目标场景，即集外锚模板。基于高斯混合模型的锚空间声学事件检测系统结构如图 8-6 所示。

8.4.1　基于高斯混合模型锚空间的目标与集外锚模板的生成

本节将讨论的锚模板生成方法与 8.3 节的方法有所区别，其锚模板是音频帧在锚空间上分解后经统计得到的。锚空间是由目标 GMM 的均值参数和集外 GMM 的均值参数张成的。通过计算余弦距离将音频帧映射到锚空间中的一个点上，全部目标场景文件各帧在锚空间中的样本均值作为目标锚模板，目标场景就用此锚模板来表示。全部集外场景文件各帧在锚空间中的样本均值作为集外锚模板，集外场景由此锚模板来表示。

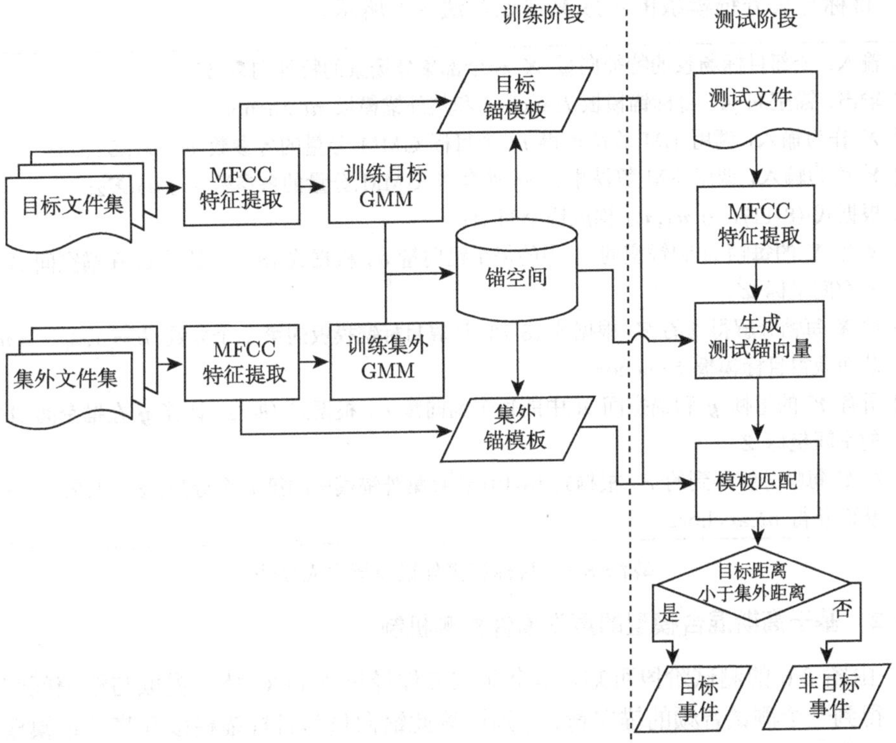

图 8-6 基于高斯混合模型的锚空间声学事件检测系统图

假设 GMM 均值向量中的第 k 个分量用 $\boldsymbol{u}_{nk}$ 表示，其中 $n=1$ 或 2，n=1 代表目标高斯混合模型的均值向量参数，n=2 代表集外高斯混合模型的均值向量参数。而 $k=1,2,\cdots,m$，m 表示高斯分量的个数。锚空间 A 可以表示为

$$A=\{u_{1k},u_{2k}\},\quad k=1,2,\cdots,m \tag{8-11}$$

第 t 帧音频在锚空间上的分解系数 $\alpha_{nk}(t)$ 可计算如下：

$$\alpha_{nk}(t)=\frac{\boldsymbol{u}_{nk}\cdot\boldsymbol{f}_{tk}}{||\boldsymbol{u}_{nk}||\cdot||\boldsymbol{f}_{tk}||} \tag{8-12}$$

其中，$\boldsymbol{f}_{tk}$ 表示第 t 帧音频在锚空间上进行分解后的第 k 分量。

锚模板的第 k 个分量 $\boldsymbol{M}_{nk}$ 可计算如下：

$$\boldsymbol{M}_{nk}=\frac{\sum\limits_{t=1}^{T}\boldsymbol{\alpha}_{nk}(t)}{T} \tag{8-13}$$

其中，T 为帧的总数。

目标与集外锚模板的生成算法如算法 8-1 所示。

(1) 输入：全部目标场景的特征向量 $\boldsymbol{X}$ 和全部集外场景的特征向量 $\boldsymbol{Y}$；
(2) 输出：锚空间 A，目标锚模板 t_anchor 和集外锚模板 nt_anchor；
(3) $\boldsymbol{X}$ 作为输入，调用 EM 算法求得 m 个目标 GMM 分量的各参数 $\boldsymbol{w}_1,\boldsymbol{u}_1,\boldsymbol{\Sigma}_1$；
(4) $\boldsymbol{Y}$ 作为输入，调用 EM 算法求得 m 个集外 GMM 分量的各参数 $\boldsymbol{w}_2,\boldsymbol{u}_2,\boldsymbol{\Sigma}_2$；
(5) 根据式 (8-11)，由 $\boldsymbol{u}_1,\boldsymbol{u}_2$ 构成锚空间 A；
(6) 所有 $\boldsymbol{X}$ 的每帧 $\boldsymbol{x}$ 和锚空间 A 中的每个锚向量 $\boldsymbol{a}$，根据式 (8-12) 计算 $\boldsymbol{x}$ 在锚空间 A 上的空间坐标 $\boldsymbol{Z}$；
(7) 对 $\boldsymbol{X}$ 每帧分解得到的 $\boldsymbol{Z}$，根据式 (8-13) 计算目标锚模板的第 k 个分量，$k=1,2,\cdots,m$，从而获得目标模板 t_anchor；
(8) 所有 $\boldsymbol{Y}$ 的每帧 $\boldsymbol{y}$ 和锚空间 A 中的每个锚向量 $\boldsymbol{a}$，根据式 (8-12) 计算 $\boldsymbol{y}$ 在锚空间 A 上的空间坐标 $\boldsymbol{Z}$；
(9) 对 $\boldsymbol{Y}$ 每帧分解得到的 $\boldsymbol{Z}$，根据式 (8-13) 计算集外锚模板的第 k 个分量，$k=1,2,\cdots,m$，从而获得 nt_anchor。

算法 8-1　目标和集外锚模板生成算法

8.4.2　基于高斯混合模型的声学事件检测机制

由图 8-6 的测试阶段可知，单个测试文件经过 MFCC 特征提取与锚空间映射后，得到一个测试音频的锚向量，分别计算此锚向量与目标锚模板和集外锚模板的距离，如果前者距离除以后者距离小于一定的阈值，则为目标声学事件文件，否则就不是目标声学事件文件。其具体算法流程如算法 8-2 所示。

(1) 输入：一测试音频片段的特征向量 $\boldsymbol{X}$；
(2) 输出：给出输入音频是目标，还是非目标的判定结果；
(3) 所有 $\boldsymbol{X}$ 中的每帧 $\boldsymbol{x}$ 与锚空间的每个锚向量 $\boldsymbol{a}$，根据式 (8-12) 计算 $\boldsymbol{x}$ 在锚空间 A 上的空间坐标 $\boldsymbol{Z}$；
(4) 对 $\boldsymbol{X}$ 每帧分解得到的 $\boldsymbol{Z}$，根据式 (8-13) 计算测试音频锚向量的每一分量，从而获得测试音频的锚向量；
(5) 计算测试音频锚向量与目标锚模板间的欧氏距离 d_1；
(6) 计算测试音频锚向量与集外锚模板间的欧氏距离 d_2；
(7) 若 $\dfrac{d_1}{d_2}<\beta$(β 为一阈值)，表示测试音频为目标，否则即为非目标。

算法 8-2　基于高斯混合模型锚空间的测试音频分类算法

8.5　基于稀疏分解锚空间的声学事件检测

音频信号的稀疏分解作为一种新的音频信号分解方法，能够将音频信号分解为相当简洁的近似表达形式。基于此，本节提出基于稀疏分解锚空间的声学事件检测方法。

基于稀疏分解锚空间的声学事件检测系统结构如图 8-7 所示。其基本思想是音频帧可由多个原子线性组合表示，包含原子的字典可以通过大量语料来学习。使用目标音频文件集可以学到一个目标场景字典，而使用集外音频文件集也可以学到一个非目标场景字典。基于上述字典的各原子可以张成锚空间。对一段音频数据通过稀疏分解的方法在各字典上分别得到一组分解系数，分解系数就构成了该音频映射到锚空间的空间坐标值。对于目标场景，可以认为其各帧映射到锚空间的样点服从特定的分布，建立该分布的统计模型来描述目标场景，即目标锚模板；对于非目标场景，同样认为各帧映射到锚空间的样点服从特定的分布，建立该分布的统计模型来描述非目标场景，即集外锚模板。对于单个测试文件经过相同的步骤，可以得到一个测试锚向量，分别计算此锚向量与目标锚模板和集外锚模板的距离。如果前者距离除以后者距离小于经验阈值，则可判定其为目标事件，否则就是非目标事件。

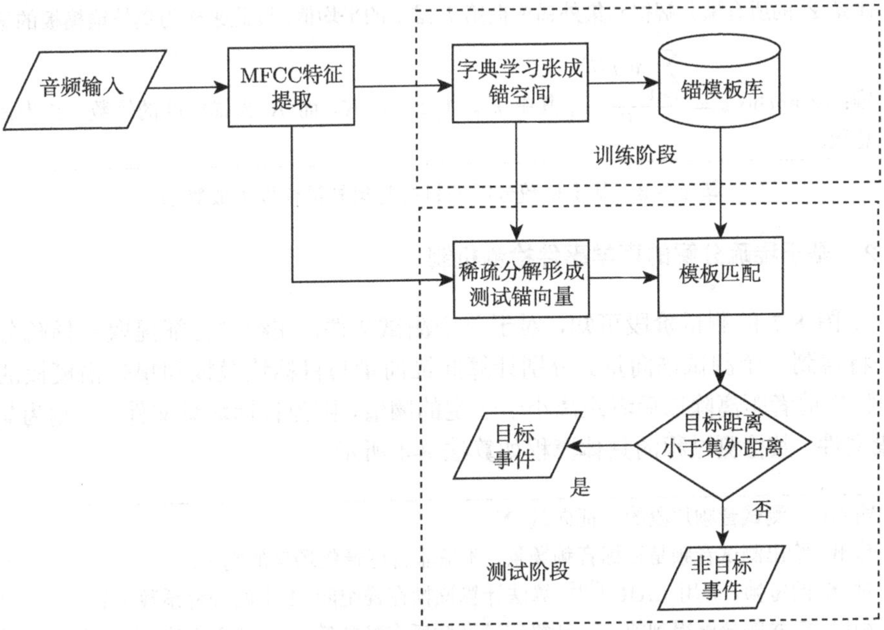

图 8-7 基于稀疏分解锚空间的声学事件检测结构图

8.5.1 基于稀疏分解锚空间的目标与集外锚模板的生成

首先用在线字典学习算法[204] 所得到的字典中的原子张成锚空间，然后通过稀疏分解将音频帧映射到锚空间中的一个点上。将全部目标场景训练文件各帧在锚空间中的样本均值作为目标锚模板，用此锚模板来表示目标场景。将全部集外场景训练文件各帧在锚空间中的样本均值作为集外锚模板，用此锚模板来表示集外场景。两种锚模板生成的详细流程如算法 8-3 所示。

(1) 输入：全部目标场景的特征向量 $\boldsymbol{X}$ 和全部集外场景的特征向量 $\boldsymbol{Y}$；
(2) 输出：目标锚模板和集外锚模板；
(3) $\boldsymbol{X}$ 作为输入，调用在线字典学习算法[204] 求得目标场景字典 d_1；
(4) $\boldsymbol{Y}$ 作为输入，调用在线字典学习算法[204] 求得集外场景字典 d_2；
(5) 由 d_1 和 d_2 组成锚空间 A；
(6) 对所有 $\boldsymbol{X}$ 的每帧，调用 LARS[204] 算法计算该帧在锚空间上的稀疏分解系数 U_1；
(7) 计算 $\boldsymbol{X}$ 的所有帧分解得到目标锚模板第 k 维上的平均值，以此来作为目标锚模板的第 k 维：$t\_\text{anchor}_k = \dfrac{\sum_{t=1}^{T} u_{1k}(t)}{T}$，其中 $k = 1, 2, \cdots, K$，而 K 为锚空间的维数，T 为帧的总数；
(8) 对所有 $\boldsymbol{Y}$ 的每帧，调用 LARS[204] 算法计算该帧在锚空间上的稀疏分解系数 U_2；
(9) 计算 $\boldsymbol{Y}$ 的所有帧分解得到集外锚模板第 k 维上的平均值，以此来作为集外锚模板的第 k 维：$nt\_\text{anchor}_k = \dfrac{\sum_{t=1}^{T} u_{2k}(t)}{T}$，其中 $k = 1, 2, \cdots, K$，而 K 为锚空间的维数，T 为帧的总数。

算法 8-3　基于稀疏分解的目标与集外锚模板生成算法

8.5.2　基于稀疏分解的声学事件检测机制

由图 8-7 的测试阶段可知，对于单个测试文件，在经过特征提取与稀疏分解后，将得到一个测试锚向量。分别计算此锚向量与目标锚模板和集外锚模板的距离。如果前者距离除以后者距离小于一定的阈值，则为目标场景文件，否则为集外场景文件。其检测过程的具体流程如算法 8-4 所示。

(1) 输入：一测试音频片段的特征向量 $\boldsymbol{X}$；
(2) 输出：给出测试音频是目标音频场景，还是非目标音频场景的判定；
(3) 对 $\boldsymbol{X}$ 的每帧，调用 LARS[204] 算法计算该帧在锚空间 A 上的分解系数 U；
(4) 利用 $\boldsymbol{X}$ 每帧分解得到的 U，计算测试音频所有帧的第 k 维的平均值，以此作为其锚向量的第 k 个分量：$\text{test}_k = \dfrac{\sum_{t=1}^{T} u_k(t)}{T}$，其中 $k = 1, 2, \cdots, K$，而 K 为锚空间的维数，T 为帧的总数；
(5) 计算 $d_1 = \text{sqrt}\left(\sum_{k=1}^{K} (\text{test}_k - t\_\text{anchor}_k)^2\right)$；

(6) 计算 $d_2 = \text{sqrt}\left(\sum_{k=1}^{K}(\text{test}_k - nt\_\text{anchor}_k)^2\right)$；

(7) 若 $\dfrac{d_1}{d_2} < \beta$，则判定为目标场景，否则判定为非目标场景。

算法 8-4 基于稀疏分解锚空间的声学事件检测算法

8.5.3 实验与讨论

实验所用的语料数据与本章前面工作中的数据相同。图 8-8 给出了使用稀疏分解锚空间声学事件检测方法的召回率结果，其中横坐标代表阈值，纵坐标代表召回率。相应的错误接收率实验结果如图 8-9 所示，其中横坐标代表阈值，纵坐标代表错误接收率。

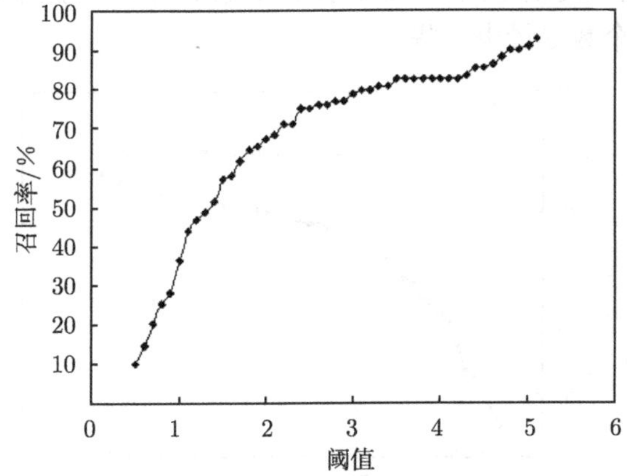

图 8-8 稀疏分解锚空间声学事件检测中阈值和召回率关系图

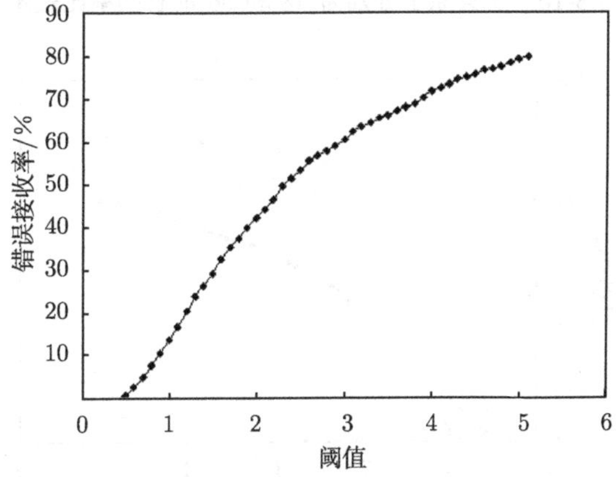

图 8-9 稀疏分解锚空间声学事件检测中阈值和错误接收率关系图

从图 8-8 和图 8-9 中可以看出，当阈值 β 为 0.5 时召回率最低为 10.38%，而 β 为 5.1 时召回率最高为 93.39%。β 为 0.5 时错误接收率最低为 0.96%，β 为 5.1 时错误接收率为 80%。当 β 为 1 时，错误接收率为 16.74%，此时的召回率为 44.34%。应用时可根据实际需求调整 β 参数的大小。

实验结果受字典原子个数的影响。当字典的列数由 48 增长到 96 时，其性能比较如图 8-10 和图 8-11 所示。其中实线条表示字典的列数为 48，虚线条表示字典的列数为 96。从中可以看出，随着字典原子的增加，召回率和错误接收率对阈值的变化更加敏感。如果实际应用对召回率有较高的要求，在阈值大于 1.3 时，由 96 个原子构成的锚空间，其召回率高于由 48 个原子构成的锚空间，即训练字典时，原子个数尽量多一些。如果实际应用对错误接收率有较低的限制，在阈值低于 1.3 时，由 96 个原子构成的锚空间，其错误接收率低于由 48 个原子构成的锚空间，即训练字典时，原子个数尽量少一些。

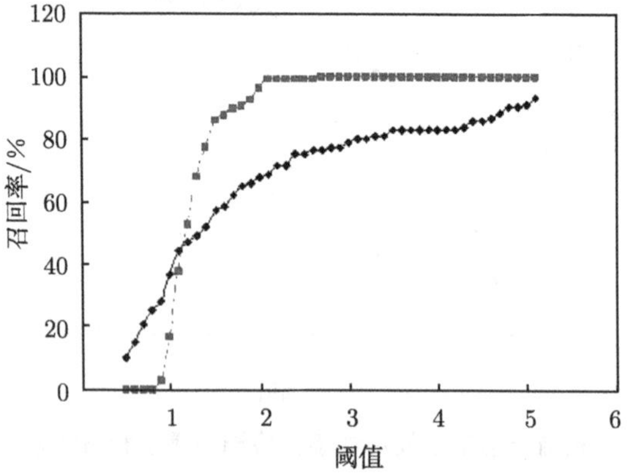

图 8-10　字典原子分别为 48 和 96 的召回率比较图

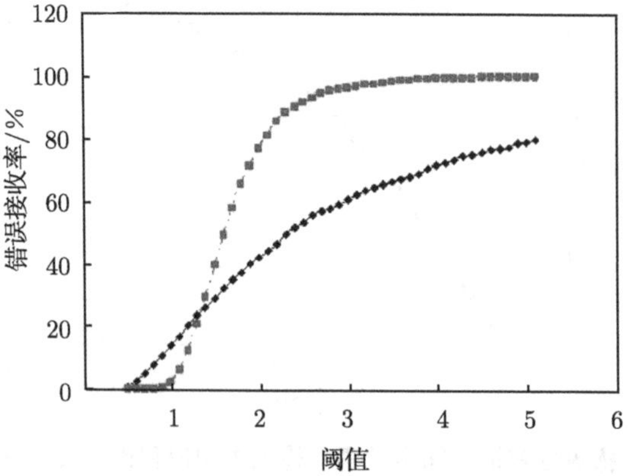

图 8-11　字典原子分别为 48 和 96 的错误接收率比较图

本章三种基于锚空间的声学事件检测方法的实验结果比较如表 8-3 所示。

表 8-3 三种锚空间方法性能比较

方法	召回率/%	错误接收率/%
状态变化统计量	85.67	9.57
高斯混合模型	61.32	14.53
稀疏分解	67.92	20.77

从表 8-3 中可以看出，状态变化统计量锚空间方法，无论在召回率还是在错误接收率上均要优于高斯混合模型锚空间方法和稀疏分解锚空间方法。这表明基于状态变化统计量所形成的锚模板要优于经过分解进行统计而得到的锚模板。高斯混合模型锚空间方法与稀疏分解锚空间方法相比，它们性能相近。这表明基于高斯混合模型所形成的锚模板与基于稀疏分解所形成的锚模板性能也相近。

8.6 本 章 小 结

本章首先介绍了心理物理学研究中的锚模型。在此基础上，将锚模型引入声学事件检测研究中。通过建立声音信号的特征向量与对应声学事件类别关系的锚模型，进而构建能反映声学事件语义空间的锚空间。研究中共尝试了三种锚空间的构建方法。在获得锚空间后，通过将音频段映射到这一语义空间，从而可以进行声学事件的检测与分类。

第 9 章　面向大数据环境下声学事件检测的凸优化理论

前面八章介绍了中等数据规模下，声学事件检测所涉及内容的各个方面，以及相关工作的最新研究进展。从本章开始本书进入第二部分：大数据环境下的声学事件检测。在具体阐述这些内容之前，先简要介绍一下目前大数据研究的相关情况。

9.1 引　　言

大数据研究是近年来学术界与工业界，甚至各国政府广泛关注的热点问题。从学术界看，英国《自然》(*Nature*) 杂志 2008 年推出了大数据专刊[205]，美国《科学》(*Science*) 杂志 2011 年也推出了关于大数据处理的专刊[206]。这些工作引领了大数据研究的热潮。目前国内外很多著名的高校和科研院所都纷纷参与到大数据的研究中。从工业界看，许多著名的企业和组织都将大数据作为其发展的主要业务，并提出了各自的大数据的解决方案。从政府层面看，2012 年 3 月美国政府提出大数据研究和发展倡议，并投入巨资支持此方面的研究与应用。2014 年欧盟委员会也号召成员国积极开展大数据研究。我国也从 2012 年起，在国家的若干科技计划中资助大数据方面的研究工作。

关于大数据的概念本身就比较抽象，仅从字面看是表示数据规模庞大，但仅在数量上庞大显然无法看出大数据这一概念与以往海量数据等概念的区别。目前有关大数据的定义还没有达成统一的共识，许多单位都给出了各自关于大数据的定义。这其中使用较为广泛的定义是国际数据中心在 2011 年的报告中的定义[207]："大数据技术描述了新一代的技术和构建体系，它通过高速捕获、发现和分析技术提取大量数据中的有价值信息。"这个定义刻画了大数据的特点为 4 个 V，即容量 (volume) 大、模态 (variety) 多、速度 (velocity) 快和价值 (value) 大。

正是大数据上述的四个特点，决定了其研究面临着传统数据处理过程中所未曾面对过的挑战[208]：① 大数据的数据集容量远远大于传统的数据，因此如何设计合理的算法来对这种巨量数据进行处理是一个极大的挑战。由于对大数据的复杂性和计算复杂性的内在联系缺乏深刻理解，加之缺少面向领域的大数据处理知识，制约了人们对大数据高效计算模型和方法的设计能力。② 传统的数据通常为结构化的数据，而大数据不仅有结构化的形式，也有文本、音视频等半结构化和无结构化的形式。大数据的模态多样及其内在复杂性，使得数据的感知、表达、理解和计算等多个环节面临着巨大的挑战。如何形式化或定量化地描述大数据复杂性的本质特征及其外在度量指标，进而研究数据复杂性的内在机理是一个根本问题。③ 面对增长迅速与规模巨大，以及结构复杂的大数据，为即时获取其中的信息，对实时处理也提出了迫切需求。④ 为从大数据中获取重要的价值，对其进行分析处理是重要的环节。然而大数据多源异构、规模巨大、快速多变等特性使得传统的机器学习、信息检索、数据挖掘等方法不能有效支持大数据的处理、分析和计算。特别地，大数据计算不能像小样本数据集那样依赖于对全局数据的统计分析和迭代计算，需要突破传统计算对数据的独立同分布和采样充分性的假设。

对大数据的处理方式，一般根据处理时间的需要可分为流式处理和批处理[209]。对于流式处理，数据是以流的方式到达，它是在这一连续数据到达的过程中对其进行处理，以获得其中重要的价值信息。对于批量处理，它先对数据进行存储，之后再对其分析。流式处理较适合于数据以流的方式产生，并且需要得到快速处理以获得大致结果的情况。批处理通常能够实现复杂的数据存储和管理。大数据的处理过程包括如下几个阶段[209]：① 数据获取阶段，其任务是以数字形式将信息聚合，以待存储和分析处理，具体又可分为数据采集、数据传输和数据预处理等过程；② 数据存储阶段，它将收集的信息以适当的格式存放以待分析和有价值信息提取；③ 数据分析阶段，这是最重要的阶段，其目标是提取数据中隐藏的信息，以提供有意义的建议以及进行辅助决策的制定。

在大数据处理过程的三个阶段中，针对声学事件检测的研究，更多关注的是第三个阶段，即数据分析的工作。

9.2 与声学事件检测相关的凸优化理论

随着互联网技术、计算机技术以及通信技术的迅猛发展，导致了以微信、微博等为代表的社交网络，以及 YouTube、优酷等为代表的视频分享网站的大量兴起。进而产生了大量的图像、视频和音频的数据，从而迎来了多媒体的大数据时代。据数据调研机构 AC 尼尔森 2009 年中国互联网流量统计报告显示，视频类网站平均每周的独立访问人数超过 1 亿，访问次数接近 5 亿；同时专家也预计，到 2020 年整个网络中的各种数据量会比现在增加 50 倍[210]。网络时代数据量的急剧增加，既可以给人们的生活带来诸多好处，也会给数据处理带来很大的困难。

面对如此海量的多媒体信息，应用计算机自动处理技术对其进行处理，将为多媒体内容的管理提供极大的帮助。音频作为多媒体信息的重要组成部分，由于其良好的语义区分能力，已经成为计算机理解音视频信息的最重要手段之一[211, 212]。因此，如何自动识别音频中包括声学事件在内的内容，进而挖掘音频信息的语义内容，成为大数据领域非常重要的研究课题之一。

正是在这样的背景下，很多研究者对大数据情况下的信号处理与模式分类方法进行了广泛的研究，2014 年《IEEE 信号处理》(*IEEE Signal Processing Magazine*) 杂志专门出版了一期专刊讨论该问题[213]。基于该专刊以及其他相关参考文献，可以了解大数据情况下声学事件检测可能涉及的问题以及若干研究方向，从而可从不同方面研究在大数据情况下的声学事件检测。

大数据情况下的声学事件检测将面临很多有别于传统数据情况下检测的新挑战，包括巨量的数据规模、实时的处理、离群值和缺失值等数据噪声的处理，以及云端存储等问题。而检测任务也面临着数据的降维、回归、分类、聚类、预测、清洗等方面的挑战。同时，最终的优化算法为了能在有限的时间内完成针对大数据的模型训练，需要能够进行并行化及去中心化处理；而为了应对大数据环境下的在线处理，则需要模型随着数据流或者时间的推移而变化，也就是需要有自适应的算法；此外，针对繁杂的数据以及应用环境，需要模型足够鲁棒；而由于对模型尺寸的要求，以及识别速度的需求，则需要模型满足一定的稀疏性。一般来说，对一个问题的介绍应从理论和应用两个角度来进行阐述，但是由于作者的研究兴趣以及本书的篇幅限制，本书第二部分将主要介绍大数据环境下声学事件检测中所涉及的凸优化理论问题。

在大数据环境下，针对声学事件检测的凸优化算法，其主要目的是减少计算复杂度、降低存储及通信成本。最近若干年，凸优化算法在这些方面取得了很大的进展。本章主要概述这些最新进展，包括一阶方法 (first-order methods) 在内的最新近似技术、具有可扩展性的随机计算技术以及并行与分布式计算技术等。这三种优化算法都是基于非常简单的原则，但是从理论上都能达到非常高的加速效果。

9.2.1 早期凸优化

在信号处理与模式识别领域的早期研究中即涉及了凸优化问题，例如，很多领域中都用到的最小二乘法就是一种典型的凸优化算法。由于近十年来结构稀疏化、秩最小化理论的崛起，以及诸如支持向量机等统计学习模型的成功应用，促使凸优化模型与算法得到了越来越多的重视。目前这些技术已成功应用到各种各样的信号处理与模式识别领域中，包括压缩传感、医疗成像、地球物理学和生物信息学等[214-217]。

凸优化问题之所以能够获得众多研究者的重视，并在多个领域中得以应用，其主要原因在于，所有的凸优化问题都存在计算全局最优解的有效算法，并且即使不对凸优化问题进行求解，也能够利用凸优化问题的几何性质得到未知最优解的各种性质[214, 215]。同时，统一的凸优化问题与算法框架也使得不同学科中的不同先验知识可以相互借鉴，如不同领域中的不同的采样和计算技术等[218]。

然而，由于日益庞大的海量或者巨量数据集，以及前所未有的高维度问题，如互联网、自然语言理解和音视频处理等领域的无数问题，不再是以兆字节或者千兆字节大小为单位的数据，而是太字节到艾字节量级的数据。尽管目前已经有各种先进的并行和分布式计算技术，但是很多经典的凸优化算法，如内点法都无法处理这种大规模数据的问题[215]。因此，凸优化算法针对目前的问题也面临着严峻的挑战。

对大数据环境下诸如声学事件检测等任务，其凸优化问题所涉及的数据和参数的尺寸规模已经大到没有办法在本地进行处理。同时，各种凸优化算法经常使用的基本线性代数运算，如乔列斯基分解、矩阵乘法、向量乘法等都没有办法进行。因此必须重新分析并设计凸优化算法，以使得新的凸优化算法可以满足大数据下的需求。此外，与中等规模数据下的问题形成鲜明对比的是，大数据模型必然采用简单的建模方法，因此一般不需要高精度的最优解[219]。

9.2.2 凸优化基础

一般通过如下的形式来描述大数据优化问题：

$$F^* \stackrel{\text{def}}{=} \min_{\boldsymbol{x}} \left\{ F(\boldsymbol{x}) \stackrel{\text{def}}{=} f(\boldsymbol{x}) + g(\boldsymbol{x}) : \boldsymbol{x} \in \mathbf{R}^p \right\} \tag{9-1}$$

其中，f 和 g 是凸函数。很多信号处理与模式识别领域中的问题都可以自然地归结到以上形式，例如，通过观测数据来预测未知参数。此外在最大后验估计中，通过正则化项 g 来控制参数的复杂度，而通过光滑函数 f 项来刻画数据和模型的拟合程度[214]。在关于 f 和 g 的特定假设下，下面简要介绍一下能够获得最优解的各种有效的凸优化数值方法。

一般来说，求解凸优化问题 (9-1) 的某个算法如果使用下面的三大原则，则该算法也能够用于大数据环境：

(1) 一阶方法：一阶方法通过使用目标优化函数的一阶信息，如梯度估计，来得到中低精度的数值解；同时，一阶方法还可以通过利用近端映射来处理重要的非光滑凸优化情况；而一阶方法的收敛速度一般与数据维度无关。此外，由于一阶方法仅仅依赖于梯度的计算，因此非常适合分布式并行计算。

(2) 随机化：随机化技术是指在一阶方法中通过使用容易计算的统计估计 (随机的变量或部分变量) 梯度替换确定性梯度以及近端算子计算，从而增强一阶算法的可扩展性，同时加快算法的收敛速度。

(3) 并行和分布式计算：一阶方法提供了一种灵活的框架来进行分布式的优化任务和并行执行计算；更重要的是，可以采用去中心化的异步算法来替代集中的并行同步算法，从而进一步增强并行和分布式方法的性能，同时增加可扩展性。

以上这三种技术相互取长补短，提高了凸优化算法针对大数据情况下的可扩展性优势。例如，由于随机一阶方法的每次迭代仅需要处理大数据整体中一个可以忽略不计的部分样本集，就能以很高的概率得到一个精度非常高的近似最优解，因此，该方法相对其确定性方法表现出显著的加速特性。此外，由于这些方法在计算一阶信息时一般多采用近似估计，因此可以通过使用大量的处理器来获得接近线性的收敛速度，而这是精确方法不能做到的。

下面将逐一介绍上述的三种技术。

9.2.3　一阶方法的动机

线性观测模型是在许多不同学科中频繁出现的模型，它也是大数据问题的主要表现形式之一。其描述如下：

$$\boldsymbol{y} = \boldsymbol{\Phi}\boldsymbol{x}_0 + \boldsymbol{z} \tag{9-2}$$

其中，$\boldsymbol{x}_0$ 是未知参数；$\boldsymbol{\Phi} \in \mathbf{R}^{n\times p}$ 是一已知矩阵；$\boldsymbol{z} \in \mathbf{R}^n$ 是未知的扰动或是噪声，通常使用一个零均值、σ^2 方差的高斯分布来模拟。一般来说，很多物理学的基本规律都可以直接描述成线性观测模型，如磁共振成像和地球物理学的问题等；此外，模型 (9-2) 也可以作为更复杂的具有非线性应用的近似模型，如其在推荐系统和相位检索中的应用等。

对线性模型 (9-2)，很多研究工作中假设 x_0 满足由一个低维信号模型生成的性质，如稀疏、低总变差或者低秩等。这些性质可以通过正则化项 g 来加入模型中。例如，最小二乘估计 (least squares，LS) 即是经典的凸优化问题，其形式如下：

$$\widehat{\boldsymbol{x}}_{\text{LS}} = \arg\min_{\boldsymbol{x}\in\mathbf{R}^p} \left\{ F(\boldsymbol{x}) := \frac{1}{2}\|\boldsymbol{y} - \boldsymbol{\Phi}\boldsymbol{x}\|_2^2 \right\} \tag{9-3}$$

该问题可以通过仅使用矩阵向量乘法的克雷洛夫 (Krylov) 子空间方法来有效地解决。模型 (9-3) 的一个重要的变体是 L_1- 正则化最小绝对收缩和选择算子 (least absolute shrinkage and selection operator，LASSO) 问题，它采用了如下的复合形式：

$$\widehat{\boldsymbol{x}}_{\text{LASSO}} = \arg\min_{\boldsymbol{x}\in\mathbf{R}^p} \left\{ F(\boldsymbol{x}) := \frac{1}{2}\|\boldsymbol{y} - \boldsymbol{\Phi}\boldsymbol{x}\|_2^2 + \lambda\|\boldsymbol{x}\|_1 \right\} \tag{9-4}$$

其中，λ 控制正则项的比重。与 LS 估计相比，LASSO 估计的优势在于能够生成稀疏的最优解 (即 $\widehat{\boldsymbol{x}}_{\text{LASSO}}$ 有大量零项)，但由于其正则项不光滑，因此求解最优数值解非常困难。

事实证明，在数据不足 (即 $n < p$) 的情况下，使用线性模型 (9-2) 来进行稀疏信号恢复时，L_1- 正则项非常关键。而在 $n \geqslant p$ 时，LASSO 仅起到对最优解的去噪效果。通过统计分析和凸分析可以证明，LASSO 估计式 (9-4) 在理论上优于 LS 估计式 (9-3)，而且这一结论可以进一步推广到很多低维信号模型以及相关的复合模型中。

对于 LASSO 问题，一阶方法在与维度无关的收敛速度，以及能够利用隐含的线性算子 (如离散余弦变换等) 方面要优于经典的内点法。相比之下，内点法需要更大的计算空间、由牛顿方向的搜索而引起的密集矩阵乘法，以及乔列斯基分解所导致的对问题维度的三次方的依赖问题。同时，由于 LASSO 问题具有特殊的结构，该结构已被证实可以用于提高一阶方法的收敛速度[214]，这使得其在精度方面甚至能够与内点法相媲美。

9.3 光滑与非光滑的凸优化一阶方法

从 LASSO 问题可以看出，非光滑正则化在保证最优解质量上发挥着不可或缺的作用，但是很多非光滑问题直到 2005 年左右都没有很好的办法来进行求解。通过使用更强大的近端梯度框架，将会使上述许多非光滑问题都能进行很高效的求解，并且与对应的光滑问题效率相当。为此，本节将介绍这种情况下的一阶方法，重点阐述具有全局收敛性保证的算法。

9.3.1 光滑目标

首先讨论问题 (9-1) 的一种特殊情况，其中所述目标 F 只包括可微凸函数 f。在这种情况下，基本的一阶方法是梯度下降技术。该技术仅使用局部梯度 $\nabla f(\boldsymbol{x})$ 迭代地执行以下更新：

$$\boldsymbol{x}^{k+1} = \boldsymbol{x}^k - \alpha_k \nabla f(\boldsymbol{x}^k) \tag{9-5}$$

其中，k 是迭代次数；α_k 是一个合适的步长，以确保迭代过程中逐步收敛。

对于光滑函数的最小化，可以使用其他一些更快的算法，如牛顿型方法。这里的“快”指的是该方法仅需要更少的迭代次数就可以达到同等的目标精度：$F(\boldsymbol{x}^k) - F^* \leqslant \varepsilon$。然而，由于这些方法需要更多关于函数 F 的相关结构信息 (如二阶信息等)，以及更多的计算资源，并且没有办法轻易推广到约束和非光滑的情况，因此在本书中不关注这些方法。

虽然梯度法需要更多的迭代次数，但是其每一次的迭代成本更低。例如，对 LS 估计式 (9-3)，每次迭代中，梯度计算占主导地位，并且梯度计算仅涉及矩阵和向量乘法。因此，可以利用其他更复杂的方法来进行多次梯度迭代，从而用更短的时间来达到同级别的精确度。

梯度法的另一个优势是通过对 f 进行简单的假设，就可以分析出其经过多少次迭代能得到一个具有精度 ε 的最优解。其中最常用的一个假设是 f 的梯度函数是利普希茨 (Lipschitz) 连续的，这意味着

$$\forall \boldsymbol{x}, \boldsymbol{y} \in \mathbf{R}^p, \quad \|\nabla f(\boldsymbol{x}) - \nabla f(\boldsymbol{y})\|_2 \leqslant L\|\boldsymbol{x} - \boldsymbol{y}\|_2$$

其中，L 是常数。当 f 是二次可微时，梯度是利普希茨连续的一个充分条件是，Hessian 矩阵 $\nabla^2 f(\boldsymbol{x})$ 的所有特征值以 L 为上界。因此，可以得到 LS 估计式 (9-3) 的利普希茨常数为 $L = \|\boldsymbol{\Phi}\|_2^2$。

如果简单地设定步长 $\alpha_k = 1/L$，或者选择某一特定值使得 f 减少得最多，那么梯度方法对于任何具有利普希茨连续梯度的凸函数 f 满足

$$f(\boldsymbol{x}^k) - f^* \leqslant \frac{2L}{k+4} d_0^2 \tag{9-6}$$

其中，$d_0 = \|\boldsymbol{x}^0 - \boldsymbol{x}^*\|_2$ 是初始值 $\boldsymbol{x}^0$ 到最优解 $\boldsymbol{x}^*$ 的距离。因此，在最差的情况下梯度方法需要 $\mathcal{O}(1/\varepsilon)$ 次迭代就能得到 ε 精度的一个最优解。

虽然以上结果从理论上保证了梯度方法的收敛性，但是这种收敛速度并没有达到已知的针对所有具有利普希茨连续梯度函数收敛复杂性的下界：

$$f(\boldsymbol{x}^k) - f^* \geqslant \frac{3Ld_0^2}{32(k+1)^2}$$

也就是说，在最差的情况下，任何仅基于函数值和梯度估计的迭代方法不可能在 $k(k < p)$ 次迭代中得到比 $\Omega(1/k^2)$ 更好的精度。这里的 $\Omega(f(k))$ 表示当 k 足够大时，存在常数 c，使得 $\Omega(f(k)) \leqslant cf(k)$ 成立。涅斯捷罗夫提出了一个对此进行略加修改的方法[220]。这种方法通过选择简单的常数步长 $\alpha_k = 1/L$，并使用一个步长为 $\beta_k = \dfrac{k}{k+3}$ 的加权步骤，从而实现了以上最优的收敛结果。具体过程见算法 9-1。

(1) 输入：$v^0 = \boldsymbol{x}^0, \epsilon$, k 为迭代次数, $\alpha_k = 1/L$, $\beta_k = \dfrac{k}{k+3}$；
(2) 输出：$\boldsymbol{x}^k$；
(3) $k = 0$；
(4) while $\|\boldsymbol{x}^{k+1} - \boldsymbol{x}^k\| > \epsilon$ do
(5) 　$\boldsymbol{x}^{k+1} = \boldsymbol{v}^k - \alpha_k \nabla f(\boldsymbol{v}^k)$；
(6) 　$\boldsymbol{v}^{k+1} = \boldsymbol{x}^{k+1} + \beta_k(\boldsymbol{x}^{k+1} - \boldsymbol{x}^k)$；
(7) 　$k = k + 1$；
(8) end

算法 9-1　涅斯捷罗夫的无约束极小化加速梯度法[220]

算法 9-1 中的加速梯度方法实现了最差目标函数情况下的最优收敛速度，因此，它通常被称为最优一阶方法。

鉴于很多函数有着特殊的结构，如果能够有效地利用这些结构，则数值算法就能得到更好的性能。其中一种称为强凸结构的特殊结构特别值得注意。具有强凸结构的目标函数具有很好的性质，如最小值唯一，并且优化效率能进一步提高。如果

函数满足对于某个正数 μ，$\boldsymbol{x} \mapsto f(\boldsymbol{x}) - \frac{\mu}{2}\|\boldsymbol{x}\|_2^2$ 是凸函数，则称 $f(\boldsymbol{x})$ 为强凸函数。在强凸函数的定义中，并没有要求函数光滑，也就是说，即使是不光滑的函数也可以是强凸函数，如 $f(\boldsymbol{x}) = \|\boldsymbol{x}\|_1 + \mu/2\|\boldsymbol{x}\|_2^2$。

事实上，可以通过简单地添加一个平方 L_2 正则项，就能使得任何凸问题转化为强凸问题。例如，当在问题式 (9-3) 中假设 $n < p$，则经典吉洪诺夫正则化的结果是得到一参数为 $\mu = \lambda$ 的强凸函数：

$$\widehat{\boldsymbol{x}}_{\text{ridge}} = \arg\min_{\boldsymbol{x} \in \mathbf{R}^p} \left\{ F(\boldsymbol{x}) := \frac{1}{2}\|\boldsymbol{y} - \boldsymbol{\Phi}\boldsymbol{x}\|_2^2 + \frac{\lambda}{2}\|\boldsymbol{x}\|_2^2 \right\}$$

上述问题的解称为脊估计，在统计学中经常用到[214]。当 f 二次可微时，强凸性的充分条件是对所有 $\boldsymbol{x}$，Hessian 矩阵 $\nabla^2 f(\boldsymbol{x})$ 的所有特征值的下界为 μ。对于 LS 估计式 (9-3)，强凸只需要 $\boldsymbol{\Phi}$ 的所有列不相关即可。

对于具有利普希茨梯度的强凸问题，如脊估计，当选择步长 $\alpha_k = 1/L$ 时，梯度方法以几何速度收敛到唯一的最优解：

$$\left\|\boldsymbol{x}^k - \boldsymbol{x}^*\right\|_2 \leqslant \left(1 - \frac{\mu}{L}\right)^k \left\|\boldsymbol{x}^0 - \boldsymbol{x}^*\right\|_2 \tag{9-7}$$

当使用 $\alpha_k = 2/(\mu + L)$ 代替时[220]，收敛速度略微提高。除了明显收敛速度差外，式 (9-6) 和式 (9-7) 之间还有以下的微妙差异：利普希茨假设如式 (9-6)，并不一定意味着 $\boldsymbol{x}^k$ 收敛，而对于强凸函数，可以发现 $f(\boldsymbol{x}^k)$ 和 $\boldsymbol{x}^k$ 都能够保证收敛到最优解。

事实证明，在强凸条件下，如果选择合适的 β_k，那么加速梯度法也可以提高收敛速度。例如，如果设置 $\beta_k = (L-\mu)/(L+\mu)$，则加速梯度法能获得一个接近最优的收敛速度[220]。

表 9-1 总结了本节讨论的不同假设、不同方法在达到精确度 ϵ 时的迭代次数情况。值得注意的是，有许多实用的改进还可以进一步提高收敛速度，如 α_k 步长的选择规则和参数 β_k 的自适应等[221]。这些小技巧仅增加了一个很小的计算成本，并且不依赖于利普希茨常数 L 或强凸参数 μ。虽然这样的工作不能从理论上或者根本上提高最差情况下的收敛速度，但是在实际应用中往往能够提高算法的收敛速度。同样，这些工作也可以提高相对应的近端方法的收敛速度。有关近端算法的相关情况将在接下来的内容中进行讨论。

表 9-1 一阶优化算法为了达到 ε- 精度解的总迭代次数

算法	凸条件	强凸条件
(近端) 梯度方法	$\mathcal{O}(Ld_0^2/\varepsilon)$	$\mathcal{O}\left(\frac{L}{\mu}\ln(d_0^2/\varepsilon)\right)$
加速 (近端) 梯度方法	$\mathcal{O}(\sqrt{Ld_0^2/\varepsilon})$	$\mathcal{O}\left(\sqrt{\frac{L}{\mu}}\ln(d_0^2/\varepsilon)\right)$

注：L 和 μ 分别表示利普希茨常数和强凸参数，并且 $d_0 = \|\boldsymbol{x}^0 - \boldsymbol{x}^*\|_2$。

最后，通过使用涅斯捷罗夫的平滑技术[220]，上述所描述的快速梯度算法也适用于非光滑最小化的问题。此外，最近在很多领域，如泊松影像、图学习 (graph learning)、量子断层等问题中，出现的函数多是光滑的自我谐和函数，而这些函数就不需要假设目标函数是利普希茨连续性的，可以根据这类函数自身的性质设计更高效的梯度算法[222]。

9.3.2　复合优化目标函数

现在考虑经典的复合优化问题 (9-1)：目标函数 F 是由凸函数 f 和非平滑凸函数 g 如式 (9-4) 相加组成。

在一般情况下，不可微的函数 g 会降低一阶方法的效率。通用的非光滑优化方法，例如，次梯度和束方法需要 $\mathcal{O}(1/\varepsilon^2)$ 次迭代才能够达到精度 ε。虽然强凸的结构能够有助于将这一比率提高到 $\mathcal{O}(1/\varepsilon)$，但仍然比光滑情况下的一阶方法要慢。

然而，复合优化的目标与通用的非光滑凸优化问题还是有很大的区别。例如，近端梯度方法就考虑了复合优化目标函数的结构，从而能够得到与光滑函数下的梯度方法一样的收敛速度。如果将梯度法的迭代公式 (9-5) 看成如下的子优化问题 (原优化目标函数 f 的局部二次逼近) 的解：

$$\boldsymbol{x}^{k+1} = \arg\min_{\boldsymbol{y}\in\mathbf{R}^p} \left\{ f(\boldsymbol{x}^k) + \nabla f(\boldsymbol{x}^k)^{\mathrm{T}}(\boldsymbol{y}-\boldsymbol{x}^k) + \frac{1}{2\alpha_k}\left\|\boldsymbol{y}-\boldsymbol{x}^k\right\|^2 \right\} \tag{9-8}$$

则很明显近端梯度算法可以看成光滑函数的梯度算法的自然推广。需要注意的是，当 $\alpha_k \leqslant 1/L$ 时，以上近似函数是目标函数 f 的二次上界。近端梯度方法使用相同的 f 近似，区别仅在于简单地加上了非光滑项 g:

$$\boldsymbol{x}^{k+1} = \arg\min_{\boldsymbol{y}\in\mathbf{R}^p} \left\{ f(\boldsymbol{x}^k) + \nabla f(\boldsymbol{x}^k)^{\mathrm{T}}(\boldsymbol{y}-\boldsymbol{x}^k) + \frac{1}{2\alpha_k}\left\|\boldsymbol{y}-\boldsymbol{x}^k\right\|^2 + g(\boldsymbol{y}) \right\} \tag{9-9}$$

对于 $\alpha_k \leqslant 1/L$ 时，该函数显然是相对于问题 (9-1) 中 F 的一个上限。

求解最优化问题 (9-9) 的近端梯度方法的更新规则如下：

$$\boldsymbol{x}^{k+1} = \mathrm{prox}_{\alpha_k g}(\boldsymbol{x}^k - \alpha_k \nabla f(\boldsymbol{x}^k))$$

其中，所述的近端映射或近端算子通过下面的公式定义：

$$\mathrm{prox}_g(\boldsymbol{y}) \overset{\mathrm{def}}{=} \arg\min_{\boldsymbol{x}} \left\{ g(\boldsymbol{x}) + \frac{1}{2}\|\boldsymbol{x}-\boldsymbol{y}\|_2^2 \right\} \tag{9-10}$$

该方法可以以相类似的方式推广得到加速近端梯度方法，其过程如算法 9-2 所示。

(1) 输入：$v^0 = \boldsymbol{x}^0, \epsilon$、$k$ 为迭代次数，$\alpha_k \leqslant 1/L$, $\beta_k = \dfrac{k}{k+3}$；
(2) 输出：$\boldsymbol{x}^k$；
(3) $k = 0$;
(4) while $\|\boldsymbol{x}^{k+1} - \boldsymbol{x}^k\| > \epsilon$ do
(5) $\quad \boldsymbol{x}^{k+1} = \mathrm{prox}_{\alpha_k g}\left(\boldsymbol{v}^k - \alpha_k \nabla f(\boldsymbol{v}^k)\right)$;
(6) $\quad \boldsymbol{v}^{k+1} = \boldsymbol{x}^{k+1} + \beta_k(\boldsymbol{x}^{k+1} - \boldsymbol{x}^k)$;
(7) $\quad k = k + 1$;
(8) end

算法 9-2 求解问题 (9-1) 的加速近端梯度方法[220, 223]

如果考虑近端梯度算法的一个特例——凸集合 $\mathcal{C}$ 的指标函数：

$$g(\boldsymbol{x}) = \begin{cases} 0, & \boldsymbol{x} \in \mathcal{C} \\ \infty, & \boldsymbol{x} \notin \mathcal{C} \end{cases}$$

此时近端梯度方法就变成了约束优化下的经典投影梯度法。如果使用近端邻近映射方法，则光滑情况与非光滑情况下的对应梯度方法收敛速度是一样的[224]，也就是说近端邻近映射方法使得光滑情况下的梯度方法，可以经过一个简单的变换就能得到非光滑情况下的近端梯度方法，并且收敛速度不变。

近端算子提供了一个灵活的计算框架，可以将信号的先验知识包含进来。例如，经常可以将一个信号 $\boldsymbol{x}_0$ 表示为某些原子集合 $\mathcal{A} \subseteq \mathbf{R}^p$ 中原子 $\boldsymbol{a} \in \mathcal{A}$ 的线性组合 $\boldsymbol{x}_0 = \sum\limits_{a \in \mathcal{A}} c_a \boldsymbol{a}$，其中 c_a 是加权组合系数，而原子集合的例子包括结构化稀疏向量、符号向量以及低秩矩阵等。

为更好地利用凸优化集合 $\mathcal{A}$ 的结构，可以使用如下的正则函数：$g_{\mathcal{A}}(\boldsymbol{x}) \overset{\text{def}}{=} \inf\left\{\rho > 0 \mid \boldsymbol{x} \in \rho \cdot \overline{\mathrm{conv}}(\mathcal{A})\right\}$，其中 $\overline{\mathrm{conv}}(\mathcal{A})$ 是集合 $\mathcal{A}$ 的凸包。对应函数的相应的近端算子有如下形式：

$$\mathrm{prox}_{\gamma g_{\mathcal{A}}}(\boldsymbol{u}) = \boldsymbol{u} - \arg\min_{\boldsymbol{v} \in \mathbf{R}^d} \left\{\|\boldsymbol{u} - \boldsymbol{v}\|_2^2 : \langle \boldsymbol{a}, \boldsymbol{v} \rangle \leqslant \gamma, \forall \boldsymbol{a} \in \mathcal{A}\right\} \tag{9-11}$$

其中，涉及二次规划问题，但在许多情况下可以显式地计算出来[218]。

总体来看，只要近端算子的计算快速有效，则近端梯度算法也快速有效。例如，对 LASSO 问题，此时 $g(\boldsymbol{x}) = \lambda\|\boldsymbol{x}\|_1$，该近端运算符是著名的软阈值运算符。与直觉相反，具有无穷原子的集合可以得到高效近端映射，例如，秩 1 矩阵的无限数量集合与单位 Frobenius 范数，其近端映射由奇异值阈值给出。

9.3.3 近端目标

到目前为止所介绍的一阶方法，对于许多问题没有办法解决。例如，与问题

式 (9-1) 形式非常相似的下列问题：

$$\min_{\boldsymbol{x},\boldsymbol{z}\in\mathbf{R}^p}\left\{F(\boldsymbol{x},\boldsymbol{z})\overset{\text{def}}{=}h(\boldsymbol{x})+g(\boldsymbol{z}):\boldsymbol{\Phi z}=\boldsymbol{x}\right\} \tag{9-12}$$

其中，h 和 g 的相应近端映射都容易求解。

这样一个简单的变化推广了问题 (9-1) 的建模范围和计算能力。首先，问题 (9-12) 可以处理许多应用中经常出现的不平滑和非利普希茨目标函数的问题[222, 225]，如鲁棒主成分分析、图学习和泊松成像等；其次，可以使用一个简单的称为交替方向乘子法 (ADMM) 的算法来求解。该算法用到了增广拉格朗日和双分解技术[217, 226]，具体过程如算法 9-3 所示。

(1) 输入：$\boldsymbol{v}^0=\boldsymbol{x}^0, \epsilon>0, \gamma>0, z^0=u^0=0$, k 为迭代次数；
(2) 输出：$\boldsymbol{x}^k$；
(3) $k=0$；
(4) while $\|\boldsymbol{x}^{k+1}-\boldsymbol{x}^k\|>\epsilon$ do
(5) $\quad \boldsymbol{x}^{k+1}=\text{argmin}_{\boldsymbol{x}}\ \gamma h(\boldsymbol{x})+\frac{1}{2}\|\boldsymbol{x}-\boldsymbol{\Phi z}^k+\boldsymbol{u}^k\|_2^2=\text{prox}_{\gamma h}(\boldsymbol{\Phi z}^k-\boldsymbol{u}^k)$；
$\quad \boldsymbol{z}^{k+1}=\text{argmin}_{\boldsymbol{z}}\ \gamma g(\boldsymbol{z})+\frac{1}{2}\|\boldsymbol{x}^{k+1}-\boldsymbol{\Phi z}+\boldsymbol{u}^k\|_2^2\ \boldsymbol{u}^{k+1}=\boldsymbol{u}^k+\boldsymbol{x}^{k+1}-\boldsymbol{\Phi z}^{k+1}$；
(6) $\quad k=k+1$；
(7) end

算法 9-3　求解 (9-12) 的 ADMM 算法

算法 9-3 非常适合使用分布式优化[226]。ADMM 需要一个惩罚参数 γ 作为输入，生成迭代序列，最终收敛到最优目标值。对于 ADMM 算法的更多细节，包括收敛性、增强算法、参数选择以及停止准则等内容，感兴趣的读者可以参考文献 [226]。

对于 ADMM 算法，需要强调两点：首先必须保证 $\boldsymbol{\Phi}^{\mathrm{T}}\boldsymbol{\Phi}$ 可以高效对角化，从而可以通过数值运算完成算法 9-3 中的核心步骤；其次，将 ADMM 算法简单推广到三变量或者三变量以上的情况时，将不再能保证一定收敛。

9.4　随机化技术

从理论上看，一阶方法可以很好地解决超大规模的问题。然而在实际应用中，由于问题中数据规模的增长，迭代中的精确数值计算最终导致很多简单的方法不可行。然而事实证明，即使在一阶方法中使用梯度和近端算子的近似，还是能够得到较好的解[224]。本节将介绍随机化技术，它与一阶方法结合就可以解决大数据问题。

这里通过一个例子来介绍该方法的主要思路。假设 F 是光滑的和强凸的函数 (其他情况类似)。实际上许多著名的大数据问题确实满足这一假设。例如，谷歌的

PageRank 问题，它主要通过其关联矩阵 $\boldsymbol{M} \in \mathbf{R}^{p\times p}$ 来计算图中某一节点的重要性，其中 p 是数百亿的数量级。假定更重要节点具有更多的连接，事实上该问题的目的就是找到随机矩阵 $\boldsymbol{\Phi} = \boldsymbol{M}\mathrm{diag}(\boldsymbol{M}^{\mathrm{T}}\mathbf{1}_p)^{-1}$ 的最大奇异向量，其中 $\mathbf{1}_p \in \mathbf{R}^p$ 为全 1 的向量。

PageRank 算法通过使用幂方法简单地解决了这一基本的线性代数问题。该算法通过将原问题转化为求解满足 $\boldsymbol{\Phi x}^* = \boldsymbol{x}^*$ 和 $\mathbf{1}_p^{\mathrm{T}}\boldsymbol{x}^* = 1$ 的 $\boldsymbol{x}^* \geqslant 0$ 来实现。可以通过放松惩罚参数 $\gamma > 0$ 的约束，使用最小二乘问题充分逼近这个目标：

$$\min_{\boldsymbol{x}\in\mathbf{R}^p} \left\{F(\boldsymbol{x}) \stackrel{\text{def}}{=} \frac{1}{2}\|\boldsymbol{x} - \boldsymbol{\Phi x}\|_2^2 + \frac{\gamma}{2}\left(\mathbf{1}_p^{\mathrm{T}}\boldsymbol{x} - 1\right)^2\right\} \tag{9-13}$$

在以上求解 PageRank 问题的方法中，每次迭代都需要计算总梯度，从而涉及一次矩阵向量的运算。其实也可以选择一个坐标，仅修改对应的坐标变量来改善目标函数。这种方法就是坐标下降法，在优化问题中该算法有着悠久的历史[227]。很多传统方法，如用于求解线性方程组 Gauss-Seidel 的消元法就是该方法的特例。坐标下降法的具体过程见算法 9-4。

(1) 输入：$\boldsymbol{x}^0, \epsilon > 0$, k 为迭代次数, $\alpha > 0$;
(2) 输出：$\boldsymbol{x}^k$;
(3) $k = 0$;
(4) while $\|\boldsymbol{x}^{k+1} - \boldsymbol{x}^k\| > \epsilon$ do
(5) 根据某种规则 (随机的，或者循环的，或者其他规则) 选择某一坐标 $i_k \in \{1, 2, \cdots, p\}$,
$\boldsymbol{x}^{k+1} = \boldsymbol{x}^k - \alpha\nabla_{i_k}F(\boldsymbol{x}^k)e_{i_k}$;
(6) $k = k + 1$;
(7) end

算法 9-4 在 $\mathbf{R}^p$ 求解最小化 F 的坐标下降法

在坐标下降算法中，最关键的设计考虑是在每次迭代中如何选择下降的坐标。最简单的方法是使用贪婪算法，每次挑选具有最大方向导数 $\nabla_i F$ 的坐标。在这种坐标选择方法下，设 $\alpha = 1/L_{\max}$，可以得到收敛速度满足

$$F(\boldsymbol{x}^k) - F(\boldsymbol{x}^*) \leqslant \left(1 - \frac{\mu}{pL_{\max}}\right)^k (F(\boldsymbol{x}^0) - F(\boldsymbol{x}^*)) \tag{9-14}$$

其中，$L_{\max} \stackrel{\text{def}}{=} \max_i L_i$ 是所有利普希茨常数 $\nabla_i F(\boldsymbol{x})$ 中的最大值[228]。

上面的坐标选择方法需要计算所有的坐标梯度方向，因此与原来梯度方法的计算量等价。但是由于 $L_i \leqslant L \leqslant pL_i$，因此该方法的收敛速度却没有之前的高；另一种建议是按自然顺序循环选择所有坐标，这是代价最小的坐标选择策略，但它会导致非常缓慢的收敛速度。

然而，坐标选择的随机化却可以解决以上两个问题。可以从集合 $\{1,2,\cdots,p\}$ 之中随机地选择坐标 i。这种选择方法可以达到与式 (9-14) 相同的收敛速度[228]。如果根据利普希茨常数 L_i 来进行坐标选择，则可以将收敛速度提高到

$$F(\boldsymbol{x}^k)-F(\boldsymbol{x}^*)\leqslant\left(1-\frac{\mu}{pL_{\text{mean}}}\right)^k(F(\boldsymbol{x}^0)-F(\boldsymbol{x}^*)) \tag{9-15}$$

其中，L_{mean} 是所有利普希茨常数 L_i 的平均值。因此，这种非均匀分布的随机抽样方法只通过添加一个重要性采样成本 $\mathcal{O}(\ln(p))$，就可以改善算法的速度[228]。感兴趣的读者可以参考文献 [228] 中使用这些方法求解 PageRank 问题式 (9-13) 的算例。

9.5　并行和分布式计算

基于摩尔定律，芯片密度是在呈指数性增长，这意味着计算能力和存储容量都在不断增加，因此在 2005 年以前，即使不对凸优化算法进行改进，其性能也会随着硬件性能的不断增加而提高。然而，随着芯片设计中硅密度的增加，带来了前所未有的功耗问题。同时，晶体管的性能也逐渐趋于稳定，因此，为了能以合理的电力成本来处理大数据中大量的计算和存储问题，迫切需要在并行和分布式计算方面取得突破。

虽然一阶方法似乎非常适合使用并行和分布式方法来实现性能的提升，但是当采用分布式或者异构的硬件设备时，必须解决如下两个问题：

(1) 通信问题：计算机和本地内存之间通信链路的不稳定或故障会导致数据的丢失，从而导致一阶方法精度的降低。

(2) 同步问题：为了保证分布式算法的准确性，一阶算法需要在不同机器之间协调计算的顺序，从而导致速度的降低，因此亟需研究异步的一阶算法。

由于篇幅限制，本书不对凸优化算法的并行与分布式计算的更多细节进行深入的介绍，有兴趣的读者可参阅文献 [229]。

9.6　本 章 小 结

在大数据环境下，需要重新设计并改进凸优化算法，从而提供高效的计算方法。本章仅作为本书第二部分的概述或引子，下面第 10～13 章将详细讨论凸优化算法应用到大数据处理问题中的相关内容。

第 10 章　面向大数据处理的支持向量机模型的加速算法

在第 2 章中，已经介绍了支持向量机的基本原理以及经典的训练方法：SMO 算法。然而在处理大数据问题时，一般还是采用线性支持向量机[230] 和梯度下降训练算法[231]。这种方法不仅计算资源消耗较少，而且有着强大的理论支撑，当条件满足时能够保证收敛。因此，梯度下降算法已经成为解决大规模有监督的机器学习优化问题 (如 SVM) 的常用方法。本章着重介绍提高支持向量机训练速度的方法，并对这些方法进行理论分析。有关随机梯度下降法的其他相关理论将在第 11 章详细讨论。

近年来，在机器学习领域中出现了两种加速 SVM 训练的方法：随机对偶坐标上升法 (stochastic dual coordinate ascent，SDCA)[232] 和加速近端随机对偶坐标上升法 (accelerated proximal stochastic dual coordinate ascent)[233]。这两种方法无论在理论上，还是在实际应用中都取得了非常好的结果，因此本章将对它们进行详细的介绍。

10.1　随机对偶坐标上升法

本节着重介绍随机对偶坐标上升方法，并对其收敛性进行分析[232]。虽然对偶坐标上升方法已经应用于各领域，但是对于随机的对偶坐标上升方法，却一直都缺乏很好的收敛性分析。文献 [232] 中方法的出现改变了这一状况。该项工作从一个新的视角对随机对偶坐标上升方法进行了分析。其研究表明，随机对偶坐标上升方法具有强大的理论支撑，可以与随机梯度下降法相媲美，甚至优于后者。

10.1.1　问题描述及相关工作

本节主要考虑如下的带有正则损失的线性预测最小化问题：

$$P(\boldsymbol{w}) = \left[\frac{1}{n}\sum_{i=1}^{n}\phi_i(\boldsymbol{w}^{\mathrm{T}}\boldsymbol{x}_i) + \frac{\lambda}{2}\|\boldsymbol{w}\|^2\right] \tag{10-1}$$

其中，$\boldsymbol{x}_1,\cdots,\boldsymbol{x}_n$ 是 $\mathbf{R}^d$ 中的向量；$\phi_1,\cdots,\phi_n$ 是凸函数序列；$\lambda > 0$ 是正则化参数。

很多实际应用中的问题都是以上问题的特例，例如，若在集合 $\{\pm1\}$ 中给定标记 $y_1,\cdots,y_n$，$\phi_i(a)=\max\{0,1-y_ia\}$，则可以得到广泛应用的 SVM 问题 (带线性内核且无偏差项)；若 $\phi_i(a)=\ln(1+\exp(-y_ia))$，则可以得到正则化的逻辑回归。不仅是逻辑回归，而且基本上所有的回归问题都可以归类为以上的形式。若令 $\phi_i(a)=(a-y_i)^2$，则得到岭回归问题；若令 $\phi_i(a)=|a-y_i|$，则可以得到绝对值正则化的回归；若令 $\phi_i(a)=\max\{0,|a-y_i|-\nu\}$，则可以得到支持向量回归 (对于一些预先定义的不敏感参数 $\nu>0$) 等。

令 $\boldsymbol{w}^*$ 是问题 (10-1) 的最优解。如果 $P(\boldsymbol{w})-P(\boldsymbol{w}^*)\leqslant\epsilon_P$，则称解 $\boldsymbol{w}$ 是 ϵ_P 次优的。一般来说，都是以找到一个 ϵ_P 次优解所需要的时间来作为收敛速度快慢的度量。

求解 SVM 问题的一种简单方法就是随机梯度下降 (SGD) 法[234-236]。随机梯度下降法能够在时间复杂度 $\tilde{O}(1/(\lambda\epsilon_P))$ 内找到一个 ϵ_P 次优解。可以看出，它的运行时间不依赖于 n，因此，当 n 非常大时，例如，在大数据情况下，对问题的求解非常有利。然而，随机梯度下降方法也有如下两个明显的不足：① 它没有清晰的迭代停止时刻；② 虽然随机梯度下降方法能够非常快速地达到中等准确率，但是当为了获得更精确的解时，则需要花费大量的时间。

相对于随机梯度下降法，一个对其进行替代的方法是将问题式 (10-1) 转换为它的对偶问题，然后使用对偶坐标上升 (dual coordinate ascent，DCA) 法来加以解决。在这种思路下，对每一个 i，令 $\phi_i^*:\mathbf{R}\to\mathbf{R}$ 是 ϕ_i 函数的凸共轭，即 $\phi_i^*(u)=\max\limits_z(zu-\phi_i(z))$。对偶问题为

$$\max_{\alpha\in\mathbf{R}^n} D(\alpha)$$

其中

$$D(\alpha)=\left[\frac{1}{n}\sum_{i=1}^{n}-\phi_i^*(-\alpha_i)-\frac{\lambda}{2}\left\|\frac{1}{\lambda n}\sum_{i=1}^{n}\alpha_i\boldsymbol{x}_i\right\|^2\right] \tag{10-2}$$

式 (10-2) 中的每一个对偶变量和训练集中每一个样例一一对应。在对偶坐标上升方法的每一次迭代中，对偶目标的优化仅对单个对偶变量进行，其余的对偶变量保持不变。

若定义

$$\boldsymbol{w}(\alpha)=\frac{1}{\lambda n}\sum_{i=1}^{n}\alpha_i\boldsymbol{x}_i \tag{10-3}$$

由对偶问题的性质可知 $\boldsymbol{w}(\alpha^*)=\boldsymbol{w}^*$ 和 $P(\boldsymbol{w}^*)=D(\alpha^*)$，其中 α^* 是式 (10-2) 的一个最优解。因此对所有的 $\boldsymbol{w}$ 和 α，有 $P(\boldsymbol{w}^*)=D(\alpha^*)$，于是 $P(\boldsymbol{w}(\alpha))-D(\alpha)$ 可以看成初始次优 $P(\boldsymbol{w}(\alpha))-P(\boldsymbol{w}^*)$ 的上界，称其为对偶间隙 (duality gap)。

对偶坐标上升法与分解方法[141, 237] 有很大的关联。尽管很多大规模的 SVM 实验已经表明分解方法不如 SGD 方法[219, 236]，但也有研究表明，在一些系统中对偶坐标上升法的随机版本 SDCA 的性能已经超过了 SGD 方法[231]。

尽管如此，但对 SDCA 方法在理论上的证明还很少。有研究者基于坐标上升方法[227] 证明了采用 DCA(未必是随机的) 方法能以线性收敛率来求解 SVM 问题[238]。线性收敛意味着经过 k 次数据处理之后其收敛率能够达到 $(1-\nu)^k$，其中 $\nu > 0$ 为一线性收敛参数。这一线性收敛结果表明，对非特定的迭代次数，DCA 方法能比 SGD 方法更快地收敛到最优解。然而，这种分析存在着两个问题。首先，坐标上升方法[227] 没有明确地指定 ν，它只是证明 ν 与 $\boldsymbol{X}^{\mathrm{T}}\boldsymbol{X}$ 最小的非零特征值成比例，其中 $\boldsymbol{X}$ 是 $n \times d$ 矩阵，它的第 i 行是第 i 个数据点 $\boldsymbol{x}_i$。如果当两个数据点 $\boldsymbol{x}_i \neq \boldsymbol{x}_j$ 变得越来越接近时，则 $\nu \to 0$。也就是说线性收敛参数 ν 可能非常接近于零，从而导致收敛速度变得很慢。而在 SGD 法中不会发生这种数据依赖问题。其次，这种分析仅解决了对偶目标的优化，而真正的目标是针对原始目标的优化。对给定的一个对偶解 $\alpha \in \mathbf{R}^n$ ，其对应的原始解是 $\boldsymbol{w}(\alpha)$(式 (10-3))。即使 α 是 ϵ_D 次优的，但对于一些小的 ϵ_D，其原始解 $\boldsymbol{w}(\alpha)$ 也可能离最优解很远。对于 SVM，为了得到一个原始的 ϵ_P 次优解，需要对偶的一个 $\epsilon_D = O(\lambda\epsilon_P^2)$ 次优解[239]。因此，对偶问题的收敛结果仅仅能转化为收敛率更差的一个原始收敛结果。

针对上面的第一个问题，有研究者使用随机坐标上升方法来加以解决，如幂梯度对偶坐标上升算法[240]。此外，还有光滑凸函数的最小化坐标下降法的随机版本[225, 241]。也有研究者将上述这些结果用于对偶的 SVM 问题[231]，但其收敛率只为 $O(n/\epsilon_D)$。此外，这些分析在对偶目标函数上的依赖性不能满足逻辑回归的对偶公式，因此，这些分析都不能应用在逻辑回归问题中。同时，这些边界也都只针对对偶优化问题，而不是其所对应的原始优化问题。

文献 [232] 通过在 SDCA 的对偶间隙上得到新的上界，对该方法的收敛性进行了分析。下面来介绍这一工作。

10.1.2 基于对偶间隙边界的 SDCA 收敛性分析

在文献 [232] 的分析中，对 SDCA 的每一回合，任意随机选择一个对偶坐标进行优化。下面介绍这种对随机对偶坐标上升法进行分析的思路。

令 $\phi'(a)$ 表示凸函数 $\phi(\cdot)$ 的次梯度，$\partial\phi(a)$ 表示它的次微分。

定义 10.1 一个函数 $\phi_i : \mathbf{R} \to \mathbf{R}$ 是 L-利普希茨的，如果对所有的 $a, b \in \mathbf{R}$，有

$$|\phi_i(a) - \phi_i(b)| \leqslant L\,|a-b|$$

一个函数 $\phi_i : \mathbf{R} \to \mathbf{R}$ 如果它是可微的，且它的导数是 $(1/\gamma)$- 利普希茨的，则

称其为 $(1/\gamma)$- 光滑的。等价条件是对于所有的 $a, b \in \mathbf{R}$，有

$$\phi_i(a) \leqslant \phi_i(b) + \phi_i'(b)(a-b) + \frac{1}{2\gamma}(a-b)^2$$

其中，ϕ_i' 是 ϕ_i 的导数。

如果已知 $\phi_i(a)$ 是 $(1/\gamma)$- 光滑的，则 $\phi_i^*(u)$ 是 γ 强凸的。也就是说对所有的 $u, v \in \mathbf{R}$ 及 $s \in [0,1]$：

$$-\phi_i^*[su + (1-s)v] \geqslant -s\phi_i^*(u) - (1-s)\phi_i^*(v) + \frac{\gamma s(1-s)}{2}(u-v)^2$$

本节所分析的随机对偶坐标上升法的算法描述见算法 10-1。其中参数 T 表示迭代次数，而参数 T_0 可以是 1 到 T 之间的一个数。

(1) 初始化: $\boldsymbol{w}^{(0)} = \boldsymbol{w}(\alpha^{(0)})$;
(2) 对于 $t = 1, 2, \cdots, T$ 进行如下步骤迭代:
(3) 随机取 i ;
(4) 查找 $\Delta\alpha_i$ 使得 $-\phi_i^*(-(\alpha_i^{(t-1)} + \Delta\alpha_i)) - \dfrac{\lambda n}{2}\|\boldsymbol{w}^{(t-1)} + (\lambda n)^{-1}\Delta\alpha_i \boldsymbol{x}_i\|^2$ 最大化;
(5) $\alpha^{(t)} \leftarrow \alpha^{(t-1)} + \Delta\alpha_i e_i$;
(6) $\boldsymbol{w}^{(t)} \leftarrow \boldsymbol{w}^{(t-1)} + (\lambda n)^{-1}\Delta\alpha_i \boldsymbol{x}_i$;
(7) 输出 (使用均值选项时):
(8) 令 $\bar{\alpha} = \dfrac{1}{T - T_0} \displaystyle\sum_{i=T_0+1}^{T} \alpha^{(t-1)}$;
(9) 令 $\bar{\boldsymbol{w}} = \boldsymbol{w}(\bar{\alpha}) = \dfrac{1}{T - T_0} \displaystyle\sum_{i=T_0+1}^{T} \boldsymbol{w}^{(t-1)}$;
(10) 返回 $\bar{\boldsymbol{w}}$;
(11) 输出 (使用随机选项时):
(12) 对于任意选取 $t \in T_0 + 1, \cdots, T$，令 $\bar{\alpha} = \alpha^{(t)}$ 和 $\bar{\boldsymbol{w}} = \boldsymbol{w}^{(t)}$;
(13) 返回 $\bar{\boldsymbol{w}}$。

算法 10-1 随机对偶坐标上升法[232]

下面基于损失函数的不同假设来分析 SDCA 算法。为了简化描述，进行如下的假设:

(1) 对所有的 i，$\|\boldsymbol{x}_i\| \leqslant 1$;

(2) 对所有的 i 和 a，$\phi_i(a) \geqslant 0$;

(3) 对所有的 i，$\phi_i(0) \leqslant 1$。

定理 10.1 在算法 10-1 中，假设 $\alpha^{(0)} = 0$，且对于所有的 i，ϕ_i 是 L-利普希茨的。为了获得 $\mathbb{E}[P(\bar{\boldsymbol{w}}) - D(\bar{\alpha})] \leqslant \epsilon_P$ 的对偶间隙，算法 10-1 所需要的迭代总次

数至少为

$$T \geqslant T_0 + n + \frac{4L^2}{\lambda\epsilon_P} \geqslant \max(0, \lceil n\ln(0.5\lambda nL^{-2})\rceil) + n + \frac{20L^2}{\lambda\epsilon_P}$$

此外，当 $t \geqslant T_0$ 时，有 $\mathbb{E}[D(\alpha^*) - D(\alpha^{(t)})] \leqslant \epsilon_P/2$ 的对偶优化上界。

有关定理 10.1 的证明请参见文献 [232]。

如果在算法 10-1 中选择使用均值输出，则可以简单地取 $T = 2T_0$。此外，可以看出，定理 10.1 对于均值输出选项与从 $\{T_0+1,\cdots,T\}$ 中随机选择的输出都成立。这意味着可以只在几个随机点上计算对偶间隙就能以很高的概率来确定是否达到迭代停止条件，因此随机选择输出方法要优于平均输出方法，因为它更易于检查收敛条件。

当上面的定理应用于铰链损失函数 $\phi_i(u) = \max\{0, 1 - y_i a\}$ 时，在定理 10.1 第一个不等式中的常数 4 可以用 1 来代替。因此，可以得到更紧的下界：

$$T \geqslant T_0 + n + \frac{L^2}{\lambda\epsilon_P} \geqslant \max(0, \lceil n\ln(0.5\lambda nL^{-2})\rceil) + n + \frac{5L^2}{\lambda\epsilon_P}$$

定理 10.2 在算法 10-1 中，假设 $\alpha^{(0)} = 0$，且对所有的 i，ϕ_i 是 $(1/\gamma)$- 光滑的。为了获得 $\mathbb{E}[P(\bar{\boldsymbol{w}}^{(\mathrm{T})}) - D(\alpha^{(\mathrm{T})})] \leqslant \epsilon_P$ 的一个期望的对偶间隙，算法 10-1 所需要的迭代总次数至少为

$$T \geqslant \left(n + \frac{1}{\lambda\gamma}\right)\ln\left(\left(n + \frac{1}{\lambda\gamma}\right)\cdot\frac{1}{\epsilon_P}\right)$$

此外，为了得到 $\mathbb{E}[P(\bar{\boldsymbol{w}}) - D(\bar{\alpha})] \leqslant \epsilon_P$，则算法 10-1 所需要的迭代总次数至少为 $T > T_0$，其中

$$T_0 \geqslant \left(n + \frac{1}{\lambda\gamma}\right)\ln\left(\left(n + \frac{1}{\lambda\gamma}\right)\cdot\frac{1}{(T - T_0)\epsilon_P}\right)$$

有关定理 10.2 的证明请参见文献 [232]。

如果在定理 10.2 选择 $T = 2T_0$，并假定 $T_0 \geqslant n + 1/(\lambda\gamma)$，则定理 10.2 的第二部分隐含了下面的要求：

$$T_0 \geqslant \left(n + \frac{1}{\lambda\gamma}\right)\ln\left(\frac{1}{\epsilon_P}\right)$$

当 ϵ_P 相对较大时，它微弱于定理 10.2 的第一部分迭代次数。

对 SGD 算法，其计算复杂度为$\tilde{O}\left(\frac{1}{\lambda\epsilon}\right)$，如果 $n \gg \frac{1}{\lambda\epsilon}$，则它会比 SDCA 好。然而，在这种情况下，SGD 实际上仅观测$n' = \tilde{O}\left(\frac{1}{\lambda\epsilon}\right)$ 个样例，因此，也可以在这 n'

个样例上运行 SDCA，并能获得基本相同的收敛率。对于光滑函数，如果$\epsilon \ll \dfrac{1}{\lambda n}$，则 SGD 会比 SDCA 差。

从收敛分析的角度看，在前几轮的迭代中 SDCA 的性能可能不如 SGD，其原因在于 SGD 使用了较大的步长。因此，可以自然地想到将 SDCA 与 SGD 相结合，在前几轮迭代中使用修正的 SGD 算法 10-2。

针对修正的 SGD 算法，对偶目标收敛性有下面的定理 10.3。

定理 10.3 假设对所有的 i，ϕ_i 是 L-利普希茨的。同时，对所有的 $i=1,2,\cdots,n$，$(\phi_i,\boldsymbol{x}_i)$ 为取自同一分布中的独立同分布采样。执行修正 SGD 算法后，有

$$\mathbb{E}[D(\alpha^*)-D(\alpha)] \leqslant \frac{2\,L^2\ln(en)}{\lambda n}$$

其中，期望是相对于 $\{(\phi_i,\boldsymbol{x}_i): i=1,2,\cdots,n\}$ 随机采样的期望。

有关定理 10.3 的证明请参见文献 [232]。

(1) 初始化: $\boldsymbol{w}^{(0)}=0$;
(2) 对于 $t=1,2,\cdots,n$ 进行如下步骤迭代:
(3) 查找 α_t, 使得 $-\phi_t^*(-\alpha_t)-\dfrac{\lambda t}{2}\Vert\boldsymbol{w}^{(t-1)}+(\lambda t)^{-1}\alpha_t\boldsymbol{x}_t\Vert^2$ 最大化;
(4) 令 $\boldsymbol{w}^{(t)}=\dfrac{1}{\lambda t}\sum_{i=1}^{t}\alpha_i\boldsymbol{x}_i$;
(5) 返回 λt 。

算法 10-2 修正的随机梯度下降法[232]

当 λ 相对较大时，定理 10.3 所反映的修正 SGD 的收敛性要好于 SDCA 的收敛性。其原因在于，在每个 t 步时前者计算 $D_t(\alpha)$ 要比后者计算 $D(\alpha)$ 采用了较大的步长。但定理 10.3 假设 $(\phi_i,\boldsymbol{x}_i)$ 随机取自同一分布，而对 SDCA 的收敛性，它没有这种随机性假设的要求。

使用 SGD 初始化的 SDCA 步骤如下:

(1) 调用修正的 SGD 算法获得 α;

(2) 使用 $\alpha^{(0)}=\alpha$ 调用 SDCA 算法。

定理 10.4 假设对所有的 i，ϕ_i 是 L-利普希茨的。同时，对所有的 $i=1,2,\cdots,n$，$(\phi_i,\boldsymbol{x}_i)$ 为取自同一分布中的独立同分布采样。对使用 SGD 初始化的 SDCA，要获得上面第 2 步 $\mathbb{E}[P(\bar{\boldsymbol{w}})-D(\bar{\alpha})] \leqslant \epsilon_P$ 的对偶间隙，SDCA 迭代的总次数至少为

$$T \geqslant T_0+n+\frac{4\,L^2}{\lambda\epsilon_P} \geqslant \lceil n\ln(\ln(en))\rceil+n+\frac{20\,L^2}{\lambda\epsilon_P}$$

此外，当 $t \geqslant T_0$ 时，可以得到 $\mathbb{E}[D(\alpha^*)-D(\alpha^{(t)})] \leqslant \epsilon_P/2$ 的对偶子优化边界。

有关定理 10.4 的证明请参见文献 [232]。

对利普希茨损失函数，希望在理想情况下的计算复杂度为 $O(n + L^2/(\lambda\epsilon_P))$。定理 10.4 表明，使用 SGD 初始化的 SDCA，其计算复杂度不差于 $O(n\ln(\ln n) + L^2/(\lambda\epsilon_P))$，它已经很接近于理想情况。这一结果要优于定理 10.1 中普通的 SDCA 在 λ 相对较大时的情况，其复杂度为 $O(n\ln(n) + L^2/(\lambda\epsilon_P))$。普通 SDCA 采用较小的步长是产生两者间差异的原因。

对非光滑的损失函数，实际上它们中的很多函数几乎在各处都是近似光滑的。例如，铰链损失函数 $\max(0, 1 - uy_i)$ 在任意 u 点都是光滑的，因此 uy_i 不接近于 1。基于此，文献 [232] 也给出了几乎各处光滑的损失函数的复杂度分析。

对上面的分析进行总结，可以看出：为了获得一个 ϵ 的对偶间隙：

(1) 对于 L-利普希茨损失函数，复杂度为 $\tilde{O}(n + L^2/(\lambda\epsilon))$；

(2) 对于 $(1/\gamma)$- 光滑的损失函数，复杂度为 $\tilde{O}((n + 1/(\lambda\gamma))\ln(1/\epsilon))$；

(3) 对于几乎各处光滑的损失函数，可以得到优于 L-利普希茨损失函数相对应的复杂度。

综上，文献 [232] 得到了 SDCA 对偶间隙新的边界。这些边界优于以往的分析结果，并且这种分析仅对于随机的对偶坐标上升法成立。同时，该项工作也表明，随机化在实际应用中很重要。事实上 (非随机的) 循环对偶坐标上升在实际中的收敛行为可能比 SDCA 理论上的边界更慢，因此，循环的 DCA 方法不如 SDCA 方法。

文献 [232] 也对一些公共损失函数上使用 SDCA 法的情况进行了分析，并通过实验对其加以验证。

对于 SVM 中使用的铰链损失函数是 1-利普希茨的，因此，其收敛率不差于

$$O(n + 1/(\lambda\epsilon))$$

对于平方与对数损失函数，它们是 1-光滑的，而光滑的铰链损失函数是 $(1/\gamma)$-光滑的。因此，其收敛率不差于

$$O\left(\left(n + \frac{1}{\gamma\lambda}\right)\ln\frac{1}{\epsilon}\right)$$

近年来，也出现了另一个相关的方法，即随机平均梯度 (stochastic average gradient，SAG) 方法[242]。在光滑损失的情况中，假定 $n \geqslant \dfrac{8}{\lambda\gamma}$，它的收敛率为 $\tilde{O}(n\ln(1/\epsilon))$。

表 10-1 和表 10-2 比较了相关的多种算法的收敛情况。可以看出：对于带有利普希茨损失的 SDCA，它的实际收敛率更快。

表 10-1 对利普希茨损失函数相关算法的性能比较

算法	收敛类型	速率
SGD	原始	$\tilde{O}\left(\frac{1}{\lambda\epsilon}\right)$
在线 EG[240] (对于 SVM)	对偶	$\tilde{O}\left(\frac{n}{\epsilon}\right)$
随机的 Frank-Wolfe[243]	原始-对偶	$\tilde{O}\left(n+\frac{1}{\lambda\epsilon}\right)$
SDCA[232]	原始-对偶	$\tilde{O}\left(n+\frac{1}{\lambda\epsilon}\right)$ 或者更快

表 10-2 对光滑损失相关算法的性能比较

算法	收敛类型	速率
SGD	原始	$\tilde{O}\left(\frac{1}{\lambda\epsilon}\right)$
在线 EG[240] (对于逻辑回归)	对偶	$\tilde{O}\left(\left(n+\frac{1}{\lambda}\right)\ln\frac{1}{\epsilon}\right)$
SAG[242] $\left(假设\ n \geqslant \frac{8}{\lambda\gamma}\right)$	原始	$\tilde{O}\left(\left(n+\frac{1}{\lambda}\right)\ln\frac{1}{\epsilon}\right)$
SDCA[232]	原始-对偶	$\tilde{O}\left(\left(n+\frac{1}{\lambda}\right)\ln\frac{1}{\epsilon}\right)$

10.2 加速近端随机对偶坐标上升法

本节着重介绍加速近端随机对偶坐标上升法，并对其收敛性进行分析[233]。前面 10.1 节介绍了随机对偶坐标上升法，但是这种方法无法应用于带有非光滑正则项的优化问题。文献 [233] 中方法的出现改变了这一状况。该项工作提出了随机对偶坐标上升法的近端版本，并给出了如何用内-外迭代步骤来加速此方法的策略。该方法可以用于多种重要的机器学习优化问题中，包括 SVM、逻辑回归、岭回归、LASSO 和多类 SVM 等。

10.2.1 问题描述及相关工作

本节考虑的问题和 10.1 节的问题类似，只是稍有区别。这里主要考虑如下带有正则损失的线性预测最小化问题:

$$\min_{w\in\mathbf{R}^d} P(\boldsymbol{w})$$

其中

$$P(\boldsymbol{w}) = \left[\frac{1}{n}\sum_{i=1}^{n}\phi_i(\boldsymbol{X}_i^{\mathrm{T}}\boldsymbol{w}) + \lambda g(\boldsymbol{w})\right] \tag{10-4}$$

其中，$\boldsymbol{X}_1, \cdots, \boldsymbol{X}_n$ 是 $\mathbf{R}^{d\times k}$ 中的矩阵 (称为训练样本)；$\phi_1, \cdots, \phi_n$ 是 $\mathbf{R}^k$ 中定义的向量凸函数 (称为损失函数) 的一个序列；$\lambda \geqslant 0$ 为正则参数。

很多实际应用中的问题都是以上问题的特例，例如，在岭回归中，以列向量为例，正则化项是 $g(\boldsymbol{w}) = \dfrac{1}{2}\|\boldsymbol{w}\|_2^2$，且对每一个 i，第 i 个损失函数是 $\phi_i(a) = \dfrac{1}{2}(a-y_i)^2$，其中 y_i 是一个标量。

令 $\boldsymbol{w}^*$ 为问题的最优解，如果 $P(\boldsymbol{w}) - P(\boldsymbol{w}^*) \leqslant \epsilon$，则称近似解具有 ϵ 精确度。

文献 [240] 中已经采用随机对偶坐标上升法来求解光滑的优化问题，但其没有考虑更一般的带有非光滑正则项的优化问题。文献 [244] 提出的随机坐标下降法可以用于求解问题 (10-4) 的对偶问题，但它无法应用于求解原始问题 (10-4) 的最优解。

文献 [243] 基于 Frank-Wolfe 算法，提出了针对结构化 SVM 的随机坐标上升法，这种算法与本节介绍的近端对偶上升算法复杂度相当，但本节介绍的近端对偶上升法可以通过加速来实现更低的复杂度。

文献 [245]~[247] 尝试对随机优化算法进行加速，但即使在 ϕ_i 是光滑的且 g 是 λ 强凸的情况时，所有这些方法的复杂度也是 $1/\epsilon$ 的多项式函数，而本节介绍的方法仅是 $1/\epsilon$ 的对数函数。

因此本节介绍的方法[233] 不仅能应用于更一般的非光滑问题，而且其收敛速度在目前的算法中也能达到最快。

10.2.2 基于对偶间隙边界的 Prox-SDCA 收敛性分析

本节将介绍近端随机对偶坐标上升法 (proximal stochastic dual coordinate ascent，Prox-SDCA)，并分析该方法的收敛性。在对 Prox-SDCA 收敛性分析的叙述中，将用到一些概念和记号，下面首先对它们进行简要的介绍。

给定一个范数 $\|\cdot\|_P$，用 $\|\cdot\|_D$ 表示对偶范数 D，其中

$$\|\boldsymbol{y}\|_D = \sup_{\boldsymbol{x}:\|\boldsymbol{x}\|_P=1} \boldsymbol{y}^{\mathrm{T}}\boldsymbol{x}$$

用 $\|\cdot\|$ 或者 $\|\cdot\|_2$ 表示 L_2 范数，$\|\boldsymbol{x}\| = \boldsymbol{x}^{\mathrm{T}}\boldsymbol{x}$，$\|\boldsymbol{x}\|_1 = \sum_i |\boldsymbol{x}_i|$ 和 $\|\boldsymbol{x}\|_\infty = \max_i |\boldsymbol{x}_i|$。关于范数 $\|\cdot\|_P, \|\cdot\|_{P'}$ 的矩阵 X 的算子范数定义为

$$\|\boldsymbol{X}\|_{P\to P'} = \sup_{u:\|u\|_P=1} \|\boldsymbol{X}\boldsymbol{u}\|_{P'}$$

容易由 10.1 节得知，f 关于 $\|\cdot\|_P$ 是 γ- 强凸的，当且仅当 f^* 关于对偶范数 $\|\cdot\|_D$ 是 $(1/\gamma)$- 光滑的。

问题 (10-4) 的对偶问题为

$$\max_{\boldsymbol{\alpha}\in\mathbf{R}^{k\times n}} D(\boldsymbol{\alpha})$$

其中

$$D(\boldsymbol{\alpha}) = \left[\frac{1}{n}\sum_{i=1}^{n} -\phi_i^*(-\boldsymbol{\alpha}_i) - \lambda g^*\left(\frac{1}{\lambda n}\sum_{i=1}^{n}\boldsymbol{X}_i\boldsymbol{\alpha}_i\right)\right] \tag{10-5}$$

其中，$\boldsymbol{\alpha}_i$ 是矩阵 $\boldsymbol{\alpha}$ 的第 i 列，它是 $\mathbf{R}^k$ 中的一个向量。

假设 g 是强凸的，则 $g^*(\cdot)$ 是连续可微的。如果定义

$$\boldsymbol{v}(\boldsymbol{\alpha}) = \frac{1}{\lambda n}\sum_{i=1}^{n}\boldsymbol{X}_i\boldsymbol{\alpha}_i \quad 且 \quad \boldsymbol{w}(\boldsymbol{\alpha}) = \nabla g^*(\boldsymbol{v}(\boldsymbol{\alpha})) \tag{10-6}$$

则易得 $\boldsymbol{w}(\boldsymbol{\alpha}^*) = \boldsymbol{w}^*$，其中 $\boldsymbol{\alpha}^*$ 是式 (10-5) 的一个最优解。容易得到 $P(\boldsymbol{w}^*) = D(\boldsymbol{\alpha}^*)$，对于所有的 $\boldsymbol{w}$ 和 $\boldsymbol{\alpha}$，有 $P(\boldsymbol{w}) \geqslant D(\boldsymbol{\alpha})$，定义对偶间隙为

$$P(\boldsymbol{w}(\boldsymbol{\alpha})) - D(\boldsymbol{\alpha})$$

可以看出，对偶间隙可以作为初始次优 $P(\boldsymbol{w}(\boldsymbol{\alpha}))-P(\boldsymbol{w}^*)$ 和对偶次优 $D(\boldsymbol{\alpha}^*)-D(\boldsymbol{\alpha})$ 的上界。

下面来介绍文献 [233] 中解决问题 (10-4) 的 Prox-SDCA 方法。其过程总结在算法 10-3 中。

假设 g 关于范数 $\|\cdot\|_{P'}$ 为 1-强凸函数。对应的对偶范数分别表示为 $\|\cdot\|_{D'}$ 和 $\|\cdot\|_{D}$。式 (10-5) 中的对偶目标有一个与训练集中的每一个训练样本相关联的对偶向量。在对偶坐标上升的每一次迭代中，Prox-SDCA 方法允许改变 $\boldsymbol{\alpha}$ 的第 i 列，其余的对偶向量保持不变。Prox-SDCA 方法仅关注对偶坐标上升的随机版本，在每一回合中，Prox-SDCA 随机选择对偶向量进行更新。

在算法 10-3 的第 t 步迭代中，令 $\boldsymbol{v}^{(t-1)} = (\lambda n)^{-1}\sum_i \boldsymbol{X}_i\boldsymbol{\alpha}_i^{(t-1)}$ 且 $\boldsymbol{w}^{(t-1)} = \nabla g^*(\boldsymbol{v}^{(t-1)})$。在第 i 次更新对偶变量时，是以能够使得对偶目标充分增加的方式进行：$\boldsymbol{\alpha}_i^{(t)} = \boldsymbol{\alpha}_i^{(t-1)} + \Delta\boldsymbol{\alpha}_i$。对于原始问题，这将导致更新 $\boldsymbol{v}^{(t)} = \boldsymbol{v}^{(t-1)} + (\lambda n)^{-1}\boldsymbol{X}_i\Delta\boldsymbol{\alpha}_i$，因此 $\boldsymbol{w}^{(t)} = \nabla g^*(\boldsymbol{v}^{(t)})$，也可以写成

$$\boldsymbol{w}^{(t)} = \arg\max_{\boldsymbol{w}}\left[\boldsymbol{w}^{\mathrm{T}}\boldsymbol{v}^{(t)} - g(\boldsymbol{w})\right] = \arg\min_{\boldsymbol{w}}\left[-\boldsymbol{w}^{\mathrm{T}}\left(n^{-1}\sum_{i=1}^{n}\boldsymbol{X}_i\boldsymbol{\alpha}_i^{(t)}\right) + \lambda g(\boldsymbol{w})\right]$$

对偶上升法的目标是尽可能地增加对偶目标，因此选择 $\Delta\alpha_i$ 的最佳方式是最大化对偶目标，应当令

$$\Delta\boldsymbol{\alpha}_i = \arg\max_{\Delta\boldsymbol{\alpha}_i\in\mathbf{R}^k}\left[-\frac{1}{n}\phi_i^*(-(\boldsymbol{\alpha}_i + \Delta\boldsymbol{\alpha}_i)) - \lambda g^*(\boldsymbol{v}^{(t-1)} + (\lambda n)^{-1}\boldsymbol{X}_i\Delta\boldsymbol{\alpha}_i)\right]$$

(1) 目标: 最小化 $P(\boldsymbol{w})=\frac{1}{n}\sum_{i=1}^{n}\phi_i(\boldsymbol{X}_i^{\mathrm{T}}\boldsymbol{w})+\lambda g(\boldsymbol{w})$;

(2) 输入: 目标 P, 精度 ϵ, 初始对偶解 $\boldsymbol{\alpha}^{(0)}$ (默认: $\boldsymbol{\alpha}^{(0)}=0$);

(3) 假设: $\forall i$, ϕ_i 针对 $\|\cdot\|_P$ 范数是 $(1/\gamma)$-光滑的，且设 $\|\cdot\|_D$ 是 $\|\cdot\|_P$ 的对偶形式，g 针对 $\|\cdot\|_{P'}$ 范数是 1-强凸的，且设 $\|\cdot\|_{D'}$ 是 $\|\cdot\|_{P'}$ 对偶形式，$\forall i$, $\|\boldsymbol{X}_i\|_{D\to D'}\leqslant R$;

(4) 初始化: $\boldsymbol{v}^{(0)}=\frac{1}{\lambda n}\sum_{i=1}^{n}\boldsymbol{X}_i\boldsymbol{\alpha}_i^{(0)}$, $\boldsymbol{w}^{(0)}=\nabla g^*(0)$;

(5) 迭代:对 $t=1,2,\cdots$;

(6) 随机选择 i , 使用下面不同的方法计算 $\Delta\boldsymbol{\alpha}_i$;

(7) 选项 I : $\Delta\boldsymbol{\alpha}_i=\arg\max\limits_{\Delta\boldsymbol{\alpha}_i}\left[-\phi_i^*(-(\boldsymbol{\alpha}_i^{(t-1)}+\Delta\boldsymbol{\alpha}_i))-\boldsymbol{w}^{(t-1)\mathrm{T}}\boldsymbol{X}_i\Delta\boldsymbol{\alpha}_i-\frac{1}{2\lambda n}\|\boldsymbol{X}_i\Delta\boldsymbol{\alpha}_i\|_{D'}^2\right]$;

(8) 选项 II :

(9) 设 $\boldsymbol{u}=-\nabla\phi_i(\boldsymbol{X}_i^{\mathrm{T}}\boldsymbol{w}^{(t-1)})$, $\boldsymbol{q}=\boldsymbol{u}-\boldsymbol{\alpha}_i^{(t-1)}$;

(10) 设 $s=\arg\max\limits_{s\in[0,1]}\left[-\phi_i^*(-(\boldsymbol{\alpha}_i^{(t-1)}+s\boldsymbol{q}))-s\,\boldsymbol{w}^{(t-1)\mathrm{T}}\boldsymbol{X}_i\boldsymbol{q}-\frac{s^2}{2\lambda n}\|\boldsymbol{X}_i\boldsymbol{q}\|_{D'}^2\right]$;

(11) 设 $\Delta\boldsymbol{\alpha}_i=s\boldsymbol{q}$;

(12) 选项III: 和选项 II 类似，但是

$$s=\min\left(1,\frac{\phi_i(\boldsymbol{X}_i^{\mathrm{T}}\boldsymbol{w}^{(t-1)})+\phi_i^*(-\boldsymbol{\alpha}_i^{(t-1)})+\boldsymbol{w}^{(t-1)\mathrm{T}}\boldsymbol{X}_i\boldsymbol{\alpha}_i^{(t-1)}+\frac{\gamma}{2}\|\boldsymbol{q}\|_D^2}{\|\boldsymbol{q}\|_D^2\left(\gamma+\frac{1}{\lambda n}\|\boldsymbol{X}_i\|_{D\to D'}^2\right)}\right);$$

(13) 选项IV: 和选项III类似，但是 $s=\|\boldsymbol{X}_i\|_{D\to D'}^2$;

(14) 选项 V : 和选项 II 类似，仅仅 s 定义不同，这里 $s=\frac{\lambda n\gamma}{R^2+\lambda n\gamma}$;

(15) $\boldsymbol{\alpha}_i^{(t)}\leftarrow\boldsymbol{\alpha}_i^{(t-1)}+\Delta\boldsymbol{\alpha}_i$, 对于 $j\neq i$, 有 $\boldsymbol{\alpha}_j^{(t)}\leftarrow\boldsymbol{\alpha}_j^{(t-1)}$;

(16) $\boldsymbol{v}^{(t)}\leftarrow\boldsymbol{v}^{(t-1)}+(\lambda n)^{-1}\boldsymbol{X}_i\Delta\boldsymbol{\alpha}_i$;

(17) $\boldsymbol{w}^{(t)}\leftarrow\nabla g^*(\boldsymbol{v}^{(t)})$;

(18) 停止条件:

(19) 设 $T_0<t$ (默认: $T_0=t-n-\left\lceil\frac{R^2}{\lambda\gamma}\right\rceil$);

(20) 均值选项:

(21) 设 $\bar{\boldsymbol{\alpha}}=\frac{1}{t-T_0}\sum_{i=T_0+1}^{t}\boldsymbol{\alpha}^{(i-1)}$, $\bar{\boldsymbol{w}}=\frac{1}{t-T_0}\sum_{i=T_0+1}^{t}\boldsymbol{w}^{(i-1)}$;

(22) 随机选项:

(23) 设 $\bar{\boldsymbol{\alpha}}=\boldsymbol{\alpha}^{(i)}$, $\bar{\boldsymbol{w}}=\boldsymbol{w}^{(i)}$ 其中 $i\in T_0+1,\cdots,t$ 随机选取;

(24) 如果 $P(\bar{\boldsymbol{w}})-D(\bar{\boldsymbol{\alpha}})\leqslant\epsilon$, 则停止并且输出 $\bar{\boldsymbol{w}},\bar{\boldsymbol{\alpha}}$, 及 $P(\bar{\boldsymbol{w}})-D(\bar{\boldsymbol{\alpha}})$。

算法 10-3 近端随机对偶坐标上升策略

然而，对于一个复数 $g^*(\cdot)$，这一优化问题并非那么容易解决。为了简化优化问题，Prox-SDCA 假设 g^* 足够光滑 (关于一个范数 $\|\cdot\|_{D'}$)，并且不是直接最大化对偶目标函数，而是最大化下面的近端目标 (对偶目标的下界):

$$
\begin{aligned}
&\arg\max_{\Delta\boldsymbol{\alpha}_i\in\mathbf{R}^k}\left[-\frac{1}{n}\phi_i^*(-(\boldsymbol{\alpha}_i+\Delta\boldsymbol{\alpha}_i))\right.\\
&\left.-\lambda\left(\nabla g^*(\boldsymbol{v}^{(t-1)})^{\mathrm{T}}(\lambda n)^{-1}\boldsymbol{X}_i\Delta\boldsymbol{\alpha}_i+\frac{1}{2}\|(\lambda n)^{-1}\boldsymbol{X}_i\Delta\boldsymbol{\alpha}_i\|_{D'}^2\right)\right]\\
=&\arg\max_{\Delta\boldsymbol{\alpha}_i\in\mathbf{R}^k}\left[-\phi_i^*(-(\boldsymbol{\alpha}_i+\Delta\boldsymbol{\alpha}_i))-\boldsymbol{w}^{(t-1)\mathrm{T}}\boldsymbol{X}_i\Delta\boldsymbol{\alpha}_i-\frac{1}{2\lambda n}\|\boldsymbol{X}_i\Delta\boldsymbol{\alpha}_i\|_{D'}^2\right]
\end{aligned}
$$

通常由于 ϕ^* 也可能是复数，因此这一优化问题仍然无法简单地解决。对于恰当选择的步长参数 $s>0$，$\Delta\boldsymbol{\alpha}_i$ 也可以使用更新规则 $\Delta\boldsymbol{\alpha}_i=s(-\nabla\phi_i(\boldsymbol{X}_i^{\mathrm{T}}\boldsymbol{w}^{(t-1)})-\boldsymbol{\alpha}_i^{(t-1)})$。分析表明恰当地选择 s 会使得对偶目标充分增长。

需要指出的是，Prox-SDCA 法经常采用 $\Delta\boldsymbol{\alpha}_i$ 以保证对偶目标是非下降的。事实上，如果对于一个特定的 $\Delta\boldsymbol{\alpha}_i$，可以简单地设 $\Delta\boldsymbol{\alpha}_i=0$，则对偶目标下降。因此整个过程中，Prox-SDCA 法假设对偶目标是非下降的。

下面的定理给出了文献 [233] 的 Prox-SDCA 过程需要的迭代次数的上界。

定理 10.5 考虑算法 10-3，令 $\boldsymbol{\alpha}^*$ 是一个最优对偶解，$\epsilon>0$。若 T 满足

$$
T\geqslant\left(n+\frac{R^2}{\lambda\gamma}\right)\ln\left(\left(n+\frac{R^2}{\lambda\gamma}\right)\cdot\frac{D(\boldsymbol{\alpha}^*)-D(\boldsymbol{\alpha}^{(0)})}{\epsilon}\right)
$$

则 $\mathbb{E}[P(\boldsymbol{w}^{(T)})-D(\boldsymbol{\alpha}^{(T)})]\leqslant\epsilon$。进一步，若 T 满足

$$
T\geqslant\left(n+\left\lceil\frac{R^2}{\lambda\gamma}\right\rceil\right)\cdot\left(1+\ln\left(\frac{D(\boldsymbol{\alpha}^*)-D(\boldsymbol{\alpha}^{(0)})}{\epsilon}\right)\right)
$$

令 $T_0=T-n-\left\lceil\dfrac{R^2}{\lambda\gamma}\right\rceil$，则 $\mathbb{E}[P(\bar{\boldsymbol{w}})-D(\bar{\alpha})]\leqslant\epsilon$。

有关定理 10.5 的证明请参见文献 [233]。定理 10.6 给出定理 10.5 中上界成立的概率。

定理 10.6 考虑算法 10-3，令 α^* 是一个最优对偶解，$\epsilon_D,\epsilon_P>0$，且 $\delta\in(0,1)$。

(1) 对每一个 T 有

$$
T\geqslant\left\lceil\left(n+\frac{R^2}{\lambda\gamma}\right)\ln\left(\frac{2(D(\boldsymbol{\alpha}^*)-D(\boldsymbol{\alpha}^{(0)}))}{\epsilon_D}\right)\right\rceil\cdot\left\lceil\log_2\left(\frac{1}{\delta}\right)\right\rceil
$$

则 $D(\boldsymbol{\alpha}^*)-D(\boldsymbol{\alpha}^{(T)})\leqslant\epsilon_D$ 至少以 $1-\delta$ 概率成立。

(2) 对每一个 T 有

$$
T\geqslant\left\lceil\left(n+\frac{R^2}{\lambda\gamma}\right)\left(\ln\left(n+\frac{R^2}{\lambda\gamma}\right)+\ln\left(\frac{2(D(\boldsymbol{\alpha}^*)-D(\boldsymbol{\alpha}^{(0)}))}{\epsilon_P}\right)\right)\right\rceil\cdot\left\lceil\log_2\left(\frac{1}{\delta}\right)\right\rceil
$$

则 $P(\boldsymbol{w}^{(T)})-D(\alpha^{(T)})\leqslant\epsilon_P$ 至少以 $1-\delta$ 概率成立。

(3) 令

$$T \geqslant \left(n+\left\lceil\frac{R^2}{\lambda\gamma}\right\rceil\right)\cdot\left(1+\left\lceil\ln\left(\frac{2(D(\alpha^*)-D(\alpha^{(0)}))}{\epsilon_P}\right)\right\rceil\right)\cdot\left\lceil\log_2\left(\frac{2}{\delta}\right)\right\rceil$$

且 $T_0=T-n-\left\lceil\frac{R^2}{\lambda\gamma}\right\rceil$。假定从 $T_0+1,\cdots,T$ 中均匀地随机选择 t 的 $\lceil\log_2(2/\delta)\rceil$ 个值，接着从这些使 $P(\boldsymbol{w}^{(t)})-D(\boldsymbol{\alpha}^{(t)})$ 最小的 $\lceil\log_2(2/\delta)\rceil$ 值中选择单个 t 值，则 $P(\boldsymbol{w}^{(t)})-D(\boldsymbol{\alpha}^{(t)})\leqslant\epsilon_P$ 至少以 $1-\delta$ 概率成立。

有关定理 10.6 的证明请参见文献 [233]。

上面的定理表明，找到一个概率至少为 $1-\delta$ 的 ϵ 精确解需要的时间为

$$O\left(d\left(n+\frac{R^2}{\lambda\gamma}\right)\cdot\ln\left(\frac{D(\boldsymbol{\alpha}^*)-D(\boldsymbol{\alpha}^{(0)})}{\epsilon}\right)\cdot\ln\left(\frac{1}{\delta}\right)\right) \tag{10-7}$$

也就说用于最小化 P 达到 ϵ 精度的期望的运行时间为

$$O\left(d\left(n+\frac{R^2}{\lambda\gamma}\right)\cdot\ln\left(\frac{D(\boldsymbol{\alpha}^*)-D(\boldsymbol{\alpha}^{(0)})}{\epsilon}\right)\right)$$

可以看出，如果 $\boldsymbol{\phi}_i$ 是 1-强凸的，且每一个是 $(1/\gamma)$-光滑 (意味着它的梯度是 $(1/\gamma)$-利普希茨)，对于带有 L_2 的正则化问题 (10-4)，如岭回归和逻辑回归，Prox-SDCA 算法能以 $1-\delta$ 的概率在

$$\begin{aligned}&O\left(d\left(n+\min\left\{\frac{1}{\lambda\gamma},\sqrt{\frac{n}{\lambda\gamma}}\right\}\right)\ln(1/\epsilon)\ln(1/\delta)\max\{1,\log_2(1/(\lambda\gamma n))\}\right)\\=&\tilde{O}\left(d\left(n+\min\left\{\frac{1}{\lambda\gamma},\sqrt{\frac{n}{\lambda\gamma}}\right\}\right)\right)\end{aligned}$$

时间内收敛到一个 ϵ-精度解，其中 $g(\boldsymbol{x})=O(f(\boldsymbol{x}))$ 表示存在常数 c, 使得 $g(\boldsymbol{x})\leqslant cf(\boldsymbol{x})$，而 $g(\boldsymbol{x})=\tilde{O}(f(\boldsymbol{x}))$ 表示存在常数 c 使得 $g(\boldsymbol{x})\leqslant c\lg(\boldsymbol{x})f(\boldsymbol{x})$。

Prox-SDCA 算法整合了两种不同的思路。第一种是 10.1 节 SDCA 方法的近端版本，其在两个方向上生成文献 [232] 的近端分析。首先，该算法允许正则化项 g 是一个一般的强凸函数 (没有必要是欧氏范数)，也就是说可以考虑非光滑正则函数，如 L_1 正则化。其次，该算法允许损失函数 ϕ_i 是一个向量值函数，并且可以仅仅关于一般范数是光滑的 (或利普希茨连续的)。

正如 10.1 节所述，SDCA 过程的运行时间是 $\tilde{O}\left(d\left(n+\frac{1}{\lambda\gamma}\right)\right)$[232]。如果 $\frac{1}{\lambda\gamma}=O(n)$，这将是一个接近线性的时间。Prox-SDCA 的第二个思路是解决 $\frac{1}{\lambda\gamma}\gg n$ 的情况，通过迭代地逼近具有更强正则化的目标函数 P。加速过程的每一次迭代包括针对 $\boldsymbol{w}$ 求解 $P(\boldsymbol{w})+\frac{\kappa}{2}\|\boldsymbol{w}-\boldsymbol{y}\|_2^2$ 的近似最小化，其中 $\boldsymbol{y}$ 是从之前的迭代中得到的

向量，且 κ 是 $1/(\gamma n)$ 的幂次数。如果加入较强的正则化项，则能使得近端随机对偶坐标上升过程的复杂度降为 $\tilde{O}(dn)$。进一步针对带有强化的正则化问题，如果在每一次迭代中选择合适的 $\boldsymbol{y}$，则在$\sqrt{\frac{1}{\lambda\gamma n}}$ 次迭代后，解序列收敛于 P 的最优解，并且整体的复杂度降为 $d\sqrt{\frac{n}{\lambda\gamma}}$。

直观地看，可以把$\frac{1}{\lambda\gamma}$ 作为问题的条件数目。如果条件数是 $O(n)$，则 Prox-SDCA 法的运行时间为 $\tilde{O}(dn)$。这意味着运行时间与数据规模大致呈线性关系。这与文献 [232] 和 [224] 的结果相一致。当条件数比 n 更大时，该算法的运行时间为 $\tilde{O}\left(d\sqrt{\frac{n}{\lambda\gamma}}\right)$，比文献 [224]、[232] 的结果要好很多。根据文献 [228]，它也将加速梯度下降的运行时间优化为 $\tilde{O}\left(dn\sqrt{\frac{1}{\lambda\gamma}}\right)$。

通过对 ϕ_i 应用一种光滑技术，且假设所有 ϕ_i 都是 $O(1)$-利普希茨的，如带有铰链损失的 SVM，Prox-SDCA 算法能够在

$$\tilde{O}\left(d\left(n+\min\left\{\frac{1}{\lambda\epsilon},\sqrt{\frac{n}{\lambda\epsilon}}\right\}\right)\right)$$

时间内找到 ϵ- 精确解。可以看出，当 $\frac{1}{\lambda\epsilon}\gg n$ 时，它比 SGD 的速率 $\frac{d}{\lambda\epsilon}$ 快了很多。

Prox-SDCA 算法也可以通过增加一个小的 L_2 正则化项，从而应用于非强凸的正则项 (如 L_1 正则项)，或非正则化的问题。例如，对于 L_1 正则化的问题 (LASSO 问题，目标是最小化平方损失加上一个 L_1 正则化项)，如果所有 ϕ_i 是 $(1/\gamma)$-光滑的，则其运行时间为

$$\tilde{O}\left(d\left(n+\min\left\{\frac{1}{\epsilon\gamma},\sqrt{\frac{n}{\epsilon\gamma}}\right\}\right)\right)$$

将前面提到的算法在三种常用的机器学习模型中的复杂度列在表 10-3 中。其中，在 SVM 中 $\phi_i(a)=\max\{0,1-a\}$，$g(\boldsymbol{w})=\frac{1}{2}\|\boldsymbol{w}\|_2^2$，LASSO 中 $\phi_i(a)=\frac{1}{2}(a-y_i)^2$ 以及 $g(\boldsymbol{w})=\sigma\|\boldsymbol{w}\|_1$，岭回归中$\phi_i(a)=\frac{1}{2}(a-y_i)^2$ 以及 $g(\boldsymbol{w})=\frac{1}{2}\|\boldsymbol{w}\|_2^2$。表中，SGD 代表随机梯度下降，AGD 代表加速梯度下降。

前面所描述的 Prox-SDCA 的迭代上界为$\tilde{O}\left(n+\frac{R^2}{\lambda\gamma}\right)$。当条件数 $R^2/(\lambda\gamma)$ 是 $O(n)$ 时，这是一个接近线性的运行时间。文献 [233] 给出了一些加速策略。假设$10n<\frac{R^2}{\lambda\gamma}$，进一步假设正则化矩阵 g 是关于欧氏范数 1-强凸的，即 $\|\boldsymbol{u}\|_{P'}=\|\cdot\|_2$。这也暗示 $\|\boldsymbol{u}\|_{D'}$ 是欧氏范数。

表 10-3 不同算法在常用机器学习模型中的复杂度对比

问题	算法	运行时间
SVM	SGD[236]	$\dfrac{d}{\lambda\epsilon}$
	AGD[248]	$dn\sqrt{\dfrac{1}{\lambda\epsilon}}$
	文献 [233]	$d\left(n+\min\left\{\dfrac{1}{\lambda\epsilon},\sqrt{\dfrac{n}{\lambda\epsilon}}\right\}\right)$
LASSO	SGD 及变体 (如文献 [241])	$\dfrac{d}{\epsilon^2}$
	随机坐标下降[228, 241]	$\dfrac{dn}{\epsilon}$
	FISTA[223, 249]	$dn\sqrt{\dfrac{1}{\epsilon}}$
	文献 [233]	$d\left(n+\min\left\{\dfrac{1}{\epsilon},\sqrt{\dfrac{n}{\epsilon}}\right\}\right)$
岭回归	Exact	d^2n+d^3
	SGD[236]、SDCA[232]	$d\left(n+\dfrac{1}{\lambda}\right)$
	AGD[249]	$dn\sqrt{\dfrac{1}{\lambda}}$
	文献 [233]	$d\left(n+\min\left\{\dfrac{1}{\lambda},\sqrt{\dfrac{n}{\lambda}}\right\}\right)$

加速策略的主要思想是迭代地运行 Prox-SDCA 策略，在迭代时刻到达 t 时，采用变化的目标 $\tilde{P}_t(\boldsymbol{w})=P(\boldsymbol{w})+\dfrac{\kappa}{2}\|\boldsymbol{w}-\boldsymbol{y}^{(t-1)}\|^2$调用 Prox-SDCA，这里 k 是一个相对较大的正则化参数，且正则化下面的向量为中心：

$$\boldsymbol{y}^{(t-1)}=\boldsymbol{w}^{(t-1)}+\beta(\boldsymbol{w}^{(t-1)}-\boldsymbol{w}^{(t-2)})$$

其中，$\beta\in(0,1)$。也就是说，这里的正则化以前面的解为中心加上一项 $\beta(\boldsymbol{w}^{(t-1)}-\boldsymbol{w}^{(t-2)})$。加速策略列在算法 10-4 中。

(1) 目标: 最小化 $P(\boldsymbol{w})=\dfrac{1}{n}\sum_{i=1}^{n}\phi_i(\boldsymbol{X}_i^{\mathrm{T}}\boldsymbol{w})+\lambda g(\boldsymbol{w})$;

(2) 输入: 目标精度 ϵ (仅在停止条件中使用);

(3) 假设: $\forall i$, ϕ_i 针对 $\|\cdot\|_P$ 范数是 $(1/\gamma)$-光滑的，设 $\|\cdot\|_D$ 是 $\|\cdot\|_P$ 的对偶范数，g 针对 $\|\cdot\|_2$ 是 1-强凸，$\forall i$, $\|\boldsymbol{X}_i\|_{D\to 2}\leqslant R$，$\dfrac{R^2}{\gamma\lambda}>10\,n$ (通过普通 Prox-SDCA 求解);

(4) 定义 $\kappa=\dfrac{R^2}{\gamma n}-\lambda$, $\mu=\lambda/2$, $\rho=\mu+\kappa$, $\eta=\sqrt{\mu/\rho}$, $\beta=\dfrac{1-\eta}{1+\eta}$;

(5) 初始化: $\boldsymbol{y}^{(1)}=\boldsymbol{w}^{(1)}=0,\ \alpha^{(1)}=0, \xi_1=(1+\eta^{-2})(P(0)-D(0))$;
(6) 迭代: for $t=2,3,\cdots$;
(7) 假设 $\tilde{P}_t(\boldsymbol{w})=\dfrac{1}{n}\sum_{i=1}^{n}\phi_i(\boldsymbol{X}_i^{\mathrm{T}}\boldsymbol{w})+\tilde{\lambda}\tilde{g}_t(\boldsymbol{w})$;
(8) 其中 $\tilde{\lambda}\tilde{g}_t(\boldsymbol{w})=\lambda g(\boldsymbol{w})+\dfrac{\kappa}{2}\|\boldsymbol{w}\|_2^2-\kappa\,\boldsymbol{w}^{\mathrm{T}}\boldsymbol{y}^{(t-1)}$;
(9) 调用 $(\boldsymbol{w}^{(t)},\boldsymbol{\alpha}^{(t)},\epsilon_t)=\text{Prox-SDCA}\left(\tilde{P}_t,\dfrac{\eta}{2(1+\eta^{-2})}\xi_{t-1},\boldsymbol{\alpha}^{(t-1)}\right)$;
(10) 设置 $\boldsymbol{y}^{(t)}=\boldsymbol{w}^{(t)}+\beta(\boldsymbol{w}^{(t)}-\boldsymbol{w}^{(t-1)})$;
(11) 令 $\xi_t=(1-\eta/2)^{t-1}\,\xi_1$;
(12) 停止条件: 当
(13) $\quad t\geqslant 1+\dfrac{2}{\eta}\ln(\xi_1/\epsilon)$;
(14) 或 $(1+\rho/\mu)\epsilon_t+\dfrac{\rho\kappa}{2\mu}\|\boldsymbol{w}^{(t)}-\boldsymbol{y}^{(t-1)}\|^2\leqslant\epsilon$;
(15) 这些条件满足时，退出并返回 $\boldsymbol{w}^{(t)}$。

算法 10-4　快速 Prox-SDCA 算法

10.3　本 章 小 结

本章主要从理论上介绍了两种面向大数据处理的支持向量机的最新算法，包括随机对偶坐标上升法和加速近端随机对偶坐标上升法。本章内容可独立存在作为支持向量机或者浅层模型学习理论的入门知识。

第 11 章　面向大数据处理的深度模型的加速算法

11.1　引　　言

第 10 章以支持向量机的加速训练算法为例，主要介绍了面向大数据环境下的声学事件检测方法中，如何加速浅层模型的训练过程。本章主要讨论大数据背景下深度模型的训练方法及其加速算法。针对大数据环境下所面临的问题，无论使用以支持向量机为代表的浅层模型，还是使用以深度神经网络为代表的深度模型，目前最有效也是最流行的学习算法都是随机梯度下降算法。而对于学习算法，最关心的当然是其收敛问题，包括是否收敛，以及若收敛，其收敛速度如何。本章主要从理论上来讨论随机梯度下降算法的收敛问题，以及相关的若干改进方法的收敛边界。

通过对实际应用需求的抽象，本章主要针对如下的问题：

$$\min_{\boldsymbol{x}\in\mathbf{R}^p} f(\boldsymbol{x}) := \frac{1}{n}\sum_{i=1}^{n} g_i(\boldsymbol{x}) + h(\boldsymbol{x}) \tag{11-1}$$

其中，g_i 是光滑凸损失函数。假设 $f(\boldsymbol{x})$ 在 $\boldsymbol{x}^*$ 取到最小值 f^*，其中 $\boldsymbol{x}^*$ 不一定唯一。对于 $h(\boldsymbol{x})$，本章前面若干小节讨论 $h(\boldsymbol{x})=0$ 的情况，后面主要讨论 $h(\boldsymbol{x})\neq 0$ 的情况。

在开始本章正式讨论之前，首先介绍优化方面一些常用的基本知识。

定义 11.1(利普希茨连续)　若函数 $f(\boldsymbol{x})$ 满足

$$\|f(\boldsymbol{x})-f(\boldsymbol{y})\| \leqslant L\|\boldsymbol{x}-\boldsymbol{y}\| \tag{11-2}$$

则称 $f(\boldsymbol{x})$ 是 L-利普希茨连续的，其中 $\|\cdot\|$ 是欧氏范数，L 为利普希茨常数。

利普希茨连续条件是一种比普通连续稍强的连续 (光滑) 性条件。从几何直观上来看，此条件控制了 $f(\boldsymbol{x})$ 导函数的变化范围不会超过利普希茨常数。在机器学习与优化的很多实际问题中，$\nabla f(\boldsymbol{x})$ 往往是 L-利普希茨连续的，这也是很一般的假设。若 $f(\boldsymbol{x})$ 是连续可导的，且 $\nabla f(\boldsymbol{x})$ 是 L-利普希茨连续的，则有

$$\begin{aligned}
&|f(\boldsymbol{y})-f(\boldsymbol{x})-\langle\nabla f(\boldsymbol{x}),\boldsymbol{y}-\boldsymbol{x}\rangle| \\
=&\left|\int_0^1 \langle\nabla f(\boldsymbol{x}+t(\boldsymbol{y}-\boldsymbol{x}))-\nabla f(\boldsymbol{x}),\boldsymbol{y}-\boldsymbol{x}\rangle\,\mathrm{d}t\right| \\
\leqslant&\int_0^1 |\langle\nabla f(\boldsymbol{x}+t(\boldsymbol{y}-\boldsymbol{x}))-\nabla f(\boldsymbol{x}),\boldsymbol{y}-\boldsymbol{x}\rangle|\,\mathrm{d}t
\end{aligned}$$

$$\leqslant \int_0^1 \|\nabla f(\boldsymbol{x}+t(\boldsymbol{y}-\boldsymbol{x}))-\nabla f(\boldsymbol{x})\|\|\boldsymbol{y}-\boldsymbol{x}\|\,\mathrm{d}t$$
$$\leqslant \int_0^1 tL\|\boldsymbol{y}-\boldsymbol{x}\|^2\,\mathrm{d}t$$

因此可以得到

$$f(\boldsymbol{y})-f(\boldsymbol{x})-\langle\nabla f(\boldsymbol{x}),\boldsymbol{y}-\boldsymbol{x}\rangle \leqslant \frac{L}{2}\|\boldsymbol{y}-\boldsymbol{x}\|^2 \tag{11-3}$$

式 (11-3) 表明：当 $\nabla f(\boldsymbol{x})$ 是 L-利普希茨连续时，可以找到一个二次函数作为函数 $f(\boldsymbol{x})$ 的上界，几何直观上表明该函数增长速度低于某二次函数。互换式 (11-3) 中 $\boldsymbol{x}$ 与 $\boldsymbol{y}$ 的位置，并与原式 (11-3) 相加，则有

$$\langle\nabla f(\boldsymbol{y})-\nabla f(\boldsymbol{x}),\boldsymbol{y}-\boldsymbol{x}\rangle \leqslant L\|\boldsymbol{y}-\boldsymbol{x}\|^2 \tag{11-4}$$

其实，从上式也能够反向推导出 $\nabla f(\boldsymbol{x})$ 是 L-利普希茨连续的，它们是等价的。

如果在式 (11-3) 中令 $\boldsymbol{y}=\boldsymbol{x}-\frac{1}{L}\nabla f(\boldsymbol{x})$，可以得到

$$f\left(\boldsymbol{x}-\frac{1}{L}\nabla f(\boldsymbol{x})\right) \leqslant f(\boldsymbol{x})-\frac{1}{2L}\|\nabla f(\boldsymbol{x})\|^2 \tag{11-5}$$

式 (11-5) 表明：梯度方向往往是函数值的下降方向。该式在梯度下降算法的理论中经常用到。

定义 11.2(凸函数与强凸函数)　若函数 $f(\boldsymbol{x})$ 是连续可导的，且满足

$$f(\boldsymbol{y}) \geqslant f(\boldsymbol{x})+\langle\nabla f(\boldsymbol{x}),\boldsymbol{y}-\boldsymbol{x}\rangle+\frac{\mu}{2}\|\boldsymbol{y}-\boldsymbol{x}\|^2 \tag{11-6}$$

$\mu>0$，则称 $f(\boldsymbol{x})$ 为强凸函数，其中 μ 称为函数 $f(\boldsymbol{x})$ 的凸参数。若 $\mu=0$，则称 $f(\boldsymbol{x})$ 为普通凸函数，简称凸函数。

可以看出，函数的凸性实际上给出了该函数的一个二次函数下界。直观上说，即该函数增长速度大于某二次函数。在很多应用中，待优化的目标函数都是凸函数，即使在其他一些应用中目标函数是非凸的，如神经网络等，凸优化方法中的很多原则也可以用于求解。

若 $f(\boldsymbol{x})$ 是凸函数，且在 $\boldsymbol{x}^*$ 点满足如下的一阶最优条件：

$$\nabla f(\boldsymbol{x}^*)=0 \tag{11-7}$$

则 $f(\boldsymbol{x}) \geqslant f(\boldsymbol{x}^*)+\langle\nabla f(\boldsymbol{x}^*),\boldsymbol{x}-\boldsymbol{x}^*\rangle=f(\boldsymbol{x}^*)$。因此一阶最优条件是凸函数取得最优值的一个充分条件。由基本的微积分知识可知，其实该条件也是必要条件。在式 (11-3) 中令 $\boldsymbol{x}=\boldsymbol{x}^*$，再由条件 (11-7) 可得

$$f(\boldsymbol{y}) \leqslant f(\boldsymbol{x}^*)+\frac{L}{2}\|\boldsymbol{y}-\boldsymbol{x}^*\|^2 \tag{11-8}$$

交换式 (11-6) 中 $\boldsymbol{x}$ 与 $\boldsymbol{y}$ 的位置，并与原式相加，可以得到

$$\langle \nabla f(\boldsymbol{x}) - \nabla f(\boldsymbol{y}), \boldsymbol{x} - \boldsymbol{y} \rangle \geqslant \mu \|\boldsymbol{y} - \boldsymbol{x}\|^2 \tag{11-9}$$

若凸函数 $f(\boldsymbol{x})$ 同时满足 $\nabla f(\boldsymbol{x})$ 是 L-利普希茨连续的，则 $\nabla[f(\boldsymbol{x}) - \langle \nabla f(\boldsymbol{x}_0), \boldsymbol{x} \rangle]$ 也是 L-利普希茨连续的，并且凸函数 $f(\boldsymbol{x}) - \langle \nabla f(\boldsymbol{x}_0), \boldsymbol{x} \rangle$ 在 $\boldsymbol{x}_0$ 满足一阶最优条件 (11-7)，因此由式 (11-5)，则有

$$\begin{aligned}
& f(\boldsymbol{x}_0) - \langle \nabla f(\boldsymbol{x}_0), \boldsymbol{x}_0 \rangle \\
\leqslant & f\left(\boldsymbol{x} - \frac{1}{L}\nabla f(\boldsymbol{x})\right) - \left\langle \nabla f(\boldsymbol{x}_0), \boldsymbol{x} - \frac{1}{L}\nabla f(\boldsymbol{x}) \right\rangle \\
\leqslant & f(\boldsymbol{x}) - \langle \nabla f(\boldsymbol{x}_0), \boldsymbol{x} \rangle - \frac{1}{2L}\|\nabla f(\boldsymbol{x}) - \nabla f(\boldsymbol{x}_0)\|^2
\end{aligned}$$

由于 $\boldsymbol{x}_0$ 的任意性，有

$$f(\boldsymbol{x}) \geqslant f(\boldsymbol{y}) + \langle \nabla f(\boldsymbol{y}), \boldsymbol{x} - \boldsymbol{y} \rangle + \frac{1}{2L}\|\nabla f(\boldsymbol{x}) - \nabla f(\boldsymbol{y})\|^2 \tag{11-10}$$

互换上式中 $\boldsymbol{x}$ 与 $\boldsymbol{y}$ 的位置，并与原式相加，可以得到

$$\langle \nabla f(\boldsymbol{x}) - \nabla f(\boldsymbol{y}), \boldsymbol{x} - \boldsymbol{y} \rangle \geqslant \frac{1}{L}\|\nabla f(\boldsymbol{x}) - \nabla f(\boldsymbol{y})\|^2 \tag{11-11}$$

若强凸函数 $f(\boldsymbol{x})$ 的凸参数为 μ，且满足 $\nabla f(\boldsymbol{x})$ 是 L-利普希茨连续的，则由式 (11-3) 与式 (11-6) 可得 $\mu \leqslant L$。令 $\phi(\boldsymbol{x}) = f(\boldsymbol{x}) - \frac{1}{2}\|\boldsymbol{x}\|^2$，显然 $\phi(\boldsymbol{x})$ 为凸函数，且 $\nabla\phi(\boldsymbol{x}) = \nabla f(\boldsymbol{x}) - \mu\boldsymbol{x}$。从而 $\langle \nabla\phi(\boldsymbol{x}) - \nabla\phi(\boldsymbol{x}), \boldsymbol{y} - \boldsymbol{x} \rangle \leqslant (L-\mu)\|\boldsymbol{y} - \boldsymbol{x}\|^2$。也就是说 $\nabla\phi(\boldsymbol{x})$ 是 $L-\mu$-利普希茨连续的。因此由式 (11-3)，有 $\langle \nabla\phi(\boldsymbol{x}) - \nabla\phi(\boldsymbol{y}), \boldsymbol{x} - \boldsymbol{y} \rangle \geqslant \frac{1}{L-\mu}\|\nabla\phi(\boldsymbol{x}) - \nabla\phi(\boldsymbol{y})\|^2$。将 $\phi(\boldsymbol{x}) = f(\boldsymbol{x}) - \frac{1}{2}\|\boldsymbol{x}\|^2$ 代入得到

$$\langle \nabla f(\boldsymbol{x}) - \nabla f(\boldsymbol{y}), \boldsymbol{x} - \boldsymbol{y} \rangle \geqslant \frac{L\mu}{L+\mu}\|\boldsymbol{x} - \boldsymbol{y}\|^2 + \frac{1}{L+\mu}\|\nabla f(\boldsymbol{x}) - \nabla f(\boldsymbol{y})\|^2 \tag{11-12}$$

11.2 全梯度与随机梯度下降算法

为了求解问题 (11-1)，最常用的方法是如下的全梯度下降算法 (full gradient descent，FGD)：

$$\boldsymbol{x}_k = \boldsymbol{x}_{k-1} - \alpha_k \nabla f(\boldsymbol{x}_{k-1}) \tag{11-13}$$

其中，α_k 是第 k 次迭代的步长。

关于全梯度下降算法的收敛速度，有如下的结果。

定理 11.1 若问题 (11-1) 中函数 $\nabla f(\boldsymbol{x})$ 是 L-利普希茨连续的，$h(\boldsymbol{x}) \equiv 0$，$0 < \alpha_{k+1} < \dfrac{2}{L}$，则全梯度下降算法的每次迭代满足

$$f(\boldsymbol{x}^k) - f(\boldsymbol{x}^*) \leqslant 1\Big/\left[\frac{1}{f(\boldsymbol{x}_0) - f^*} + \frac{1}{\|\boldsymbol{x}_0 - \boldsymbol{x}^*\|^2}\sum_{i=0}^{k-1}\alpha_{i+1}\left(1 - \frac{L}{2}\alpha_{i+1}\right)\right] \tag{11-14}$$

如果同时 $f(\boldsymbol{x})$ 是强凸函数，凸参数为 μ，且 $0 < \alpha_{k+1} \leqslant \dfrac{2}{L+\mu}$，则每次迭代满足

$$\|\boldsymbol{x}_{k+1} - \boldsymbol{x}^*\|^2 \leqslant \|\boldsymbol{x}_0 - \boldsymbol{x}^*\|^2 \prod_{i=0}^{k}\left(1 - \frac{2\alpha_{i+1}L\mu}{L+\mu}\right) \tag{11-15}$$

证明 首先根据迭代公式 (11-13)，通过 $\nabla f(\boldsymbol{x}_k)$ 来估计 $\boldsymbol{x}_{k+1}$ 到最优解之间距离的下降关系：

$$\begin{aligned}
\|\boldsymbol{x}_{k+1} - \boldsymbol{x}^*\|^2 &= \|\boldsymbol{x}_k - \alpha_{k+1}\nabla f(\boldsymbol{x}_k) - \boldsymbol{x}^*\|^2 \\
&= \|\boldsymbol{x}_k - \boldsymbol{x}^*\|^2 + \alpha_{k+1}^2\|\nabla f(\boldsymbol{x}_k)\|^2 - 2\langle \boldsymbol{x}_k - \boldsymbol{x}^*, \alpha_{k+1}\nabla f(\boldsymbol{x}_k)\rangle \\
&\overset{\nabla f(\boldsymbol{x}^*)=0}{=} \|\boldsymbol{x}_k - \boldsymbol{x}^*\|^2 + \alpha_{k+1}^2\|\nabla f(\boldsymbol{x}_k)\|^2 \\
&\quad -2\alpha_{k+1}\langle \boldsymbol{x}_k - \boldsymbol{x}^*, \nabla f(\boldsymbol{x}_k) - \nabla f(\boldsymbol{x}^*)\rangle \\
&\overset{\text{式 (11-11)}}{\leqslant} \|\boldsymbol{x}_k - \boldsymbol{x}^*\|^2 - \alpha_{k+1}\left(\frac{2}{L} - \alpha_{k+1}\right)\|\nabla f(\boldsymbol{x}_k)\|^2
\end{aligned}$$

从上式可以看出，$\|\boldsymbol{x}_{k+1} - \boldsymbol{x}^*\|^2$ 是递减的，所以有 $\|\boldsymbol{x}_{k+1} - \boldsymbol{x}^*\| \leqslant \|\boldsymbol{x}_0 - \boldsymbol{x}^*\|$。由式 (11-3)，有

$$\begin{aligned}
f(\boldsymbol{x}_{k+1}) &\leqslant f(\boldsymbol{x}_k) + \langle \nabla f(\boldsymbol{x}_k), \boldsymbol{x}_{k+1} - \boldsymbol{x}_k\rangle + \frac{L}{2}\|\boldsymbol{x}_{k+1} - \boldsymbol{x}_k\|^2 \\
&\leqslant f(\boldsymbol{x}_k) - \alpha_{k+1}\left(1 - \frac{L}{2}\alpha_{k+1}\right)\|\nabla f(\boldsymbol{x}_k)\|^2
\end{aligned}$$

上式两边同时减去 f^*，则有

$$f(\boldsymbol{x}_{k+1}) - f^* \leqslant f(\boldsymbol{x}_k) - f^* - \frac{\alpha_{k+1}\left(1 - \dfrac{L}{2}\alpha_{k+1}\right)}{\|\boldsymbol{x}_0 - \boldsymbol{x}^*\|^2}(f(\boldsymbol{x}_k) - f^*)^2$$

其中用到了

$$f(\boldsymbol{x}_k) - f^* \leqslant \langle \nabla f(\boldsymbol{x}_k), \boldsymbol{x}_k - \boldsymbol{x}^*\rangle \leqslant \|\nabla f(\boldsymbol{x}_k)\|\|\boldsymbol{x}_0 - \boldsymbol{x}^*\|$$

因此可以得到，如果 $f(\boldsymbol{x}_k) \neq f^*$，则 $f(\boldsymbol{x}_{k+1}) - f^*$ 是递减的。如果 $f(\boldsymbol{x}_k) \neq f^*$ 及 $f(\boldsymbol{x}_{k+1}) \neq f^*$，上式两边同时除以 $(f(\boldsymbol{x}_{k+1}) - f^*)(f(\boldsymbol{x}_k) - f^*)$，可以得到

$$\begin{aligned}\frac{1}{f(\boldsymbol{x}_k)-f^*} &\leqslant \frac{1}{f(\boldsymbol{x}_{k+1})-f^*} - \frac{\alpha_{k+1}\left(1-\frac{L}{2}\alpha_{k+1}\right)}{\|\boldsymbol{x}_0-\boldsymbol{x}^*\|^2}\frac{f(\boldsymbol{x}_k)-f^*}{f(\boldsymbol{x}_{k+1})-f^*}\\ &\leqslant \frac{1}{f(\boldsymbol{x}_{k+1})-f^*} - \frac{\alpha_{k+1}\left(1-\frac{L}{2}\alpha_{k+1}\right)}{\|\boldsymbol{x}_0-\boldsymbol{x}^*\|^2}\end{aligned}$$

对 k 求和，可以得到

$$\frac{1}{f(\boldsymbol{x}_0)-f^*} + \frac{1}{\|\boldsymbol{x}_0-\boldsymbol{x}^*\|^2}\sum_{i=0}^{k}\alpha_{i+1}\left(1-\frac{L}{2}\alpha_{i+1}\right) \leqslant \frac{1}{f(\boldsymbol{x}_{k+1})-f^*}$$

因此式 (11-14) 得证。

若 $f(\boldsymbol{x})$ 是强凸函数，且凸参数为 μ，则有

$$\begin{aligned}\|\boldsymbol{x}_{k+1}-\boldsymbol{x}^*\|^2 &= \|\boldsymbol{x}_k - \alpha_{k+1}\nabla f(\boldsymbol{x}_k) - \boldsymbol{x}^*\|^2\\ &= \|\boldsymbol{x}_k-\boldsymbol{x}^*\|^2 + \alpha_{k+1}^2\|\nabla f(\boldsymbol{x}_k)\|^2 - 2\langle \boldsymbol{x}_k-\boldsymbol{x}^*, \alpha_{k+1}\nabla f(\boldsymbol{x}_k)\rangle\\ &\overset{\nabla f(\boldsymbol{x}^*)=0}{=} \|\boldsymbol{x}_k-\boldsymbol{x}^*\|^2 + \alpha_{k+1}^2\|\nabla f(\boldsymbol{x}_k)\|^2 - 2\alpha_{k+1}\langle \boldsymbol{x}_k-\boldsymbol{x}^*, \nabla f(\boldsymbol{x}_k)-\nabla f(\boldsymbol{x}^*)\rangle\\ &\overset{\text{式 (11-12)}}{\leqslant} \|\boldsymbol{x}_k-\boldsymbol{x}^*\|^2 + \alpha_{k+1}^2\|\nabla f(\boldsymbol{x}_k)\|^2 - 2\alpha_{k+1}\frac{L\mu}{L+\mu}\|\boldsymbol{x}_k-\boldsymbol{x}^*\|^2\\ &\quad -2\alpha_{k+1}\frac{1}{L+\mu}\|\nabla f(\boldsymbol{x}_k)-\nabla f(\boldsymbol{x}^*)\|^2\\ &= \left(1-\frac{2\alpha_{k+1}L\mu}{L+\mu}\right)\|\boldsymbol{x}_k-\boldsymbol{x}^*\|^2 + \alpha_{k+1}\left(\alpha_{k+1}-\frac{2}{L+\mu}\right)\|\nabla f(\boldsymbol{x}_k)\|^2\end{aligned}$$

从而可以得到式 (11-15)。定理得证。 □

从上面的定理中可以看出，算法的收敛速度与两个方面的因素有关。首先是初始解的质量。若初始解离最优解越近，则收敛速度越快。其次是与步长的设置有关。在上面的证明中，并没有对步长 α_k 作要求与限制，因此在实际应用中，可以选择不同的步长。当然最简单的选择就是固定步长。

推论 11.1 假设定理 11.1 中的条件满足，如果 $\alpha_k = \alpha$ 为常数，则针对普通凸函数和强凸函数，可以分别得到

$$f(\boldsymbol{x}^k) - f(\boldsymbol{x}^*) \leqslant 1/\left[\frac{1}{f(\boldsymbol{x}_0)-f^*} + \frac{k\alpha\left(1-\frac{L}{2}\alpha\right)}{\|\boldsymbol{x}_0-\boldsymbol{x}^*\|^2}\right] \tag{11-16}$$

与

$$\|\boldsymbol{x}_{k+1}-\boldsymbol{x}^*\|^2 \leqslant \|\boldsymbol{x}_0-\boldsymbol{x}^*\|^2\left(1-\frac{2\alpha L\mu}{L+\mu}\right)^{k+1} \tag{11-17}$$

的收敛速度。若在上面的两个收敛速度中令 $\alpha=\dfrac{1}{L}$ 与 $\alpha=\dfrac{1}{L+\mu}$ 为常数，则针对普通凸函数和强凸函数，可以分别得到

$$f(\boldsymbol{x}^k)-f(\boldsymbol{x}^*) \leqslant \frac{2L\|\boldsymbol{x}_0-\boldsymbol{x}^*\|^2}{k+4} \tag{11-18}$$

与

$$f(\boldsymbol{x}_{k+1})-f(\boldsymbol{x}^*) \leqslant \frac{L}{2}\|\boldsymbol{x}_{k+1}-\boldsymbol{x}^*\|^2 \leqslant \frac{L}{2}\|\boldsymbol{x}_0-\boldsymbol{x}^*\|^2\left(\frac{L-\mu}{L+\mu}\right)^{2(k+1)} \tag{11-19}$$

的收敛速度。

证明　注意到通过式 (11-8)，可以得到 $f(\boldsymbol{x}_0)-f^* \leqslant \dfrac{L}{2}\|\boldsymbol{x}_0-\boldsymbol{x}^*\|^2$，结合定理 11.1 即可得到本推论。 □

从前面的分析可以看出，全梯度算法的收敛速度较快，尤其是在强凸情况下甚至可以达到指数收敛。然而当面对大数据问题时，通常 n 会非常大，全梯度算法每次都需遍历 n 个函数来求解梯度，这时的计算量非常大以至于无法进行，因此常使用如下的随机梯度算法 (stochastic gradient descent，SGD) 来进行求解：

$$\boldsymbol{x}_k=\boldsymbol{x}_{k-1}-\alpha_k\nabla g_{i_k}(\boldsymbol{x}_{k-1}) \tag{11-20}$$

也就是说，在每一次迭代中，SGD 算法从 n 个样本中随机选择一个样本，然后用此样本关联的梯度更新当前解。

由于 SGD 算法在每次选择梯度下降的方向时，仅考虑当前样本点所包含的信息，而没有考虑全部样本的信息，因此每次的搜索方向都是随机的，且不一定是目标函数的下降方向，所以在某些较弱的假设条件下，不同于在 FGD 算法中对定义域没有要求，在 SGD 算法中是将定义域限定在某个有界闭凸集 Q 内，并且在每一次更新后，将当前解 $\boldsymbol{x}_k$ 投影回 Q。定义域受限的情况也可以看成在问题 (11-1) 中的 $h(\boldsymbol{x})$ 为 Q 的指示函数：

$$h(\boldsymbol{x})=\begin{cases}0, & \boldsymbol{x}\in Q\\ \infty, & \boldsymbol{x}\notin Q\end{cases} \tag{11-21}$$

有关这种情况以及 $h(\boldsymbol{x})\neq 0$ 的一般情况，将在本章后半部分详细讨论。

一般来说投影运算定义为

$$\underset{Q}{\mathrm{Proj}}(\boldsymbol{x})=\arg\min_{\boldsymbol{y}\in Q}\|\boldsymbol{y}-\boldsymbol{x}\|^2 \tag{11-22}$$

容易证明

$$\|\underset{Q}{\mathrm{Proj}}(\boldsymbol{y})-\underset{Q}{\mathrm{Proj}}(\boldsymbol{x})\|\leqslant\|\boldsymbol{y}-\boldsymbol{x}\| \tag{11-23}$$

带投影的 SGD 算法使用如下的更新步骤:

$$\boldsymbol{x}_k=\underset{Q}{\mathrm{Proj}}[\boldsymbol{x}_{k-1}-\alpha_k\nabla g_{i_k}(\boldsymbol{x}_{k-1})] \tag{11-24}$$

定理 11.2 若问题 (11-1) 中的函数 $\nabla f(\boldsymbol{x})$ 是 L-利普希茨连续的,选择

$$\alpha_{k+1}=\frac{2D_QM}{\sqrt{-\ln r}\sqrt{k+1}} \tag{11-25}$$

其中,$0<r<1$,且

$$D_Q=\max_{\boldsymbol{x}\in Q}\|\boldsymbol{x}-\boldsymbol{x}_0\| \tag{11-26}$$

假设 $f(\boldsymbol{x})$ 函数的定义域为某个有界闭凸集 Q,同时所有 $g_i(\boldsymbol{x})$ 函数的梯度上界是

$$\|\nabla g_{i_k}(\boldsymbol{x})\|\leqslant M \tag{11-27}$$

则带投影的随机梯度下降算法的每次迭代满足

$$f(\boldsymbol{x}^N_{\lfloor rN\rfloor})-f(\boldsymbol{x}^*)\leqslant\frac{4MD_Q\sqrt{-\ln r}}{\sqrt{N+1}(1-\sqrt{r})} \tag{11-28}$$

其中,$\boldsymbol{x}_P^N=\sum\limits_{k=P}^{N}\dfrac{\alpha_{k+1}}{\sum\limits_{k=P}^{N}\alpha_{k+1}}\boldsymbol{x}_k$。如果同时 $f(\boldsymbol{x})$ 是强凸函数,则对定义域不作限制,设凸参数为 μ,若选择 $\alpha_{k+1}=\dfrac{C}{k+1}$ 作为步长,其中 $C>1/2\mu$,则每次迭代满足

$$\mathbb{E}[f(\boldsymbol{x}_k)-f(\boldsymbol{x}^*)]\leqslant\frac{L}{2}\mathbb{E}[\|\boldsymbol{x}_k-\boldsymbol{x}^*\|^2]\leqslant\frac{L}{2}\frac{M(C)}{k+1} \tag{11-29}$$

其中

$$M(C)=\max\left\{\frac{C^2M^2}{2C\mu-1},\|\boldsymbol{x}_0-\boldsymbol{x}^*\|^2\right\} \tag{11-30}$$

证明 首先证明 $f(\boldsymbol{x})$ 是强凸函数的情况。由于条件较强,所以可供使用的结论也就较多。

令 $\xi_k=\{i_1,i_2,\cdots,i_k\}$:

$$\begin{aligned}\|\boldsymbol{x}_{k+1}-\boldsymbol{x}^*\|^2&=\|\boldsymbol{x}_k-\alpha_{k+1}\nabla g_{i_{k+1}}(\boldsymbol{x}_k)-\boldsymbol{x}^*\|^2\\&=\|\boldsymbol{x}_k-\boldsymbol{x}^*\|^2+\alpha_{k+1}^2\|\nabla g_{i_{k+1}}(\boldsymbol{x}_k)\|^2-2\alpha_{k+1}\langle\boldsymbol{x}_k-\boldsymbol{x}^*,\nabla g_{i_{k+1}}(\boldsymbol{x}_k)\rangle\end{aligned}$$

上式两边对 i_{k+1} 取期望，由于 $\boldsymbol{x}_{k+1}$ 与 i_{k+1} 无关，从而 $\mathbb{E}_{i_{k+1}}[\nabla g_{i_{k+1}}(\boldsymbol{x}_k)]=\nabla f(\boldsymbol{x}_k)$，且 $\mathbb{E}_{i_{k+1}}[\langle \boldsymbol{x}_k-\boldsymbol{x}^*, \nabla g_{i_{k+1}}(\boldsymbol{x}_k)\rangle]=\langle \boldsymbol{x}_k-\boldsymbol{x}^*, \nabla f(\boldsymbol{x}_k)\rangle$，进一步可以得到

$$\begin{aligned}\mathbb{E}_{i_{k+1}}[\|\boldsymbol{x}_{k+1}-\boldsymbol{x}^*\|^2] &= \|\boldsymbol{x}_k-\boldsymbol{x}^*\|^2+\alpha_{k+1}^2\|\nabla f(\boldsymbol{x}_k)\|^2-2\alpha_{k+1}\langle \boldsymbol{x}_k-\boldsymbol{x}^*, \nabla f(\boldsymbol{x}_k)\rangle \\ &\overset{\nabla f(\boldsymbol{x}^*)=0,\text{式}(11\text{-}9),\text{式}(11\text{-}27)}{\leqslant} (1-2\alpha_{k+1}\mu)\|\boldsymbol{x}_k-\boldsymbol{x}^*\|^2+\alpha_{k+1}^2M^2\end{aligned}$$

上式两边对 ξ_k 取期望，可以得到

$$\mathbb{E}_{\xi_{k+1}}[\|\boldsymbol{x}_{k+1}-\boldsymbol{x}^*\|^2] \leqslant (1-2\alpha_{k+1}\mu)\mathbb{E}_{\xi_k}[\|\boldsymbol{x}_k-\boldsymbol{x}^*\|^2]+\alpha_{k+1}^2M^2 \tag{11-31}$$

若选择 $\alpha_{k+1}=\dfrac{C}{k+1}$ 作为步长，并代入上式，可以归纳证明得到

$$\mathbb{E}_{\xi_k}[\|\boldsymbol{x}_k-\boldsymbol{x}^*\|^2] \leqslant \frac{M(C)}{k+1} \tag{11-32}$$

其中，$M(C)$ 由式 (11-30) 给定。

由于有式 (11-8)，因此式 (11-29) 得证。

下面来证明 $f(\boldsymbol{x})$ 是普通凸函数的一般情况。对于投影随机梯度下降，有

$$\begin{aligned}\|\boldsymbol{x}_{k+1}-\boldsymbol{x}^*\|^2 &\overset{\boldsymbol{x}^*\in Q}{=} \|\underset{Q}{\mathrm{Proj}}[\boldsymbol{x}_k-\alpha_{k+1}\nabla g_{i_{k+1}}(\boldsymbol{x}_k)]-\underset{Q}{\mathrm{Proj}}(\boldsymbol{x}^*)\|^2 \\ &\leqslant \|\boldsymbol{x}_k-\alpha_{k+1}\nabla g_{i_{k+1}}(\boldsymbol{x}_k)-\boldsymbol{x}^*\|^2 \\ &= \|\boldsymbol{x}_k-\boldsymbol{x}^*\|^2+\alpha_{k+1}^2\|\nabla g_{i_{k+1}}(\boldsymbol{x}_k)\|^2-2\alpha_{k+1}\langle \boldsymbol{x}_k-\boldsymbol{x}^*, \nabla g_{i_{k+1}}(\boldsymbol{x}_k)\rangle\end{aligned}$$

类似于上面强凸函数的情况，上式两边对 i_{k+1} 取期望，然后再对 ξ_k 作期望，则有

$$\begin{aligned}\mathbb{E}_{\xi_{k+1}}[\|\boldsymbol{x}_{k+1}-\boldsymbol{x}^*\|^2] \leqslant& \mathbb{E}_{\xi_k}[\|\boldsymbol{x}_k-\boldsymbol{x}^*\|^2]+\alpha_{k+1}^2M^2 \\ &-2\alpha_{k+1}\langle \boldsymbol{x}_k-\boldsymbol{x}^*, \nabla f(\boldsymbol{x}_k)\rangle\end{aligned}$$

由于 $f(\boldsymbol{x})$ 是凸函数，因此有 $\langle \boldsymbol{x}_k-\boldsymbol{x}^*, \nabla f(\boldsymbol{x}_k)\rangle \geqslant f(\boldsymbol{x}_k)-f(\boldsymbol{x}^*)$。代入上式，则有

$$2\alpha_{k+1}(f(\boldsymbol{x}_k)-f(\boldsymbol{x}^*)) \leqslant \|\boldsymbol{x}_k-\boldsymbol{x}^*\|^2-\mathbb{E}_{i_{k+1}}[\|\boldsymbol{x}_{k+1}-\boldsymbol{x}^*\|^2]+\alpha_{k+1}^2M^2$$

在上式中，令 $k=P, P+1, \cdots, N$ 并作加和，可以得到

$$\sum_{k=P}^{N} 2\alpha_{k+1}(f(\boldsymbol{x}_k)-f(\boldsymbol{x}^*)) \leqslant \mathbb{E}_{\xi_P}[\|\boldsymbol{x}_P-\boldsymbol{x}^*\|^2]+M^2\sum_{k=P}^{N}\alpha_{k+1}^2$$

令 $\boldsymbol{x}_P^N = \sum_{k=P}^{N} \frac{\alpha_{k+1}}{\sum_{k=P}^{N} \alpha_{k+1}} \boldsymbol{x}_k$，由 $f(\boldsymbol{x})$ 的凸性，从上式可以得到

$$f(\boldsymbol{x}_P^N) - f(\boldsymbol{x}^*) \leqslant \frac{1}{2} \frac{4D_Q^2 + M^2 \sum_{k=P}^{N} \alpha_{k+1}^2}{\sum_{k=P}^{N} \alpha_{k+1}}$$

将式 (11-25) 代入上式，得到

$$f(\boldsymbol{x}_P^N) - f(\boldsymbol{x}^*) \leqslant \frac{1}{2} \frac{4MD_Q \left(\sqrt{-\ln r} + \frac{1}{\sqrt{-\ln r}} \sum_{k=P}^{N} \frac{1}{k+1} \right)}{\sum_{k=P}^{N} \frac{1}{\sqrt{k+1}}}$$

由于

$$\sum_{k=P}^{N} \frac{1}{k+1} \leqslant \int_{P-1}^{N} \frac{1}{\boldsymbol{x}+1} \mathrm{d}\boldsymbol{x} = \ln \frac{N+1}{P}$$

和

$$\sum_{k=P}^{N} \frac{1}{\sqrt{k+1}} \geqslant \int_{P}^{N} \frac{1}{\sqrt{\boldsymbol{x}+1}} \mathrm{d}\boldsymbol{x} = 2\sqrt{N+1} - 2\sqrt{P+1}$$

令 $P = \lceil r(N+1) \rceil$，将上面两式代入并简化，可以得到

$$f(\boldsymbol{x}_{\lfloor rN \rfloor}^N) - f(\boldsymbol{x}^*) \leqslant \frac{4MD_Q\sqrt{-\ln r}}{\sqrt{N+1}(1-\sqrt{r})}$$

定理得证。 □

从以上两个定理可以看出，无论是否有强凸条件，在收敛性方面 FGD 算法都比 SGD 算法要快很多。因此是否有能够同时结合 FGD 和 SGD 优点的算法自然成为人们关注的问题，也引起了很多研究者的兴趣，从而出现了一些新的方法与结果，包括随机平均梯度 (stochastic average gradient, SAG) 方法[242]、随机方差减梯度 (stochastic variance-reduced gradient，SVRG) 方法[250] 以及最小增量优化 (minimization by incremental surrogate optimization，MISO) 方法[251] 等。下面简要介绍一下这些方法。

11.3 加速梯度算法

从理论上说，如果仅利用一阶的梯度信息，则可以达到更快的收敛速度。文献 [220] 给出了一种这样的算法，其具体过程见算法 11-1。

(1) 输入: 选取 $\boldsymbol{x}^0 \in \mathbf{R}^n$；令 $k \leftarrow 0$，$\gamma_0 > 0$，$\boldsymbol{v}_0 = \boldsymbol{x}_0$，$\epsilon > 0$；
(2) 迭代以下步骤直至 $\|\boldsymbol{x}_{k+1} - \boldsymbol{x}_k\|_2 < \epsilon$；
(3) 令 $0 < \alpha_k < 1$ 满足

$$L\alpha_k^2 = (1 - \alpha_k)\gamma_k + \alpha_k\mu \tag{11-33}$$

且 $\gamma_{k+1} = (1 - \alpha_k)\gamma_k + \alpha_k\mu$；
(4) 更新 $\boldsymbol{y}_k$：

$$\boldsymbol{y}_k = \frac{\alpha_k\gamma_k\boldsymbol{v}_k + \gamma_{k+1}\boldsymbol{x}_k}{\gamma_k + \alpha_k\mu} \tag{11-34}$$

更新 $\boldsymbol{x}_k$：

$$\boldsymbol{x}_{k+1} = \boldsymbol{y}_k - \frac{1}{L}\nabla f(\boldsymbol{y}_k) \tag{11-35}$$

更新 $\boldsymbol{v}_{k+1}$：

$$\boldsymbol{v}_{k+1} = \frac{(1 - \alpha_k)\gamma_k\boldsymbol{v}_k + \alpha_k\mu\boldsymbol{y}_k - \alpha_k\nabla f(\boldsymbol{y}_k)}{\gamma_{k+1}} \tag{11-36}$$

$k \leftarrow k + 1$；
(5) 输出: $\boldsymbol{x}_k$。

算法 11-1 加速全梯度下降算法

定理 11.3 若问题 (11-1) 中函数 $\nabla f(\boldsymbol{x})$ 是 L-利普希茨连续的，$f(\boldsymbol{x})$ 的凸参数为 μ，$h(\boldsymbol{x}) \equiv 0$，则加速全梯度下降算法 11-1 的每次迭代满足如下。

如果 $\gamma_0 > \mu$：

$$f(\boldsymbol{x}^k) - f(\boldsymbol{x}^*) \leqslant \min\left\{\left(1 - \sqrt{\frac{\mu}{L}}\right)^k, \frac{4L}{(2\sqrt{L} + k\sqrt{\gamma_0})^2}\right\} \left[f(\boldsymbol{x}^0) - f(\boldsymbol{x}^*) + \frac{\gamma_0}{2}\|\boldsymbol{x}^0 - \boldsymbol{x}^*\|^2\right] \tag{11-37}$$

如果 $\gamma_0 = L$：

$$f(\boldsymbol{x}^k) - f(\boldsymbol{x}^*) \leqslant L\min\left\{\left(1 - \sqrt{\frac{\mu}{L}}\right)^k, \frac{4}{(k+2)^2}\right\}\|\boldsymbol{x}^0 - \boldsymbol{x}^*\|^2 \tag{11-38}$$

该定理原来的证明较为冗长，这里仅给出证明的大致思路，以便能帮助理解其他内容。对证明的细节感兴趣的读者可以查看文献中原始的证明[220]。

为了解决以上问题，文献 [220] 发明了一种称为估计序列 (estimated sequence) 的方法。它是对待优化目标函数的 $f(\boldsymbol{x})$ 的一系列下界的逼近。

定义 11.3(估计序列) 若函数序列 $\{\Phi_k(\boldsymbol{x})\}_0^\infty$ 与非负实数列 $\{\lambda_k\}_0^\infty$ 满足 $\lambda_k \to 0$，且

$$\Phi_k(\boldsymbol{x}) \leqslant (1-\lambda_k)f(\boldsymbol{x}) + \lambda_k\Phi_0(\boldsymbol{x}) \tag{11-39}$$

则称 $\{\Phi_k(\boldsymbol{x})\}_0^\infty$ 与 $\{\lambda_k\}_0^\infty$ 为函数 $f(\boldsymbol{x})$ 的一个估计序列。

估计序列形成了 $f(\boldsymbol{x})$ 下界的一个逼近。如果同时是某种上界估计，例如，假设梯度算法中得到的 $\boldsymbol{x}_k$ 满足

$$f(\boldsymbol{x}_k) \leqslant \min_{\boldsymbol{x}\in\mathbf{R}^p} \Phi_k(\boldsymbol{x}) \tag{11-40}$$

即 $\Phi_k(\boldsymbol{x})$ 也可以同时给出 $f(\boldsymbol{x})$ 的某种上界估计，则能够给出 $\boldsymbol{x}_k$ 的收敛速度满足

$$f(\boldsymbol{x}_k) - f^* \leqslant \lambda_k(\Phi_0(\boldsymbol{x}^*) - f^*) \tag{11-41}$$

文献 [220] 通过归纳构造了 $f(\boldsymbol{x})$ 的一个二次函数估计序列：

$$\Phi_k(\boldsymbol{x}) = \Phi_k^* + \frac{\gamma_k}{2}\|\boldsymbol{x}-\boldsymbol{v}_k\|^2 \tag{11-42}$$

能满足式 (11-40)，其中，γ_k 和 $\boldsymbol{v}_k$ 如算法 11-1 中所定义。这样根据式 (11-41) 可以得到定理 11.3。

算法 11-1 可以进一步地简化。通过式 (11-33)、式 (11-34)、式 (11-35) 与式 (11-36)，可以看出算法 11-1 中的变量 γ_k 与 $\boldsymbol{v}_k$ 可以去掉，这样简化后的算法见算法 11-2。

(1) 输入: 选取 $\boldsymbol{x}^0 \in \mathbf{R}^n$；令 $k \leftarrow 0$，$\alpha_0 > 0$，$\boldsymbol{y}_0 = \boldsymbol{x}_0$，$\epsilon > 0$；

(2) 迭代以下步骤直至 $\|\boldsymbol{x}_{k+1} - \boldsymbol{x}_k\|_2 < \epsilon$；

(3) 更新 $\boldsymbol{x}_k$:

$$\boldsymbol{x}_{k+1} = \boldsymbol{y}_k - \frac{1}{L}\nabla f(\boldsymbol{y}_k) \tag{11-43}$$

令 $0 < \alpha_k < 1$ 满足

$$\alpha_{k+1}^2 = (1-\alpha_{k+1})\alpha_k^2 + \frac{\mu}{L}\alpha_{k+1} \tag{11-44}$$

更新 $\boldsymbol{y}_k$:

$$\boldsymbol{y}_{k+1} = \boldsymbol{x}_{k+1} + \beta_k(\boldsymbol{x}_{k+1} - \boldsymbol{x}_k) \tag{11-45}$$

其中，$\beta_k = \dfrac{\alpha_k(1-\alpha_k)}{\alpha_k^2 + \alpha_{k+1}}$；

(4) $k \leftarrow k+1$；

(5) 输出: $\boldsymbol{x}_k$。

算法 11-2 加速全梯度下降算法简化版 1

进一步，如果在算法中选择 $\alpha_0 = \sqrt{\frac{\mu}{L}}$，则有 $\alpha_k = \sqrt{\frac{\mu}{L}}$，$\beta_k = \frac{\sqrt{L}-\sqrt{\mu}}{\sqrt{L}+\sqrt{\mu}}$，从而得到算法 11-3。

(1) 输入: 选取 $\boldsymbol{x}^0 \in \mathbf{R}^n$；令 $k \leftarrow 0$，$\boldsymbol{y}_0 = \boldsymbol{x}_0$，$\epsilon > 0$；

(2) 迭代以下步骤直至 $\|\boldsymbol{x}_{k+1} - \boldsymbol{x}_k\|_2 < \epsilon$；

(3) 更新 $\boldsymbol{x}_k$：

$$\boldsymbol{x}_{k+1} = \boldsymbol{y}_k - \frac{1}{L}\nabla f(\boldsymbol{y}_k) \tag{11-46}$$

更新 $\boldsymbol{y}_k$：

$$\boldsymbol{y}_{k+1} = \boldsymbol{x}_{k+1} + \frac{\sqrt{L}-\sqrt{\mu}}{\sqrt{L}+\sqrt{\mu}}(\boldsymbol{x}_{k+1} - \boldsymbol{x}_k) \tag{11-47}$$

$k \leftarrow k+1$；

(4) 输出: $\boldsymbol{x}_k$。

算法 11-3　加速全梯度下降算法简化版 2

11.4　指数型收敛的随机梯度下降算法

从 11.3 节的收敛性分析可以看出，随机梯度算法由于每次只是利用一个样本的梯度信息，因此收敛速度比较慢。如何在不增加每次迭代计算量的情况下，提高收敛速度成为一个亟待解决的问题。最直观的想法是利用所有样本的梯度信息，以下两种方法即是其中的典型，下面将分别介绍这两种方法。

11.4.1　随机平均梯度法

近年来，有研究者提出了一种随机平均梯度方法[242]。该方法采取如下的迭代方式：

$$\boldsymbol{x}_{k+1} = \boldsymbol{x}_k - \frac{\alpha_k}{n}\sum_{i=1}^{n}\boldsymbol{y}_{k,i} \tag{11-48}$$

其中，在每次迭代时，随机选择样本 i_k，并以如下规则更新所有的梯度：

$$\boldsymbol{y}_{k,i} = \begin{cases} \nabla g_i(\boldsymbol{x}_k), & i = i_k \\ \boldsymbol{y}_{k-1,i}, & \text{其他} \end{cases} \tag{11-49}$$

SAG 方法兼具了 FGD 方法和 SGD 方法的优点：它保存了与所有样本相关的梯度信息，但是每次迭代仅计算并更新与单个样本相关的梯度，其计算量与 SGD 方法相同，与样本总数无关；而最终用于搜索的方向与 FGD 相似，为所有梯度的均值。虽然每次迭代的成本很低，但收敛性分析表明，对于普通的凸目标函数，使用固定步长的 SAG 迭代具有 $O\left(\frac{1}{k}\right)$ 的收敛速度，而对于强凸目标函数，SAG 算法与 FGD 算法一样都具有线性收敛速度。通过利用内存来维护所有样本的相关梯度信息，可以获得时间上的优势。精确的收敛性结果总结在定理 11.4 中。

定理 11.4 若在 SAG 的迭代中使用固定步长 $\alpha_k = \frac{1}{16L}$，对于 $k \geqslant 1$，SAG 满足

$$\mathbb{E}[g(\bar{\boldsymbol{x}}_k)] - g(\boldsymbol{x}^*) \leqslant \frac{32n}{k} C_0$$

其中，若初始化 $\boldsymbol{y}_{0,i} = 0$，则

$$C_0 = g(\boldsymbol{x}^0) - g(\boldsymbol{x}^*) + \frac{4L}{n}\|\boldsymbol{x}^0 - \boldsymbol{x}^*\|^2 + \frac{\sigma^2}{16L}$$

此处的 $\sigma^2 = \frac{1}{n}\sum_i \|\nabla g_i(\boldsymbol{x}^*)\|^2$。若选择初始化 $\boldsymbol{y}_{0,i} = \nabla g_i(\boldsymbol{x}_0) - \nabla f(\boldsymbol{x}_0)$，则

$$C_0 = \frac{3}{2}\left[f(\boldsymbol{x}_0) - f(\boldsymbol{x}^*)\right] + \frac{4L}{n}\|\boldsymbol{x}_0 - \boldsymbol{x}^*\|^2$$

如果 f 是 μ 强凸函数，则 SAG 迭代满足

$$\mathbb{E}[g(\boldsymbol{x}_k)] - g(\boldsymbol{x}^*) \leqslant \left(1 - \min\left\{\frac{\mu}{16L}, \frac{1}{8n}\right\}\right)^k C_0$$

该定理的证明非常冗长，此处不再详细介绍，仅将作者证明的思路描述如下，对证明细节有兴趣的读者请参考文献 [242]。

该定理的证明思路非常巧妙，首先构造了一个李雅普诺夫函数 (Lyapunov function)：

$$\mathcal{L}(\theta^k) = 2hg(\boldsymbol{x}^k + de^{\mathrm{T}}\boldsymbol{y}^k) - 2hg(\boldsymbol{x}^*) + (\boldsymbol{\theta}^k - \boldsymbol{\theta}^*)^{\mathrm{T}} \begin{bmatrix} \boldsymbol{A} & \boldsymbol{B} \\ \boldsymbol{B}^{\mathrm{T}} & \boldsymbol{C} \end{bmatrix} (\boldsymbol{\theta}^k - \boldsymbol{\theta}^*)$$

然后证明该李雅普诺夫函数满足：

(1) $\mathbb{E}\big(\mathcal{L}(\boldsymbol{\theta}^k)|\mathcal{F}_{k-1}\big) \leqslant (1-\delta)\mathcal{L}(\boldsymbol{\theta}^{k-1})$;

(2) $\mathcal{L}(\boldsymbol{\theta}^k) \geqslant \gamma\big[f(\boldsymbol{x}^k) - f(\boldsymbol{x}^*)\big]$。

从而可以看出，李雅普诺夫函数完全控制了 $f(\boldsymbol{x}^k) - f(\boldsymbol{x}^*)$ 的上界，进而可得到收敛速度。

可以看出，SAG 的步长与 SGD 的完全不同，SAG 的步长是固定的，而 SGD 的步长随着迭代次数的增加趋向于 0。固定的步长也预示着收敛的速度将变快。

11.4.2 随机方差减梯度方法

从 SGD 算法的表现看，虽然每次迭代使用的梯度方向 $\nabla g_i(\boldsymbol{x})$ 在期望上与 $\nabla f(\boldsymbol{x})$ 相等，但是由于 $\nabla g_i(\boldsymbol{x})$ 各不相同，因此如果 $\nabla g_i(\boldsymbol{x})$ 方差较大，则收敛的速度就会受到较大影响。如果能够减少每次迭代中的方差，则收敛速度有可能会提高。基于以上的想法，有研究者提出了相应的方法，其更新步骤如下[250]：

$$\boldsymbol{x}_{k+1} = \boldsymbol{x}_k - \alpha_k(\nabla g_{i_k}(\boldsymbol{x}_k) - \nabla g_{i_k}(\tilde{\boldsymbol{x}}) + \nabla f(\tilde{\boldsymbol{x}})) \tag{11-50}$$

其中，$\tilde{\boldsymbol{x}}$ 为之前某一次迭代得到的中间解 $\boldsymbol{x}_m$。$\tilde{\boldsymbol{x}}$ 在求解的过程中会周期性地更新。

11.5 坐标梯度下降算法

在大数据情况下，不仅所要处理的数据量 (样本数目 n) 很大，而且数据自身的尺度 (空间维度 p) 也会很高。对前面介绍的所有算法，在每次迭代时都需要对数据的所有维度同时更新。当 p 很大时，由于机器内存的限制，将导致这些算法在实际应用中无法进行或效率低下，因此有研究者提出在每次迭代中更新某一或某若干维度坐标的方法，这样计算量将大大降低，这就是著名的坐标梯度下降算法。这方面开创性的工作是由 Nesterov 完成的[228]，他不仅给出了理论上的收敛分析，而且给出了详尽的实验结果。基于此项工作，后续的很多研究者从理论和实际应用上都开展了很多卓有成效的工作。近期 Wright 对该方法进行了详尽的总结[252]。本节下面所要介绍的内容主要基于以上两篇文献。

坐标下降算法的基本思想是通过依次在不同的坐标方向上最小化目标函数来解决优化问题。这种基本方法有着非常广泛的应用，在包括数据分析、机器学习和其他当前很多热点的领域中发挥着重要的作用。本节主要描述坐标下降法的基本原理，以及变化与延伸，并讨论这些算法的收敛性问题。

坐标下降算法是一种迭代算法，在每一次迭代中，选择一个坐标作为变量，而其他坐标不变，然后针对可变坐标 $\boldsymbol{x}$ 最小化目标函数。也就说每次迭代中的子问题都是一个低维度的最小化问题，因此通常它比原有问题更容易解决。

从算法优化的角度看，坐标下降算法是一个通用的方法：它通过解决一系列较简单的子优化问题来解决一个原始的优化问题。在很多情况下，坐标下降算法由于实现简单，且性能有保证，在工业界得到了较多的应用。然而，由于这种方法形式简单，并没有得到很多研究人员的重视，因此关于坐标下降算法的理论研究一直较少。在早期的工作中，就有研究者详细讨论了“单变量松弛”(univariate relaxation) 方法[253]；后续很多研究者对坐标下降算法的收敛性分析作出了重要贡献 [227,254-256]。

近年来，随着坐标下降算法在统计计算和机器学习等应用领域的流行，越来越多的研究者开始重新关注这种方法，由此出现了坐标下降算法的各种变体，如随机化的或者加速的坐标下降算法等。

本节主要考虑下面没有约束条件的最小化问题：

$$\min_{\boldsymbol{x}\in\mathbf{R}^p} f(\boldsymbol{x}) \tag{11-51}$$

其中，$f:\mathbf{R}^n\to\mathbf{R}$ 是连续的。

在很多应用中，通常会对参数作不同的约束，如稀疏、低秩等，因此上式变为如下正则化的最小化问题：

$$\min_{\boldsymbol{x}\in\mathbf{R}^p} h(\boldsymbol{x}) := f(\boldsymbol{x}) + \lambda\Omega(\boldsymbol{x}) \tag{11-52}$$

其中，f 是光滑的；Ω 是一个正则化函数；$\lambda>0$ 是一个正则化参数。Ω 通常是凸的且假定是可分解的，一般有下面的形式：

$$\Omega(\boldsymbol{x}) = \sum_{i=1}^{N} \Omega_i(\boldsymbol{x}_i) \tag{11-53}$$

其中，对于所有的 i，$\Omega_i\mathbf{R}\to\mathbf{R}$，如 l_1(其中，$\Omega(\boldsymbol{x})=\|\boldsymbol{x}\|_1$, 从而 $\Omega_i(\boldsymbol{x}_i)=|\boldsymbol{x}_i|$) 与盒 (box) 约束 (其中 $\Omega_i(\boldsymbol{x}_i)=I_{[l_i,u_i]}$，而 $I_{[l_i,u_i]}$ 是区间 $[l_i,u_i]$ 的指示函数)。

可分解性意味着可以将单位矩阵拆分成列子矩阵 $U_i(i=1,\cdots,N)$，如下：

$$\Omega(\boldsymbol{x}) = \sum_{i=1}^{N} \Omega_i(\boldsymbol{U}_i^{\mathrm{T}}\boldsymbol{x}) \tag{11-54}$$

本节的内容主要围绕着无约束的问题 (11-51)，其中 f 是凸的且利普希茨连续可微。在某些地方会用到强凸概念，也就是存在一个凸系数 $\sigma>0$，满足

$$f(\boldsymbol{y}) \geqslant f(\boldsymbol{x}) + \langle\nabla f(\boldsymbol{x}), \boldsymbol{y}-\boldsymbol{x}\rangle + \frac{\sigma}{2}\|\boldsymbol{y}-\boldsymbol{x}\|^2 \tag{11-55}$$

坐标下降算法需要在坐标对应的方向上求解最优值，因此需要定义对于算法分析至关重要，且与坐标方向绑定的利普希茨常数。这些常数定义如下，对于所有的 $\boldsymbol{x}\in\mathbf{R}^n$ 和 $t\in\mathbf{R}$ 有

$$|[\nabla f(\boldsymbol{x}+t\boldsymbol{e}_i)]_i - [\nabla f(\boldsymbol{x})]_i| \leqslant L_i|t| \tag{11-56}$$

坐标利普希茨常数 $L_{\max}$ 定义如下：

$$L_{\max} = \max_{i=1,2,\cdots,n} L_i \tag{11-57}$$

一般通常的利普希茨常数 L 如下：

$$\|\nabla f(\boldsymbol{x}+d)-\nabla f(\boldsymbol{x})\| \leqslant L\|d\| \tag{11-58}$$

对于所有的 $\boldsymbol{x}$ 和 d，参照范数与对称矩阵的迹之间的关系，假设 $1 \leqslant \dfrac{1}{L_{\max}} \leqslant n$（当 $f=\boldsymbol{e}(\boldsymbol{e}^{\mathrm{T}}\boldsymbol{x})$ 时达到上边界，其中 $\boldsymbol{e}=(1,1,\cdots,1)^{\mathrm{T}}$）。同时也定义限制的利普希茨常数 L_{res}，则对于所有的 $\boldsymbol{x}\in\mathbf{R}^n$ 和 $t\in\mathbf{R}$，以及 $i=1,2,\cdots,n$，下面的性质成立：

$$\|\nabla f(\boldsymbol{x}+t\boldsymbol{e}_i)-\nabla f(\boldsymbol{x})\| \leqslant L_{\mathrm{res}}\|t\| \tag{11-59}$$

显然 $L_{\mathrm{res}}<L$。比值

$$\Lambda := L_{\mathrm{res}}/L_{\max} \tag{11-60}$$

在分析异步并行算法中非常重要。在 $f(\boldsymbol{x})$ 是凸函数且二次连续可微的情况下，对于所有的 $\boldsymbol{x}$，通过 $\nabla^2 f(\boldsymbol{x})$ 的半正定性，有

$$|[\nabla^2 f(\boldsymbol{x})]_{ij}| \leqslant ([\nabla^2 f(\boldsymbol{x})]_{ii}[\nabla^2 f(\boldsymbol{x})]_{jj})^{\frac{1}{2}} \tag{11-61}$$

由此可以推出

$$1 \leqslant \Lambda \leqslant \sqrt{n} \tag{11-62}$$

然而，由于函数 f 中各坐标之间弱相关，因此可以得出更强的 Λ 边界。在 f 可分解的极端情况下，有 $\Lambda=1$。坐标利普希茨常数 $L_{\max}$ 与 $\nabla^2 f(\boldsymbol{x})$ 的对角元素的最大值一致，而受限的利普希茨常数 L_{res} 与 Hessian 矩阵 $\nabla^2 f(\boldsymbol{x})$ 的最大列范数有关。因此，如果 Hessian 矩阵是半正定且对角占优，则比值最大为 2。

在本节中，假设函数 f 是凸的且利普希茨均匀地连续可微，在集合 S 上有最小值 f^*，且 f 的定义域有边界，即

$$\max_{\boldsymbol{x}^*\in S}\max_{\boldsymbol{x}}\{\|\boldsymbol{x}-\boldsymbol{x}^*\| : f(\boldsymbol{x}) \leqslant f(\boldsymbol{x}_0)\} \leqslant R_0 \tag{11-63}$$

针对上述内容的坐标随机梯度下降算法的过程见算法 11-4。

(1) 输入：选取 $\boldsymbol{x}^0\in\mathbf{R}^n$；设 $k=0$；
(2) 迭代以下步骤直至 $\|\boldsymbol{x}_{k+1}-\boldsymbol{x}_k\|_2<\epsilon$，更新 $\boldsymbol{x}_k$：
(3) 从 $\{1,2,\cdots,n\}$ 以均匀概率选取 i_k，独立于以前迭代中的选择；
(4) 设 $\boldsymbol{x}^{k+1}=\boldsymbol{x}^k-\alpha_k[\nabla f(\boldsymbol{x}_k)]_{i_k}e_{i_k}$；
(5) $k=k+1$；
(6) 输出：$\boldsymbol{x}_k$。

算法 11-4　针对式 (11-51) 的坐标随机梯度下降算法

在随机的坐标下降算法中，每一次迭代时随机地选择待更新的坐标。在算法 11-4 中考虑的是最简单的等概率地从 $\{1,2,\cdots,n\}$ 中选择变量 i_k。对于随机算法，在简单步长 $\alpha_k \equiv 1/L_{\max}$ 的选择下，可以给出下面的收敛结果。

在下面分析中，$\mathbb{E}_{i_k}(\cdot)$ 表示对单个随机索引 i_k 取期望；$\mathbb{E}(\cdot)$ 表示对所有随机变量取期望。

定理 11.5 算法 11-4 中假设 $\alpha_k \equiv 1/L_{\max}$，则对所有的 $k>0$ 有

$$\mathbb{E}(f(\boldsymbol{x}^k)) - f^* \leqslant \frac{2n\alpha_k R_0^2}{k} \tag{11-64}$$

当式 (11-55) 中 $\sigma>0$ 时，另外有

$$\mathbb{E}(f(\boldsymbol{x}^k)) - f^* \leqslant \left(1-\frac{\sigma}{nL_{\max}}\right)^k (f(\boldsymbol{x}_0)-f^*) \tag{11-65}$$

证明 通过泰勒定理的应用证明，并结合式 (11-56) 和式 (11-57)，有

$$\begin{aligned}
f(\boldsymbol{x}^{k+1}) &= f(\boldsymbol{x}^k - \alpha_k[\nabla f(\boldsymbol{x}_k)]_{i_k} e_{i_k}) \\
&\leqslant f(\boldsymbol{x}^k) - \alpha_k[\nabla f(\boldsymbol{x}_k)]_{i_k}^2 + \frac{1}{2}L_{i_k}[\nabla f(\boldsymbol{x}_k)]_{i_k}^2 \\
&\leqslant f(\boldsymbol{x}^k) - \alpha_k\left(1-\frac{L_{\max}}{2}\alpha_k\right)[\nabla f(\boldsymbol{x}_k)]_{i_k}^2 \\
&\leqslant f(\boldsymbol{x}^k) - \frac{1}{2L_{\max}}[\nabla f(\boldsymbol{x}_k)]_{i_k}{}^2
\end{aligned}$$

最后一个式子中用到 $\alpha_k = \dfrac{1}{L_{\max}}$。在随机坐标 i_k 上对上面表达式两边都取期望，有

$$\begin{aligned}
\mathbb{E}_{i_k} f(\boldsymbol{x}^{k+1}) &\leqslant f(\boldsymbol{x}^k) - \frac{1}{2L_{\max}}\frac{1}{n}\sum_{i=1}^{n}[\nabla f(\boldsymbol{x}_k)]_i^2 \\
&= f(\boldsymbol{x}^k) - \frac{1}{2L_{\max}}\|\nabla f(\boldsymbol{x}_k)]\|^2
\end{aligned}$$

需要指出的是，此处的 $\boldsymbol{x}^k$ 不依赖于 i_k，且等概率地从 $\{1,2,\cdots,n\}$ 中选择。现在对上式两边都减去 $f(\boldsymbol{x}^*)$，对所有的随机变量 $i_0, i_1, \cdots$ 两边取期望，用下面的符号：

$$\phi_k := \mathbb{E}(f(\boldsymbol{x}^k)) - f^*$$

得到

$$\phi_{k+1} \leqslant \phi_k - \frac{1}{2nL_{\max}}\mathbb{E}\|\nabla f(\boldsymbol{x}_k)]\|^2 \leqslant \phi_k - \frac{1}{2nL_{\max}}[\mathbb{E}\|\nabla f(\boldsymbol{x}_k)]\|]^2 \tag{11-66}$$

上式第二个不等式中用了 Jensen 不等式。根据 f 的凸性，对于任意 $\boldsymbol{x}^* \in S$ 有

$$f(\boldsymbol{x}^k) - f^* \leqslant \nabla f(\boldsymbol{x}_k)^{\mathrm{T}}(\boldsymbol{x}^k - \boldsymbol{x}^*) \leqslant \|\nabla f(\boldsymbol{x}_k)\|\|\boldsymbol{x}^k - \boldsymbol{x}^*\| \leqslant R_0\|\nabla f(\boldsymbol{x}_k)\| \tag{11-67}$$

上式最后的不等式是因为 $f(\boldsymbol{x}^k) \leqslant f(\boldsymbol{x}^0)$，因此 $\boldsymbol{x}^k$ 在式 (11-63) 的集合中。对两边取期望，得到

$$\mathbb{E}(\|\nabla f(\boldsymbol{x}_k)\|) \geqslant \frac{1}{R_0}\phi_k \tag{11-68}$$

把这一边界代入式 (11-66)，整理后得

$$\phi_k - \phi_{k+1} \geqslant \frac{1}{2nL_{\max}}\frac{1}{R_0^2}\phi_k^2 \tag{11-69}$$

因此有

$$\frac{1}{\phi_{k+1}} - \frac{1}{\phi_k} = \frac{\phi_k - \phi_{k+1}}{\phi_k\phi_{k+1}} \geqslant \frac{\phi_k - \phi_{k+1}}{\phi_k^2} \geqslant \frac{1}{2nL_{\max}R_0^2} \tag{11-70}$$

通过应用此公式递归，可得

$$\frac{1}{\phi_k} \geqslant \frac{1}{\phi_0} + \frac{k}{2nL_{\max}R_0^2} \geqslant \frac{k}{2nL_{\max}R_0^2} \tag{11-71}$$

因此，式 (11-64) 成立。在 f 强凸且系数 $\sigma > 0$ 的情况下，在式 (11-55) 中关于 $\boldsymbol{y}$ 对两边取最小值，设 $\boldsymbol{x} = \boldsymbol{x}^k$，有

$$f^* \geqslant f(\boldsymbol{x}^k) - \frac{1}{2\sigma}\|\nabla f(\boldsymbol{x}_k)\|^2 \tag{11-72}$$

结合式 (11-66) 和式 (11-72)，得

$$\phi_{k+1} \leqslant \phi_k - \frac{\sigma}{nL_{\max}}\phi_k = \left(1 - \frac{\sigma}{nL_{\max}}\right)\phi_k \tag{11-73}$$

此公式的递归应用可以得到式 (11-65)。 □

对于选择最优的步长 α_k，通过对式 (11-66) 作微小调整，可以得到同样收敛的表达式。例如，选择 $\alpha_k = 1/L_{i_k}$，得到式 (11-64) 和式 (11-65) 同样的边界。当沿坐标的方向上搜索 f 的极小值时，同样的边界成立。

比较式 (11-64) 与下面带有常步长 $\alpha_k = 1/L$(L 由式 (11-58) 得到) 全梯度下降得到的结果。迭代：

$$\boldsymbol{x}^{k+1} = \boldsymbol{x}^k - \frac{1}{L}\nabla f(\boldsymbol{x}^k) \tag{11-74}$$

得到一个收敛的表达式：

$$f(\boldsymbol{x}^k) - f^* \leqslant \frac{2LR_0^2}{k} \tag{11-75}$$

坐标下降算法也可以有分布式和并行版本。在分布式和并行算法中，同步模块把计算任务分成若干片，这样就可以在多个处理器 (或多核机器的不同核) 上并行执行任务的不同部分。然而，为能及时保证所有的处理器在某些时间点所获得的信息一致，必须在所有的处理器间频繁地进行同步操作。例如，每一个处理器可以并行地更新坐标 X 的一个子集 (子集不相交)，同步步骤能够保证在下一步计算之前，所有的处理器能够共享更新后的结果。同步步骤通常要降低算法的性能，这不仅是因为一些处理器可能被强制空闲，相关任务会改由其他处理器来完成，还因为频繁地存取同步信息将增加系统开销。因此，在实际应用中，异步方法更受欢迎，它弱化或减轻了所有处理器一致性的要求。尽管这些异步算法已经在实际中获得了较好的效果，但对其进行分析比同步方式更加困难。

11.6 本章小结

本章主要从理论上概要叙述了面向大数据处理的深度模型的若干经典且有效的算法，包括随机梯度下降算法、随机梯度下降算法的加速版本、指数收敛的梯度下降算法以及坐标梯度下降算法等。本章的内容既是深度学习的入门，又是接下来两章内容的基础。

第 12 章　面向大数据的通用型在线及随机梯度下降算法

目前针对大数据问题而提出的各种方法，大多可归类为求解光滑问题 ($C^{1,1}(\mathbf{R}^p)$) 或者完全的非光滑问题 ($C^{1,0}(\mathbf{R}^p)$)，但对这两类极端问题之间的中间问题 ($C^{1,v}(\mathbf{R}^p)$) 却鲜有报道。本章则专注于研究这类中间类型的问题，并提出一系列不需要预知目标函数光滑程度的通用的在线和随机梯度方法，从而扩展机器学习所能求解问题的外延。误差分析和收敛性分析表明，所提出的算法能够以线性速度收敛[257]。

12.1　引　　言

近年来，在线和随机梯度方法 (或称为增量梯度法) 由于其在理论上的完备性，以及在工业界若干领域的成功应用，已经成为基于机器学习的大规模模型训练任务中最有前景的方法[242,251,258-261]。从近年来的文献看，增量梯度法在包括 LASSO、逻辑回归、支持向量机与深度学习等在内的若干问题上均取得了重要进展。这些进展包括：复合镜面下降法 (composite objective mirror descent，COMID)[262] 将镜面下降 (mirror descent)[263] 推广到在线环境；正则化对偶平均 (regularized dual averaging，RDA)[264] 将对偶平均[265] 推广到在线和复合优化中，并可以推广到分布式优化的情况[266]；在线交替方向乘子法 (alternating direction multiplier method，ADMM)[267]、RDA-ADMM[267] 和在线近端梯度 (online proximal gradient，OPG)ADMM[259] 将经典的交替方向乘子法[191] 推广到在线和随机环境；在随机梯度法中，很多研究者使用不同的技术，通过在平均梯度方向上更新，包括 MISO[251]、SAG[242] 以及 SVRG[260]，从而实现线性收敛。

然而，当前大部分的增量梯度算法处理的都是光滑函数或利普希茨连续的非光滑函数，而这两类问题之间的中间类型则鲜有研究，本章尝试解决此类问题。

考虑拥有 v 度 Hölder 连续梯度的目标函数：

$$\|\nabla g(\boldsymbol{x})-\nabla g(\boldsymbol{y})\|_* \leqslant M_v\|\boldsymbol{x}-\boldsymbol{y}\|^v \tag{12-1}$$

其中，$0 \leqslant v \leqslant 1$，且如果 $g(\boldsymbol{x})$ 是非光滑的，则 $\nabla g(\boldsymbol{x})$ 表示任何次梯度 (subgradient)。当 $v=1$ 时，$g(\boldsymbol{x})$ 变成具有利普希茨连续梯度的光滑函数；当 $v=0$ 时，$g(\boldsymbol{x})$

变成非光滑的利普希茨连续函数。M_v 主要用于描述梯度的变化率，可以用记号 $C^{1,v}(\mathbf{R}^p)$ 表示所有这一类型函数组成的类。本章考虑具有如下形式的问题：

$$\min_{\boldsymbol{x}\in\mathbf{R}^p} f(\boldsymbol{x}) := \frac{1}{n}\sum_{i=1}^{n} g_i(\boldsymbol{x}) + h(\boldsymbol{x}) \tag{12-2}$$

其中，g_i 是具有 Hölder 连续梯度的一个凸损失函数，该函数一般在机器学习中往往是与训练集中的一个样本相关；h 是一个惩罚函数或正规化函数。在本章中，令 $g(\boldsymbol{x}) = \frac{1}{n}\sum_{i=1}^{n} g_i(\boldsymbol{x})$。

如果把问题 (12-2) 看成最小化复合函数 $g(\boldsymbol{x}) + h(\boldsymbol{x})$，则可以使用通用梯度方法 (universal gradient methods，UGM) 来对其进行求解[268]。但这种通用梯度方法是一种批处理模式的学习算法，而在大数据情况下，n 往往非常大，批处理方法每次都需要遍历 n 个函数来求解梯度，这样的计算量太大以至于学习的过程无法进行。在这种情况下，增量学习方法将成为强有力的工具。本章尝试将通用梯度方法推广到在线和随机的情况下，从而能够处理具有 Hölder 连续梯度的目标函数。

假设 $\boldsymbol{x}^*$ 是问题 (12-2) 的一个最优解，可以定义一个新的悔度 (regret) 误差：

$$R(T, \boldsymbol{x}^*, \epsilon) := \sum_{t=0}^{T} f_{g_t}(\boldsymbol{x}_t) - \sum_{t=0}^{T} f_{g_t}(\boldsymbol{x}^*) \tag{12-3}$$

不同于通常的悔度误差，在上述新的定义中加了一个参数 ϵ，表示预先指定的误差范围。本章所有的算法都需要事先假定一个精度 ϵ。ϵ 的值越小，则每次迭代的计算量越大，而算法的悔度误差越小[257]。

本章中其他部分安排如下：12.2 节提出通用的在线原始/对偶 (prime/dual) 梯度方法，以解决数据依次出现的问题，并给出悔度误差分析和收敛性分析；12.3 节介绍通用随机梯度方法 (stochastic universal gradient，SUG)，并通过理论分析证明其可以线性速度收敛；12.4 节介绍所提出方法的一些应用实例。

如果没有特殊说明，本章中所有涉及的函数都是凸函数。

通过 v 度 Hölder 连续的定义不等式 (12-1)，可以得到

$$|g(\boldsymbol{x}) - g(\boldsymbol{y}) - \nabla g(\boldsymbol{y})^{\mathrm{T}}(\boldsymbol{x}-\boldsymbol{y})| \leqslant \frac{M_v}{1+v}\|\boldsymbol{x}-\boldsymbol{y}\|^{1+v} \tag{12-4}$$

定义 Bregman 距离为

$$\xi(\boldsymbol{x}, \boldsymbol{y}) := d(\boldsymbol{y}) - d(\boldsymbol{x}) - \langle \nabla d(\boldsymbol{x}), \boldsymbol{y}-\boldsymbol{x}\rangle \tag{12-5}$$

其中，$d(\boldsymbol{x})$ 是凸参数为 1 的可微强凸函数，且最小值为 0，一般称其为近端函数 (prox-function)。若 Bregman 距离对 $\boldsymbol{y}$ 求导，则得到

$$\nabla_{\boldsymbol{y}}\xi(\boldsymbol{x}, \boldsymbol{y}) = \nabla d(\boldsymbol{y}) - \nabla d(\boldsymbol{x})$$

定义 Bregman 映射为

$$\hat{\boldsymbol{x}} = \arg\min_{\boldsymbol{y}} \left[g(\boldsymbol{x}) + \langle \nabla g(\boldsymbol{x}), \boldsymbol{y} - \boldsymbol{x} \rangle + M\xi(\boldsymbol{y}, \boldsymbol{x}) + h(\boldsymbol{y}) \right] \tag{12-6}$$

其中，$h(\boldsymbol{y})$ 是固定的正则化项。

问题 (12-6) 的一阶最优条件为

$$\langle \nabla g(\boldsymbol{x}) + M(\nabla d(\hat{\boldsymbol{x}}) - \nabla d(\boldsymbol{x})) + \nabla h(\hat{\boldsymbol{x}}), \boldsymbol{y} - \hat{\boldsymbol{x}} \rangle \geqslant 0 \tag{12-7}$$

本章在理论推导过程中频繁用到了文献 [268] 中介绍的一些引理和方程，为了使用方便，同时便于读者参考，这里将它们改写成如下的形式。

引理 12.1 如果 $\epsilon > 0$ 且 $M > \left(\dfrac{1}{\epsilon}\right)^{\frac{1-v}{1+v}} M_v^{\frac{2}{1+v}}$，则对任意 $t \geqslant 0$，有

$$\frac{M_v}{1+v} t^{1+v} \leqslant \frac{1}{2} M t^2 + \frac{\epsilon}{2} \tag{12-8}$$

这一引理在本章中多处用到，用于把 Hölder 连续条件转化为利普希茨连续条件。

引理 12.2 如果 g 满足条件 (12-1)，假设 $\epsilon > 0$ 且 $M > \left(\dfrac{1}{\epsilon}\right)^{\frac{1-v}{1+v}} M_v^{\frac{2}{1+v}}$，则对于任意一对 $\boldsymbol{x}, \boldsymbol{y}$ 有

$$g(\boldsymbol{y}) \leqslant g(\boldsymbol{x}) + \langle \nabla g(\boldsymbol{x}), \boldsymbol{y} - \boldsymbol{x} \rangle + \frac{1}{2} M \|\boldsymbol{y} - \boldsymbol{x}\|^2 + \frac{\epsilon}{2} \tag{12-9}$$

如果 $\hat{\boldsymbol{x}}$ 是 $\boldsymbol{x}$ 经由式 (12-6) 得到的 Bregman 映射，则有

$$g(\hat{\boldsymbol{x}}) + h(\hat{\boldsymbol{x}}) \leqslant g(\boldsymbol{x}) + \langle \nabla g(\boldsymbol{x}), \hat{\boldsymbol{x}} - \boldsymbol{x} \rangle + M\xi(\hat{\boldsymbol{x}}, \boldsymbol{x}) + h(\hat{\boldsymbol{x}}) + \frac{\epsilon}{2} \tag{12-10}$$

本章使用记号 $\gamma(M_v, \epsilon) := \left(\dfrac{1}{\epsilon}\right)^{\frac{1-v}{1+v}} M_\infty^{\frac{2}{1+v}}$。

引理 12.3 如果$\phi(\boldsymbol{x})$ 是凸的，且 $\phi(\boldsymbol{x})$–$Md(\boldsymbol{x})$ 是次可微的，令 $\bar{\boldsymbol{x}} = \arg\min_{\boldsymbol{x}} \phi(\boldsymbol{x})$，则有

$$\phi(\boldsymbol{y}) \geqslant \phi(\bar{\boldsymbol{x}}) + M\xi(\bar{\boldsymbol{x}}, \boldsymbol{y}) \tag{12-11}$$

这些引理都是文献 [268] 中给出的，感兴趣的读者可以查阅其证明过程。

12.2 通用在线梯度法

本章将通用梯度方法推广到在线学习的情况，以解决诸如多媒体信息处理等，数据随时间依次出现时的情况[103]。所提出的改进方法从形式上看非常直观，即在

每一次迭代中仅把 $f_T(\boldsymbol{x})$ 变为 $f_{g_t}(\boldsymbol{x})$，之后将每一次迭代的结果取均值作为输出。这种方法的原始出发点借鉴于文献 [262] 和 [259]。而文献 [268] 给出了两种类型的通用梯度算法以及它们的收敛性分析。受上述这些工作的启发，本章提出如下两种通用的在线梯度算法。

12.2.1 通用的在线原始梯度方法

引理 12.2 表明，Bregman 映射可以使当前点更接近于真实值，这一直观的想法形成了通用梯度方法，以及本章所提出的在线算法的核心。在通用梯度方法中，Bregman 映射用于更新每一次迭代的 $\boldsymbol{x}_t$，并且当全部迭代完成后输出 $\boldsymbol{x}_t$ 作为最终解。本章提出一般的通用在线原始梯度法 (online universal prime gradient method，O-UPGM) 来解决问题 (12-2)。下面的算法 12-1 和通用梯度算法相同，也是用 Bregman 映射更新每一次迭代的 $\boldsymbol{x}_t$，并将其作为当前的样本。与通用梯度方法不同的是，当全部迭代完成后，把所有 $\boldsymbol{x}_t$ 的均值输出作为最终解。

(1) 输入: $L_0 > 0$，$\epsilon > 0$;
(2) 输出: $\bar{\boldsymbol{x}} = \frac{1}{S_T}\sum_{t=1}^{T+1}\frac{1}{L_t}\boldsymbol{x}_t$, 其中 $S_T = \sum_{t=1}^{T+1}\frac{1}{L_t}$;
(3) for $t = 0, 1, \cdots, T$ do
(4) 查找最小的 $i_t \geqslant 0$ 使得 $g_t(\hat{\boldsymbol{x}}) + h(\hat{\boldsymbol{x}}) \leqslant g_t(\boldsymbol{x}_t) + \langle\nabla g_t(\boldsymbol{x}_t), \hat{\boldsymbol{x}} - \boldsymbol{x}_t\rangle + 2^{i_t}L_t\xi(\hat{\boldsymbol{x}}, \boldsymbol{x}_t) + h(\hat{\boldsymbol{x}}) + \frac{\epsilon}{2}$;
(5) 令 $\boldsymbol{x}_{t+1} = \hat{\boldsymbol{x}}$，$L_{t+1} = 2^{i_t - 1}L_t$;
(6) $t = t + 1$;
(7) end for

算法 12-1 通用的在线原始梯度方法

上述 O-UPGM 与批处理 UPGM 相似，只是 O-UPGM 采用时变函数 f_{g_t} 来更新 $\boldsymbol{x}_t$。接下来建立具有 Hölder 连续梯度的一般性凸函数 UPGM 的悔度误差边界，并得到相对应的收敛率。

定理 12.1 假设 $M_v(g_t) < M_v$，并且 $h(\boldsymbol{x})$ 是一个简单的凸函数。由算法 12-1 一般性的 O-UPGM 生成序列 $\{\boldsymbol{x}_t\}$，可得

$$\sum_{t=0}^{T}\frac{1}{L_{t+1}}[f_{g_t}(\boldsymbol{x}_{t+1}) - f_{g_t}(\boldsymbol{x}^*)] \leqslant \frac{\epsilon}{2}S_T + 2r_0(\boldsymbol{x}^*) \tag{12-12}$$

其中，$S_T = \sum_{t=1}^{T+1}\frac{1}{L_t}$。

证明的思想与 UPGM 的证明接近，具体情况如下。

证明 首先证明算法 12-1 步骤 (2) 是可行的。

由于式 (12-9) 以及引理 12.2 中的式 (12-10)，同时利用 $2^{i_t}L_t$ 的单调递增性质，当 $L_{t+1} > \gamma(M_\infty, \epsilon)$，有 $f_{g_t}(\mathfrak{B}_{2^{i_t}L_t, g_t}(\boldsymbol{x}_t)) \leqslant \psi^*_{2^{i_t}L_t, g_t}(\boldsymbol{x}_t) + \dfrac{1}{2}\epsilon$。因此总会有

$$2L_{t+1} = 2^{i_t}L_t \leqslant 2\gamma(M_\infty, \epsilon)$$

固定 $\boldsymbol{y}$，并令 $r_t(\boldsymbol{y}) := \xi(\boldsymbol{x}_t, \boldsymbol{y})$，则有

$$\begin{aligned} r_{t+1}(\boldsymbol{y}) =& d(\boldsymbol{y}) - d(\boldsymbol{x}_{t+1}) - \langle \nabla d(\boldsymbol{x}_{t+1}), \boldsymbol{y} - \boldsymbol{x}_{t+1} \rangle \\ \leqslant & d(\boldsymbol{y}) - d(\boldsymbol{x}_{t+1}) - \langle \nabla d(\boldsymbol{x}_t), \boldsymbol{y} - \boldsymbol{x}_{t+1} \rangle + \frac{1}{2L_{t+1}} \langle \nabla g_t(\boldsymbol{x}_t) \\ & + \nabla h(\boldsymbol{x}_{t+1}), \boldsymbol{y} - \boldsymbol{x}_{t+1} \rangle \end{aligned}$$

和

$$\begin{aligned} & d(\boldsymbol{y}) - d(\boldsymbol{x}_{t+1}) - \langle \nabla d(\boldsymbol{x}_t), \boldsymbol{y} - \boldsymbol{x}_{t+1} \rangle \\ \leqslant & d(\boldsymbol{y}) - d(\boldsymbol{x}_t) - \langle \nabla d(\boldsymbol{x}_t), \boldsymbol{x}_{t+1} - \boldsymbol{x}_t \rangle - \frac{1}{2}\|\boldsymbol{x}_{t+1} - \boldsymbol{x}_t\|^2 - \langle \nabla d(\boldsymbol{x}_t), \boldsymbol{y} - \boldsymbol{x}_{t+1} \rangle \\ = & r_t(\boldsymbol{y}) - \frac{1}{2}\|\boldsymbol{x}_{t+1} - \boldsymbol{x}_t\|^2 \end{aligned}$$

此处的第一个不等式通过式 (12-7) 得到，第二个不等式通过 $d(\boldsymbol{x})$ 的强凸性质得到。

因此有

$$\begin{aligned} & r_{t+1}(\boldsymbol{y}) - r_t(\boldsymbol{y}) \\ \leqslant & \frac{1}{2L_{t+1}} \langle \nabla g_t(\boldsymbol{x}_t) + \nabla h(\boldsymbol{x}_{t+1}), \boldsymbol{y} - \boldsymbol{x}_{t+1} \rangle - \frac{1}{2}\|\boldsymbol{x}_{t+1} - \boldsymbol{x}_t\|^2 \\ = & \frac{1}{2L_{t+1}} \langle \nabla h(\boldsymbol{x}_{t+1}), \boldsymbol{y} - \boldsymbol{x}_{t+1} \rangle + \frac{1}{2L_{t+1}} \langle \nabla g_t(\boldsymbol{x}_t), \boldsymbol{y} - \boldsymbol{x}_t \rangle \\ & - \frac{1}{2L_{t+1}} (\langle \nabla g_t(\boldsymbol{x}_t), \boldsymbol{x}_{t+1} - \boldsymbol{x}_t \rangle + L_{t+1}\|\boldsymbol{x}_{t+1} - \boldsymbol{x}_t\|^2) \\ \leqslant & \frac{1}{2L_{t+1}} [h(\boldsymbol{y}) - h(\boldsymbol{x}_{t+1}) + g_t(\boldsymbol{x}_t) - g_t(\boldsymbol{x}_{t+1}) + \frac{\epsilon}{2} + \langle \nabla g_t(\boldsymbol{x}_t), \boldsymbol{y} - \boldsymbol{x}_t \rangle] \end{aligned}$$

得到

$$\begin{aligned} & \frac{1}{2L_{t+1}} f_{g_t}(\boldsymbol{x}_{t+1}) + r_{t+1}(\boldsymbol{y}) \\ \leqslant & \frac{1}{2L_{t+1}} \left[g_t(\boldsymbol{x}_t) + \langle \nabla g_t(\boldsymbol{x}_t), \boldsymbol{y} - \boldsymbol{x}_t \rangle + h(\boldsymbol{y}) + \frac{\epsilon}{2} \right] + r_t(\boldsymbol{y}) \end{aligned}$$

累加可以得到

$$\sum_{t=0}^{T} \frac{1}{L_{t+1}} f_{g_t}(\boldsymbol{x}_{t+1}) + r_{T+1}(\boldsymbol{y})$$

$$\leqslant \sum_{t=0}^{T} \frac{1}{L_{t+1}} \left[g_t(\boldsymbol{x}_t) + \langle \nabla g_t(\boldsymbol{x}_t), \boldsymbol{y} - \boldsymbol{x}_t \rangle + h(\boldsymbol{y}) + \frac{\epsilon}{2} \right] + 2r_0(\boldsymbol{y})$$

令 $\boldsymbol{y} = \boldsymbol{x}^*$，$\boldsymbol{y} = \bar{\boldsymbol{x}}$，有 $g_t(\boldsymbol{x}_t) + \langle \nabla g_t(\boldsymbol{x}_t), \boldsymbol{x}^* - \boldsymbol{x}_t \rangle \leqslant g_t(\boldsymbol{x}^*)$，且 $g_t(\boldsymbol{x}_t) + \langle \nabla g_t(\boldsymbol{x}_t), \bar{\boldsymbol{x}} - \boldsymbol{x}_t \rangle \leqslant g_t(\bar{\boldsymbol{x}})$，从而

$$\sum_{t=0}^{T} \frac{1}{L_{t+1}} [f_{g_t}(\boldsymbol{x}_{t+1}) - f_{g_t}(\boldsymbol{x}^*)] \leqslant \frac{\epsilon}{2} \sum_{t=0}^{T} \frac{1}{L_{t+1}} + 2r_0(\boldsymbol{x}^*)$$

定理得证。 □

如果把算法 12-1 中的步骤 (2) 和 (3) 交换位置，且 $\boldsymbol{x}_{t+1} = \mathfrak{B}_{2\gamma(M_v,\epsilon),g_t}(\boldsymbol{x}_t)$，$L_{t+1} = \gamma(M_v, \epsilon)$。这样定理 12.1 变为如下。

推论 12.1 假设 $M_v(g_t) < M_v$，并且 $h(\boldsymbol{x})$ 是一个简单的凸函数。由固定步骤 $L_{t+1} = \gamma(M_v, \epsilon)$ 的 O-UPGM 产生序列 $\{\boldsymbol{x}_t\}$，则可以得到标准的悔度误差边界：

$$R(T, \boldsymbol{x}^*, \epsilon) \leqslant \frac{\epsilon}{2}(T+1) + 2r_0(\boldsymbol{x}^*)\gamma(M_v, \epsilon) \tag{12-13}$$

进一步，令 $\epsilon = T^{-\frac{1+v}{2}}$，有

$$R(T, \boldsymbol{x}^*, \epsilon) = O(T^{\frac{1-v}{2}}) \tag{12-14}$$

本章所有的在线算法 (O-UPGM 和下面的 O-UDGM) 均需要先假设一个固定的精度 ϵ。该值越小，所对应算法的精确度越高。例如，假设 $\epsilon = 1/T$，则经过 T 次迭代后得到常数的悔度误差边界 $O(1)$，也就是说存在常数 C，使得 T 次迭代后得到悔度误差小于 C；如果 $\epsilon = 1/\sqrt{T}$，T 次迭代后得到悔度误差边界 $O(\sqrt{T})$)，也就是说存在常数 C，使得 T 迭代后得到悔度误差小于 $C\sqrt{T}$。

这样的完美结果令人难以置信，分析其主要原因在于，所提出的算法不同于以往传统的在线算法，它使用了额外的参数 ϵ 来描述精度。这样就能主动控制每次迭代时的成本，进而能控制解的精度。

12.2.2 通用的在线对偶梯度方法

原有的批处理方法 UDGM 主要是基于为问题 (12-2) 的目标函数更新一个简单的模型。本节基于这一准则，为在线或大规模问题建立一种一般性的在线 UDGM。具体过程见算法 12-2。

定理 12.2 假设 $M_v(g_t) < M_v$，并且 $h(\boldsymbol{x})$ 是一个简单的凸函数。由一般性的 O-UDGM 生成序列 $\{\boldsymbol{x}_t\}$，可以得到

$$\sum_{t=0}^{T} \frac{1}{2L_{t+1}} f_{g_t}(\boldsymbol{x}_t) - \sum_{t=0}^{T} \frac{1}{2L_{t+1}} f_{g_t}(\boldsymbol{x}^*) \leqslant S_T \frac{\epsilon}{4} + \xi(\boldsymbol{x}_0, \boldsymbol{x}^*) \tag{12-15}$$

其中，$S_T = \sum_{t=1}^{T+1} \frac{1}{L_t}$。

(1) 输入: $L_0 > 0$, $\epsilon > 0$，以及 $\phi_0(\boldsymbol{x}) = \xi(\boldsymbol{x}_0, \boldsymbol{x})$;
(2) 输出: $\bar{\boldsymbol{x}} = \frac{1}{S_T} \sum_{t=1}^{T+1} \frac{1}{L_t} \boldsymbol{x}_t$，其中 $S_T = \sum_{t=1}^{T+1} \frac{1}{L_t}$;
(3) for $t = 0, 1, \cdots, T$ do
(4) 找到最小的 $i_t \geqslant 0$ 使得点 $\boldsymbol{x}_{t,i_t} = \arg\min_{\boldsymbol{x}} \phi_t(\boldsymbol{x}) + \frac{1}{2^{i_t} L_t}[g_t(\boldsymbol{x}_t) + \langle \nabla g_t(\boldsymbol{x}_t), \boldsymbol{x} - \boldsymbol{x}_t \rangle$ $+ h(\boldsymbol{x})]$，有 $f_{g_t}(\mathfrak{B}_{2^{i_t} L_t, g_t}(\boldsymbol{x}_{t,i_t})) \leqslant \psi^*_{2^{i_t} L_t, g_t}(\boldsymbol{x}_{t,i_t}) + \frac{1}{2}\epsilon$;
(5) 令 $\boldsymbol{x}_{t+1} = \boldsymbol{x}_{t,i_t}$，$L_{t+1} = 2^{i_t - 1} L_t$，且 $\phi_{t+1}(\boldsymbol{x}) = \phi_t(\boldsymbol{x}) + \frac{1}{2L_{t+1}}[g_t(\boldsymbol{x}_t) + \langle \nabla g_t(\boldsymbol{x}_t),$ $\boldsymbol{x} - \boldsymbol{x}_t \rangle + h(\boldsymbol{x})]$;
(6) $t = t + 1$;
(7) end for

算法 12-2　通用的在线对偶梯度方法

证明　与定理 12.1 推导的过程类似，算法 12-2 步骤 (2) 的定义也是合理的，同时有

$$2L_{t+1} = 2^{i_t} L_t \leqslant 2\gamma(M_\infty, \epsilon)$$

令 $\boldsymbol{y}_t = \mathfrak{B}_{2^{i_t} L_t, g_t}(\boldsymbol{x}_t)$，$\phi_t^* = \arg\min_{\boldsymbol{x}} \phi_t(\boldsymbol{x})$，$S_t = \sum_{i=0}^{t} \frac{1}{L_{i+1}}$。首先证明

$$\sum_{i=0}^{t} \frac{1}{2L_{i+1}} f_{g_i}(\boldsymbol{y}_i) \leqslant \phi^*_{t+1} + S_t \frac{\epsilon}{4} \tag{12-16}$$

对于所有 $t \geqslant 0$ 成立。

实际上，对于 $t = 0$，有

$$\begin{aligned} f_{g_0}(\boldsymbol{y}_0) - \frac{\epsilon}{2} \leqslant & \psi^*_{2^{i_0} L_0, g_0}(\boldsymbol{x}_0) = g_0(\boldsymbol{x}_0) + \langle \nabla g_0(\boldsymbol{x}_0), \boldsymbol{y}_0 - \boldsymbol{x}_0 \rangle \\ & + 2^{i_0} L_0 \xi(\boldsymbol{x}_0, \boldsymbol{y}_0) + h(\boldsymbol{y}_0) = 2^{i_0} L_0 \phi_1^* \end{aligned}$$

根据引理 12.3 中的式 (12-11)，对于所有 $t \geqslant 0$，有

$$\phi_{t+1}(\boldsymbol{x}) \geqslant \phi_{t+1}(\boldsymbol{x}_t) + \xi(\boldsymbol{x}_t, \boldsymbol{x}) \tag{12-17}$$

假设存在 $t \geqslant 0$ 使得式 (12-16) 成立，则

$$
\begin{aligned}
&\min_{\boldsymbol{x}} \phi_{t+2}(\boldsymbol{x}) \\
\geqslant &\min_{\boldsymbol{x}} \left\{ \phi_{t+1}(\boldsymbol{x}) + \frac{1}{2L_{t+2}} [g_{t+1}(\boldsymbol{x}_{t+1}) + \langle \nabla g_{t+1}(\boldsymbol{x}_{t+1}), \boldsymbol{x} - \boldsymbol{x}_{t+1} \rangle + h(\boldsymbol{x})] \right\} \\
\geqslant &\min_{\boldsymbol{x}} \left\{ \phi_{t+1}(\boldsymbol{x}_{t+1}) + \xi(\boldsymbol{x}_{t+1}, \boldsymbol{x}) + \frac{1}{2L_{t+2}} [g_{t+1}(\boldsymbol{x}_{t+1}) \right. \\
&\left. + \langle \nabla g_{t+1}(\boldsymbol{x}_{t+1}), \boldsymbol{x} - \boldsymbol{x}_{t+1} \rangle + h(\boldsymbol{x})] \right\} \\
\geqslant &\phi_{t+1}(\boldsymbol{x}_{t+1}) + \frac{1}{2L_{t+2}} \left[f_{g_{t+1}}(\boldsymbol{y}_{t+1}) - \frac{\epsilon}{2} \right] \geqslant -S_T \frac{\epsilon}{4} + \sum_{i=0}^{t+1} \frac{1}{2L_{i+1}} f_{g_i}(\boldsymbol{y}_i)
\end{aligned}
$$

因此式 (12-16) 得证。

由式 (12-16)，因此有

$$
\sum_{i=0}^{t} f_{g_i}(\boldsymbol{y}_i) \leqslant 2\gamma(M_\infty, \epsilon) \phi_{t+1}^* + \frac{\epsilon}{2}(t+1) \tag{12-18}
$$

由于

$$
\begin{aligned}
\phi_{t+1}(\boldsymbol{y}) \leqslant &\phi_t(\boldsymbol{y}) + \frac{1}{2L_{t+1}} [g_t(\boldsymbol{y}) + h(\boldsymbol{y})] \leqslant \phi_{t-1}(\boldsymbol{y}) + \frac{1}{2L_t} f_{g_{t-1}}(\boldsymbol{y}) + \frac{1}{2L_{t+1}} f_{g_t}(\boldsymbol{y}) \\
\leqslant &\sum_{i=0}^{t} \frac{1}{2L_{i+1}} f_{g_i}(\boldsymbol{y}) + \xi(\boldsymbol{x}_0, \boldsymbol{y})
\end{aligned}
$$

故

$$
\sum_{t=0}^{T} \frac{1}{2L_{t+1}} f_{g_t}(\boldsymbol{y}) + \xi(\boldsymbol{x}_0, \boldsymbol{y}) \geqslant -S_T \frac{\epsilon}{4} + \sum_{t=0}^{T} \frac{1}{2L_{t+1}} f_{g_t}(\boldsymbol{y}_t)
$$

重新调整变量，并令 $\boldsymbol{y} = \boldsymbol{x}^*$，定理得证。 □

如果交换算法 12-2 中步骤 (2) 和 (3) 的位置，且

$$
\boldsymbol{x}_{t+1} = \arg\min_{\boldsymbol{x}} \left\{ \phi_t(\boldsymbol{x}) + \frac{1}{2\gamma(M_v, \epsilon)} [g_t(\boldsymbol{x}_t) + \langle \nabla g_t(\boldsymbol{x}_t), \boldsymbol{x} - \boldsymbol{x}_t \rangle + h(\boldsymbol{x})] \right\} \tag{12-19}
$$

和

$$
\phi_{t+1}(\boldsymbol{x}) = \phi_t(\boldsymbol{x}) + \frac{1}{2\gamma(M_v, \epsilon)} [g_t(\boldsymbol{x}_t) + \langle \nabla g_t(\boldsymbol{x}_t), \boldsymbol{x} - \boldsymbol{x}_t \rangle + h(\boldsymbol{x})] \tag{12-20}
$$

则 $L_{t+1} = \gamma(M_v, \epsilon)$，且定理 12.2 变为如下的推论。

推论 12.2 假设 $M_v(g_t) < M_v$，并且 $h(\boldsymbol{x})$ 是一个简单的凸函数。由固定步骤 $L_{t+1} = \gamma(M_v, \epsilon)$ 的 O-UDGM 产生序列 $\{\boldsymbol{x}_t\}$，则可以得到标准的悔度误差边界：

$$
R(T, \boldsymbol{x}^*, \epsilon) \leqslant \frac{\epsilon}{2}(T+1) + 2\xi(\boldsymbol{x}_0, \boldsymbol{x}^*)\gamma(M_v, \epsilon) \tag{12-21}
$$

进一步，令 $\epsilon = T^{-\frac{1+v}{2}}$，则推论 12.2 变为如下的推论。

推论 12.3 假设 $M_v(g_t) < M_v$，并且 $h(\boldsymbol{x})$ 是一个简单的凸函数。由具有式 (12-19) 和式 (12-20) 更新的 $\boldsymbol{x}_t$ 的特定 O-UDGM 产生序列 $\{\boldsymbol{x}_t\}$，则有

$$R\left(T, \boldsymbol{x}^*, T^{-\frac{1+v}{2}}\right) = O\left(T^{\frac{1-v}{2}}\right) \tag{12-22}$$

12.2.3 通用的在线快速梯度方法

虽然 12.2.1 节中的算法较易实现，但在实际使用中其收敛速度较慢，本节基于 UFGM 算法[268] 提出一种相应的快速算法。这种通用的在线快速梯度算法的描述见算法 12-3。

(1) 输入: $L_0 > 0$，$\epsilon > 0$，且 $\phi_0(\boldsymbol{x}) = \xi(\boldsymbol{x}_0, \boldsymbol{x})$, $A_0 = 0$, $\boldsymbol{y}_0 = \boldsymbol{x}_0$；

(2) 输出: $\bar{\boldsymbol{x}} = \frac{1}{S_T}\sum_{t=1}^{T+1}\frac{1}{L_t}\boldsymbol{x}_t$, 其中 $S_T = \sum_{t=1}^{T+1}\frac{1}{L_t}$；

(3) for $t = 0, 1, \cdots, T$ do

(4) 计算 $v_t = \arg\min_{\boldsymbol{x}} \phi_t(\boldsymbol{x})$；

(5) 查找最小的 $i_t \geqslant 0$ 使得

(6)

$$\begin{cases} a_{t+1,i_t}^2 = \dfrac{1}{2^{i_t}L_t}(A_t + a_{t+1,i_t}) \\ A_{t+1,i_t} = A_t + a_{t+1,i_t},\ \tau_{t,i_t} = \dfrac{a_{t+1,i_t}}{A_{t+1,i_t}} \\ \boldsymbol{x}_{t+1,i_t} = \tau_{t,i_t}v_t + (1-\tau_{t,i_t})\boldsymbol{y}_t \\ \boldsymbol{y}_{t+1,i_t} = \tau_{t,i_t}\hat{\boldsymbol{x}}_{t+1,i_t} + (1-\tau_{t,i_t})\boldsymbol{y}_t \end{cases} \tag{12-23}$$

满足如下关系 $g_t(\boldsymbol{y}_{t+1,i_t}) \leqslant g_t(\boldsymbol{x}_{t+1,i_t}) + \langle\nabla g_t(\boldsymbol{x}_{t+1,i_t}), \boldsymbol{y}_{t+1,i_t} - \boldsymbol{x}_{t+1,i_t}\rangle + 2^{i_t-1}L_t\|\boldsymbol{y}_{t+1,i_t} - \boldsymbol{x}_{t+1,i_t}\|^2 + \frac{\epsilon}{2}\tau_{t,i_t}$, 其中 $\hat{\boldsymbol{x}}_{t+1,i_t} = \arg\min_{\boldsymbol{y}}\{\xi(v_t, \boldsymbol{y}) + a_{t+1,i_t}[\langle\nabla g_t(\boldsymbol{x}_{t+1,i_t}), \boldsymbol{y}\rangle + h(\boldsymbol{y})]\}$；

(7) 令 $\boldsymbol{x}_{t+1} = \boldsymbol{x}_{t+1,i_t}$，$\boldsymbol{y}_{t+1} = \boldsymbol{y}_{t+1,i_t}$，$a_{t+1} = a_{t+1,i_t}$，$\tau_t = \tau_{t,i_t}$，定义 $A_{t+1} = A_t + a_{t+1}$，$L_{t+1} = 2^{i_t-1}L_t$, 且 $\phi_{t+1}(\boldsymbol{x}) = \phi_t(\boldsymbol{x}) + a_{t+1}[g_t(\boldsymbol{x}_{t+1}) + \langle\nabla g_t(\boldsymbol{x}_{t+1}), \boldsymbol{x} - \boldsymbol{x}_{t+1}\rangle + h(\boldsymbol{x})]$；

(8) $t = t + 1$；

(9) end for

算法 12-3 通用的在线快速梯度方法

定理 12.3 假设 $\hat{M}(g_t) < M_\infty$，$h(\boldsymbol{x})$ 是一简单凸函数。$\{\boldsymbol{y}_t\}$ 由 O-UFGM 算法生成，令 $g(\boldsymbol{x}) = \frac{1}{T+1}\sum_{t=0}^{T} g_t(\boldsymbol{x})$，则对于所有 $t = 0, 1, \cdots, T$ 有

$$A_t(g(\boldsymbol{y}_t) + h(\boldsymbol{y}_t)) - \sum_{i=0}^{t} a_i f_{g_{i-1}}(\boldsymbol{x}^*) \leqslant \xi(\boldsymbol{x}_0, \boldsymbol{x}^*) + E_t \tag{12-24}$$

其中

$$E_t = \sum_{i=0}^{t} a_i[g(\boldsymbol{x}_i) - g_{i-1}(\boldsymbol{x}_i) + \langle \nabla g(\boldsymbol{x}_i) - \nabla g_{i-1}(\boldsymbol{x}_i), \hat{\boldsymbol{x}}_i - v_{i-1}\rangle] + A_t \frac{\epsilon}{2}$$

证明 令 $2L_{t+1} = \dfrac{A_{t+1}}{a_{t+1}^2}$，首先证明

$$g_t(\boldsymbol{y}_{t+1}) \leqslant g_t(\boldsymbol{x}_{t+1}) + \langle \nabla g_t(\boldsymbol{x}_{t+1}), \boldsymbol{y}_{t+1} - \boldsymbol{x}_{t+1}\rangle + L_{t+1}\|\boldsymbol{y}_{t+1} - \boldsymbol{x}_{t+1}\|^2 + \frac{\epsilon}{2}\tau_{t,i_t}$$

成立，只需 $2L_{t+1} > \left(\dfrac{1}{\epsilon\tau_{t,i_t}}\right)^{\frac{1-v}{1+v}} M_\infty^{\frac{2}{1+v}}$，而此式可以通过

$$\begin{aligned}
&2L_{t+1} > \left(\frac{1}{\epsilon\tau_{t,i_t}}\right)^{\frac{1-v}{1+v}} M_\infty^{\frac{2}{1+v}} \Leftrightarrow 2L_{t+1}\tau_{t,i_t}^{\frac{1-v}{1+v}} \\
&=\frac{A_{t+1,i_t}}{a_{t+1,i_t}^2}\left(\frac{a_{t+1,i_t}}{A_{t+1,i_t}}\right)^{\frac{1-v}{1+v}} > \left(\frac{1}{\epsilon}\right)^{\frac{1-v}{1+v}} M_\infty^{\frac{2}{1+v}} \\
&\Leftarrow 2L_{t+1}\tau_{t,i_t}^{\frac{1-v}{1+v}} = \frac{A_{t+1,i_t}}{a_{t+1,i_t}^2}\left(\frac{a_{t+1,i_t}}{A_{t+1,i_t}}\right)^{\frac{1-v}{1+v}} > \left(\frac{1}{\tau_{t,i_t}}\right)^{\frac{2v}{1+v}} \frac{1}{a_{t+1,i_t}} \geqslant \frac{1}{a_{t+1,i_t}} (i_t \to \infty)
\end{aligned}$$

得到。

下面证明

$$A_t(g(\boldsymbol{y}_t) + h(\boldsymbol{y}_t)) \leqslant \phi_t^* + E_t \tag{12-25}$$

其中，$\phi_t^* = \arg\min\limits_{\boldsymbol{x}} \phi_t(\boldsymbol{x})$。

对于 $t=0$，上式显然成立。假设此式对于 $t \geqslant 0$ 成立，则对于任意的 $\boldsymbol{y}$，有

$$\begin{aligned}
&\phi_t(\boldsymbol{y}) \geqslant \phi_t^* + \xi(v_t, \boldsymbol{y}) \geqslant A_t(g(\boldsymbol{y}_t) + h(\boldsymbol{y}_t)) - E_t + \xi(v_t, \boldsymbol{y}) \\
&\geqslant A_t[g(\boldsymbol{x}_{t+1}) + \langle \nabla g(\boldsymbol{x}_{t+1}), \boldsymbol{y}_t - \boldsymbol{x}_{t+1}\rangle + h(\boldsymbol{y}_t)] - E_t + \xi(v_t, \boldsymbol{y})
\end{aligned}$$

因此

$$\begin{aligned}
&\phi_{t+1}(\boldsymbol{y}) \\
&\geqslant \xi(v_t, \boldsymbol{y}) + A_t[g(\boldsymbol{x}_{t+1}) + \langle \nabla g(\boldsymbol{x}_{t+1}), \boldsymbol{y}_t - \boldsymbol{x}_{t+1}\rangle + h(\boldsymbol{y}_t)] \\
&\quad - E_t + a_{t+1}[g_t(\boldsymbol{x}_{t+1}) + \langle \nabla g_t(\boldsymbol{x}_{t+1}), \boldsymbol{y} - \boldsymbol{x}_t\rangle + h(\boldsymbol{y})] \\
&= \xi(v_t, \boldsymbol{y}) + A_t[g(\boldsymbol{x}_{t+1}) + \langle \nabla g(\boldsymbol{x}_{t+1}), \boldsymbol{y}_t - \boldsymbol{x}_{t+1}\rangle + h(\boldsymbol{y}_t)] \\
&\quad - E_t + a_{t+1}[g(\boldsymbol{x}_{t+1}) + \langle \nabla g(\boldsymbol{x}_{t+1}), \boldsymbol{y} - v_t\rangle + h(\boldsymbol{y})] \\
&\quad + a_{t+1}[g_t(\boldsymbol{x}_{t+1}) - g(\boldsymbol{x}_{t+1}) + \langle \nabla g_t(\boldsymbol{x}_{t+1}) - \nabla g(\boldsymbol{x}_{t+1}), \boldsymbol{y} - v_t\rangle]
\end{aligned}$$

由 $\hat{\boldsymbol{x}}_{t+1}$ 的定义，有

$$
\begin{aligned}
&\phi_{t+1}^{*}\\
\geqslant&\xi(v_t,\hat{\boldsymbol{x}}_{t+1})+A_t[g(\boldsymbol{x}_{t+1})+h(\boldsymbol{y}_t)]-E_t+a_{t+1}[g(\boldsymbol{x}_{t+1})\\
&+\langle\nabla g(\boldsymbol{x}_{t+1}),\hat{\boldsymbol{x}}_{t+1}-v_t\rangle+h(\hat{\boldsymbol{x}}_{t+1})]\\
&+a_{t+1}[g_t(\boldsymbol{x}_{t+1})-g(\boldsymbol{x}_{t+1})+\langle\nabla g_t(\boldsymbol{x}_{t+1})-\nabla g(\boldsymbol{x}_{t+1}),\hat{\boldsymbol{x}}_{t+1}-v_t\rangle]\\
\geqslant&\frac{1}{2}\|v_t-\hat{\boldsymbol{x}}_{t+1}\|^2+A_{t+1}[g(\boldsymbol{x}_{t+1})+h(\boldsymbol{y}_{t+1})]-E_t+a_{t+1}\langle\nabla g(\boldsymbol{x}_{t+1}),\hat{\boldsymbol{x}}_{t+1}-v_t\rangle\\
&+a_{t+1}[g_t(\boldsymbol{x}_{t+1})-g(\boldsymbol{x}_{t+1})+\langle\nabla g_t(\boldsymbol{x}_{t+1})-\nabla g(\boldsymbol{x}_{t+1}),\hat{\boldsymbol{x}}_{t+1}-v_t\rangle]
\end{aligned}
$$

由于 $\hat{\boldsymbol{x}}_{t+1}-v_t=\dfrac{1}{\tau_t}(\boldsymbol{y}_{t+1}-\boldsymbol{x}_{t+1})$，可以得到

$$
\begin{aligned}
&\phi_{t+1}^{*}\\
\geqslant&\frac{1}{2\tau_t^2}\|\boldsymbol{y}_{t+1}-\boldsymbol{x}_{t+1}\|^2+A_{t+1}[g(\boldsymbol{x}_{t+1})+h(\boldsymbol{y}_{t+1})]\\
&+A_{t+1}\langle\nabla g(\boldsymbol{x}_{t+1}),\boldsymbol{y}_{t+1}-\boldsymbol{x}_{t+1}\rangle+a_{t+1}[g_t(\boldsymbol{x}_{t+1})-g(\boldsymbol{x}_{t+1})\\
&+\langle\nabla g_t(\boldsymbol{x}_{t+1})-\nabla g(\boldsymbol{x}_{t+1}),\hat{\boldsymbol{x}}_{t+1}-v_t\rangle]-E_t\\
=&A_{t+1}[g(\boldsymbol{x}_{t+1})+\langle\nabla g(\boldsymbol{x}_{t+1}),\boldsymbol{y}_{t+1}-\boldsymbol{x}_{t+1}\rangle+h(\boldsymbol{y}_{t+1})+L_{t+1}\|\boldsymbol{y}_{t+1}-\boldsymbol{x}_{t+1}\|]-E_t\\
\geqslant&A_{t+1}[g(\boldsymbol{y}_{t+1})-\frac{\epsilon}{2}\tau_t+h(\boldsymbol{y}_{t+1})]+a_{t+1}[g_t(\boldsymbol{x}_{t+1})-g(\boldsymbol{x}_{t+1})\\
&+\langle\nabla g_t(\boldsymbol{x}_{t+1})-\nabla g(\boldsymbol{x}_{t+1}),\hat{\boldsymbol{x}}_{t+1}-v_t\rangle]-E_t\\
=&A_{t+1}[g(\boldsymbol{y}_{t+1})+h(\boldsymbol{y}_{t+1})]+a_{t+1}[g_t(\boldsymbol{x}_{t+1})-g(\boldsymbol{x}_{t+1})+\langle\nabla g_t(\boldsymbol{x}_{t+1})\\
&-\nabla g(\boldsymbol{x}_{t+1}),\hat{\boldsymbol{x}}_{t+1}-v_t\rangle]-E_t-a_{t+1}\frac{\epsilon}{2}
\end{aligned}
$$

因此式 (12-25) 得证。

由于

$$
\begin{aligned}
\phi_{t+1}(\boldsymbol{y})\leqslant&\phi_t(\boldsymbol{y})+a_{t+1}[g_t(\boldsymbol{y})+h(\boldsymbol{y})]\leqslant\phi_{t-1}(\boldsymbol{y})+a_tf_{g_{t-1}}(\boldsymbol{y})+a_{t+1}f_{g_t}(\boldsymbol{y})\\
\leqslant&\sum_{i=0}^{t}a_{i+1}f_{g_i}(\boldsymbol{y})+\xi(\boldsymbol{x}_0,\boldsymbol{y})
\end{aligned}
$$

对于任意 $\boldsymbol{y}$ 成立，因此可以得到

$$
A_t(g(\boldsymbol{y}_t)+h(\boldsymbol{y}_t))-\sum_{i=0}^{t-1}a_{i+1}f_{g_i}(\boldsymbol{x}^*)\leqslant\xi(\boldsymbol{x}_0,\boldsymbol{x}^*)+E_t
$$

定理得证。 □

如果 $a_{t+1}=2^{-\frac{2+4v}{1+v}}\epsilon^{\frac{1-v}{1+v}}M_\infty^{-\frac{2}{1+v}}(T+1)^{\frac{2v}{1+v}}$，$A_{t+1}=(t+1)a_{t+1}$，$\tau_t=\dfrac{a_{t+1}}{A_{t+1}}=\dfrac{1}{t+1}$，则可以得到算法 12-4。在式 (12-24) 中，令 $t=T$ 并取期望，可以得到

$$
\begin{aligned}
&\mathbb{E}[(g(\boldsymbol{y}_T)+h(\boldsymbol{y}_T))]-\frac{1}{T+1}\sum_{i=0}^{T}\mathbb{E}[f_{g_{i-1}}(\boldsymbol{x}^*)]\\
&\leqslant\frac{\xi(\boldsymbol{x}_0,\boldsymbol{x}^*)}{2^{-\frac{2+4v}{1+v}}\epsilon^{\frac{1-v}{1+v}}M_\infty^{-\frac{2}{1+v}}(T+1)^{\frac{1+3v}{1+v}}}+\frac{\epsilon}{2}
\end{aligned}
\tag{12-26}
$$

这样就可得到如下的推论。

推论 12.4 假设 $\hat{M}(g_t)<M_\infty$，$h(\boldsymbol{x})$ 是一简单凸函数。$\{\boldsymbol{y}_t\}$ 由 O-UFGM 算法生成，令 $g(\boldsymbol{x})=\dfrac{1}{T+1}\sum\limits_{t=0}^{T}g_t(\boldsymbol{x})$，则可以得到一个非标准悔度：

$$
T+1\geqslant\left(2^{\frac{3+5v}{1+v}}\frac{\xi(\boldsymbol{x}_0,\boldsymbol{x}^*)}{M_\infty^{-\frac{2}{1+v}}}\right)^{\frac{1+v}{1+3v}}\frac{1}{\epsilon^{\frac{2}{1+3v}}}
\tag{12-27}
$$

因此，可以得到 $\mathbb{E}[f_g(\boldsymbol{y}_T)]-\mathbb{E}[f_g(\boldsymbol{x}^*)]\leqslant\epsilon$。

从以上推论可以看出，为得到 ϵ 的精度，O-UFGM 算法仅需要 $O\left(\dfrac{1}{\epsilon^{\frac{2}{1+3v}}}\right)$ 次迭代，也就是说若存在常数 C，则迭代次数小于 $C\left(\dfrac{1}{\epsilon^{\frac{2}{1+3v}}}\right)$，这远比 O-UPGM 的 $O\left(\dfrac{1}{\epsilon^{\frac{2}{1+v}}}\right)$ 要快得多。

(1) 输入: $L_0>0$, $\epsilon>0$ 且 $\phi_0(\boldsymbol{x})=\xi(\boldsymbol{x}_0,\boldsymbol{x})$, $A_0=0$, $\boldsymbol{y}_0=\boldsymbol{x}_0$;
(2) 输出: $\bar{\boldsymbol{x}}=\dfrac{1}{T+1}\sum\limits_{t=1}^{T+1}\boldsymbol{x}_t$;
(3) for $t=0,1,\cdots,T$ do
(4) 计算 $v_t=\arg\min\limits_{\boldsymbol{x}}\phi_t(\boldsymbol{x})$;
(5) 令 $a_{t+1}=2^{-\frac{2+4v}{1+v}}\epsilon^{\frac{1-v}{1+v}}M_\infty^{-\frac{2}{1+v}}(T+1)^{\frac{2v}{1+v}}$, $A_{t+1}=(t+1)a_{t+1}$, $\tau_t=\dfrac{a_{t+1}}{A_{t+1}}=\dfrac{1}{t+1}$,
$\boldsymbol{x}_{t+1}=\tau_t v_t+(1-\tau_t)\boldsymbol{y}_t$;
(6) $\hat{\boldsymbol{x}}_{t+1}=\arg\min\limits_{\boldsymbol{y}}\{\xi(v_t,\boldsymbol{y})+a_{t+1}[\langle\nabla g_t(\boldsymbol{x}_{t+1}),\boldsymbol{y}\rangle+h(\boldsymbol{y})]\}$, $\boldsymbol{y}_{t+1}=\tau_t\hat{\boldsymbol{x}}_{t+1}+(1-\tau_t)\boldsymbol{y}_t$
$\phi_{t+1}(\boldsymbol{x})=\phi_t(\boldsymbol{x})+a_{t+1}[g_t(\boldsymbol{x}_{t+1})+\langle\nabla g_t(\boldsymbol{x}_{t+1}),\boldsymbol{x}-\boldsymbol{x}_{t+1}\rangle+h(\boldsymbol{x})]$;
(7) $t=t+1$;
(8) end for

算法 12-4 一种特定的在线快速梯度方法

12.3 通用随机梯度法

12.3.1 算法描述

本节提出一种通用随机梯度法 SUG，以解决在批处理模式中由于数据规模的快速增长，而无法同时存储数据的问题。算法 12-5 总结了 SUG 法。

(1) 输入: 初始值 $\boldsymbol{x}^0 \in \operatorname{dom} f$; 对于 $i \in \{1,2,\cdots,n\}$, 令 $g_i^0(\boldsymbol{x}) = g_i(\boldsymbol{x}^0)+(\boldsymbol{x}-\boldsymbol{x}^0)^{\mathrm{T}}\nabla g_i(\boldsymbol{x}^0)+ M_0^i\xi(\boldsymbol{x}^0,\boldsymbol{x})$，且 $G^0(\boldsymbol{x}) = \dfrac{1}{n}\sum_{i=1}^{n} g_i^0(\boldsymbol{x})$，$\epsilon > 0$;

(2) 输出: $\boldsymbol{x}^k$;

(3) 迭代以下步骤直至 $\|\boldsymbol{x}_{k+1}-\boldsymbol{x}_k\|_2 < \epsilon$;

(4) 通过求解如下子问题得到新的近似解:

$$\boldsymbol{x}^{k+1} \leftarrow \arg\min_{\boldsymbol{x}}\left[G^k(\boldsymbol{x}) + h(\boldsymbol{x})\right]$$

(5) 从 $\{1,2,\cdots,n\}$ 中随机采样 j，并用此采样更新如下方程:

$$g_j^{k+1}(\boldsymbol{x}) = g_j(\boldsymbol{x}^{k+1}) + (\boldsymbol{x}-\boldsymbol{x}^{k+1})^{\mathrm{T}}\nabla g_j(\boldsymbol{x}^{k+1}) + M_{k+1}^i\xi(\boldsymbol{x}^{k+1},\boldsymbol{x}) \tag{12-28}$$

但保持其他 $g_i^{k+1}(\boldsymbol{x})$ 不变: $g_i^{k+1}(\boldsymbol{x}) \leftarrow g_i^k(\boldsymbol{x})$ $(i \neq j)$，且 $G^{k+1}(\boldsymbol{x}) = \dfrac{1}{n}\sum_{i=1}^{n} g_i^{k+1}(\boldsymbol{x})$。

算法 12-5　一种通用随机梯度法

12.3.2 收敛性分析

定理 12.4　假设 $g_i(\boldsymbol{x})$ 满足条件 (12-1)，且 $M \geqslant M_0^i > \left(\dfrac{2}{\epsilon}\right)^{\frac{1-v}{1+v}} M_v^{\frac{2}{1+v}} (i = 1,\cdots,n)$，$d(\boldsymbol{x})$ 满足 $\|\nabla d(\boldsymbol{x}) - \nabla d(\boldsymbol{y})\|_* \leqslant M_d\|\boldsymbol{x}-\boldsymbol{y}\|^d$，$h(\boldsymbol{x})$ 是强凸函数且 $\mu_h \geqslant 0$，则 SUG 迭代满足 $(k \geqslant 1)$

$$\mathbb{E}[f(\boldsymbol{x}^k)] - f^* \leqslant M\rho^{k-1}\|\boldsymbol{x}^* - \boldsymbol{x}^0\|^2 + \frac{3\epsilon}{4n\mu_h}\frac{1-\rho^{k-1}}{1-\rho} + \frac{3\epsilon}{4} \tag{12-29}$$

其中，$\rho = \dfrac{1}{n}\dfrac{M}{\mu_h} + \left(1-\dfrac{1}{n}\right)$。

证明　由于在 SUG 的每一次迭代中，可以得到 $g_i(\boldsymbol{x})$ 的一个随机逼近 $g_i^k(\boldsymbol{x})$:

$$g_i^k(\boldsymbol{x}) = g_i(\boldsymbol{x}^{\theta_{i,k}}) + (\boldsymbol{x}-\boldsymbol{x}^{\theta_{i,k}})^{\mathrm{T}}\nabla g_i(\boldsymbol{x}^{\theta_{i,k}}) + M_{\theta_{i,k}}^i\xi(\boldsymbol{x}^{\theta_{i,k}},\boldsymbol{x}) \tag{12-30}$$

其中，$\theta_{i,k}$ 是一个满足如下条件的随机变量:

$$\mathbb{P}(\theta_{i,k} = k|j) = \frac{1}{n} \quad 且 \quad \mathbb{P}(\theta_{i,k} = \theta_{i,k-1}|j) = 1-\frac{1}{n}$$

可以得到

$$\mathbb{E}[\|\boldsymbol{x}^* - \boldsymbol{x}^{\theta_{i,k}}\|^2] = \frac{1}{n}\mathbb{E}[\|\boldsymbol{x}^* - \boldsymbol{x}^k\|^2] + (1-\frac{1}{n})\mathbb{E}[\|\boldsymbol{x}^* - \boldsymbol{x}^{\theta_{i,k-1}}\|^2] \tag{12-31}$$

由于 $M^i_{\theta_{i,k}} > \left(\frac{2}{\epsilon}\right)^{\frac{1-v}{1+v}} M_v^{\frac{2}{1+v}}$，由引理 12.2 可以得到

$$g_i(\boldsymbol{x}) \leqslant g_i(\boldsymbol{x}^{\theta_{i,k}}) + (\boldsymbol{x} - \boldsymbol{x}^{\theta_{i,k}})^{\mathrm{T}}\nabla g_i(\boldsymbol{x}^{\theta_{i,k}}) + M^i_{\theta_{i,k}}\xi(\boldsymbol{x}^{\theta_{i,k}}, \boldsymbol{x}) + \frac{\epsilon}{4}$$

通过式 (12-30)，可以得到

$$g_i(\boldsymbol{x}) \leqslant g_i^k(\boldsymbol{x}) + \frac{\epsilon}{4}$$

通过对 $i = 1, \cdots, n$ 累加，可以得到

$$g(\boldsymbol{x}) \leqslant G^k(\boldsymbol{x}) + \frac{\epsilon}{4} \tag{12-32}$$

对式 (12-30) 求导，可以得到

$$\|\nabla g_i^k(\boldsymbol{x}) - \nabla g_i^k(\boldsymbol{y})\| = \|\nabla d(\boldsymbol{x}) - \nabla d(\boldsymbol{y})\|$$

令 $\delta_i^k(\boldsymbol{x}) = g_i(\boldsymbol{x}) - g_i^k(\boldsymbol{x})$, 可以得到

$$\begin{aligned}
&|\delta_i^k(\boldsymbol{x}) - \delta_i^k(\boldsymbol{y}) - \langle \nabla\delta_i^k(\boldsymbol{y}), \boldsymbol{x} - \boldsymbol{y}\rangle| \\
=&\left\|\int_0^1 \langle \nabla\delta_i^k(\boldsymbol{y} + t(\boldsymbol{x} - \boldsymbol{y})) - \nabla\delta_i^k(\boldsymbol{y}), \boldsymbol{x} - \boldsymbol{y}\rangle \mathrm{d}t\right\| \\
\leqslant&\int_0^1 \|\langle \nabla\delta_i^k(\boldsymbol{y} + t(\boldsymbol{x} - \boldsymbol{y})) - \nabla\delta_i^k(\boldsymbol{y}), \boldsymbol{x} - \boldsymbol{y}\rangle\| \mathrm{d}t \\
\leqslant&\int_0^1 \|\nabla\delta_i^k(\boldsymbol{y} + t(\boldsymbol{x} - \boldsymbol{y})) - \nabla\delta_i^k(\boldsymbol{y})\|\|\boldsymbol{x} - \boldsymbol{y}\| \mathrm{d}t \\
\leqslant&\|\boldsymbol{y} - \boldsymbol{x}\|\int_0^1 \|\nabla g_i^k(\boldsymbol{y} + t(\boldsymbol{x} - \boldsymbol{y})) - \nabla g_i^k(\boldsymbol{y})\| \mathrm{d}t \\
&+\|\boldsymbol{y} - \boldsymbol{x}\|\int_0^1 \|\nabla g_i(\boldsymbol{y} + t(\boldsymbol{x} - \boldsymbol{y})) - \nabla g_i(\boldsymbol{y})\| \mathrm{d}t \\
\leqslant&\|\boldsymbol{y} - \boldsymbol{x}\|\int_0^1 t^d M_d\|\boldsymbol{x} - \boldsymbol{y}\|^d \mathrm{d}t + \|\boldsymbol{y} - \boldsymbol{x}\|\int_0^1 t^v M_v\|\boldsymbol{x} - \boldsymbol{y}\|^v \mathrm{d}t \\
\leqslant&\frac{1}{1+d}M_d\|\boldsymbol{y} - \boldsymbol{x}\|^{1+d} + \frac{1}{1+v}M_v\|\boldsymbol{y} - \boldsymbol{x}\|^{1+v}
\end{aligned}$$

令 $\boldsymbol{y} = \boldsymbol{x}^{\theta_{i,k}}$，由于有 $\delta_i^k(\boldsymbol{x}^{\theta_{i,k}}) = 0$ 和 $\nabla\delta_i^k(\boldsymbol{x}^{\theta_{i,k}}) = 0$，因此

$$|g_i(\boldsymbol{x}) - g_i^k(\boldsymbol{x})| \leqslant \frac{1}{1+d}M_d\|\boldsymbol{x} - \boldsymbol{x}^{\theta_{i,k}}\|^{1+d} + \frac{1}{1+v}M_v\|\boldsymbol{x} - \boldsymbol{x}^{\theta_{i,k}}\|^{1+v}$$

对 $i=1,\cdots,n$ 求和，可以得到

$$
\begin{aligned}
&[G^k(\boldsymbol{x})+h(\boldsymbol{x})]-[g(\boldsymbol{x})+h(\boldsymbol{x})]\\
\leqslant&\frac{1}{n}\sum_{i=1}^{n}\left[\frac{1}{1+d}M_d\|\boldsymbol{x}-\boldsymbol{x}^{\theta_{i,k}}\|^{1+d}+\frac{1}{1+v}M_v\|\boldsymbol{x}-\boldsymbol{x}^{\theta_{i,k}}\|^{1+v}\right]
\end{aligned}\tag{12-33}
$$

由于 $G^k(\boldsymbol{x})+h(\boldsymbol{x})$ 是 μ_h 强凸的，结合式 (12-32) 和式 (12-33) 有

$$
\begin{aligned}
&f(\boldsymbol{x}^{k+1})+\frac{\mu_h}{2}\|\boldsymbol{x}-\boldsymbol{x}^{k+1}\|^2\\
\leqslant&G^k(\boldsymbol{x}^{k+1})+h(\boldsymbol{x}^{k+1})+\frac{\epsilon}{4}+\frac{\mu_h}{2}\|\boldsymbol{x}-\boldsymbol{x}^{k+1}\|^2\\
\leqslant&G^k(\boldsymbol{x})+h(\boldsymbol{x})+\frac{\epsilon}{4}\\
=&f(\boldsymbol{x})+[G^k(\boldsymbol{x})+h(\boldsymbol{x})-f(\boldsymbol{x})]+\frac{\epsilon}{4}\\
\leqslant&f(\boldsymbol{x})+\frac{1}{n}\sum_{i=1}^{n}\left[\frac{1}{1+d}M_d\|\boldsymbol{x}-\boldsymbol{x}^{\theta_{i,k}}\|^{1+d}+\frac{1}{1+v}M_v\|\boldsymbol{x}-\boldsymbol{x}^{\theta_{i,k}}\|^{1+v}\right]+\frac{\epsilon}{4}
\end{aligned}
$$

通过对上式两边取期望，并令 $\boldsymbol{x}=\boldsymbol{x}^*$，应用式 (12-8)，可以得到

$$
\begin{aligned}
\mathbb{E}[f(\boldsymbol{x}^{k+1})]-f^*\leqslant&\mathbb{E}\left[\frac{1}{n}\sum_{i=1}^{n}\left[\frac{1}{1+d}M_d\|\boldsymbol{x}^*-\boldsymbol{x}^{\theta_{i,k}}\|^{1+d}+\frac{1}{1+v}M_v\|\boldsymbol{x}^*-\boldsymbol{x}^{\theta_{i,k}}\|^{1+v}\right]\right]\\
&-\mathbb{E}\left[\frac{\mu_h}{2}\|\boldsymbol{x}^*-\boldsymbol{x}^{k+1}\|^2\right]+\frac{\epsilon}{4}\\
\leqslant&\mathbb{E}\left[\frac{M}{n}\sum_{i=1}^{n}[\|\boldsymbol{x}^*-\boldsymbol{x}^{\theta_{i,k}}\|^2]\right]-\mathbb{E}\left[\frac{\mu_h}{2}\|\boldsymbol{x}^*-\boldsymbol{x}^{k+1}\|^2\right]+\frac{3\epsilon}{4}
\end{aligned}
$$

因此有

$$
\mu_h\|\boldsymbol{x}^{k+1}-\boldsymbol{x}^*\|^2\leqslant\mathbb{E}\left[\frac{M}{n}\sum_{i=1}^{n}[\|\boldsymbol{x}^*-\boldsymbol{x}^{\theta_{i,k}}\|^2]\right]+\frac{3\epsilon}{4}
$$

则

$$
\begin{aligned}
&\mathbb{E}\left[\frac{1}{n}\sum_{i=1}^{n}\|\boldsymbol{x}^*-\boldsymbol{x}^{\theta_{i,k}}\|^2\right]\\
=&\frac{1}{n}\|\boldsymbol{x}^k-\boldsymbol{x}^*\|^2+\left(1-\frac{1}{n}\right)\mathbb{E}\left[\frac{1}{n}\sum_{i=1}^{n}\|\boldsymbol{x}^*-\boldsymbol{x}^{\theta_{i,k-1}}\|^2\right]\\
\leqslant&\left[\frac{1}{n}\frac{M}{\mu_h}+\left(1-\frac{1}{n}\right)\right]\mathbb{E}\left[\frac{1}{n}\sum_{i=1}^{n}\|\boldsymbol{x}^*-\boldsymbol{x}^{\theta_{i,k-1}}\|^2\right]+\frac{3\epsilon}{4n\mu_h}\\
\leqslant&\left[\frac{1}{n}\frac{M}{\mu_h}+\left(1-\frac{1}{n}\right)\right]^k\mathbb{E}\left[\frac{1}{n}\sum_{i=1}^{n}\|\boldsymbol{x}^*-\boldsymbol{x}^{\theta_{i,0}}\|^2\right]
\end{aligned}
$$

$$+\frac{3\epsilon}{4n\mu_h}\left(1+\left(\frac{1}{n}\frac{M}{\mu_h}+\left(1-\frac{1}{n}\right)\right)+\cdots+\left(\frac{1}{n}\frac{M}{\mu_h}+\left(1-\frac{1}{n}\right)^{k-1}\right)\right)$$

$$\leqslant\left[\frac{1}{n}\frac{M}{\mu_h}+\left(1-\frac{1}{n}\right)\right]^k\|\boldsymbol{x}^*-\boldsymbol{x}^0\|^2+\frac{3\epsilon}{4n\mu_h}\frac{1-\left(\frac{1}{n}\frac{M}{\mu_h}+\left(1-\frac{1}{n}\right)\right)^k}{1-\frac{1}{n}\frac{M}{\mu_h}+\left(1-\frac{1}{n}\right)}$$

因此有

$$\begin{aligned}&\mathbb{E}[f(\boldsymbol{x}^{k+1})]-f^*\\ \leqslant& M\left[\frac{1}{n}\frac{M}{\mu_h}+\left(1-\frac{1}{n}\right)\right]^k\|\boldsymbol{x}^*-\boldsymbol{x}^0\|^2+\frac{3\epsilon}{4n\mu_h}\frac{1-\left(\frac{1}{n}\frac{M}{\mu_h}+\left(1-\frac{1}{n}\right)\right)^k}{1-\frac{1}{n}\frac{M}{\mu_h}+\left(1-\frac{1}{n}\right)}+\frac{3\epsilon}{4}\end{aligned}$$

定理得证。 □

从以上的证明过程中可以看出，为了满足 $\mathbb{E}[f(\boldsymbol{x}^k)]-f^*\leqslant\tilde{\epsilon}$，迭代次数 k 需要满足

$$k\geqslant(\ln\rho)^{-1}\ln\left[\left(\tilde{\epsilon}-\frac{3\epsilon}{4n\mu_h}\frac{1}{1-\rho}-\frac{3\epsilon}{4}\right)\frac{1}{M\|\boldsymbol{x}^*-\boldsymbol{x}^0\|^2}\right]+1$$

以上不等式给出了一个可靠的 SUG 法结束的准则。

由于 $\mathbb{E}[f(\boldsymbol{x}^k)]-f^*\geqslant 0$，Markov 不等式和定理 12.4 指出，对于任意的 $\epsilon>0$，有

$$\mathbb{P}\Big(f(\boldsymbol{x}^k)-f^*\geqslant\tilde{\epsilon}\Big)\ \leqslant\ \frac{\mathbb{E}[f(\boldsymbol{x}^k)]-f^*}{\tilde{\epsilon}}\ \leqslant\ \frac{M\rho^{k-1}\|\boldsymbol{x}^*-\boldsymbol{x}^0\|^2}{\tilde{\epsilon}}+\frac{3\epsilon}{4\tilde{\epsilon}n\mu_h}\frac{1}{1-\rho}+\frac{3\epsilon}{4\tilde{\epsilon}}$$

因此有下面更高可能性的边界。

推论 12.5 在定理 12.4 的假设保持不变的条件下，对于任意的 $\epsilon>0$ 及 $\delta\in(0,1)$，有

$$\mathbb{P}\big(f(\boldsymbol{x}^k)-f(\boldsymbol{x}^*)\leqslant\tilde{\epsilon}\big)\geqslant 1-\tilde{\delta}$$

其中，迭代次数 k 满足

$$k\geqslant(\ln\rho)^{-1}\ln\left[\left(\tilde{\delta}-\frac{3\epsilon}{4\tilde{\epsilon}}-\frac{3\epsilon}{4\tilde{\epsilon}n\mu_h}\frac{1}{1-\rho}\right)\frac{\tilde{\epsilon}}{M\|\boldsymbol{x}^*-\boldsymbol{x}^0\|^2}\right]+1$$

12.4 数值实验

本节应用 O-UGM 算法来求解 LASSO 问题[269] 和连续施泰纳 (Steiner) 问题[270]。通过数值实验来验证所提出算法的收敛性。本节也将比较包括 UGM 和

OADM[259] 等在内的不同算法。由于 O-UPGM 与 O-UDGM 的收敛性能类似，因此，这里仅给出 O-UPGM 的实验结果。所有的实验代码都在 MATLAB 平台上完成。

12.4.1　LASSO 问题

LASSO 问题的形式如下：

$$\min_{\boldsymbol{x}\in\mathbf{R}^{n\times 1}} \frac{1}{T}\sum_{t=1}^{T}\|\boldsymbol{a}_t^{\mathrm{T}}\boldsymbol{x}-b_t\|^2+\mu\|\boldsymbol{x}\|_1 \tag{12-34}$$

其中，$\boldsymbol{a}_t,\boldsymbol{x}\in\mathbf{R}^{n\times 1}$；$b_t$ 是一个标量。

令 $g(\boldsymbol{x})=\dfrac{1}{n}\displaystyle\sum_{t=1}^{n}\|\boldsymbol{a}_t^{\mathrm{T}}\boldsymbol{x}-b_t\|^2$ 且 $h(\boldsymbol{x})=\mu\|\boldsymbol{x}\|_1$, $d(\boldsymbol{x})=\dfrac{1}{2}\|\boldsymbol{x}\|^2$, 则结合 $g(\boldsymbol{x})$ 和子函数 $g_t(\boldsymbol{x})=\|\boldsymbol{a}_t^{\mathrm{T}}\boldsymbol{x}-b_t\|^2$ 的 Bregman 映射分别是

$$\begin{aligned}\hat{\boldsymbol{x}}=&\arg\min_{\boldsymbol{y}}\left\{\frac{1}{T}\sum_{t=1}^{T}\|\boldsymbol{a}_t^{\mathrm{T}}\boldsymbol{x}-b_t\|^2+\left\langle\frac{2}{T}\sum_{i=1}^{T}(\boldsymbol{a}_t^{\mathrm{T}}\boldsymbol{x}-b_t)\boldsymbol{a}_t,\boldsymbol{y}-\boldsymbol{x}\right\rangle\right.\\&\left.+M\frac{1}{2}\|\boldsymbol{x}-\boldsymbol{y}\|^2+\mu\|\boldsymbol{y}\|_1\right\}\\=&\operatorname{sign}\left(\boldsymbol{x}-\frac{2}{MT}\sum_{i=1}^{T}(\boldsymbol{a}_t^{\mathrm{T}}\boldsymbol{x}-b_t)\boldsymbol{a}_t\right)\cdot\max\left\{\left|\boldsymbol{x}-\frac{2}{TM}\sum_{i=1}^{T}(\boldsymbol{a}_t^{\mathrm{T}}\boldsymbol{x}-b_t)\boldsymbol{a}_t\right|-\frac{\mu}{M},0\right\}\end{aligned}$$

和

$$\begin{aligned}\hat{\boldsymbol{x}}=&\arg\min_{\boldsymbol{y}}\left\{\|\boldsymbol{a}_t^{\mathrm{T}}\boldsymbol{x}-b_t\|^2+\langle\ 2(\boldsymbol{a}_t^{\mathrm{T}}\boldsymbol{x}-b_t)\boldsymbol{a}_t,\boldsymbol{y}-\boldsymbol{x}\rangle+M\frac{1}{2}\|\boldsymbol{x}-\boldsymbol{y}\|^2+\mu\|\boldsymbol{y}\|_1\right\}\\=&\operatorname{sign}\left(\boldsymbol{x}-\frac{2}{M}(\boldsymbol{a}_t^{\mathrm{T}}\boldsymbol{x}-b_t)\boldsymbol{a}_t\right)\cdot\max\left\{\left|\boldsymbol{x}-\frac{2}{M}(\boldsymbol{a}_t^{\mathrm{T}}\boldsymbol{x}-b_t)\boldsymbol{a}_t\right|-\frac{\mu}{M},0\right\}\end{aligned}$$

在在线 UDGM 和 SUG 中，有

$$\begin{aligned}\phi_{t+1}(\boldsymbol{x})=&\phi_t(\boldsymbol{x})+\boldsymbol{a}_t[g_t(\boldsymbol{x}_t)+\langle\nabla g_t(\boldsymbol{x}_t),\boldsymbol{x}-\boldsymbol{x}_t\rangle+\mu\|\boldsymbol{x}\|_1]\\=&\xi(\boldsymbol{x}_0,\boldsymbol{x})+\sum_{i=1}^{t}a_i[g_i(\boldsymbol{x}_i)+\langle\nabla g_i(\boldsymbol{x}_i),\boldsymbol{x}-\boldsymbol{x}_i\rangle+\mu\|\boldsymbol{x}\|_1]\end{aligned}$$

则有

$$\begin{aligned}\boldsymbol{x}_{t+1}=&\arg\min_{\boldsymbol{x}}\phi_{t+1}(\boldsymbol{x})=\arg\min_{\boldsymbol{x}}\left\{\frac{1}{2}\|\boldsymbol{x}_0-\boldsymbol{x}\|^2+\sum_{i=1}^{t}a_i[\langle\nabla g_i(\boldsymbol{x}_i),\boldsymbol{x}\rangle+\mu\|\boldsymbol{x}\|_1]\right\}\\=&\operatorname{sign}\left(\boldsymbol{x}_0-\sum_{i=1}^{t}a_i\nabla g_i(\boldsymbol{x}_i)\right)\cdot\max\left\{\left|\boldsymbol{x}_0-\sum_{i=1}^{t}a_i\nabla g_i(\boldsymbol{x}_i)\right|-\mu\sum_{i=1}^{t}a_i,0\right\}\end{aligned}$$

实验设置主要根据文献 [259] 中的 LASSO 例子。首先随机生成维数为 50 的样本共 1000 个，记为 A，并在其列上进行归一化。然后随机生成一个稀疏真值 $\boldsymbol{x}_0$，并设其中的非零元素为 10。$b = A\boldsymbol{x}_0/T + \epsilon$，其中 ϵ 为高斯噪声，$T = 1000$ 为样本的数目。设 $\mu = 0.1 \times \|A^T b/T\|_\infty$。图 12-1 给出了 O-UPGM 和 O-UFGM 中目标函数的收敛情况。可以看出，在线和批量处理的 UFGM 总是比相应的 UGM 方法收敛得要快，这与理论分析的结果相一致。

本章所提出的算法也和 OADM 算法[259] 进行了比较，其结果如图 12-2 所示。可以清晰地看出，所提出的算法比 OADM 收敛得更快。

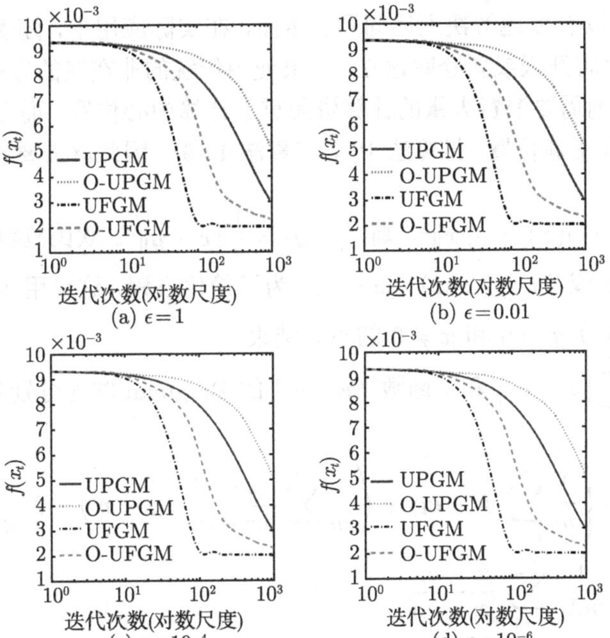

(a) $\epsilon = 1$　(b) $\epsilon = 0.01$　(c) $\epsilon = 10^{-4}$　(d) $\epsilon = 10^{-6}$

图 12-1　不同 ϵ 下的 UGM 与在线 UGM 算法的收敛情况

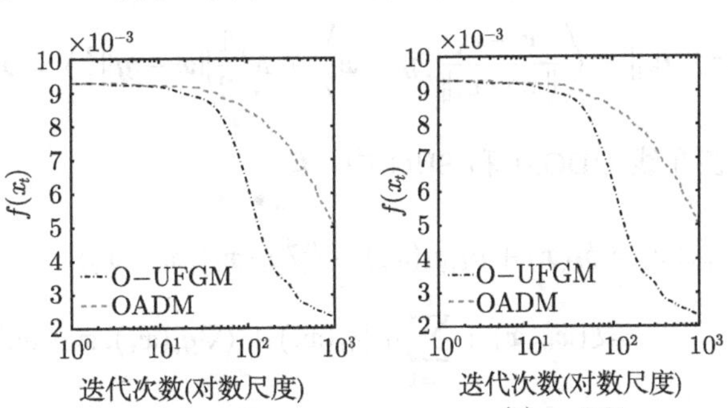

(a) $\epsilon = 1$　(b) $\epsilon = 0.01$

图 12-2　不同 ϵ 下的 O-UFGM 和 OADM 算法的收敛情况

12.4.2 施泰纳问题

在连续施泰纳问题[270] 中，给定中心位置 $\boldsymbol{c}_i \in \mathbf{R}^n(i=1,\cdots,m)$，所要面对的任务是找到最优的服务中心 $\boldsymbol{x}$，此处的最优是指最大限度地减少最佳位置到所有其他中心的总距离。因此，该问题如下：

$$\min_{\boldsymbol{x}\in\mathbf{R}^n} f(\boldsymbol{x}) := \frac{1}{m}\sum_{i=1}^{m}\|\boldsymbol{x}-\boldsymbol{c}_i\| \tag{12-35}$$

其中，所有的范数都是欧氏范数。

OUGM 可以有效地解决上述问题。然而，在实际应用中，随着系统不断加入新位置，如新商店开张或新仓库建立，如果使用传统的非在线的方法 (见算法 12-6 与算法 12-8)，则需要浪费大量的计算资源重新计算中心位置，而在线算法仅需很少的计算量就能更新位置 (见算法 12-7 与算法 12-9)，因此就需要设计在线和随机的梯度算法。

令 $h(\boldsymbol{x})=0,\ d(\boldsymbol{x})=\dfrac{1}{2}\|\boldsymbol{x}\|^2$，则 $\xi(\boldsymbol{x},\boldsymbol{y})=\dfrac{1}{2}\|\boldsymbol{x}-\boldsymbol{y}\|^2$。欧氏范数 $\|\boldsymbol{x}\|$ 的次微分是 $\dfrac{\boldsymbol{x}}{\|\boldsymbol{x}\|}$ $(\boldsymbol{x}\neq 0)$ 或 $\{g,\|g\|\leqslant 1\}$ ($\boldsymbol{x}=0$)。为了简化方程，这里用 $\nabla\|\boldsymbol{x}\|=\dfrac{\boldsymbol{x}}{\|\boldsymbol{x}\|}$ 统一表示，而不区分 $\boldsymbol{x}=0$ 和 $\boldsymbol{x}\neq 0$ 的不同结果。

结合 $\dfrac{1}{m}\displaystyle\sum_{i=1}^{m}\|\boldsymbol{x}-\boldsymbol{c}_i\|$ 和子函数 $\|\boldsymbol{x}-\boldsymbol{c}_i\|$ 的 Bregman 映射分别是

$$\begin{aligned}\hat{\boldsymbol{x}} &= \arg\min_{\boldsymbol{y}}\left\{\frac{1}{m}\sum_{i=1}^{m}\|\boldsymbol{x}-\boldsymbol{c}_i\|+\left\langle\frac{1}{m}\sum_{i=1}^{m}\frac{\boldsymbol{x}-\boldsymbol{c}_i}{\|\boldsymbol{x}-\boldsymbol{c}_i\|},\boldsymbol{y}-\boldsymbol{x}\right\rangle+M\frac{1}{2}\|\boldsymbol{x}-\boldsymbol{y}\|^2\right\}\\ &= \boldsymbol{x}-\frac{1}{mM}\sum_{i=1}^{m}\frac{\boldsymbol{x}-\boldsymbol{c}_i}{\|\boldsymbol{x}-\boldsymbol{c}_i\|}\end{aligned}$$

和

$$\hat{\boldsymbol{x}}=\arg\min_{\boldsymbol{y}}\left\{\|\boldsymbol{x}-\boldsymbol{c}_i\|+\left\langle\frac{\boldsymbol{x}-\boldsymbol{c}_i}{\|\boldsymbol{x}-\boldsymbol{c}_i\|},\boldsymbol{y}-\boldsymbol{x}\right\rangle+M\frac{1}{2}\|\boldsymbol{x}-\boldsymbol{y}\|^2\right\}=\boldsymbol{x}-\frac{1}{M}\frac{\boldsymbol{x}-\boldsymbol{c}_i}{\|\boldsymbol{x}-\boldsymbol{c}_i\|}$$

施泰纳问题在在线 UDGM 和 SUG 中，有

$$\begin{aligned}\phi_{t+1}(\boldsymbol{x}) &= \phi_t(\boldsymbol{x})+a_t[g_t(\boldsymbol{x}_t)+\langle\nabla g_t(\boldsymbol{x}_t),\boldsymbol{x}-\boldsymbol{x}_t\rangle]\\ &= \xi(\boldsymbol{x}_0,\boldsymbol{x})+\sum_{i=1}^{t}a_i[g_i(\boldsymbol{x}_i)+\langle\nabla g_i(\boldsymbol{x}_i),\boldsymbol{x}-\boldsymbol{x}_i\rangle]\end{aligned}$$

其中，$g_i(\boldsymbol{x}_i)=\|\boldsymbol{x}_i-\boldsymbol{c}_i\|$ 且 $\nabla g_i(\boldsymbol{x}_i)=\dfrac{\boldsymbol{x}_i-\boldsymbol{c}_i}{\|\boldsymbol{x}_i-\boldsymbol{c}_i\|}$，则有

$$
\begin{aligned}
\boldsymbol{x}_{t+1} &= \arg\min_{\boldsymbol{x}} \phi_{t+1}(\boldsymbol{x}) = \arg\min_{\boldsymbol{x}} \frac{1}{2}\|\boldsymbol{x}_0 - \boldsymbol{x}\|^2 + \sum_{i=1}^{t} a_i \left\langle \frac{\boldsymbol{x}_i - \boldsymbol{c}_i}{\|\boldsymbol{x}_i - \boldsymbol{c}_i\|}, \boldsymbol{x} \right\rangle \\
&= \arg\min_{\boldsymbol{x}} \frac{1}{2}\|\boldsymbol{x}_0 - \boldsymbol{x}\|^2 + \left\langle \sum_{i=1}^{t} a_i \frac{\boldsymbol{x}_i - \boldsymbol{c}_i}{\|\boldsymbol{x}_i - \boldsymbol{c}_i\|}, \boldsymbol{x} \right\rangle = \boldsymbol{x}_0 - \sum_{i=1}^{t} a_i \frac{\boldsymbol{x}_i - \boldsymbol{c}_i}{\|\boldsymbol{x}_i - \boldsymbol{c}_i\|}
\end{aligned}
$$

本节主要按照文献 [268] 中的设置进行实验，但在尺度上略有差异。实验中，令 $n = 128, m = 1024$。所有的服务中心均在空间区域 $0 \leqslant \boldsymbol{x}^{(i)} \leqslant \sqrt{n}(i = 1, \cdots, n)$ 中产生。

图 12-3 给出了在不同 ϵ 下 UPGM(算法 12-6)、O-UPGM(算法 12-7)、UFGM(算法 12-8) 和 O-UFGM(算法 12-9) 等算法的收敛情况。可以看出，在迭代的早期阶段，快速在线 UGM 的收敛速度最快。最初的几个迭代后，快速批量 UGM 开始加速，从而最先收敛。

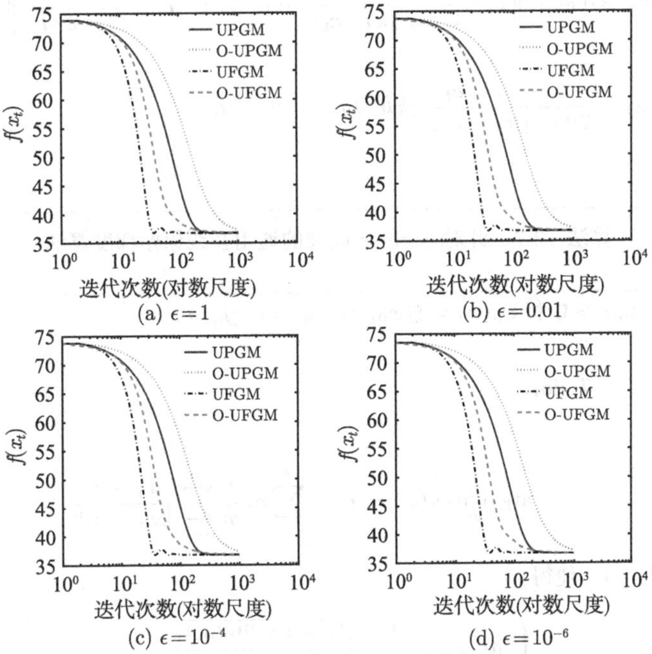

图 12-3 不同 ϵ 时在连续 Steiner 问题上算法的收敛曲线

(1) 输入: $L_0 > 0$ 和 $\epsilon > 0$;

(2) 输出: $\boldsymbol{x}_T$;

(3) for $t = 0, 1, \cdots, T$ do

(4) 找到最小 $i_t \geqslant 0$ 满足 $\displaystyle\frac{1}{m}\sum_{i=1}^{m}\left\|\boldsymbol{x}_t - \frac{1}{2^{i_t} m L_t}\sum_{i=1}^{m}\frac{\boldsymbol{x}_t - \boldsymbol{c}_i}{\|\boldsymbol{x}_t - \boldsymbol{c}_i\|} - \boldsymbol{c}_i\right\| \leqslant \frac{1}{m}\sum_{i=1}^{m}\|\boldsymbol{x}_t - \boldsymbol{c}_i\| -$

$\frac{1}{2m^2 2^{i_t} L_t}\left\|\sum_{i=1}^{m}\frac{\boldsymbol{x}_t-\boldsymbol{c}_i}{\|\boldsymbol{x}_t-\boldsymbol{c}_i\|}\right\|^2+\frac{1}{2}\epsilon$;

(5) 令 $\boldsymbol{x}_{t+1}=\boldsymbol{x}_t-\frac{1}{2^{i_t}mL_t}\sum_{i=1}^{m}\frac{\boldsymbol{x}_t-\boldsymbol{c}_i}{\|\boldsymbol{x}_t-\boldsymbol{c}_i\|}$ 且 $L_{t+1}=2^{i_t-1}L_t$;

(6) $t=t+1$;

(7) end for

算法 12-6　针对 Steiner 问题的通用原始梯度算法

(1) 输入: $L_0>0$ 和 $\epsilon>0$;

(2) 输出: $\bar{\boldsymbol{x}}=\frac{1}{S_T}\sum_{t=1}^{T+1}\frac{1}{L_t}\boldsymbol{x}_t$, 其中 $S_T=\sum_{t=1}^{T+1}\frac{1}{L_t}$;

(3) for $t=0,1,\cdots,T$ do

(4) 找到最小的 $i_t\geqslant 0$ 满足 $\left\|\boldsymbol{x}_t-\frac{1}{2^{i_t}L_t}\frac{\boldsymbol{x}_t-\boldsymbol{c}_t}{\|\boldsymbol{x}_t-\boldsymbol{c}_t\|}-\boldsymbol{c}_t\right\|\leqslant\|\boldsymbol{x}_t-\boldsymbol{a}_t\|-\frac{1}{2\times 2^{i_t}L_t}\left\|\frac{\boldsymbol{x}_t-\boldsymbol{c}_t}{\|\boldsymbol{x}_t-\boldsymbol{c}_t\|}\right\|^2+\frac{1}{2}\epsilon$;

(5) 令 $\boldsymbol{x}_{t+1}=\boldsymbol{x}_t-\frac{1}{2^{i_t}L_t}\frac{\boldsymbol{x}_t-\boldsymbol{c}_t}{\|\boldsymbol{x}_t-\boldsymbol{c}_t\|}$ 满足 $L_{t+1}=2^{i_t-1}L_t$;

(6) $t=t+1$;

(7) end for

算法 12-7　针对 Steiner 问题的通用在线原始梯度算法

(1) 输入: $L_0>0$, $\epsilon>0$ 和 $\phi_0(\boldsymbol{x})=\xi(\boldsymbol{x}_0,\boldsymbol{x})$, $A_0=0$, $\boldsymbol{y}_0=\boldsymbol{x}_0$;

(2) 输出: $\boldsymbol{x}_T$;

(3) for $t=0,1,\cdots,T$ do;

(4) 计算

$$v_t=\arg\min_{\boldsymbol{x}}\phi_t(\boldsymbol{x})=\boldsymbol{x}_0-\sum_{i=1}^{t}a_i\frac{1}{m}\sum_{j=1}^{m}\frac{\boldsymbol{x}_i-\boldsymbol{c}_j}{\|\boldsymbol{x}_i-\boldsymbol{c}_j\|}$$

(5) 找到最小 $i_t\geqslant 0$, 使得

$$\begin{cases} a_{t+1,i_t}=\dfrac{1+\sqrt{1+4\times 2^{i_t}L_tA_t}}{2\times 2^{i_t}L_t} \\ A_{t+1,i_t}=A_t+a_{t+1,i_t} \\ \tau_{t,i_t}=\dfrac{a_{t+1,i_t}}{A_{t+1,i_t}} \\ \boldsymbol{x}_{t+1,i_t}=\tau_{t,i_t}\boldsymbol{v}_t+(1-\tau_{t,i_t})\boldsymbol{y}_t \\ \hat{\boldsymbol{x}}_{t+1,i_t}=\boldsymbol{v}_t-a_{t+1,i_t}\nabla f(\boldsymbol{x}_{t+1,i_t}) \\ \boldsymbol{y}_{t+1,i_t}=\tau_{t,i_t}\hat{\boldsymbol{x}}_{t+1,i_t}+(1-\tau_{t,i_t})\boldsymbol{y}_t \end{cases}$$

满足如下条件 $f(\boldsymbol{y}_{t+1,i_t})\leqslant f(\boldsymbol{x}_{t+1,i_t})+\langle\nabla f(\boldsymbol{x}_{t+1,i_t}),\boldsymbol{y}_{t+1,i_t}-\boldsymbol{x}_{t+1,i_t}\rangle+2^{i_t-1}L_t\|\boldsymbol{y}_{t+1,i_t}-$

$\boldsymbol{x}_{t+1,i_t}\|^2 + \frac{\epsilon}{2}\tau_{t,i_t}$；

(6) 令 $\boldsymbol{x}_{t+1} = \boldsymbol{x}_{t+1,i_t}$，$\boldsymbol{y}_{t+1} = \boldsymbol{y}_{t+1,i_t}$，$a_{t+1} = a_{t+1,i_t}$，且 $\tau_t = \tau_{t,i_t}$，定义 $A_{t+1} = A_t + a_{t+1}$，

$L_{t+1} = 2^{i_t-1}L_t$，且 $\phi_{t+1}(\boldsymbol{x}) = \phi_t(\boldsymbol{x}) + a_{t+1}[f(\boldsymbol{x}_{t+1}) + \langle\nabla f(\boldsymbol{x}_{t+1}), \boldsymbol{x} - \boldsymbol{x}_{t+1}\rangle]$；

(7) $t = t+1$；

(8) end for

算法 12-8 针对 Steiner 问题的通用快速梯度算法

(1) 输入: $L_0 > 0$, $\epsilon > 0$ 且 $\phi_0(\boldsymbol{x}) = \xi(\boldsymbol{x}_0, \boldsymbol{x})$, $A_0 = 0$, $\boldsymbol{y}_0 = \boldsymbol{x}_0$；

(2) 输出: $\bar{\boldsymbol{x}} = \frac{1}{S_T}\sum_{t=1}^{T+1}\frac{1}{L_t}\boldsymbol{x}_t$, 其中 $S_T = \sum_{t=1}^{T+1}\frac{1}{L_t}$；

(3) for $t = 0, 1, \cdots, T$ do

(4) 计算

$$v_t = \arg\min_{\boldsymbol{x}} \phi_t(\boldsymbol{x}) = \boldsymbol{x}_0 - \sum_{i=1}^{t} a_i \frac{\boldsymbol{x}_i - \boldsymbol{c}_{r_i}}{\|\boldsymbol{x}_i - \boldsymbol{c}_{r_i}\|} \tag{12-36}$$

(5) 随机选择一个位置 g_{r_t}，找到最小 $i_t \geqslant 0$ 使得

$$\begin{cases} a_{t+1,i_t} = \dfrac{1 + \sqrt{1 + 4 \times 2^{i_t} L_t A_t}}{2 \times 2^{i_t} L_t} \\ A_{t+1,i_t} = A_t + a_{t+1,i_t} \\ \tau_{t,i_t} = \dfrac{a_{t+1,i_t}}{A_{t+1,i_t}} \\ \boldsymbol{x}_{t+1,i_t} = \tau_{t,i_t}\boldsymbol{v}_t + (1 - \tau_{t,i_t})\boldsymbol{y}_t \\ \hat{\boldsymbol{x}}_{t+1,i_t} = \boldsymbol{v}_t - a_{t+1,i_t}\nabla f(\boldsymbol{x}_{t+1,i_t}) \\ \boldsymbol{y}_{t+1,i_t} = \tau_{t,i_t}\hat{\boldsymbol{x}}_{t+1,i_t} + (1 - \tau_{t,i_t})\boldsymbol{y}_t \end{cases}$$

满足 $g_{r_t}(\boldsymbol{y}_{t+1,i_t}) \leqslant g_{r_t}(\boldsymbol{x}_{t+1,i_t}) + \langle\nabla g_{r_t}(\boldsymbol{x}_{t+1,i_t}), \boldsymbol{y}_{t+1,i_t} - \boldsymbol{x}_{t+1,i_t}\rangle + 2^{i_t-1}L_t\|\boldsymbol{y}_{t+1,i_t} - \boldsymbol{x}_{t+1,i_t}\|^2 + \frac{\epsilon}{2}\tau_{t,i_t}$；

(6) 令 $\boldsymbol{x}_{t+1} = \boldsymbol{x}_{t+1,i_t}$，$\boldsymbol{y}_{t+1} = \boldsymbol{y}_{t+1,i_t}$，$a_{t+1} = a_{t+1,i_t}$，且 $\tau_t = \tau_{t,i_t}$。定义 $A_{t+1} = A_t + a_{t+1}$，

$L_{t+1} = 2^{i_t-1}L_t$，且 $\phi_{t+1}(\boldsymbol{x}) = \phi_t(\boldsymbol{x}) + a_{t+1}[g_{r_t}(\boldsymbol{x}_{t+1}) + \langle\nabla g_{r_t}(\boldsymbol{x}_{t+1}), \boldsymbol{x} - \boldsymbol{x}_{t+1}\rangle]$；

(7) $t = t+1$；

(8) end for

算法 12-9 针对 Steiner 问题的通用在线快速梯度算法

12.5 本章小结

为了解决光滑和完全非光滑两个极端问题间的中间问题，本章提出了在线和随机梯度算法来优化具有 Hölder 连续函数 $C^{1,v}(\mathbf{R}^p)$ 的凸问题的中间层，为具有

Hölder 连续梯度的凸函数的目标和线性收敛率建立了悔度误差边界。所提出的方法在很多方面还可以做进一步深入的工作。首先，本章工作主要着重于理论，虽然在实验部分也给出了一些简单的应用，但进一步的数值实验和实现细节研究也将非常有意义；其次，可以将该方法与用于最小化具有大量变量/坐标的正则凸函数的随机块坐标法[228] 相结合来处理高维数据的问题；进一步，鉴于真实生活中大数据的趋势和需求，亟待研究和设计 SUG 的分布式/并行版本。因此，本章的工作可以作为针对 Hölder 连续函数 $C^{1,v}(\mathbf{R}^p)$ 凸问题方法的基础。

第 13 章　面向大数据的牛顿型随机梯度下降算法

本章为了优化大量光滑凸函数的平均与作为惩罚项或正则项的非光滑凸函数的和，将近年来的随机牛顿型梯度法[271] 和近端牛顿型梯度法[272] 两种方法加以推广并统一，提出近端牛顿型随机梯度法 (proximal stochastic Newton-type gradient descent，PROXTONE)[273]。所提出的 PROXTONE 通过结合目标函数的二阶信息 (second order information) 能获得更好的收敛效果。它不仅能使目标函数值以线性速度收敛，而且更进一步地在最优解中实现了线性收敛。本章的证明简单且直观，但从中得出的结论可以引出更多的应用二阶信息来研究近端随机梯度下降的方法，可达到抛砖引玉的作用。本章所提出的方法和原理也可以用于逻辑回归、深度卷积网络训练等方面。数值实验表明，PROXTONE 与已有的方法相比具有更好的计算性能。

13.1　引　　言

本章主要讨论如下形式的问题:

$$\min_{\boldsymbol{x}\in\mathbf{R}^p} f(\boldsymbol{x}) := \frac{1}{n}\sum_{i=1}^{n} g_i(\boldsymbol{x}) + h(\boldsymbol{x}) \tag{13-1}$$

其中，g_i 是与训练集中某个样本相关的光滑凸损失函数；h 是非光滑的凸惩罚函数或正则化项。记 $g(\boldsymbol{x}) = \frac{1}{n}\sum_{i=1}^{n} g_i(\boldsymbol{x})$。假定最优值 f^* 是在点 $\boldsymbol{x}^*$(不一定唯一) 处取得。这类问题经常在机器学习中出现，如最小二乘回归、LASSO 和逻辑回归等。为了优化问题 (13-1)，目前广泛应用的是近端全梯度法 (proximal full gradient，ProxFG)，它使用如下的迭代形式:

$$\boldsymbol{x}^{k+1} = \arg\min_{\boldsymbol{x}\in\mathbf{R}^p}\left\{\nabla g(\boldsymbol{x}_k)^{\mathrm{T}}\boldsymbol{x} + \frac{1}{2\alpha_k}\|\boldsymbol{x}-\boldsymbol{x}_{k-1}\|^2 + h(\boldsymbol{x})\right\} \tag{13-2}$$

其中，α_k 是第 k 次迭代的步长。在标准的假设下，采用固定步长的近端全梯度法，经过 k 次迭代后得到的次优解满足

$$f(\boldsymbol{x}^k) - f(\boldsymbol{x}^*) = O\left(\frac{1}{k}\right)$$

当 f 是强凸函数时，误差满足[260]

$$f(\boldsymbol{x}^k) - f(\boldsymbol{x}^*) = O\left(\left(\frac{L-\mu_g}{L+\mu_h}\right)^k\right)$$

其中，L 是 $f(\boldsymbol{x})$ 的利普希茨常数；μ_g 和 μ_h 分别是 $g(\boldsymbol{x})$ 和 $h(\boldsymbol{x})$ 的凸参数。可以看出，在强凸的情况下，每一次迭代后误差都以固定的比例递减，因此满足线性收敛速度，也常被称为几何或指数速度。

然而，当 n 较大或巨大时，由于近端全梯度法每次迭代都需要计算全部 n 个函数 g_i 的梯度以及所有梯度的均值，其计算量与 n 呈线性关系。因此当 n 非常大时，式 (13-2) 中的每一次迭代成本将会很高，从而导致近端全梯度法不再适用。

针对近端全梯度法的如上缺陷，很多学者提出了近端随机梯度下降法 (proximal stochastic gradient descent，ProxSGD)。这种方法的主要优点在于每次迭代时的计算量与 n 无关，这使得它更适合大数据背景下的问题 (n 有可能非常大)。为了优化问题 (13-1)，标准的近端随机梯度法采用如下的迭代形式：

$$\boldsymbol{x}_k = \mathrm{prox}_{\alpha_k h}\big(\boldsymbol{x}_{k-1} - \alpha_k \nabla g_{i_k}(\boldsymbol{x}_{k-1})\big) \tag{13-3}$$

其中，在每一次迭代时，i_k 从集合 $\{1,\cdots,n\}$ 中均匀采样，因此随机选择的梯度 $\nabla g_{i_k}(\boldsymbol{x}_{k-1})$ 生成了真实梯度 $\nabla g(\boldsymbol{x}_{k-1})$ 的无偏估计量；在标准假设且选择合适的递减序列 $\{\alpha_k\}$ 作为步长时，近端随机梯度下降法能够在期望意义下得到一个次优解满足[274]

$$\mathbb{E}[f(\boldsymbol{x}^k)] - f(\boldsymbol{x}^*) = O\left(\frac{1}{\sqrt{k}}\right)$$

如果目标函数是强凸的，则满足

$$\mathbb{E}[f(\boldsymbol{x}^k)] - f(\boldsymbol{x}^*) = O\left(\frac{1}{k}\right)$$

在以上的收敛结果中，都是使用相对 i_k 变量来计算期望。

相对于以上的一阶方法，另外一类方法是通过使用目标函数的二阶信息来进行搜索的下降方法，这种方法收敛得更快。由于这类方法每次迭代的计算量较大，且需要较大的内存，因此一般用于精确程度要求较高的中等数据规模的问题。为了优化问题 (13-1)，结合二阶信息的近端牛顿型方法 (proximal Newton-type method)[272] 一般使用 $\boldsymbol{x}^{k+1} \leftarrow \boldsymbol{x}^k + \Delta\boldsymbol{x}^k$ 的迭代方式，此处 $\Delta\boldsymbol{x}^k$ 由下式获得：

$$\Delta\boldsymbol{x}^k = \arg\min_{d\in\mathbf{R}^p}\ \nabla g(\boldsymbol{x}^k)^{\mathrm{T}}\boldsymbol{d} + \frac{1}{2}\boldsymbol{d}^{\mathrm{T}}\boldsymbol{H}_k\boldsymbol{d} + h(\boldsymbol{x}^k + \boldsymbol{d}) \tag{13-4}$$

其中，$\boldsymbol{H}_k$ 表示矩阵 $\nabla^2 g(\boldsymbol{x}_k)$ 的一个近似值。根据 $\boldsymbol{H}_k$ 的不同选择策略，可以得到不同的方法，例如，近端牛顿法 (proximal Newton method，ProxN)，它选择

$\boldsymbol{H}_k = \nabla^2 g(\boldsymbol{x}_k)$ 的近似；近端拟牛顿法 (proximal quasi-Newton method，ProxQN)，它根据 quasi-Newton 策略[272] 使用 ∇g 值的变化作为 $\nabla^2 g(\boldsymbol{x}_k)$ 的近似。其实，比较式 (13-4) 和式 (13-2) 会发现，近端牛顿法是近端全梯度法的缩放近端映射 (scaled proximal mappings)。

基于上述相关工作的分析，下面来介绍本章的方法。本章的主要贡献在于，提出并且分析一种称为近端牛顿型随机梯度法的新算法。该算法是近端牛顿法的一个随机版本。它结合了 ProxSGD 算法和 ProxFG 算法的优点：同 ProxSGD 算法相似，它具有较低的迭代成本，但具有类似于 ProxFG 算法的收敛速度。

PROXTONE 的迭代采用 $\boldsymbol{x}^{k+1} \leftarrow \boldsymbol{x}^k + t_k \Delta \boldsymbol{x}^k$ 的形式，这里 $\boldsymbol{x}^k$ 由下式获得：

$$\Delta \boldsymbol{x}^k \leftarrow \arg\min_{\boldsymbol{d}} \boldsymbol{d}^{\mathrm{T}}(\nabla_k + \boldsymbol{H}_k \boldsymbol{x}^k) + \frac{1}{2}\boldsymbol{d}^{\mathrm{T}}\boldsymbol{H}_k \boldsymbol{d} + h(\boldsymbol{x}^k + \boldsymbol{d}) \tag{13-5}$$

其中，$\nabla_k = \dfrac{1}{n}\sum_{i=1}^{n} \nabla_k^i$；$\boldsymbol{H}_k = \dfrac{1}{n}\sum_{i=1}^{n} \boldsymbol{H}_k^i$，每一次迭代时选择一个随机量 j 和相应的 H_{k+1}^j，然后更新中间变量：

$$\nabla_{k+1}^i = \begin{cases} \nabla g_i(\boldsymbol{x}^{k+1}) - \boldsymbol{H}_{k+1}^i \boldsymbol{x}^{k+1}, & i = j \\ \nabla_{k+1}^i, & \text{其他} \end{cases}$$

与 ProxFG 和 ProxN 相似，PROXTONE 每一次迭代时使用的是全梯度。但是与 ProxSGD 法一样，PROXTONE 每一次迭代时仅计算某一函数的梯度，因此迭代成本与 n 无关。PROXTONE 不仅每次迭代时的成本很低，同时本章的研究表明，PROXTONE 和 ProxFG 一样对于强凸目标函数具有线性的收敛速度。也就是说，通过随机的梯度采样，同时存储用于计算目标函数的 Hessian 矩阵的近似值，PROXTONE 与标准的 ProxSGD 相比，能实现更快的收敛速度。

目前的文献中存在着大量的工作可以改进 ProxSGD 方法以得到更快的收敛速度，由于章节限制，这里不详细介绍所有的工作，而仅简要介绍最新的一些进展。最近的几项工作考虑了问题 (13-1) 中的各种特殊情况，并且扩展了具有线性收敛速度的算法，如近端随机对偶坐标上升方法 (proximal stochastic dual coordinate ascent, ProxSDCA)[261]、最小增量优化方法 (minimization by incremental surrogate optimization, MISO)[251]、随机平均梯度方法 (stochastic average gradient, SAG)[242]、近端随机方差减梯度方法 (stochastic variance-reduced gradient, ProxSVRG)[260]、随机牛顿型梯度法 (stochastic Newton-type gradient method, SFO)[271] 和近端牛顿型梯度法 (proximal Newton-type gradient method, ProxN)[272] 等。除了 ProxN 是以解超线性收敛外，以上所有其他方法都以目标函数值指数速度收敛，但 ProxN 是一种批处理模式法。ProxSDCA 考虑了子函数存在 $g_i(\boldsymbol{x}) = \phi_i(\boldsymbol{a}_i^{\mathrm{T}}\boldsymbol{x})$ 这种形式，且

ϕ_i 和 h 的 Fenchel 共轭函数可以快速计算[232, 261]。SAG[242] 和 SFO[271] 考虑了 $h(\boldsymbol{x}) \equiv 0$ 的情况。

本章的 PROXTONE 是 SFO 和 ProxN 的扩展，它可以作为近端随机牛顿型法，以解决问题 (13-1) 中定义的更一般的非平滑 (与 ProxSDCA、SAG 和 SFO 相比) 类问题。PROXTONE 结合了两种完全不同的方法。它不仅能实现目标函数在值域上的收敛，而且能实现在解上的收敛。下面概述本章剩余的内容。13.2 节给出主要算法，并且为了分析方便给出其等价形式。13.3 节阐述分析所依据的假设并给出主要成果；首先，给出一个用于任何问题的函数值域 (弱收敛) 中的线性收敛率，然后给出解域中有附加条件的一个强线性收敛率。

本章假设函数 $h(\boldsymbol{x})$ 是下半连续 (lower semi-continuous) 且是凸的，定义域 $\mathrm{dom}(h) := \{\boldsymbol{x} \in \mathbf{R}^p \,|\, h(\boldsymbol{x}) < +\infty\}$ 是闭合的。所有 $g_i(\boldsymbol{x})(i = 1, \cdots, n)$ 在包含域 $\mathrm{dom}(h)$ 的开集上可微，且梯度是利普希茨连续的，即存在 $L_i > 0$，对所有 $\boldsymbol{x}, \boldsymbol{y} \in \mathrm{dom}(h)$，满足

$$\|\nabla g_i(\boldsymbol{x}) - \nabla g_i(\boldsymbol{y})\| \leqslant L_i \|\boldsymbol{x} - \boldsymbol{y}\| \tag{13-6}$$

由文献 [220] 中的引理 1.2.3 及其证明，对于 $i = 1, \cdots, n$，有

$$|g_i(\boldsymbol{x}) - g_i(\boldsymbol{y}) - \nabla g_i(\boldsymbol{y})^{\mathrm{T}}(\boldsymbol{x} - \boldsymbol{y})| \leqslant \frac{L_i}{2}\|\boldsymbol{x} - \boldsymbol{y}\|^2 \tag{13-7}$$

函数 $f(\boldsymbol{x})$ 称为 μ-强凸函数，如果存在 $\mu \geqslant 0$，对于所有的 $\boldsymbol{x} \in \mathrm{dom}(f)$ 和 $\boldsymbol{y} \in \mathbf{R}^p$ 满足

$$f(\boldsymbol{y}) \geqslant f(\boldsymbol{x}) + \boldsymbol{\xi}^{\mathrm{T}}(\boldsymbol{y} - \boldsymbol{x}) + \frac{\mu}{2}\|\boldsymbol{y} - \boldsymbol{x}\|^2, \quad \forall \boldsymbol{\xi} \in \partial f(\boldsymbol{x}) \tag{13-8}$$

函数的凸参数是最大值 μ，从而上面的条件成立。如果 $\mu = 0$，则与凸函数的定义一致。问题 (13-1) 中 $f(\boldsymbol{x})$ 的强凸性可能来自 $g(\boldsymbol{x})$ 或 $h(\boldsymbol{x})$，或两者都有。更确切地讲，令 $g(\boldsymbol{x})$ 和 $h(\boldsymbol{x})$ 分别具有凸参数 μ_g 和 μ_h，则 $\mu \geqslant \mu_g + \mu_h$。从文献 [251] 中的引理 B.5 和式 (13-8)，可得

$$f(\boldsymbol{y}) \geqslant f(\boldsymbol{x}^*) + \frac{\mu}{2}\|\boldsymbol{y} - \boldsymbol{x}^*\|^2 \tag{13-9}$$

13.2　近端牛顿型随机梯度法

本章介绍如何使用近端牛顿型随机梯度法来解决式 (13-1) 中的问题，其过程见算法 13-1。该算法中只有两个步骤最为关键，其他都为辅助步骤。一个关键步骤为求解正则化的二次模型 (13-5)，从而能给出新的搜索方向；另一个关键步骤为随机选择函数 $g_j(\boldsymbol{x})$，并用选择到的函数来更新正则化的二次模型 (13-5)。一旦执行

了这些关键步骤，当前点 $\boldsymbol{x}^k$ 更新为 $\boldsymbol{x}^{k+1}$，然后重复执行以上过程直至收敛到最优解。

本节的后续部分将全面给出算法 13-1 中每一个关键步骤的描述。可以看出，如果 $n=1$，则本算法将变为用于最小化组合函数的确定的近端牛顿型法[272]：

$$\min_{\boldsymbol{x}\in\mathbf{R}^p} f(\boldsymbol{x}) := g(\boldsymbol{x}) + h(\boldsymbol{x}) \tag{13-10}$$

通过式 (13-4) 可以看出，PROXTONE 实际上是 ProxN[272] 的一个推广。

(1) 输入：初始值 $\boldsymbol{x}^0 \in \mathrm{dom}\, f$；对于 $i \in \{1,2,\cdots,n\}$，设 $\boldsymbol{H}_{-1}^i = \boldsymbol{H}_0^i$ 是 $g_i(\boldsymbol{x})$ 在 $\boldsymbol{x}^0$ 的 Hessian 矩阵的正定逼近，令 $\nabla_{-1}^i = \nabla_0^i = \nabla g_i(\boldsymbol{x}^0) - H_0^i \boldsymbol{x}^0$；且 $\nabla_0 = \dfrac{1}{n}\sum_{i=1}^n \nabla_0^i$，$\boldsymbol{H}_0 = \dfrac{1}{n}\sum_{i=0}^n \boldsymbol{H}_0^i$，$\epsilon > 0$；

(2) 输出：$\boldsymbol{x}^k$；

(3) 重复以下步骤直到 $\|\boldsymbol{x}^{k+1} - \boldsymbol{x}^k\|_2 < \epsilon$；

(4) 通过求解如下的子问题得到新的搜索方向：$\Delta \boldsymbol{x}^k \leftarrow \arg\min_d \boldsymbol{d}^{\mathrm{T}}(\nabla_k + \boldsymbol{H}_k \boldsymbol{x}^k) + \dfrac{1}{2}\boldsymbol{d}^{\mathrm{T}}\boldsymbol{H}_k \boldsymbol{d} + h(\boldsymbol{x}^k + \boldsymbol{d})$

(5) 更新解：$\boldsymbol{x}^{k+1} = \boldsymbol{x}^k + \Delta \boldsymbol{x}^k$；

(6) 从 $\{1,2,\cdots,n\}$ 随机采样得到 j，使用 $\nabla g_j(\boldsymbol{x}^{k+1})$ 以及 $g_j(\boldsymbol{x})$ 在 $\boldsymbol{x}^{k+1}$ 的 Hessian 矩阵的正定逼近 $\boldsymbol{H}_{k+1}^j$，对 ∇_{k+1}^i $(i \in \{1,2,\cdots,n\})$ 进行更新：$\nabla_{k+1}^j \leftarrow \nabla g_j(\boldsymbol{x}^{k+1}) - \boldsymbol{H}_{k+1}^j \boldsymbol{x}^{k+1}$，而其他 ∇_{k+1}^i 和 $\boldsymbol{H}_{k+1}^i$ 保持不变：$\nabla_{k+1}^i \leftarrow \nabla_k^i$，$\boldsymbol{H}_{k+1}^i \leftarrow \boldsymbol{H}_k^i$ $(i \neq j)$，最后通过 $\nabla_{k+1} \leftarrow \dfrac{1}{n}\sum_{i=1}^n \nabla_{k+1}^i$，$\boldsymbol{H}_{k+1} \leftarrow \dfrac{1}{n}\sum_{i=1}^n \boldsymbol{H}_{k+1}^i$ 得到 ∇_{k+1} 和 $\boldsymbol{H}_{k+1}$。

算法 13-1 PROXTONE：一种通用的近端牛顿型随机梯度算法

由于 SFO[271] 是 PROXTONE 在 $h(\boldsymbol{x}) \equiv 0$ 时的特殊情况，因此 PROXTONE 也是 SFO 的一个推广。鉴于 SFO 更易于分析，因此本节以 SFO 描述风格的形式给出所提出算法的另一种形式。虽然这种算法与前面的算法形式上不同，但它等价于最初的 PROXTONE。具体形式见算法 13-2。

为了验证两种形式的等价关系，只需注意到 $G^k(\boldsymbol{x})$ 是二次函数，且满足如下的方程：

$$\nabla^2 G^k(\boldsymbol{x}) = \frac{1}{n}\sum_{i=1}^n \boldsymbol{H}_k^i \quad 且 \quad \nabla G^k(\boldsymbol{x}) = \frac{1}{n}\sum_{i=1}^n \nabla g_i(\boldsymbol{x}) + \frac{1}{n}\sum_{i=1}^n (\boldsymbol{x} - \boldsymbol{x}^k)^{\mathrm{T}} \boldsymbol{H}_k^i$$

和

$$\nabla_k + \boldsymbol{H}_k \boldsymbol{x}^k = \frac{1}{n}\sum_{i=1}^n [\nabla g_i(\boldsymbol{x}^{\theta_{i,k}}) + (\boldsymbol{x}^k - \boldsymbol{x}^{\theta_{i,k-1}})^{\mathrm{T}} \boldsymbol{H}_{\theta_{i,k}}^i]$$

(1) 输入: 初始解 $\boldsymbol{x}^0 \in \mathrm{dom}\, f$, 对于 $i \in \{1, 2, \cdots, n\}$, 令 $g_i^0(\boldsymbol{x}) = g_i(\boldsymbol{x}^0) + (\boldsymbol{x}-\boldsymbol{x}^0)^{\mathrm{T}} \nabla g_i(\boldsymbol{x}^0) + \frac{1}{2}(\boldsymbol{x}-\boldsymbol{x}^0)^{\mathrm{T}} \boldsymbol{H}_0^i (\boldsymbol{x}-\boldsymbol{x}^0)$, 其中 H_0^i $(i \in \{1, 2, \cdots, n\})$ 的意义与算法 13-1 相同, 同时 $G^0(\boldsymbol{x}) = \frac{1}{n}\sum_{i=1}^{n} g_i^0(\boldsymbol{x})$, $\epsilon > 0$;

(2) 输出: $\boldsymbol{x}^k$;

(3) 重复以下步骤直到 $\|\boldsymbol{x}^{k+1} - \boldsymbol{x}^k\|_2 < \epsilon$;

(4) 通过求解如下的子问题更新解:

$$\boldsymbol{x}^{k+1} \leftarrow \arg\min_{\boldsymbol{x}} \left[G^k(\boldsymbol{x}) + h(\boldsymbol{x}) \right] \tag{13-11}$$

(5) 从 $\{1, 2, \cdots, n\}$ 随机采样得到 j, 以如下的方式更新二次模型 $g_j^{k+1}(\boldsymbol{x})$:

$$g_j^{k+1}(\boldsymbol{x}) = g_j(\boldsymbol{x}^{k+1}) + (\boldsymbol{x} - \boldsymbol{x}^{k+1})^{\mathrm{T}} \nabla g_j(\boldsymbol{x}^{k+1}) + \frac{1}{2}(\boldsymbol{x} - \boldsymbol{x}^{k+1})^{\mathrm{T}} \boldsymbol{H}_{k+1}^i (\boldsymbol{x} - \boldsymbol{x}^{k+1}) \tag{13-12}$$

而其他的 $g_i^{k+1}(\boldsymbol{x})$ 保持不变: $g_i^{k+1}(\boldsymbol{x}) \leftarrow g_i^k(\boldsymbol{x})$ $(i \neq j)$, 计算 $G^{k+1}(\boldsymbol{x}) = \frac{1}{n}\sum_{i=1}^{n} g_i^{k+1}(\boldsymbol{x})$;

(6) 直到满足收敛条件。

算法 13-2　PROXTONE 算法的等价形式

13.2.1　正则化的二次模型

对于固定的 $\boldsymbol{x} \in \mathbf{R}^p$, 定义 $f(\boldsymbol{x})$ 的正则分段二次逼近如下:

$$G^k(\boldsymbol{x}) + h(\boldsymbol{x}) = \frac{1}{n}\sum_{i=1}^{n} g_i^k(\boldsymbol{x}) + h(\boldsymbol{x})$$

其中, $g_i^k(\boldsymbol{x})$ 是 $g_i(\boldsymbol{x})$ 的二次模型:

$$g_i^k(\boldsymbol{x}) = g_i(\boldsymbol{x}^{\theta_{i,k}}) + (\boldsymbol{x} - \boldsymbol{x}^{\theta_{i,k}})^{\mathrm{T}} \nabla g_i(\boldsymbol{x}^{\theta_{i,k}}) + \frac{1}{2}(\boldsymbol{x} - \boldsymbol{x}^{\theta_{i,k}})^{\mathrm{T}} \boldsymbol{H}_{\theta_{i,k}}^i (\boldsymbol{x} - \boldsymbol{x}^{\theta_{i,k}}) \tag{13-13}$$

这里 $\theta_{i,k}$ 是一个随机变量, 在每一次迭代中服从下面的条件概率分布:

$$\mathbb{P}(\theta_{i,k} = k|j) = \frac{1}{n} \quad 且 \quad \mathbb{P}(\theta_{i,k} = \theta_{i,k-1}|j) = 1 - \frac{1}{n} \tag{13-14}$$

$\boldsymbol{H}_{\theta_{i,k}}^i$ 是任一正定矩阵, 可能依赖于 $\boldsymbol{x}^{\theta_{i,k}}$。然后在每一次迭代中, 通过解决子问题式 (13-11) 得到搜索的新方向。

这一算法的关键思想之一是每一次迭代中, 用于更新查找方向的子函数是随机选择的。这使得函数的选择非常快。选择子函数 $g_j(\boldsymbol{x})$ 并由式 (13-12) 更新, 同时保持所有其他的 $g_i^{k+1}(\boldsymbol{x})$ 不变。

13.2.2 Hessian 矩阵的近似

毋庸置疑，由于在每一次迭代中，用户在 $\boldsymbol{H}_k^i$ 的选择上完全自由，因此，PROXTONE 方法最重要的特征是能够使用正则二次模型 (13-11) 巧妙地结合正定矩阵 $\boldsymbol{H}_k^i$ 所包含的二阶信息。关于 $\boldsymbol{H}_k^i$，最简单的选择是 $\boldsymbol{H}_k^i = \boldsymbol{I}$，此时没有用到二阶信息；也可以使用 $\boldsymbol{H}_k^i = \nabla^2 g_i(\boldsymbol{x}_k)$，此时 $\boldsymbol{H}_k^i$ 包含最精确的二阶信息，但可能运行起来计算成本更高。

13.3 算法的收敛性分析

本节在标准的假设之下，给出 PROXTONE 算法的收敛性分析。

定理 13.1 假设 $\nabla g_i(\boldsymbol{x})$ 是利普希茨连续的，常数 $L_i > 0$，$i = 1, \cdots, n$，且 $L_i\boldsymbol{I} \preceq m\boldsymbol{I} \preceq \boldsymbol{H}_k^i \preceq M\boldsymbol{I}$，$i = 1, \cdots, n$ 和 $k \geqslant 1$，$h(\boldsymbol{x})$ 是强凸的，$\mu_h \geqslant 0$，则 PROXTONE 满足 $(k \geqslant 1)$

$$\mathbb{E}[f(\boldsymbol{x}^k)] - f^* \leqslant \frac{M + L_{\max}}{2}\left[\frac{1}{n}\frac{M + L_{\max}}{2\mu_h + m} + \left(1 - \frac{1}{n}\right)\right]^k \|\boldsymbol{x}^* - \boldsymbol{x}^0\|^2 \tag{13-15}$$

证明过程同最小增量优化方法 (MISO) 的证明[251] 接近。

证明 对于 PROXTONE 算法的每一次迭代，通过式 (13-13) 和式 (13-14)，可以得到

$$\mathbb{E}[\|\boldsymbol{x}^* - \boldsymbol{x}^{\theta_{i,k}}\|^2] = \frac{1}{n}\mathbb{E}[\|\boldsymbol{x}^* - \boldsymbol{x}^k\|^2] + \left(1 - \frac{1}{n}\right)\mathbb{E}[\|\boldsymbol{x}^* - \boldsymbol{x}^{\theta_{i,k-1}}\|^2] \tag{13-16}$$

由于 $0 \preceq \boldsymbol{H}_{\theta_{i,k}}^i \preceq M\boldsymbol{I}$，$\nabla^2 g_i^k(\boldsymbol{x}) = \boldsymbol{H}_{\theta_{i,k}}^i$，通过文献 [220] 中的定理 2.1.6，由假设 $\nabla g_i^k(\boldsymbol{x})$ 和 $\nabla g_i(\boldsymbol{x})$ 分别是以常数 M 和 L_i 利普希茨连续的，进一步对于 $i = 1, \cdots, n$，$\nabla g_i^k(\boldsymbol{x}) - \nabla g_i(\boldsymbol{x})$ 是 $M + L_i$ 利普希茨连续的，以及式 (13-7) 可以得到

$$|[g_i^k(\boldsymbol{x}) - g_i(\boldsymbol{x})] - [g_i^k(\boldsymbol{y}) - g_i(\boldsymbol{y})] - \nabla[g_i^k(\boldsymbol{y}) - g_i(\boldsymbol{y})]^{\mathrm{T}}(\boldsymbol{x} - \boldsymbol{y})| \leqslant \frac{M + L_i}{2}\|\boldsymbol{x} - \boldsymbol{y}\|^2$$

应用上述不等式，并且令 $\boldsymbol{y} = \boldsymbol{x}^{\theta_{i,k}}$，同时使用 $\nabla[g_i^k(\boldsymbol{x}^{\theta_{i,k}})] = \nabla[g_i(\boldsymbol{x}^{\theta_{i,k}})]$ 和 $g_i^k(\boldsymbol{x}^{\theta_{i,k}}) = g_i(\boldsymbol{x}^{\theta_{i,k}})$，有

$$|g_i^k(\boldsymbol{x}) - g_i(\boldsymbol{x})| \leqslant \frac{M + L_i}{2}\|\boldsymbol{x} - \boldsymbol{x}^{\theta_{i,k}}\|^2$$

累加 $i = 1, \cdots, n$ 得到

$$[G^k(\boldsymbol{x}) + h(\boldsymbol{x})] - [g(\boldsymbol{x}) + h(\boldsymbol{x})] \leqslant \frac{1}{n}\sum_{i=1}^{n}\frac{M + L_i}{2}\|\boldsymbol{x} - \boldsymbol{x}^{\theta_{i,k}}\|^2 \tag{13-17}$$

然后由 $\nabla g_i(\boldsymbol{x})$ 的利普希茨连续性和假设 $L_i\boldsymbol{I} \preceq m\boldsymbol{I} \preceq \boldsymbol{H}_k^i$，则有

$$\begin{aligned}g_i(\boldsymbol{x}) &\leqslant g_i(\boldsymbol{x}^{\theta_{i,k}}) + \nabla g_i(\boldsymbol{x}^{\theta_{i,k}})^{\mathrm{T}}(\boldsymbol{x} - \boldsymbol{x}^{\theta_{i,k}}) + \frac{L_i}{2}\|\boldsymbol{x} - \boldsymbol{x}^{\theta_{i,k}}\|^2 \\ &\leqslant g_i(\boldsymbol{x}^{\theta_{i,k}}) + (\boldsymbol{x} - \boldsymbol{x}^{\theta_{i,k}})^{\mathrm{T}}\nabla g_i(\boldsymbol{x}^{\theta_{i,k}}) + \frac{1}{2}(\boldsymbol{x} - \boldsymbol{x}^{\theta_{i,k}})^{\mathrm{T}}\boldsymbol{H}_{\theta_{i,k}}^i(\boldsymbol{x} - \boldsymbol{x}^{\theta_{i,k}}) = g_i^k(\boldsymbol{x})\end{aligned}$$

因此，通过累加 i 得到 $g(\boldsymbol{x}) \leqslant G^k(\boldsymbol{x})$，进一步由于 $\boldsymbol{x}^{k+1}$ 的最优性，可以得到

$$f(\boldsymbol{x}^{k+1}) \leqslant G^k(\boldsymbol{x}^{k+1}) + h(\boldsymbol{x}^{k+1}) \leqslant G^k(\boldsymbol{x}) + h(\boldsymbol{x}) \leqslant f(\boldsymbol{x}) + \frac{1}{n}\sum_{i=1}^{n}\frac{M+L_i}{2}\|\boldsymbol{x} - \boldsymbol{x}^{\theta_{i,k}}\|^2 \tag{13-18}$$

因为 $m\boldsymbol{I} \preceq \boldsymbol{H}_{\theta_{i,k}}$ 和 $\nabla^2 g_i^k(\boldsymbol{x}) = \boldsymbol{H}_{\theta_{i,k}}$，由文献 [220] 的定理 2.1.11，$g_i^k(\boldsymbol{x})$ 是 m- 强凸的。由于 $G^k(\boldsymbol{x})$ 是 $g_i^k(\boldsymbol{x})$ 的平均，因此 $G^k(\boldsymbol{x}) + h(\boldsymbol{x})$ 是 $(m+\mu_h)$- 强凸的，可以得到

$$\begin{aligned}f(\boldsymbol{x}^{k+1}) + \frac{m+\mu_h}{2}\|\boldsymbol{x} - \boldsymbol{x}^{k+1}\|^2 &\leqslant G^k(\boldsymbol{x}^{k+1}) + h(\boldsymbol{x}^{k+1}) + \frac{m+\mu_h}{2}\|\boldsymbol{x} - \boldsymbol{x}^{k+1}\|^2 \\ &\leqslant G^k(\boldsymbol{x}) + h(\boldsymbol{x}) \\ &= f(\boldsymbol{x}) + [G^k(\boldsymbol{x}) + h(\boldsymbol{x}) - f(\boldsymbol{x})] \\ &\leqslant f(\boldsymbol{x}) + \frac{1}{n}\sum_{i=1}^{n}\frac{M+L_i}{2}\|\boldsymbol{x} - \boldsymbol{x}^{\theta_{i,k}}\|^2\end{aligned}$$

对两边取期望，并令 $\boldsymbol{x} = \boldsymbol{x}^*$，可以得到

$$\mathbb{E}[f(\boldsymbol{x}^{k+1})] - f^* \leqslant \mathbb{E}\left[\frac{1}{n}\sum_{i=1}^{n}\frac{M+L_i}{2}\|\boldsymbol{x}^* - \boldsymbol{x}^{\theta_{i,k}}\|^2\right] - \mathbb{E}\left[\frac{m+\mu_h}{2}\|\boldsymbol{x}^* - \boldsymbol{x}^{k+1}\|^2\right]$$

因此

$$\begin{aligned}\frac{\mu_h}{2}\|\boldsymbol{x}^{k+1} - \boldsymbol{x}^*\|^2 \leqslant \mathbb{E}[f(\boldsymbol{x}^{k+1})] - f^* &\leqslant \mathbb{E}\left[\frac{1}{n}\sum_{i=1}^{n}\frac{M+L_{\max}}{2}\|\boldsymbol{x} - \boldsymbol{x}^{\theta_{i,k}}\|^2\right] \\ &\quad - \mathbb{E}\left[\frac{m+\mu_h}{2}\|\boldsymbol{x} - \boldsymbol{x}^{k+1}\|^2\right]\end{aligned}$$

得到

$$\|\boldsymbol{x}^{k+1} - \boldsymbol{x}^*\|^2 \leqslant \frac{M+L_{\max}}{2\mu_h + m}\mathbb{E}\left[\frac{1}{n}\sum_{i=1}^{n}\|\boldsymbol{x}^* - \boldsymbol{x}^{\theta_{i,k}}\|^2\right] \tag{13-19}$$

则有

$$\mathbb{E}\left[\frac{1}{n}\sum_{i=1}^{n}\|\boldsymbol{x}^* - \boldsymbol{x}^{\theta_{i,k}}\|^2\right] = \frac{1}{n}\|\boldsymbol{x}^k - \boldsymbol{x}^*\|^2 + \left(1 - \frac{1}{n}\right)\mathbb{E}\left[\frac{1}{n}\sum_{i=1}^{n}\|\boldsymbol{x}^* - \boldsymbol{x}^{\theta_{i,k-1}}\|^2\right]$$

$$
\begin{aligned}
&\leqslant \frac{1}{n}\|\boldsymbol{x}^k-\boldsymbol{x}^*\|^2+\left(1-\frac{1}{n}\right)\mathbb{E}\left[\frac{1}{n}\sum_{i=1}^{n}\|\boldsymbol{x}^*-\boldsymbol{x}^{\theta_{i,k-1}}\|^2\right]\\
&\leqslant \left[\frac{1}{n}\frac{M+L_{\max}}{2\mu_h+m}+\left(1-\frac{1}{n}\right)\right]\mathbb{E}\left[\frac{1}{n}\sum_{i=1}^{n}\|\boldsymbol{x}^*-\boldsymbol{x}^{\theta_{i,k-1}}\|^2\right]\\
&\leqslant \left[\frac{1}{n}\frac{M+L_{\max}}{2\mu_h+m}+\left(1-\frac{1}{n}\right)\right]^k\mathbb{E}\left[\frac{1}{n}\sum_{i=1}^{n}\|\boldsymbol{x}^*-\boldsymbol{x}^{\theta_{i,0}}\|^2\right]\\
&\leqslant \left[\frac{1}{n}\frac{M+L_{\max}}{2\mu_h+m}+\left(1-\frac{1}{n}\right)\right]^k\|\boldsymbol{x}^*-\boldsymbol{x}^0\|^2
\end{aligned}
$$

因此可得

$$
\mathbb{E}[f(\boldsymbol{x}^{k+1})]-f^*\leqslant\frac{M+L_{\max}}{2}\left[\frac{1}{n}\frac{M+L_{\max}}{2\mu_h+m}+\left(1-\frac{1}{n}\right)\right]^k\|\boldsymbol{x}^*-\boldsymbol{x}^0\|^2
$$

定理得证。 □

为了满足 $\mathbb{E}[f(\boldsymbol{x}^k)]-f^*\leqslant\epsilon$，迭代次数 k 需要满足

$$
k\geqslant(\ln\rho)^{-1}\ln\left[\frac{2\epsilon}{(M+L_{\max})\|\boldsymbol{x}^*-\boldsymbol{x}^0\|^2}\right]
$$

其中，$\rho=\dfrac{1}{n}\dfrac{M+L_{\max}}{2\mu_h+m}+\left(1-\dfrac{1}{n}\right)$。

式 (13-15) 给出了 PROXTONE 可靠的停止准则。

此时可以看到，PROXTONE 的输出质量较好。然而，实际中如果不准备在相同问题上多次运行这一方法，很可能单次运行也能给出较好的结果。由于 $f(\boldsymbol{x}^k)-f^*\geqslant 0$，Markov 不等式和定理 13.1 表明，对于任意 $\epsilon>0$，有

$$
\mathbb{P}\Big(f(\boldsymbol{x}^k)-f^*\geqslant\epsilon\Big)\leqslant\frac{\mathbb{E}[f(\boldsymbol{x}^k)-f^*]}{\epsilon}\leqslant\frac{(M+L_{\max})\rho^k\|\boldsymbol{x}^*-\boldsymbol{x}^0\|^2}{2\epsilon}
$$

因此，可以得出下面以较大概率可能成立的边界。

推论 13.1 若定理 13.1 中假设成立，则对于任意的 $\epsilon>0$ 和 $\delta\in(0,1)$，有

$$
\mathbb{P}\big(f(\boldsymbol{x}^k)-f(\boldsymbol{x}^*)\leqslant\epsilon\big)\geqslant 1-\delta
$$

其中，迭代次数 k 满足

$$
k\geqslant\ln\left(\frac{(M+L_{\max})\|\boldsymbol{x}^*-\boldsymbol{x}^0\|^2}{2\delta\epsilon}\right)\Big/\ln\left(\frac{1}{\rho}\right)
$$

基于定理 13.1 及其证明，可以给出更强的结论：PROXTONE 在解域上线性收敛。

定理 13.2　假设 $\nabla g_i(\boldsymbol{x})$ 和 $\nabla^2 g_i$ 是利普希茨连续的，常数 $L_i > 0$ 和 $K_i > 0$，$i = 1, \cdots, n$，$h(\boldsymbol{x})$ 是强凸的，$\mu_h \geqslant 0$。如果 $H^i_{\theta_{i,k}} = \nabla^2 g_i(\boldsymbol{x}^{\theta_{i,k}})$ 且 $L_i \boldsymbol{I} \preceq m\boldsymbol{I} \preceq \boldsymbol{H}^i_k \preceq M\boldsymbol{I}$，则 PROXTONE 以期望

$$\mathbb{E}[\|\boldsymbol{x}^{k+1} - \boldsymbol{x}^*\|] \leqslant \left(\frac{K_{\text{avg}} + 2L_{\max}}{m}\frac{M + L_{\max}}{2\mu_h + m} + \frac{2L_{\max}}{m}\right)$$
$$\left[\frac{1}{n}\frac{M + L_{\max}}{2\mu_h + m} + \left(1 - \frac{1}{n}\right)\right]^{k-1} \|\boldsymbol{x}^* - \boldsymbol{x}^0\|^2$$

指数收敛于 $\boldsymbol{x}^*$。

证明　首先检验 ProxN 和 PROXTONE 查找方向的联系。

通过式 (13-4)、式 (13-5) 和 Fermat 准则，可以看出 $\Delta\boldsymbol{x}^k_{\text{ProxN}}$ 和 $\Delta\boldsymbol{x}^k$ 也是下面方程的解：

$$\Delta\boldsymbol{x}^k_{\text{ProxN}} = \arg\min_{\boldsymbol{d}\in\mathbf{R}^p} \nabla g(\boldsymbol{x}^k)^{\mathrm{T}}\boldsymbol{d} + (\Delta\boldsymbol{x}^k_{\text{ProxN}})^{\mathrm{T}}\boldsymbol{H}_k\boldsymbol{d} + h(\boldsymbol{x}^k + \boldsymbol{d})$$
$$\Delta\boldsymbol{x}^k = \arg\min_{\boldsymbol{d}\in\mathbf{R}^p} (\nabla_k + \boldsymbol{H}_k\boldsymbol{x}^k)^{\mathrm{T}}\boldsymbol{d} + (\Delta\boldsymbol{x}^k)^{\mathrm{T}}\boldsymbol{H}_k\boldsymbol{d} + h(\boldsymbol{x}^k + \boldsymbol{d})$$

故 $\Delta\boldsymbol{x}^k$ 和 $\Delta\boldsymbol{x}^k_{\text{ProxN}}$ 满足

$$\begin{aligned}&\nabla g(\boldsymbol{x}^k)^{\mathrm{T}}\Delta\boldsymbol{x}^k + (\Delta\boldsymbol{x}^k_{\text{ProxN}})^{\mathrm{T}}\boldsymbol{H}_k\Delta\boldsymbol{x}^k + h(\boldsymbol{x}^k + \Delta\boldsymbol{x}^k)\\ \geqslant&\nabla g(\boldsymbol{x}^k)^{\mathrm{T}}\Delta\boldsymbol{x}^k_{\text{ProxN}} + (\Delta\boldsymbol{x}^k_{\text{ProxN}})^{\mathrm{T}}\boldsymbol{H}_k\Delta\boldsymbol{x}^k_{\text{ProxN}} + h(\boldsymbol{x}^k + \Delta\boldsymbol{x}^k_{\text{ProxN}})\end{aligned}$$

和

$$\begin{aligned}&(\nabla_k + \boldsymbol{H}_k\boldsymbol{x}^k)^{\mathrm{T}}\Delta\boldsymbol{x}^k_{\text{ProxN}} + (\Delta\boldsymbol{x}^k)^{\mathrm{T}}\boldsymbol{H}_k\Delta\boldsymbol{x}^k_{\text{ProxN}} + h(\boldsymbol{x}^k + \Delta\boldsymbol{x}^k_{\text{ProxN}})\\ \geqslant&(\nabla_k + \boldsymbol{H}_k\boldsymbol{x}^k)^{\mathrm{T}}\Delta\boldsymbol{x}^k + (\Delta\boldsymbol{x}^k)^{\mathrm{T}}\boldsymbol{H}_k\Delta\boldsymbol{x}^k + h(\boldsymbol{x}^k + \Delta\boldsymbol{x}^k)\end{aligned}$$

两个不等式相加并化简得

$$\begin{aligned}&(\Delta\boldsymbol{x}^k)^{\mathrm{T}}\boldsymbol{H}_k\Delta\boldsymbol{x}^k - 2(\Delta\boldsymbol{x}^k_{\text{ProxN}})^{\mathrm{T}}\boldsymbol{H}_k\Delta\boldsymbol{x}^k + (\Delta\boldsymbol{x}^k_{\text{ProxN}})^{\mathrm{T}}\boldsymbol{H}_k\Delta\boldsymbol{x}^k_{\text{ProxN}}\\ \leqslant&(\nabla_k + \boldsymbol{H}_k\boldsymbol{x}^k - \nabla g(\boldsymbol{x}^k))^{\mathrm{T}}(\Delta\boldsymbol{x}^k_{\text{ProxN}} - \Delta\boldsymbol{x}^k)\end{aligned}$$

假设条件 $m\boldsymbol{I} \preceq \boldsymbol{H}_{\theta_{i,k}}$，可以得到 $m\boldsymbol{I} \preceq \boldsymbol{H}_k$，则有

$$\begin{aligned}m\|\Delta\boldsymbol{x}^k - \Delta\boldsymbol{x}^k_{\text{ProxN}}\|^2 \leqslant&\Big\|\frac{1}{n}\sum_{i=1}^n(\nabla g_i(\boldsymbol{x}^{\theta_{i,k}}) - \nabla g_i(\boldsymbol{x}^k) - (\boldsymbol{x}^{\theta_{i,k}}\\ &- \boldsymbol{x}^k)^{\mathrm{T}}\boldsymbol{H}^i_{\theta_{i,k}})\Big\|\|(\Delta\boldsymbol{x}^k - \Delta\boldsymbol{x}^k_{\text{ProxN}})\|\end{aligned}$$

因为已有

$$\|\Delta\boldsymbol{x}^k - \Delta\boldsymbol{x}^k_{\text{ProxN}}\| \leqslant \frac{K_{\max}}{2mn}\sum_{i=1}^n \|\boldsymbol{x}^{\theta_{i,k-1}} - \boldsymbol{x}^k\|^2$$

同时，由于 ProxN 方法是 q-二次收敛的 (由文献 [272] 的定理 3.3)：

$$\begin{aligned}\|\boldsymbol{x}^{k+1}-\boldsymbol{x}^*\| &\leqslant \|\boldsymbol{x}^k+\Delta\boldsymbol{x}^k_{\text{ProxN}}-\boldsymbol{x}^*\|+\|\Delta\boldsymbol{x}^k-\Delta\boldsymbol{x}^k_{\text{ProxN}}\|\\ &\leqslant \frac{K_{\text{avg}}}{m}\|\boldsymbol{x}^k-\boldsymbol{x}^*\|^2+\|\Delta\boldsymbol{x}^k-\Delta\boldsymbol{x}^k_{\text{ProxN}}\|\end{aligned}$$

其中，$\Delta\boldsymbol{x}^k_{\text{ProxN}}$ 为搜索方向。

结合下述结论：

$$\begin{aligned}\|\boldsymbol{x}^{k+1}-\boldsymbol{x}^*\| \leqslant &\frac{L_2}{m}\|\boldsymbol{x}^k-\boldsymbol{x}^*\|^2+\frac{L_{\max}}{2mn}\sum_{i=1}^n\|\boldsymbol{x}^{\theta_{i,k-1}}-\boldsymbol{x}^k\|^2\\ \leqslant &\frac{K_{\text{avg}}}{m}\|\boldsymbol{x}^k-\boldsymbol{x}^*\|^2+\frac{L_{\max}}{mn}\sum_{i=1}^n 2\|\boldsymbol{x}^{\theta_{i,k-1}}-\boldsymbol{x}^*\|^2\\ &+\frac{L_{\max}}{mn}\sum_{i=1}^n 2\|\boldsymbol{x}^*-\boldsymbol{x}^k\|^2\end{aligned}$$

然后通过式 (13-19)，则有

$$\|\boldsymbol{x}^{k+1}-\boldsymbol{x}^*\| \leqslant \left(\frac{K_{\text{avg}}+2L_{\max}}{m}\frac{M+L_{\max}}{2\mu_h+m}+\frac{2L_{\max}}{m}\right)\mathbb{E}\left[\frac{1}{n}\sum_{i=1}^n\|\boldsymbol{x}^{\theta_{i,k}}-\boldsymbol{x}^*\|^2\right]$$

得到

$$\begin{aligned}\|\boldsymbol{x}^{k+1}-\boldsymbol{x}^*\| \leqslant &\left(\frac{K_{\text{avg}}+2L_{\max}}{m}\frac{M+L_{\max}}{2\mu_h+m}+\frac{2L_{\max}}{m}\right)\\ &\left[\frac{1}{n}\frac{M+L_{\max}}{2\mu_h+m}+\left(1-\frac{1}{n}\right)\right]^k\|\boldsymbol{x}^*-\boldsymbol{x}^0\|^2\end{aligned}$$

定理得证。 □

为了满足 $\mathbb{E}[\|\boldsymbol{x}^{k+1}-\boldsymbol{x}^*\|]\leqslant\epsilon$，迭代次数 k 需要满足

$$k\geqslant(\ln\rho)^{-1}\ln\left[\frac{\epsilon}{C\|\boldsymbol{x}^*-\boldsymbol{x}^0\|^2}\right]$$

根据 Markov 不等式，定理 13.2 意味着下面的推论。

推论 13.2 在定理 13.2 的假设成立的条件下，对任意的 $\epsilon>0$ 和 $\delta\in(0,1)$，有

$$\mathbb{P}\big(\|\boldsymbol{x}^{k+1}-\boldsymbol{x}^*\|\geqslant\epsilon\big)\geqslant 1-\delta$$

其中，迭代次数 k 满足

$$k\geqslant\ln\left(\frac{[(K_{\text{avg}}+2L_{\max})(M+L_{\max})+2L_{\max}(2\mu_h+m)]\|\boldsymbol{x}^*-\boldsymbol{x}^0\|^2}{m(2\mu_h+m)\delta\epsilon}\right)\Big/\ln\left(\frac{1}{\rho}\right)$$

13.4 数值实验

本章提出的方法可以用于最小二乘回归、LASSO、弹力网和逻辑回归等问题。进一步，鉴于 PROXTONE 比较直观的准则，它还可以用于非凸优化问题，并且这一思想也可以用于更为复杂的问题，如深度卷积网络训练等。

本节通过给出一些数值实验来验证 PROXTONE 的性能。所关注的是二元分类的稀疏正规化逻辑回归问题：给定一个训练集 $(a_1, b_1), \cdots, (a_n, b_n)$，其中 $a_i \in \mathbf{R}^p$ 且 $b_i \in \{+1, -1\}$，通过解下式找到最佳预测值 $\boldsymbol{x} \in \mathbf{R}^p$：

$$\min_{\boldsymbol{x}\in\mathbf{R}^p} \frac{1}{n}\sum_{i=1}^{n} \ln\big(1+\exp(-b_i \boldsymbol{a}_i^{\mathrm{T}} \boldsymbol{x})\big) + \lambda_1 \|\boldsymbol{x}\|_2^2 + \lambda_2 \|\boldsymbol{x}\|_1$$

其中，λ_1 和 λ_2 是两个正则化参数。

令

$$g_i(\boldsymbol{x}) = \ln(1+\exp(-b_i \boldsymbol{a}_i^{\mathrm{T}} \boldsymbol{x}) + \lambda_1 \|\boldsymbol{x}\|_2^2, \quad h(\boldsymbol{x}) = \lambda_2 \|\boldsymbol{x}\|_1 \tag{13-20}$$

并且

$$\lambda_1 = 10^{-4}, \quad \lambda_2 = 10^{-4}$$

在这种情况下，子问题 (13-11) 变成一个 LASSO 问题，可以通过近端算法[275] 有效且准确地解决。

本节实验数据使用的是公开数据集。protein 数据集是从 KDD Cup 2004 获取的；covertype 数据集是从 LIB-SVM Data2 获取的。PROXTONE 的性能与相关算法比较如下：

(1) ProxSGD：采用 10 的幂数作为固定步长，并从中选择最佳步长。

(2) ProxSAG：这是 SAG 法的近端版本，结尾的数字为利普希茨常数。

图 13-1 给出了不同方法遍历所有训练数据 100 次的情况。从中可以明显看出 PROXTONE 收敛得最快，也就是说 PROXTONE 只需要最少的梯度信息就能收敛到同样的精度。

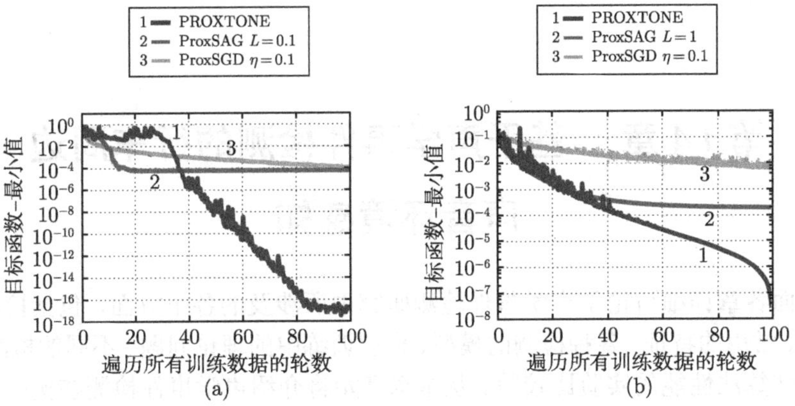

图 13-1 PROXTONE 和不同方法在两个不同数据集上的对比

粗线表明不同方法的最优收敛曲线

13.5 本章小结

本章介绍了一种能对光滑凸函数的平均与作为惩罚项或正则项的非光滑凸函数和进行优化的近端随机梯度下降算法 PROXTONE。对于非平滑以及强凸问题，PROXTONE 不仅同 MISO、SAG、ProxSVRG 及 ProxSDCA 一样具有线性收敛速度，而且在解域上具有指数收敛速度。在本章工作的基础上，未来还有一些可以进一步延伸的方向。首先，本章仅关注理论分析和 PROXTONE 的凸实验，对 PROXTONE 在非凸问题上的移植和应用研究也将很有意义[271]。其次，可以将本章方法与随机块坐标法[228] 相结合来求解具有极高维变量，以及坐标正则化的凸问题。进一步地，由于大数据的发展趋势和迫切需求，针对实际的应用需要，研究分布式/并行 PROXTONE 的方法也将具有重要的实用价值。而从更广的范围看，本章的工作也可以作为检验使用二阶信息的近端随机法的依据。

第 14 章　基于声学事件检测的行车周边声音环境感知

前面各章详细讨论了声学事件检测研究中所涉及的各个方面，包括检测系统的框架、常用的特征、各种检测的模型、模型训练中的理论问题、不同的检测算法，以及这些算法性能的实验比较等。从本章开始将介绍声学事件检测在实际应用中的两个实例：声学事件检测在无人车行车周边声音环境感知与音频场景识别中的应用。本章主要介绍无人车行车周边声音环境感知方面的内容。

14.1　引　　言

正如第 1 章所叙述的那样，无人车周边声音环境的感知能为其自动驾驶与行为决策提供更多的辅助信息。而进行这种声音环境感知的基础是检测与之相关的各种警笛声、鸣笛声等声学事件。与传统的声学事件检测任务相比，行车环境下的声学事件检测将面临着如下特殊的问题：

(1) 行车环境属于开放的噪声环境，背景噪声变化无规律，且常覆盖目标声学信号，从而导致目标信号的信噪比低；同时车辆在行驶过程中，与气流摩擦形成了较强的风噪，并且车速越快风噪越强。

(2) 行车环境路况条件较为复杂，且无法事先预知。不同的道路地形，如乡村土路、城市街道、高速公路等，不同的车流量，如拥堵与畅通，不同的行车轨迹，如车辆驶近、驶远、转弯等，都会导致声音信号的复杂变化。

(3) 待检测的声学事件时长不同，且声学内容各异。常见的待检测目标音包括 110、119、120 等各种警笛声、汽车的鸣笛声、汽车驶近及驶远声、周围人群喊叫声等。

(4) 由于行车环境的开放性，不可避免地会遇到未知目标音的辨识问题。因此，在声学事件的建模时不仅需要目标声学事件的先验知识，也需要可能出现的其他所有非目标声学事件的先验知识。而在这种开放环境下的检测任务中，非目标声学事件的先验知识很难充分获取。

本章针对无人车行车周边环境声学事件检测的特殊问题展开研究，将从分析这种特殊环境中噪声和目标声音的特点出发来开展工作。分别讨论行车环境下的噪声建模，以及利用目标特点的声学事件检测方法。

14.2 实验环境与基线系统

为了进行实际测试和研究，我们搭建了一个车载声学事件检测系统。该系统的声音采集装置为一个麦克风阵列，由四个单指向性的麦克风组成，分别吸附于车辆的前后左右车窗玻璃上，如图 14-1 所示。

图 14-1 车载麦克风的放置示意图

基线系统由三个模块构成，即预处理模块、特征提取模块和模式识别模块。在预处理模块中，主要对声音信号进行分帧、傅里叶变换和美尔子带划分；在特征提取模块主要提取声音信号的 12 维 MFCC 及其一阶、二阶差分作为特征；在模式识别模块，把从上一阶段提取出的 MFCC 特征输入 SVM 模型，以便对声音信号进行分类。

声学事件检测的基线系统框架图如图 14-2 所示。

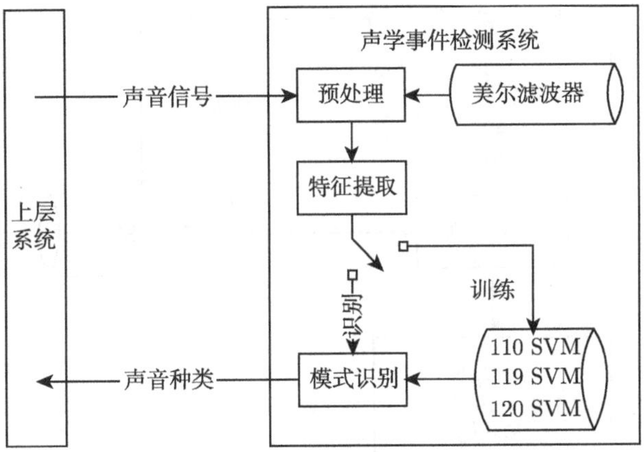

图 14-2 基线系统框架图

下面结合基线系统框架图来详细阐述其信号处理过程。声学事件检测系统获取上层系统传递的声音信号，在对信号进行预处理时，首先对声音信号进行分帧，其中帧长为 32ms，帧移为 16ms，如图 14-3 所示。从图中可以看出，当采样频率为 8kHz 时，每帧数据的采样点个数为 256 个，帧叠为 128 个。这样可以有效避免数据的突然截断而产生的信息损失。然后进行傅里叶变换把声音信号从时域变换到频域，接着利用美尔滤波器进行美尔子带划分。在对信号进行特征提取时，首先截取与目标声学事件等长度的声音信号，然后获取此段声音信号的 MFCC 统计特征。在训练阶段，用提取的特征训练相应目标声学事件的 SVM 模型。在识别阶段，把提取的特征作为相应目标声学事件的 SVM 模型的输入，判定此段信号是否是目标声学事件。

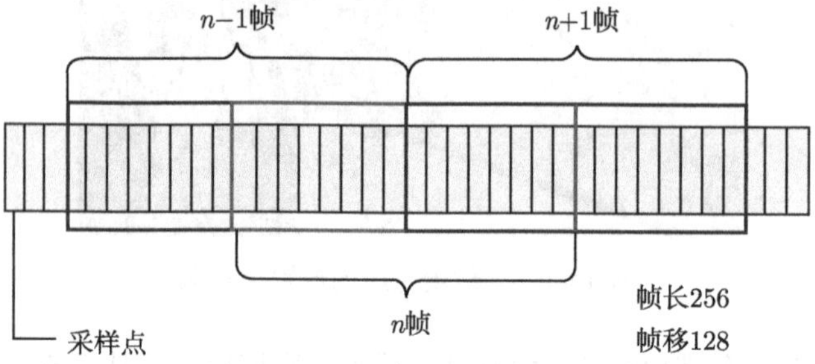

图 14-3　分帧示意图

由于在行车噪声环境下通常有两种以上的声学事件需要检测，所以应使用图 14-4 所示的多分类 SVM 作为识别器。

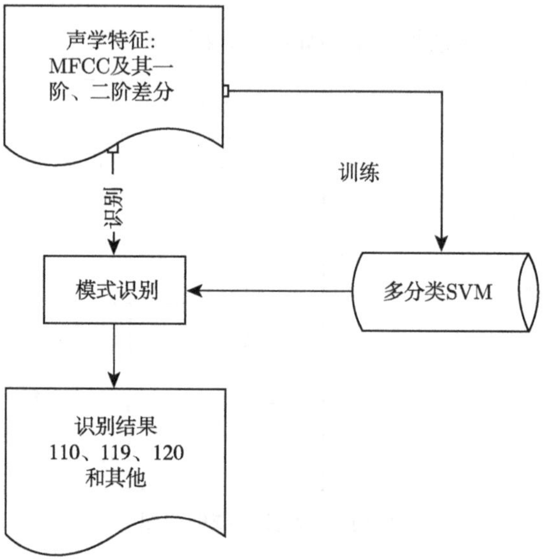

图 14-4　多分类 SVM 框架图

在行车环境下的声学事件检测中，由于声学事件大多不等长，而通常的声学特征无法反映出声学事件的持续时间，因此在检测过程中，一般是根据每个目标声学事件的时间长度，分别截取等长片段的声音信号来进行特征提取，然后再一一进行判断。在这种情况下使用多分类 SVM 有如下的缺点：① 多分类 SVM 的分类函数的复杂度要远大于二分类 SVM；② 多分类 SVM 无法保存声学事件的长度信息，因此不能对此信息进行有效利用；③ 多分类器在每次引入新的声学事件时，都需要对分类器重新进行训练，其方法的扩充性差。

基于以上考虑，本章将多分类问题划分为多个二分类 SVM，其结构图如图 14-5 所示。

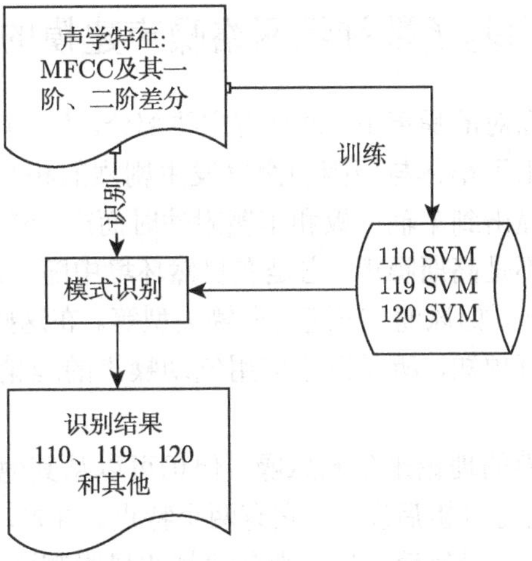

图 14-5 二分类 SVM 框架图

以警笛声的检测为例，在训练时只用 110 警笛训练 110 的 SVM，用 119 警笛训练 119 的 SVM，用 120 警笛训练 120 的 SVM。在有新的声学事件加入时，不用改变原有的 SVM，只要用新的声学事件训练语料训练新的二分类 SVM 即可。在识别时，也可充分利用声学事件的时间长度信息，例如，截取与 110 警笛时间长度相同的片段，在提取声学特征后，只用 110 的 SVM 进行分类即可。如果在使用所有的二分类 SVM 都没有得到确切的结果，则把这次检测结果标注为其他。

该基线系统不仅可以实现在行车噪声环境下对各种警笛声进行检测，而且可对来自各个方向的长鸣笛 (鸣笛时间大于 1s) 和短鸣笛 (鸣笛时间小于 1s)，以及由长短鸣笛序列组成的笛语进行检测，并能将实时的检测结果呈现在系统界面上。图 14-6 显示了在实际实验中，某时刻系统实时运行时的情况。该系统已经在军事交通学院的无人驾驶汽车上进行了各项功能的测试。

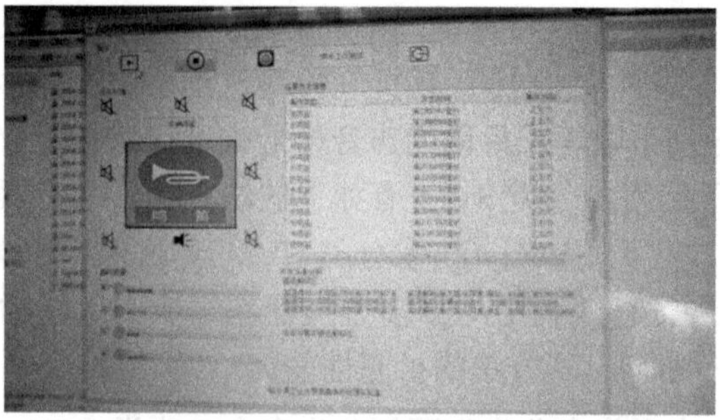

图 14-6　行车环境下声学事件检测系统的运行截图

14.3　基于径向基函数神经网络噪声建模的声学事件检测

在行车环境下所面对的噪声中，风噪占主要部分。从风噪的产生机理看，它是在车辆高速行驶时，由于车体与周围的空气发生剧烈的相互作用，由这种作用所形成的巨大脉冲压力撞击到车辆壁板和车辆附件时而产生的一种宽带噪声。因此，风噪既不是白噪声也不是高斯噪声，它是在自然环境中随机产生的一种气动噪声。风噪产生的因素有很多，如风速、车速与车辆类型等。在这些因素中，除了车速可控外，其他因素都不可预知，所以很难应用气动噪声的理论来估计行车环境下的风噪。

尽管很难应用成熟的理论来预测风噪，但仍可以从其他方面来着手解决此问题。对所面对的问题进行分析后发现，它有两个特点。首先，从驾驶员的开车经验可知，对于特定车辆，如果风速一定，则车速越快风噪越强，车速越慢风噪越弱。如果车速一定，则风速越快风噪越强，风速越慢风噪越弱。随着风噪的增强，其声音也越来越尖锐，这说明强风噪中高频噪声的能量在增加。而且对实际数据的实验分析中也观测到，高频噪声随着低频噪声的增强而增强，如图 14-7 所示，低频风噪越强，高频噪声越强。说明低频噪声与高频噪声之间存在着一种正相关关系。其次，在所研究的任务中，待检测的目标声学事件都处于中高频段，所以其只能被中高频噪声污染。结合这两个特点，可以设计相应的去除噪声的方法。

基于上面的分析，本节首先利用互相关信息来度量低频噪声与高频噪声之间的正相关关系。在此基础上，提出利用径向基函数神经网络 (radical basis function neural network, RBFNN) 来为风噪建模的方法[276]。用风噪的低频部分作为 RBFNN 的输入，高频部分作为其输出，用高斯函数作为隐藏层节点的映射函数。训练好 RBFNN 噪声模型后，用传统的谱减法去除信号中的高频噪声以获得较为纯净的目标声音信号。

实验数据是使用麦克风阵列在真实的公路行车环境下录制。其中的声学事件为 110、119、120 警笛声，主要噪声为风噪。图 14-8 为其采集场景示意图。其中路段 AE 长度为 100m，C 点为 AE 中点，麦克风阵列放置在 D 点，声源沿直线道路 AE 在不同位置 (如 B 点) 播放三种警笛声，进而获得相应的实验数据。

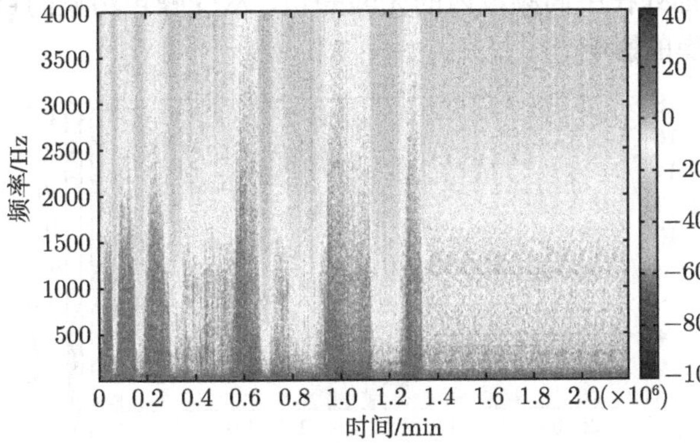

图 14-7 风噪频谱图样例

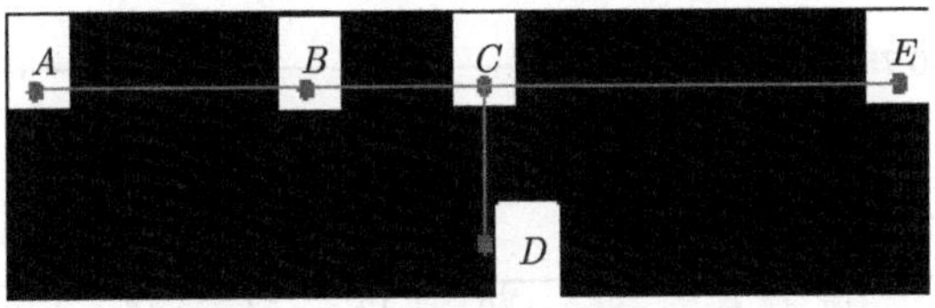

图 14-8 实验数据采集示意图

尽管从数据中能观测到低频风噪与高频风噪之间存在着一种正相关关系，但还应该通过实验来验证这种关系的正确性。在度量两种变量之间的关系时，互信息是较好的度量标准之一。下面利用互信息对风噪进行定量分析。

互信息是信息论中用于表示信息之间关系的一个基本概念，它能够度量两个随机变量的统计相关性程度。本节利用互信息的这种性质来度量低频风噪和高频风噪之间的相关性。如果在实验中获得的互信息比较大，则可以证明低频风噪和高频风噪之间确实存在着一种正相关关系。进而可以利用这种关系来进行噪声的估计。

为了保证结果的真实性，按照如下步骤获取噪声数据：首先获取实验数据中没有包含目标声学事件的声音片段作为噪声；然后在获取的声音片段中去掉完全静止的部分；最后拼接所有的声音片段为一个整段，并进行预处理，最后获取噪声数据如图 14-9 所示。从图中可以更加清晰地观测到风噪高频部分与低频部分之间存在的正相关关系。

在获取的噪声数据上计算低频噪声与高频噪声的互信息，其结果如图 14-10 所示。从图中可以看出，低频带与各个高频子带的互信息都在 0.6 以上，表明低频带与高频子带之间有很高的相关性。这样就验证了低频风噪与高频风噪具有正相关关系。因此就可以利用这种关系，从低频子带的噪声来预测高频子带的噪声，并结合目标声学事件都处在中高频段内的先验知识，从受噪声污染的目标中高频段中去掉高频段上风噪的影响。

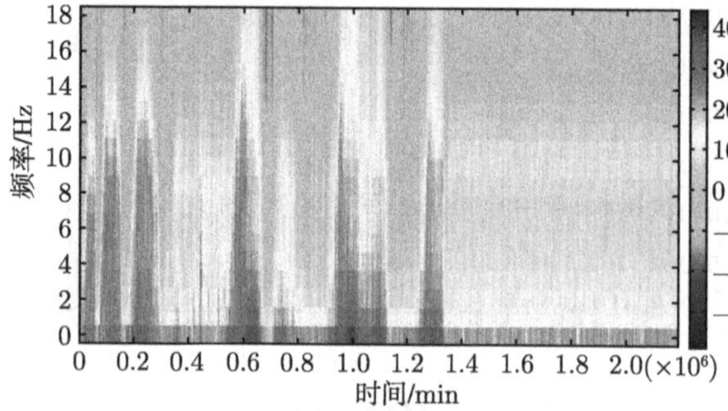

图 14-9　风噪数据频谱图

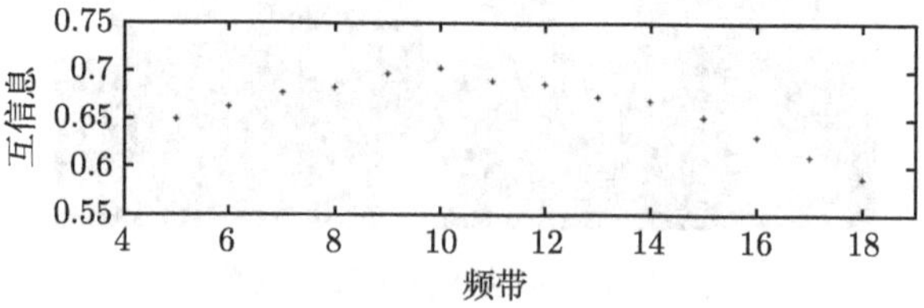

图 14-10　低频子带与高频子带相关度

在对风噪建模时，本节选择径向基函数神经网络[277]。因为它不仅有生理学基础，以及具有结构简洁与学习快速的优点，而且有成熟的在线训练算法，所以非常适合作为风噪估计的模型。

RBFNN 是一种常用的三层前馈网络，可用于函数逼近及分类。图 14-11 为典型的 RBFNN 结构图。从图中可以看出，径向基函数神经网络在输入层有 l 个输入节点，在隐含层有 k 个中间节点，在输出层有 h 个输出节点。其中，$\boldsymbol{X} = (E_1, E_2, \cdots, E_l)^{\mathrm{T}} \in \mathbf{R}^l$ 为神经网络的输入向量，$b_1, \cdots, b_h$ 为输出节点的偏移向量，$\boldsymbol{W} \in \mathbf{R}^{k\times h}$ 则为输出节点权值矩阵，$\boldsymbol{Y} = (E_{l+1}, E_{l+2}, \cdots, E_{l+h})^{\mathrm{T}} \in \mathbf{R}^h$ 为神经网络的最终输出向量。$\varPhi_i(\cdot)$ 为隐含层第 i 个节点的激活函数，$\boldsymbol{u}_i$ 则为其中心点。$\|\cdot\|$ 表示求其欧氏距离，$\varSigma$ 是输出层节点的线性激活函数。

在获取的噪声数据上使用 RBFNN 模型来进行高频噪声预测，其平均误差如图 14-12 所示。从图中可以看出，对高频子带 9 到子带 18 其平均误差很小，而对子带 5 到子带 8 则平均误差较大，但总体来看，RBFNN 确实能利用风噪的低频噪声来估计出高频噪声。

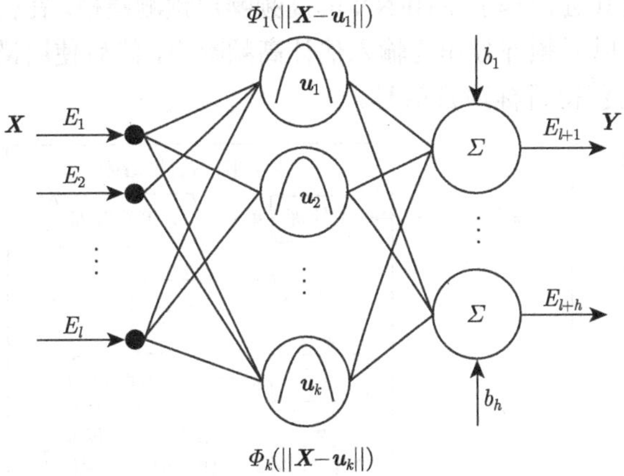

图 14-11 RBFNN 结构图

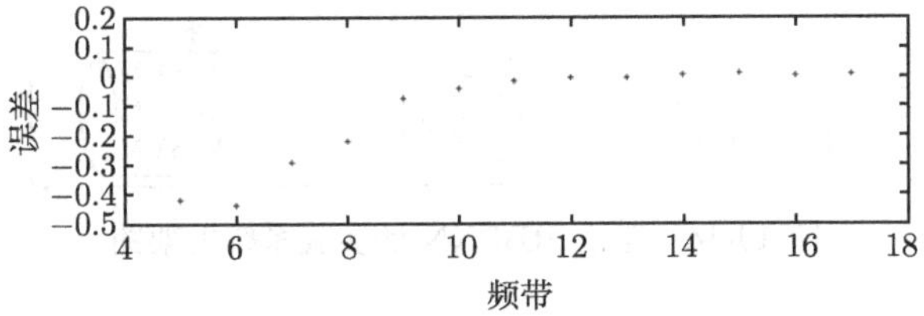

图 14-12 RBFNN 平均误差

在行车噪声环境下，所要研究的目标声学事件都处于中高频段，如图 14-13 所示，所有的目标声学事件所在的频段都在 500Hz 以上，而在 500Hz 以下一般不会出现所要检测的目标声学事件。

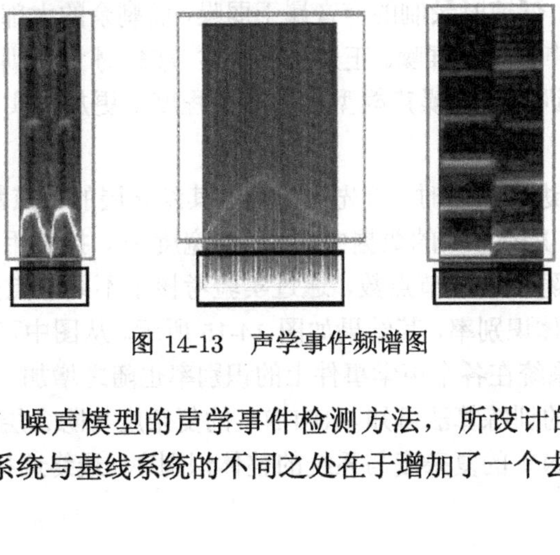

图 14-13 声学事件频谱图

基于 RBFNN 噪声模型的声学事件检测方法，所设计的实验系统框架如图 14-14 所示。该系统与基线系统的不同之处在于增加了一个去噪模块，除此之外都与基线系统相同。在去噪模块中，主要根据所提取信号的高频部分与低频部分的关系，在训练时用其进行基于 RBFNN 的高频噪声预测建模。在检测时利用所构建的噪声预测模型，以低频部分作为输入估计高频噪声，然后使用谱减技术去除高频噪声的影响，进而获得目标声音信号。

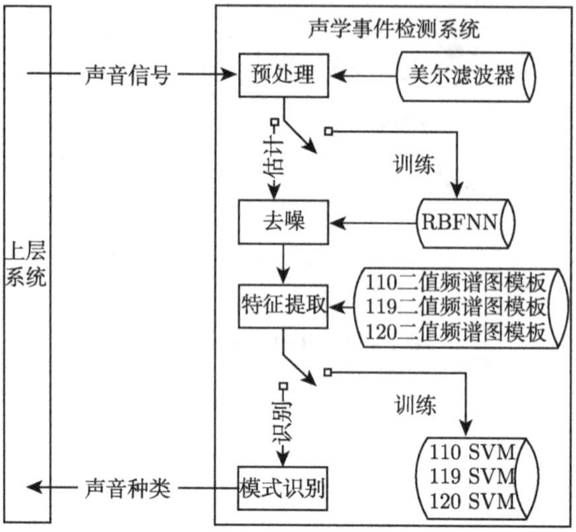

图 14-14　基于 RBFNN 的实验系统框架图

在对本节所提出方法进行实验验证时，必须要用足够的噪声数据来训练一个可靠的 RBFNN 模型，而这在基线系统中不存在。这些训练用的噪声数据是通过在所有实验数据中抽取不包含目标声学事件的噪声部分获得。噪声数据中弱风噪、强风噪和静止部分时长分别为 24min、55min 和 13min，它们的总时长为 1h32min。三部分噪声分配不平均的原因在于真实录制的声学事件中，车辆启动时录制的声音大部分属于静止，低速时录制的声音属于弱噪，而剩余的大部分时间车辆是在高速行驶，所录制的声音属于强噪。正是基于上述考虑，才设置训练集中的噪声数据分配不平衡，以使训练出的噪声模型能在某种程度上更加真实地反映出数据的分布情况。

在对 RBFNN 进行训练时，首先需要确定其隐含层的节点数，然后才能用 K-均值聚类算法确定 RBFNN 的数据中心 $\boldsymbol{u}_i$ 与宽度 σ_i，接着用梯度下降算法确定网络权值。为确定隐含层的节点数，通过实验考核了不同节点数下训练出的模型在测试数据上的整体识别率，其结果如图 14-15 所示。从图中可以看出，随着隐含层节点数的增加，系统在各个声学事件上的识别率也随之增加，但增加速度也随之平缓。从 RBFNN 的训练算法可知，RBFNN 的复杂度与隐含层节点个数有直接关系，为了平衡 RBFNN 的复杂度与系统的整体识别率，最终选择 16 作为实验系统中 RBFNN 的最佳隐节点个数。

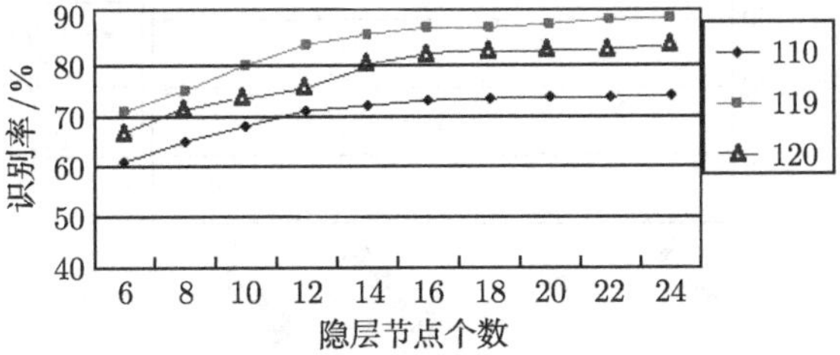

图 14-15 基于 RBFNN 噪声建模系统的识别率与隐层节点个数的关系

在确定了噪声模型的隐含层节点个数后，接着在测试集上进行了实验。相应的实验结果，以及与基线系统的比较情况如图 14-16~ 图 14-18 所示。

从图 14-16 和图 14-17 中可以看出，基于 RBFNN 噪声模型的声学事件检测系统，无论在识别率还是在召回率上都比基线系统有很大的提升，这验证了所提出算法的有效性。而且从图 14-18 的情况看，引入 RBFNN 噪声建模后，系统的复杂度并没有增加很多，其与基线系统的复杂度相近。

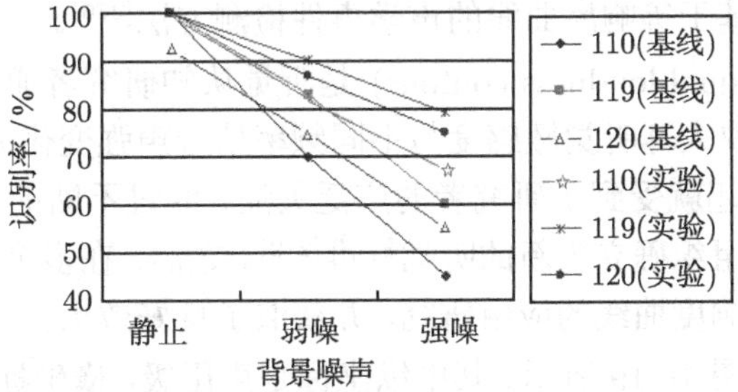

图 14-16 基于 RBFNN 噪声建模系统与基线系统的识别率比较

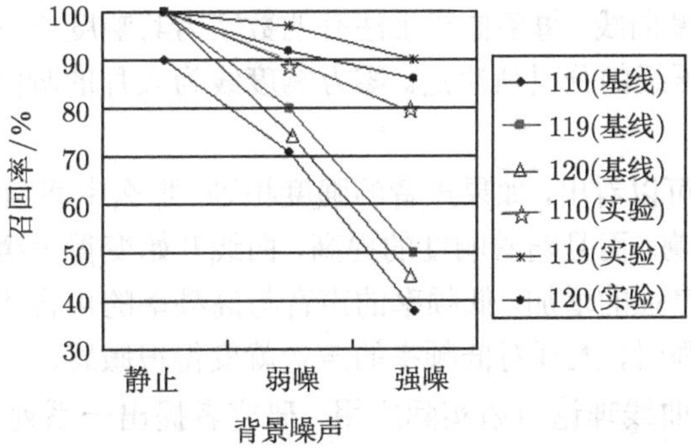

图 14-17 基于 RBFNN 噪声建模系统与基线系统的召回率比较

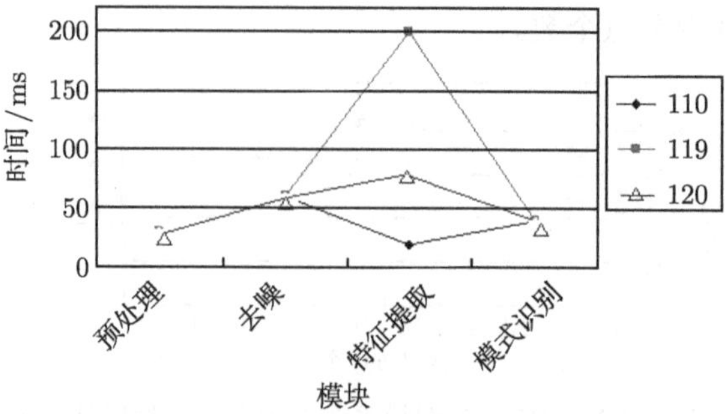

图 14-18　基于 RBFNN 噪声建模系统中各模块的时间开销

14.4　基于等响度曲线的声学事件检测

14.3 节所讨论的基于径向基函数神经网络噪声建模的声学事件检测方法，尽管已经取得了较好的检测性能，但它只是一种单纯地利用信号处理技术来进行检测的方法，并没有使用其他听觉认知的相关知识。为了更好地利用人耳的听觉机理。本节提出一种基于等响度曲线的声学事件检测方法[276]。

等响度曲线 (equal-loudness contour) 是听觉认知研究者通过实验获取的一种重要的、能准确反映人耳听觉敏感度与不同频率信号声强变化关系的曲线[278]。等响度曲线自从公布起就受到了研究者的广泛关注，经过不断的修改完善，于 2003 年重新被国际标准组织确立为新的听觉标准[279]。之后，在多个与声音信号相关的领域都出现基于等响度曲线的应用研究，并获取了良好效果。

等响度曲线如图 14-19 所示。其中纵坐标是声压级，横坐标是频率，两者都是声音的客观物理量。浅色的等响度曲线是 2003 年修正的新标准，深色的是以前的旧标准。其中，每条曲线上对应不同频率的声强不同，但人耳感觉到的响应却一样，因此其被称为等响度曲线。每条曲线上注有的数字为其响度单位，其大小由该曲线在 1000Hz 时的声压级的分贝值决定。零方响度线为人耳的听阈线，120 方响度线为人耳的痛阈线。

从等响度曲线可以看出，如果声音的强度相等，那么中间频率的声音听起来会比低频和高频的更响。而且随着响度的提高，曲线开始变得平缓。这说明在不同的响度级别下，随着声强的增加，低频率的声音与高频率的声音相比，其响度增加得更快，因此在高声强时，人耳对低频率的声音就变得很敏感。

为了把等响度曲线理论付诸实际应用，研究者提出一系列基于等响度曲线的计权滤波器方法，如 A 计权 (A-weighting filter)、B 计权、C 计权和 D 计权等。其中，A 计权滤波器是为了测量 40 方的声音而提出的[278]。它普遍应用在环境噪声和工业噪声的测量中。例如，美国在声压测量计生产时，就将 A 计权滤波器作为一项标准。

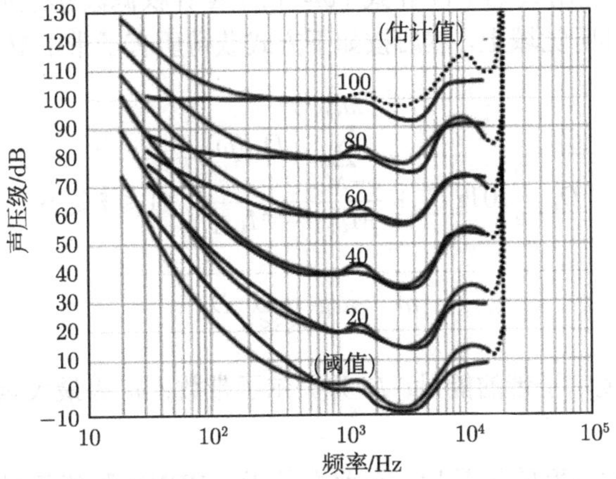

图 14-19　等响度曲线[278]

图 14-20 给出了相应的 A 计权滤波器的曲线图。其中曲线在 1kHz 以下和 10kHz 以上降低，可见 A 计权滤波器对 1kHz 以下和 10kHz 以上的声音起到抑制作用，这与人耳对 1kHz 到 10kHz 的声音比较敏感相一致。A 计权曲线的表示形式如式 (14-1)、式 (14-2) 所示。

$$R_A(\omega) = \frac{12200^2 \cdot \omega^4}{(\omega^2+20.6^2)(\omega^2+12200^2)\sqrt{(\omega^2+107.7^2)(\omega^2+737.9^2)}} \tag{14-1}$$

$$D_A(\omega) = 2 + 20\lg(R_A(\omega)) \tag{14-2}$$

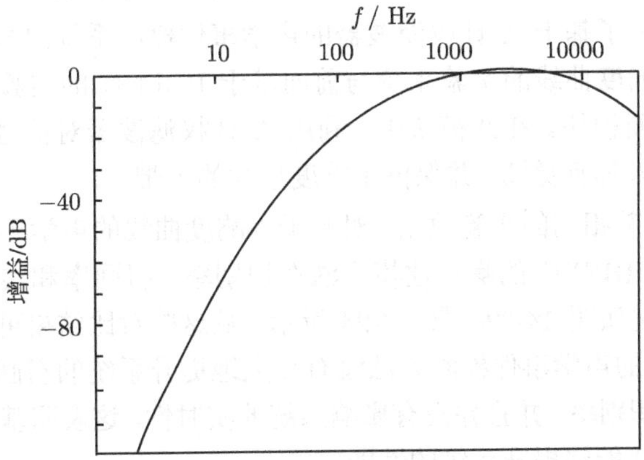

图 14-20　A 计权滤波器曲线[278]

通常在一个嘈杂的环境中，人耳会同时听到很多不同的声音，并且最关注所有声音中响度最大的那个声音。根据上述这种现象，可以先计算声音信号中各个子带的声音强度，接着利用式 (14-1) 和式 (14-2) 的 A 计权滤波器把不同子带的声音信号映射到真实人耳听觉域上，然后按如下方式获得所有子带中响度最大的子带:

$$D_i = 10\lg E_i + \frac{\sum\limits_{\omega=M_{i-1}}^{M_{i+1}} D_A(\omega)}{M_{i+1} - M_{i-1}}, \quad 1 \leqslant i \leqslant B \tag{14-3}$$

$$m = \arg\max_{1 \leqslant i \leqslant B} D_i \tag{14-4}$$

其中，E_i 为各个美尔子带的能量；B 为美尔子带数；m 为最大响度的美尔子带的序号。

当获得了最大响度的子带后，在前面基于 RBFNN 噪声模型的声学事件检测方法的基础上，下面给出一种新的基于等响度曲线的声学事件检测方法，其步骤如下：

(1) 利用噪声低频部分与高频部分之间的正相关关系，用训练数据建立 RBFNN 噪声模型；

(2) 用不包含目标声学事件的低频部分作为模型输入来预测噪声的高频部分，从而获取高频部分各个子带的噪声平均值；

(3) 利用谱减法得到去除高频噪声影响后的较为纯净的目标声音信号；

(4) 计算各个子带的响度，然后用基于等响度曲线的 A 计权滤波器对各个子带进行加权映射，保留映射后响度最大的子带部分，忽略其他子带；

(5) 利用对人耳影响最大的声音子带信号进行声学事件检测。

图 14-21 给出了基于 A 计权滤波器的声学事件检测系统的框架图。从图中可以看出，基于等响度曲线的实验系统与前面基于 RBFNN 的实验系统的不同之处在于增加了一个新模块。在此模块中，利用 A 计权滤波器对信号进行加权，把信号映射到了真实人耳听觉域，并保留了响度最大的子带。

使用与 14.3 节相同的实验数据，对基于等响度曲线的声学事件检测方法进行实验，并与基于 RBFNN 的噪声建模方法在识别率、召回率和实时性等方面进行比较。其结果分别如图 14-22~ 图 14-24 所示。从这些对比结果可以看出，虽然基于 A 计权滤波器的声学事件检测方法没有较大地提升系统的召回率，但是却极大地提升了系统的识别率，并且并没有影响系统的实时性。这表明基于等响度曲线的 A 计权滤波器方法能够提升系统的性能。

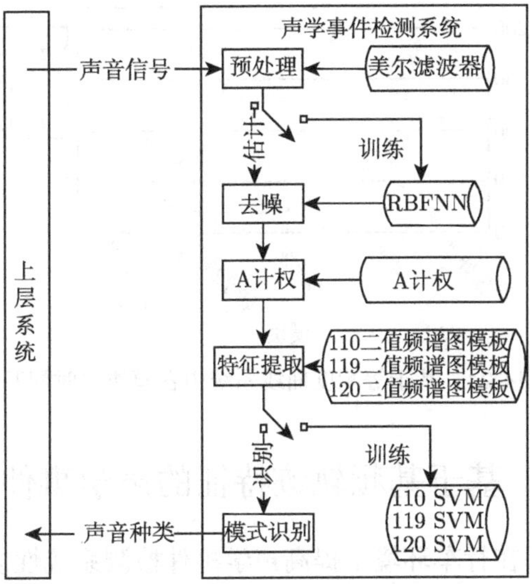

图 14-21 基于等响度曲线的声学事件检测系统框架图

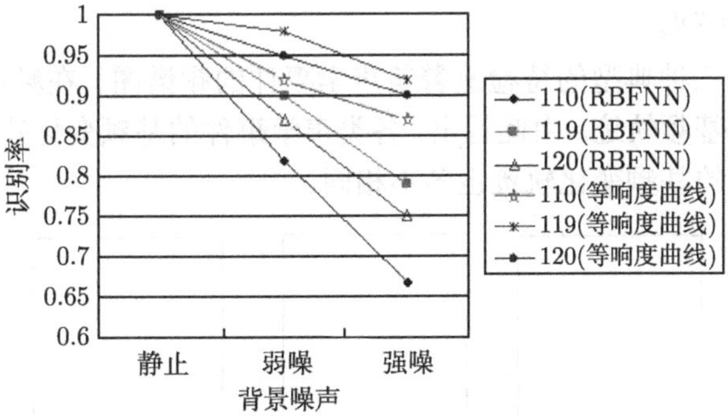

图 14-22 基于等响度曲线和基于 RBFNN 噪声建模系统的识别率比较

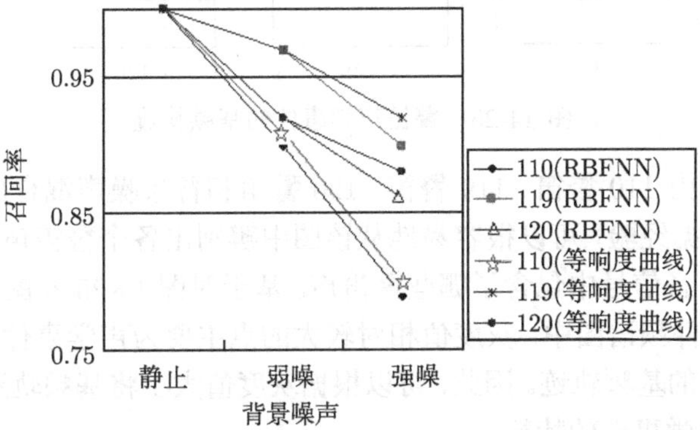

图 14-23 基于等响度曲线和基于 RBFNN 噪声建模系统的召回率比较

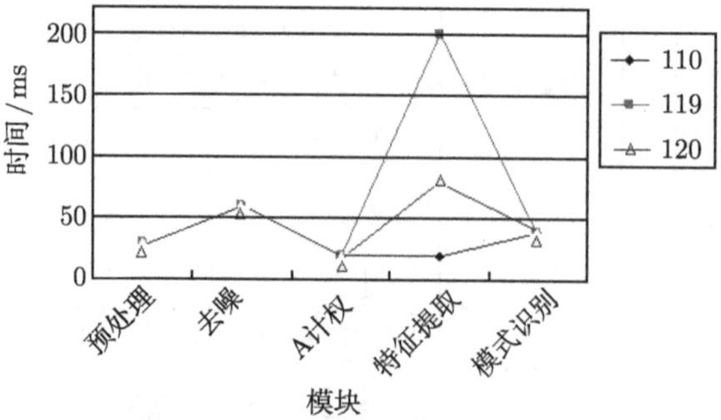

图 14-24　基于等响度曲线系统中各模块的时间开销

14.5　基于基频轨迹特征的声学事件检测

前面两节讨论了在行车环境下提高声学事件检测系统性能的方法。本节主要研究提高声学事件检测系统实时性的方法。根据行车环境下目标声学事件在频谱图上的基频变化轨迹清晰可辨的特点，提出基于声音信号基频变化轨迹特征的声学事件检测方法[276]。

图 14-25 是三种典型的待检测警笛声学事件的频谱图。在频谱图中那些明显的线条部分即为基频轨迹。由此看出，各类声学事件的基频变化轨迹清晰可见，而且不同声学事件的基频变化轨迹也各不相同。

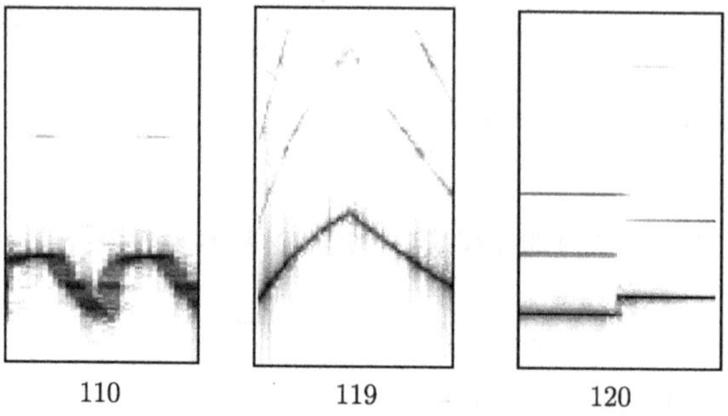

图 14-25　警笛声学事件的基频轨迹

图 14-26 为由 110 警笛、119 警笛、120 警笛和背景噪声混合后的声音信号的频谱图。我们根据经验，可以很容易地从该图中辨别出各个警笛声的变化轨迹，从而判断出此段声音信号中包含了哪些警笛声。基于对图 14-25 和图 14-26 的分析可以看出，声学事件频谱图中，灰度值相对较大的点主要为声学事件的基频点，它们构成了声学事件的基频轨迹。因此，可以根据灰度值大小将基频轨迹的部分提取出来作为检测该声学事件的特征。

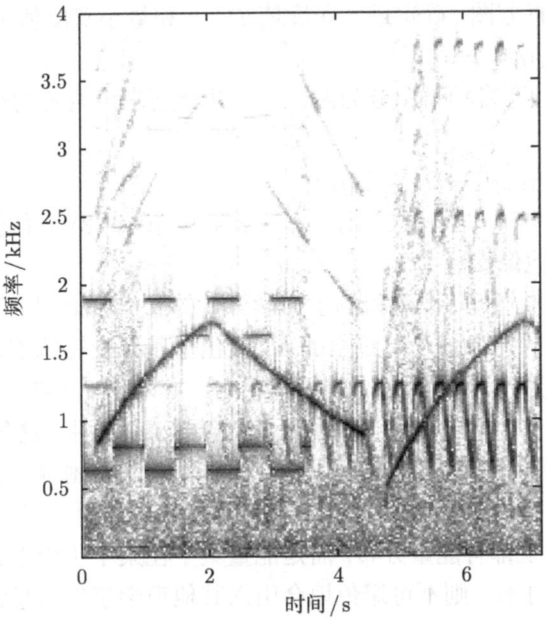

图 14-26 待检测信号的频谱图

从频谱图中提取声学事件的基频轨迹是一个典型的图像处理问题。一种最直接的想法是凸显频谱图中的基频轨迹部分，而抑制其他部分。图像的二值化处理可以实现这一目的，它是灰度图像处理中的一种常用方法。该方法将图像上像素点的灰度设置为 0 或 255，即将整个图像呈现出明显的黑白效果。这样经过二值化处理后的图像，既能保持图像的主要性质，又能凸显其中的主要部分，同时由于数据已经变为二值类型，因此也能使图像分析处理变得简便快捷，有利于提高系统的处理速度。

本节借助图像处理中的方法来提取这些轨迹。首先对频谱图进行二值化处理。通过事先设定一个阈值，之后基于此阈值将灰度图像分成两部分，一部分由大于阈值的像素点组成，将其设置为深色，另一部分由小于阈值的像素点组成，将其设置为浅色，即

$$T_{\omega}^{n} = \begin{cases} 0, & T_{\omega}^{n} < \gamma \\ 255, & T_{\omega}^{n} \geqslant \gamma \end{cases} \tag{14-5}$$

其中，T_{ω}^{n} 为频谱图上第 n 个时间点第 ω 个频率处的灰度值；γ 为阈值。在阈值选择时，要作适当的权衡，此阈值既要尽可能地去除背景噪声的干扰，又要最大可能地保存目标信息。

下面给出声学事件频谱图的二值化方法：

(1) 计算频谱图的灰度直方图；

(2) 依据灰度直方图，确定最大灰度值 $\Omega_{\max}$ 和最小灰度值 $\Omega_{\min}$，设初始阈值 $\gamma_0=(\Omega_{\max}+\Omega_{\min})/2$，$k=0$;

(3) 依据阈值 γ_k 将频谱图分为两部分，并分别求出两者的平均灰度值 Ω_1 和 Ω_2;

(4) 更新阈值 $\gamma_{k+1}=(\Omega_1+\Omega_2)/2$;

(5) 如果 γ_{k+1} 与 γ_k 不相同，则令 $k\leftarrow k+1$，转到 (3)，否则，将大于 γ_{k+1} 的像素置为 255，其他像素置为 0。

经过图像二值化处理后，就得到了声学事件的二值频谱图。它不仅保留了原频谱图中目标声学事件基频变化轨迹上的点，突出了基频变化轨迹，而且这种二值化的处理也消除了灰度值不同而带来的不利影响，尤其是一些噪声的影响。

在待检测信号中，可能在同一时间有多个声学事件发生。这种多个声学事件相互交叠的情况，给准确检测出其中每个独立的事件增添了困难。分析所关注的声学事件的频谱图可以发现，每种独立的事件在理想情况下都有其明显的特点，它们并不是在所有的频带上都有能量分布，而是能量集中在某个子带上。如果基于全部频带来提取目标声学事件，则不可避免地会引入其他声学事件信息的干扰，从而导致出现错误的结果。因此，可以利用不同声学事件的能量仅集中在某些子带上的特点，将其作为一种先验知识来加以利用。对每个独立的声学事件，可以通过事先构建其在理想无噪声影响下的二值频谱图来作为该声学事件的模板。利用这些模板来反映相对应声学事件的基频范围，然后用上述模板在待检测的声音信号频谱图上分别提取不同模板所对应的基频范围。采用这样的处理方法，不仅可以减少其他声学事件对当前目标检测的影响，而且也可以节省计算量。

基于以上想法，可以利用声学事件二值频谱图模板来定位目标声学事件的主要基频范围，并在此范围内提取声学事件的特征，从而可以实现基于基频轨迹特征的检测。

基频定位的具体方法如下：

(1) 将声学事件二值频谱图模板分为 $M\times N$ 个块，得到各个块中像素点的灰度值和，其中第 i 块灰度值的和 $R(i)$ 为

$$R(i)=\sum_{(n,\omega)\in i}T_\omega^n$$

(2) 将待检测信号的频谱图也分为 $M\times N$ 块，得到其第 i 块的灰度值的和 $H(i)$ 为

$$H(i)=\sum_{(n,\omega)\in i}G_\omega^n$$

(3) 将分块后声学事件模板的二值频谱图与待检测信号的频谱图逐块进行逻辑与运算操作，获得目标声学事件在待检测信号频谱图中的主要基频范围：

$$G_{\omega}^{n}=\begin{cases} G_{\omega}^{n}, & H(i)\cdot R(i)>0,(n,\omega)\in i \\ 0, & \text{其他} \end{cases}$$

上述处理过程能够保留待检测信号中目标声学事件基频附近一定范围内的像素点，即允许声学事件的基频可以在一定范围内波动，这样就能保证对同一声学事件的基频，在受到偶然影响而产生小的波动时仍能被有效检出，从而能增加后续提取基频轨迹特征的鲁棒性。

在使用声学事件二值频谱图模板对待检测信号中的基频进行定位后，就可以依据声学事件在基频处的能量比其他频率处大的特点来提取基频轨迹，其方式如下：

$$\varsigma(n)=\arg\max_{1\leqslant\omega\leqslant F} G_{\omega}^{n},\quad 1\leqslant n\leqslant T$$

其中，F 是频谱图中的最大频率；T 是目标声学事件的时间长度。这样通过上式就能提取出声学事件随着持续时间变化时基频的变化情况。这种基频轨迹特征，可以用来作为声学事件检测的特征。

基于上述分析，以及 14.4 节等响度曲线的声学事件检测方法，本节提出一种基于声学事件基频轨迹特征的检测方法，其具体步骤如下：

(1) 利用噪声低频部分与高频部分之间的正相关关系，用训练数据建立 RBFNN 噪声模型；

(2) 用不包含目标声学事件的低频部分作为模型输入来预测噪声的高频部分，从而获取高频部分各个子带的噪声平均值；

(3) 利用谱减法得到去除高频噪声影响后的较为纯净的目标声音信号；

(4) 计算各个子带的响度，然后对各个子带用基于等响度曲线的 A 计权滤波器进行加权映射，保留映射后响度较大的前三个子带，忽略其他子带；

(5) 用目标声学事件二值频谱图模板定位目标声学事件的基频范围，然后获取基频轨迹；

(6) 用声学事件的基频轨迹作为特征，对声音信号进行检测。

基于基频轨迹特征的声学事件检测方法的系统框架如图 14-27 所示。可以看出，与前面的实验系统不同，它引入了声学事件二值频谱图模板，在特征提取阶段用其对声学事件的基频进行定位，而且所提取的用于声学事件检测的特征也变为基频轨迹。

使用本节提出的基于基频轨迹特征的声学事件检测方法，设计了相应的实验来检验其有效性，并与 14.4 节基于等响度曲线的声学事件检测方法进行了比较。图 14-28 给出了基于基频轨迹特征与基于等响度曲线特征的声学事件检测系统识别率的比较情况。图 14-29 给出了两种方法在召回率方面的比较情况。图 14-30 给出了基于基频轨迹特征的声学事件检测系统各模块的时间开销。

从图 14-28~ 图 14-30 中可以看出，基于基频轨迹特征的声学事件检测方法在识别率和召回率上都有所提升。尽管可能由于测试数据集中声学事件互相交叠的语料有限，导致提升的幅度不大，但由于这种新特征在提取时所需的时间变少，从而在系统的实时性上带来了较大的提升，进而提高了系统的检测速度。实验结果表明，基于基频轨迹特征的声学事件检测方法确实能够提高系统的实时性，使系统的检测速度得以进一步提升。

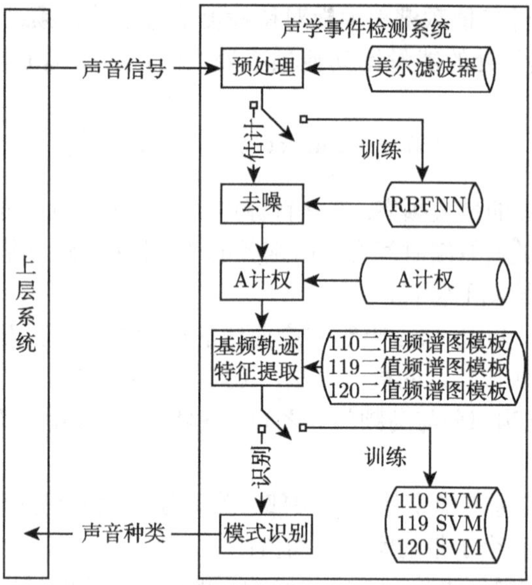

图 14-27　基于基频轨迹特征的实验系统框架图

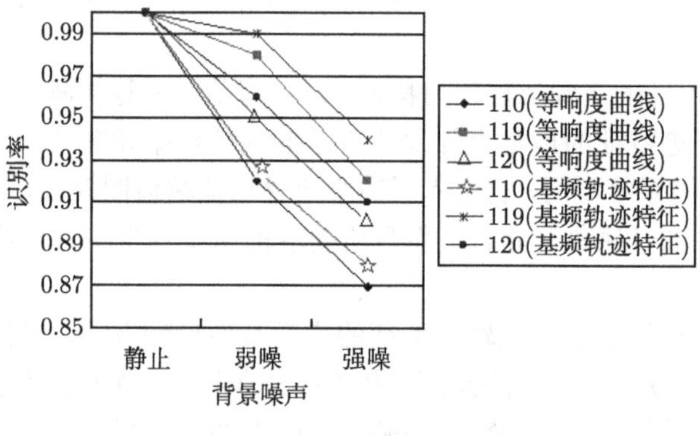

图 14-28　基于基频轨迹特征与基于等响度曲线特征的系统识别率比较

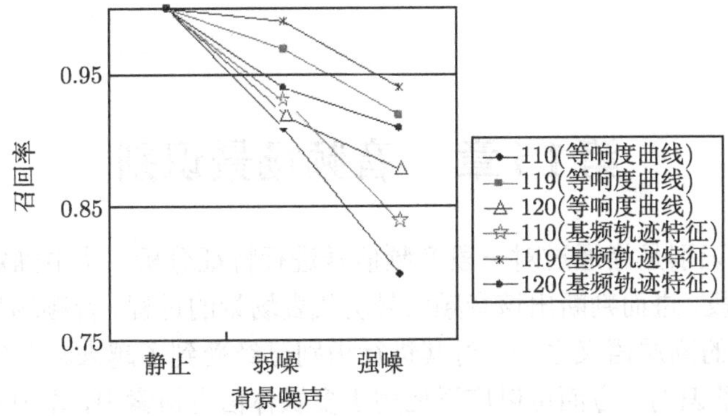

图 14-29 基于基频轨迹特征与基于等响度曲线特征的系统召回率比较

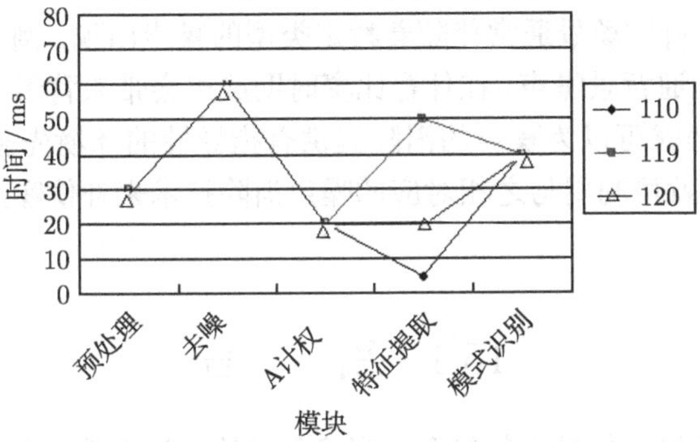

图 14-30 基于基频轨迹特征的系统各模块的时间开销

14.6 本 章 小 结

本章针对无人车行车周边环境声学事件检测的问题，从三个方面开展了研究。首先，通过使用 RBFNN 模型建立行车环境噪声中低频部分与高频部分的关系，进而去除目标声学事件中高频噪声的影响；其次，将人耳听觉的等响度曲线 A 计权滤波器引入声学事件检测中，使声学事件检测系统的输入尽可能与人耳听觉系统保持一致；接着，根据声学事件的基频变化轨迹在频谱图中极易辨识的特点，提出了基于声学事件二值频谱图的基频轨迹特征提取方法，并将其应用到声学事件检测中。研究结果表明，所提出的方法与基线系统相比，在识别率、召回率以及实时性方面均有明显的提高。

基于本章对行车环境下相关声音事件的检测方法，利用检测出的声学事件在时间、空间上的变化规律就可以实现行车周边声音环境的感知。

第 15 章　音频场景识别

音频场景识别是指通过对一段音频信号进行特征分析，从中确定出具有明确语义的若干片段，进而判断出该音频信号所代表场景的过程。音频场景作为多媒体数据中所包含的高层语义之一，对其进行识别已经受到了越来越多的研究人员的重视。音频场景识别一方面可以广泛应用于多媒体信息检索中，作为多媒体数据的一种语义描述而被用于构建索引，进而加快检索速度；另一方面它还能帮助提高语音识别的鲁棒性。这是因为语音识别所面临的最大问题之一是对背景噪声缺乏先验知识。而特定的音频场景通常伴随着特定类型的噪声出现，例如，在闹市区往来的机动车会产生交通背景噪声、在体育比赛时助威声会带来背景噪声等。对这些音频场景的准确识别就可以为噪声的消除提供有指导性的环境先验信息。如果能够判定出噪声类型，就可利用与之相对应的噪声消除技术来补偿噪声的影响，从而提高语音识别的性能。

15.1　引　　言

通常在音频场景的信号中都包含有明确语义的声学事件，且不同的场景包含着不同的声学事件或者虽具有相同的事件，但事件的出现顺序与统计分布不同[93, 280]。例如，暴力音频场景中主要包含尖叫声、刀剑声、枪声等关键声学事件。因此，可以通过检测关键声学事件来实现音频场景的识别。

音频场景识别作为模式识别或机器学习的典型应用之一，可以基于各种机器学习方法来实现其目标。传统的机器学习方法都是使用某种模型来刻画所面对的问题。其过程是，首先采集相关的训练样本，然后对其人工添加类别标签以构成一个训练集，接着使用该训练集来学习获得模型参数。对于未来出现的测试样本，假设其与训练集具有相同的样本分布，因此能够使用已得到的模型来预测其类别。如果不假设已观测到的训练样本和未观测到的测试样本之间存在某种关联，那么学习任务将无法完成。在实际应用中，训练数据和测试数据的性质之间存在一定关联的同时也存在较大的差异，并不能保证测试样本分布与训练集样本分布之间总能一致。很多时候由观察数据所学习到的模型的分类误差在不可接受的范围内，因此出现了迁移学习方法。

迁移学习是一种对人类学习过程的模拟。人类具有迁移学习的能力，其能够利用一种知识来帮助学习另外一种知识。即新旧两个问题不完全相同但具有一定的相似性，传统的学习可认为是采用同一种方法解决这两个问题，而迁移学习则是对旧问题的解决方法进行适当修改，使之能够更好地解决新问题，而不是完全地照搬经验。

文献 [281] 对有关迁移学习的方法及特点进行了全面的评述：传统的机器学习是通过收集一些有标签或无标签的样本来建立统计模型。一种情况是有标签的样本足够多，能够生成可靠的统计模型，可以使用有监督学习算法。另一种情况是标签样本很少，无法生成较为准确的统计模型，可以使用半监督学习算法。需要注意的是，在半监督学习中，测试样本仍然是无标签的。这两类学习算法的相同点在于，都假设有标签样本和无标签样本的分布是相同的，称这一假设为同分布假设。在有些应用中，同分布假设是合理的，或者在同分布假设的前提下，机器学习系统的性能满足实际应用的需求。但在有些应用中同分布假设并不成立，导致基于同分布假设的机器学习系统的性能不尽如人意。尤其在当今数据量大、数据更新频繁、数据采集环境多样化的情况下，同分布假设面临着严峻的考验。

本章首先介绍一种具有代表性的基于同分布假设的音频场景识别方法，它以高斯直方图作为场景特征，使用 SVM 进行识别。鉴于目前音频场景识别性能不理想的原因之一在于，测试样本分布与训练集样本分布之间不能保证一致性，两者之间存在着差异，导致在此情况下使用传统的学习方法不能得到满意的结果。为了解决这一问题，本章在传统的基于同分布假设的音频场景识别中，通过加入迁移过程来缩小训练样本和测试样本之间的分布差异，提出一种基于迁移学习的改进样本平衡化的音频场景识别方法[282]。该方法在聚类方法、样本选取和无标签样本类别初始化等三个方面对原有的样本平衡化进行改进，能提高音频场景的识别率。

15.2 基于高斯直方图特征的音频场景识别

本节将介绍一种具有代表性的基于训练样本与测试样本同分布假设的音频场景识别方法。该方法通过高斯混合模型的每个高斯分量来反映音频场景中的不同语义单元，统计场景中不同语义出现的次数就能得到反映音频信号中所含不同语义的直方图向量，使用这种高斯直方图向量作为场景的特征，就可以通过传统的统计模型方法来对音频场景进行识别。基于高斯直方图特征的音频场景识别方法的流程如图 15-1 所示。

15.2.1 高斯直方图特征

为了分析音频片段中的不同语义，需要建立能反映语义内容的音频模板。通过对分析的音频片段进行聚类，可以用聚类后的不同类别来代表不同的语义内容。在音频场景识别中，可以使用高斯混合模型来代表聚类结果，其中每一个高斯分量代表聚类后的一个类别。因此，高斯混合数就是语义种类的数量。这种表示方法与其他的聚类表示方法，如 K-均值、层次聚类等相比，能够方便地计算某一音频特征属于某个语义的概率，通过适当地设置置信区间就能排除掉概率较小的那些语义的影响，从而更加准确地识别音频特征对应的语义。

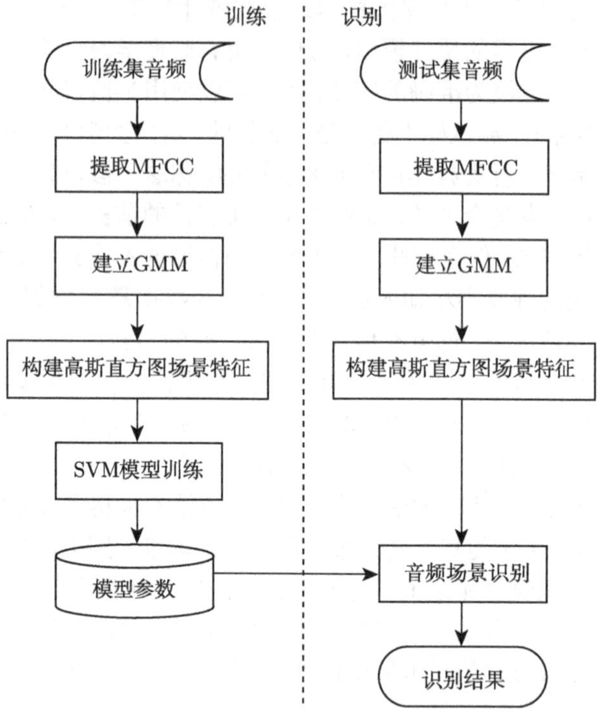

图 15-1　基于高斯直方图的音频场景识别系统框图

对高斯混合模型，它是通过 K-均值聚类后的结果得到。由于通常不能事先知道待聚类样本的初始中心，因此为了获得更准确的聚类结构，采用从样本中随机选择若干个样本作为 K-均值算法的初始聚类中心，之后在进行聚类。

采用 MFCC 作为音频帧特征，将某一音频片段的 MFCC 与反映语义的高斯混合模型进行匹配，判断每一帧 MFCC 属于哪一个语义，从而可以统计出不同语义出现的概率，进而构成直方图。这种直方图称为高斯直方图，将其作为该音频片段的场景特征。具体的匹配方法是计算该音频片段每一帧的 MFCC 分别由高斯混合模型中每个高斯分量生成的似然概率，每个高斯分量对应一个具有一组参数的高斯密度函数，第 t 帧由第 r 个高斯分量生成的相对似然概率 lh 为

$$lh(t,r)=\frac{g(t,r)}{\sum_{i=1}^{J}g(t,i)} \tag{15-1}$$

其中，$g(t,r)$ 表示将第 t 帧的 MFCC 特征代入第 r 个高斯密度函数后求得的结果；J 表示高斯分量总数。

通过比较第 t 帧由所有高斯分量生成的似然概率，就能够判断出其属于哪一个语义。根据最大熵原理，假设每个语义出现的概率均等，因此在计算 lh 时，设置每个高斯函数的权重都相等。这样在整个计算过程中，只使用了高斯混合模型中的均值和方差，没有考虑权重，即舍弃了先验知识。本章在对检出的语义进行统计时，加入了一个对检出语义进行确认的过程。它通过将检出语义的相对似然概率与一个事先设置的阈值进行比较来实现。如果相对似然概率大于这一阈值，则确定其为检出语义，否则认为不包含所关注的语义内容。在阈值的选取过程中，基于一帧属于某个高斯分量的概率要大于属于其他高斯分量的概率的总和，因此相对似然概率阈值设为 0.5。这样如果某帧属于某个高斯分量的相对似然概率大于 0.5，则表示检出一个与该高斯分量对应的语义，在该语义出现的统计次数上加 1，否则表示没有语义检出。

15.2.2 分类模型

通过 15.2.1 节方法得到场景特征之后，假设测试样本分布与训练集样本分布相同，采用 SVM 作为分类器，使用训练集的高斯直方图特征来生成 SVM。SVM 根据有限数量的有标签样本，通过求解一个凸二次规划问题，能够找到较好区分不同类别的特征向量的超平面，使得其结构风险最小，然后根据测试样本场景特征向量与超平面的位置来判断其类别。有关 SVM 分类器的详细过程，在本书前面的多个章节中都有所涉及。这里不再进行介绍。

15.3 基于迁移学习的音频场景识别

目前的音频场景识别系统大都采用传统的机器学习方法，其基本假设是训练集和测试集具有相同的样本分布，然而在音频场景识别中存在以下问题：① 由于现实世界中的音频种类十分丰富，致使音频场景的类别呈现出多样性；② 由于噪声和其他干扰因素的存在，场景中所包含的信息十分复杂；③ 不同场景之间存在着信息的重叠，会对场景的识别和分类产生误导；④ 音频数据可能是从不同时间、不同地点，以及不同信道中采样到的数据，这将给鲁棒的场景识别带来困难。上述这些问题使得对训练集和测试集的样本进行同分布假设未必合理。为此，本节将迁移学习的理论和方法引入音频场景识别中，旨在提高音频场景识别的性能。

15.3.1 迁移学习概述

迁移学习是一种运用已存在的知识对不同但相关领域问题进行求解的新的机器学习方法[283]。它放宽了传统机器学习中的两个基本假设：① 用于学习的训练样本与新的测试样本满足独立同分布的条件；② 必须有足够可利用的训练样本才能学习得到一个好的分类模型。其目的是迁移已有的知识来解决目标领域中仅有少量有标签样本数据，甚至没有标签样本数据时的学习问题[283]。

迁移学习首先定义了域和任务。其中，域包括样本空间和样本的边缘概率分布 (样本特征出现的概率)，任务包括类别空间和样本的条件概率分布 (样本属于某一类别的概率)。学习对象可以表示为 (域，任务) 的二元组。迁移学习主要研究如何在不同的学习对象之间进行迁移以达到最佳的学习效果。与传统学习不同，迁移学习中域和任务都可以不同。根据域和任务的不同，可以划分为不同的迁移学习方法。例如，假设有两个学习对象：源和目标。源和目标的域相同而任务不同，称为归纳式迁移。源和目标的域不同而任务相同，称为直推式迁移。根据迁移的内容可以分为样本迁移、特征迁移以及参数迁移等。

虽然从学习模型层面进行迁移效率更高，但是，由于无法找到一个与实际应用无关的最佳学习算法，因此，就需要对每一种传统机器学习算法都研究出与之相对应的迁移学习算法，这种难度非常大。鉴于上述原因，目前迁移学习的研究还停留在样本层面，即通过对样本集进行重构或是对样本特征进行变换，然后重新生成学习模型来达到迁移的目的。

本章研究的迁移学习问题属于域适应[284]，即训练集和测试集具有相同的样本空间和类别空间。由于测试样本是无标签样本，因此只假设训练样本和测试样本具有相同的条件概率分布，而二者的边缘概率分布不同，通过迁移学习方法对样本集进行处理，以缩小二者边缘概率分布间的差异，使之符合同分布假设的要求，然后采用传统的基于同分布假设的机器学习算法生成模型，并进行识别和分类。

15.3.2 基于样本平衡化的音频场景识别

传统的音频场景识别通常是使用统计模型来对样本进行分类和识别。建立统计模型的两个关键要素是样本和建模方法。从建模方法看，目前已经有很多成熟的算法，能够根据所给出的样本来建立非常精确的统计模型。但从样本采集来看，则面临很多的问题。建立精确的统计模型不只要有优良的建模算法，更重要的是要有足够多且高质量的样本。从数量上看，样本并不是越多越好，样本越多则训练时间越长，且会存在冗余样本。理想的情况是在保证统计模型精度的前提下，尽可能能缩减训练样本的数量。从质量上看，由于样本的采集环境非常复杂，不可避免地会出现较多的干扰样本，如噪声和奇异样本，这些都将影响到统计模型的质量。对理想的样本采集有两个要求：一是随机；二是独立同分布。然而，在实际应用中，完全的随机采样很难做到，同时样本的分布也事先未知。因此，通常情况下采集到的样本往往存在某种偏差。正是由于这种偏差，即使采用非常好的统计建模方法，仍然无法得到与实际问题最相符的统计模型。同时，在使用相同的建模方法分别对不同的样本集进行建模时，得到的结果也往往不同。上述的这些问题正是迁移学习力图解决的问题，即如何在不同的样本集之间进行迁移，使得迁移后生成的模型在目标样本集上具有最佳的泛化能力。

样本选择偏差 (sample selection bias) 是样本迁移学习领域中的一项重要研究内容[285]。在实际应用中，由于无法保证数据是随机采样得到的，因此，对这些数据进行统计分析而得到的分类模型就会存在误差。这种由样本选择的非随机性而导致的对样本统计结果的偏差称为样本选择偏差。样本选择偏差的存在，将降低学习系统的性能。

样本选择偏差主要有以下几种类型[285]：设 $\boldsymbol{x}$ 表示样本特征，$\boldsymbol{y}$ 表示 $\boldsymbol{x}$ 的类别，s 为随机变量，$s=1$ 表示样本 $(\boldsymbol{x},\boldsymbol{y})$ 被选中，反之表示不被选中，P 表示概率：

(1) 无选择偏差：s 与 $(\boldsymbol{x},\boldsymbol{y})$ 独立，即 $P(s|(\boldsymbol{x},\boldsymbol{y}))=P(s)$；

(2) 特征偏差：s 与 $\boldsymbol{y}$ 独立，即 $P(s|(\boldsymbol{x},\boldsymbol{y}))=P(s|\boldsymbol{x})$；

(3) 类别偏差：s 与 $\boldsymbol{x}$ 独立，即 $P(s|(\boldsymbol{x},\boldsymbol{y}))=P(s|\boldsymbol{y})$；

(4) 完全偏差：s 既不与 $\boldsymbol{x}$ 独立，也不与 $\boldsymbol{y}$ 独立。

样本选择偏差在所有学习问题中都存在，并不仅限于迁移学习问题中。样本选择偏差中的协方差偏移与迁移学习的域适应中对问题的描述相同，即两个样本集的边缘概率相同而条件概率不同。因此，可以通过去除样本选择偏置来达到迁移学习的目的。与特征迁移不同，去除样本选择偏差并不是对样本特征进行变换，而是对样本进行筛选，重构样本集。因此，去除样本选择偏差的方法可以划分到样本迁移方法的范畴。样本迁移的目的是通过重新选择训练样本，或者对样本进行加权来缩小不同学习对象之间的差异，其优点是迁移的效果明显，缺点是只能处理学习对象之间差异较小的问题。文献 [286] 中提出了一种基于样本选择偏差的样本平衡化 (re-balancing by sample selection bias，RBSSB) 方法，它是与样本选择偏差类型无关的去偏差方法。

RBSSB 方法首先为包含有标签样本和无标签样本的样本集建立聚类结构，并认为这种聚类结构能表示样本的自然结构。进一步假设对当前样本集之外的测试样本，其出现依然符合上述的自然结构。通常对样本的采集就转化为在自然结构上对样本进行选取。如果将有标签样本看做训练样本，无标签样本看做测试样本，就能够很明显地发现有些聚类结构只包含训练样本或测试样本，而且在每个聚类结构中训练样本和测试样本的比例不同，即 RBSSB 方法中所提及的分布不平衡。这种不平衡分布就是样本选择偏差的直观体现。显然，在这种不平衡情况下，由于有些测试样本在训练集中没有出现，致使训练过程中缺乏对这种可能出现样本的考虑，或者训练样本在每个聚类结构中的分布情况与测试样本的分布情况间存在较大差异，此时由训练集生成的模型在测试集上就会存在较大的泛化误差。RBSSB

方法就是试图通过重选训练样本以使得训练样本和测试样本的分布平衡化，即每个聚类中同时包含训练样本和测试样本，并且在不同的聚类中训练和测试样本之间具有相同的比例。

首先建立样本集的自然结构，令 X 表示样本集合，通过聚类方法将 X 划分成 ck 个聚类，记为 $\boldsymbol{x}_1,\boldsymbol{x}_2,\cdots,\boldsymbol{x}_{ck}$。然后从每个聚类中按等比例选取样本。下面的定理 15.1 保证了上述做法能够去除样本选择偏差。

定理 15.1　给定 X 和 $\boldsymbol{x}_1,\boldsymbol{x}_2,\cdots,\boldsymbol{x}_{ck}$，如果对任意的 $i=1,2,\cdots,ck$ 都有 $P(s|(\boldsymbol{x}_i,\boldsymbol{y}))=P(s)=\eta$，其中 η 为一常数，称为选取因子，则 $P(s|(X,\boldsymbol{y}))=P(s)$，即 X 是平衡的，无样本选择偏差。

证明　因为 $P(s|(\boldsymbol{x}_i,\boldsymbol{y}))=P(s)=\eta$，而 $P(s,\boldsymbol{x}_i,\boldsymbol{y})=P(s)P(\boldsymbol{x}_i,\boldsymbol{y})$，$\bigcup_{i=1}^{ck}\boldsymbol{x}_i=X$，由全概率公式可得

$$P(s,X,\boldsymbol{y})=\sum_{i=1}^{ck}P(s,\boldsymbol{x}_i,\boldsymbol{y})=\sum_{i=1}^{ck}P(s)P(\boldsymbol{x}_i,\boldsymbol{y})=P(s)\sum_{i=1}^{ck}P(\boldsymbol{x}_i,\boldsymbol{y})=P(s)P(X,\boldsymbol{y})$$

因此

$$P(s)=\frac{P(s,X,\boldsymbol{y})}{P(X,\boldsymbol{y})}=P(s|(X,\boldsymbol{y}))$$

定理得证。□

基于样本选择偏差的样本平衡化算法见算法 15-1[286]。

(1) 输入：样本集合 X，包括有标签样本集合 LAB 和无标签样本集合，选取因子 η；
(2) 输出：消除样本选择偏差后的样本集合 F；
(3) 对样本集合先进行聚类，获得若干个子类 $\boldsymbol{x}_1,\boldsymbol{x}_2,\cdots,\boldsymbol{x}_{ck}$；
　for $i=1,2,\cdots,ck$ do
(4)　$RN=\max(\eta\times|\boldsymbol{x}_i|,|\boldsymbol{x}_i\bigcap\text{LAB}|)$，其中 $|\boldsymbol{x}_i|$ 表示 $\boldsymbol{x}_i$ 类中样本个数；
(5)　计算 $\boldsymbol{x}_i$ 中每个样本到标签样本的最小距离，并按距离从小到大排序；
(6)　选取前 RN 个样本，记作集合 XN；
(7)　计算 XN 中样本到 $\boldsymbol{x}_i$ 的聚类中心的距离，并按距离从小到大排序；
(8)　选取排序后前 $\eta\times|\boldsymbol{x}_i|$ 个样本添加到 F 中；
(9) end for
(10) 对于 F 中的无标签样本，使用最近邻分类为其添加临时标签。

算法 15-1　基于样本选择偏差的样本平衡化算法[286]

从算法 15-1 中可以看出，它对样本进行了两次选取，第一次优先选取有标签的样本，对于无标签的样本，优先选取那些距离有标签样本较近的无标签样本。这

样处理的依据是，对那些距离有标签样本较近的无标签样本进行类别初始化后，会使识别的准确率更高。第二次优先选取距离聚类中心较近的样本，即中心点。其依据是这样的样本能更好地描述聚类的空间位置信息。

应该指出的是，定理 15.1 所叙述的样本平衡和无样本选择偏差是针对理想的情况，即某一聚类中的样本分布非常密集，且与其他聚类有明显的区分性。由于它在空间中代表一个独立的密集区域，因此只要按等比例选取样本作为新的训练样本即可。但是实际应用中，由于得到的聚类结构不可能那么理想，因此仍然需要考虑聚类内部的样本分布，这也是对聚类内样本不采用随机选取，而是按一定准则选取的原因。

15.3.3 基于改进样本平衡化的音频场景识别

RBSSB 算法的性能取决于三个关键步骤：一是聚类算法；二是从聚类结构中选取样本的方法；三是无标签样本的类别初始化方法。

RBSSB 中使用的聚类算法是 K-均值算法和 DBSCAN(density-based spatial clustering of applications with noise) 算法[287]。K-均值算法的优点是能够处理分布较为密集的样本，缺点是对噪声较为敏感；而 DBSCAN 中对样本是属于聚类中心点，还是边界点或噪声点进行了检验，因此能够检测出噪声，但缺点是对分布密集的样本聚类效果较差。

对于从聚类结构中选取样本，从 15.3.2 节的介绍可以看出，RBSSB 采用了两个准则来实现，其一为优先选取与有标签样本较近的无标签样本，其二为优先选取距离聚类中较近的样本。实际上，对样本的选取也可以换一个角度来进行。首先对第一个准则，既然在空间位置上已经存在了有标签样本，那么位于它周围较近的那些样本可能都是冗余样本，而距离它较远的那些样本很有可能是对分类产生明显影响的重要样本；因此，也可以优先选择距离有标签样本较远的无标签样本。其次对第二个准则，由于一些建模方法，如 SVM，是根据结构风险最小化的原则进行，其分类界面都选在样本分布较为稀疏的区域。这些区域正是聚类结构的边界，如 SVM 中用来生成判别界面的支撑向量就是边界点。因此，在样本选取时也可以优先选取距离聚类中心较远的样本，即边界点。但是这样的选取方法可能需要较多的样本才能准确描述边界。

重构的训练集中可能会包含无标签样本，建立模型的过程中需要用到标签信息，RBSSB 中使用最近邻分类为这些无标签样本建立初始化标签。实际上，也可以采用其他的分类算法。当然，初始化这些样本类别的准确率越高，RBSSB 的效果就越好。

基于上述对 RBSSB 算法三个关键步骤的分析，本节对其进行如下的改进：首先采用 K-均值聚类算法，为了避免产生类别偏差，每类样本分别进行聚类。对于无标签样本，为其初始化类别，然后放入聚类算法中；其次，由于采用 SVM 作为分类模型，因此优先选取距离聚类中心较远的边界点；最后通过有标签样本生成 SVM，并对无标签样本进行类别初始化。

本节主要讨论音频场景识别中训练样本和测试样本间边缘概率分布不同的问题，为此首先需要确定样本边缘概率的计算方法。对每个聚类中样本的边缘概率，其计算是借鉴核密度估计方法，将一个聚类看做一个窗，该聚类中样本占全部样本的比例即为其边缘概率。

改进的样本平衡化的具体处理流程如下：

(1) RBSSB 算法在对无标签样本添加标签时，采用的是最近邻分类。考虑到最近邻的分类准确率偏低，为此，本节首先利用标签样本生成一个 SVM，然后使用 SVM 为无标签样本添加一个临时标签，但它仍是无标签样本。

(2) 训练集包含所有的标签样本，而测试集是无标签样本。根据前面确定的边缘概率计算方法，为了对齐二者的边缘概率分布，需要让训练样本和测试样本共享一个聚类结构，因此将训练样本和测试样本合并作为当前样本集，记为 X_{src}，以它作为 RBSSB 的输入。

(3) 考虑到若同一聚类中出现多类样本，并且每类样本所占比例在每个聚类中都不同，那么很可能会产生类别偏差。为了避免此问题，利用了测试样本的临时标签，将具有相同类别的训练和测试样本进行单独聚类。

(4) 经过上述处理后，则 RBSSB 的输出就是消除了样本选择偏差的新训练集，记为 F_{tar}。

下面来分析经过上述处理后能够使训练集与测试集边缘分布相一致的原因。

设样本集聚类后包含若干个子类，仍记为 $\boldsymbol{x}_1,\boldsymbol{x}_2,\cdots,\boldsymbol{x}_{ck}$，则 X_{src} 上 $\boldsymbol{x}_i$ 中样本的边缘概率为

$$P_{X_{\mathrm{src}}}(\boldsymbol{x}\in\boldsymbol{x}_i)=\frac{|\boldsymbol{x}_i|}{|X_{\mathrm{src}}|} \tag{15-2}$$

由于 F_{tar} 中的样本是从 $\boldsymbol{x}_1,\boldsymbol{x}_2,\cdots,\boldsymbol{x}_{ck}$ 中按 $P(s)=\eta$ 进行选取的，因此 F_{tar} 上 $\boldsymbol{x}_i$ 中样本的边缘概率为

$$P_{F_{\mathrm{tar}}}(\boldsymbol{x}\in\boldsymbol{x}_i)=\frac{\eta|\boldsymbol{x}_i|}{\eta\sum\limits_{i=1}^{ck}|\boldsymbol{x}_i|}=\frac{|\boldsymbol{x}_i|}{|X_{\mathrm{src}}|}=P_{X_{\mathrm{src}}}(\boldsymbol{x}\in\boldsymbol{x}_i) \tag{15-3}$$

即在 F_{tar} 与 X_{src} 中，任意 $\boldsymbol{x}\in\boldsymbol{x}_i$ 的边缘概率都相等。

由于测试集是 X_{src} 的子集，由文献 [288] 可知，F_{tar} 能够保证在 X_{src} 上具有最佳的泛化能力，因此对测试集上的泛化性能没有影响。

15.4 实验和结果

本章音频场景识别中的实验数据来源于 YouTube，采用单声道录制，总大小为 1.3GB，共包含 22 类场景。每个音频文件都对应一个场景标签，场景标签及其对应编号如表 15-1 所示。

表 15-1 实验语料场景标签及其对应编号

编号	标签	编号	标签
1	动物 (animal)	12	夜晚 (night)
2	婴儿 (baby)	13	游行 (parade)
3	海滩 (beach)	14	公园 (park)
4	生日 (birthday)	15	野餐 (picnic)
5	划船 (boat)	16	游乐场 (playground)
6	欢呼 (cheer)	17	演出 (show)
7	人群 (crowd)	18	唱歌 (singing)
8	舞蹈 (dancing)	19	滑雪 (ski)
9	毕业典礼 (graduation)	20	球类比赛 (ball game)
10	博物馆 (museum)	21	黄昏 (sunset)
11	音乐 (music)	22	婚礼 (wedding)

实验中，音频帧的长度设置为 32ms，帧叠为 20ms，窗函数选用汉明窗。考虑到场景识别需要一定长度的音频信号，因此选取大约 3s，即 1500 帧作为一个样本。测试过程也使用 1500 帧的样本进行一次测试。如果测试文件超过 1500 帧，可以将该文件划分为多个样本，每个样本都会给出对应的场景类别，然后根据一定的准则，如投票来判断该音频文件对应的场景类别。因此，实验中的测试结果都是针对 1500 帧的样本给出的结果。采用五折交叉验证，在每折交叉验证中分别统计每类场景的识别率，然后计算平均识别率作为最终结果。

对高斯直方图的方法，设定高斯混合模型中的高斯数为 256，即语义数量为 256。关于语义数量对实验结果的影响在文献 [93] 中已经探讨过，这里不再赘述。

对迁移学习算法，为了便于对比其加入前后音频场景识别系统的识别率，对音频特征提取、场景特征构造以及分类算法，都采用与高斯直方图特征系统中相同的方法，并且音频特征提取和场景特征构造中的相关参数都保持不变。由于迁移过程会改变样本特征和样本分布，SVM 会发生改变，因此对于迁移前后的训练集，只保留惩罚因子和核函数参数，然后分别生成 SVM，通过比较二者的识别率来验证改进的样本平衡化方法的效果。

基于高斯直方图特征与改进样本平衡化的音频场景识别方法的相关实验结果见表 15-2。

表 15-2　不同音频场景识别方法的性能比较

场景编号	高斯直方图/%	改进样本平衡化/%
1	42.25	47.61
2	49.77	47.99
3	46.39	52.44
4	61.48	60.35
5	31.94	33.16
6	36.80	37.09
7	53.44	56.84
8	50.42	51.37
9	50.18	50.97
10	57.43	56.33
11	49.61	48.93
12	26.47	24.93
13	57.87	57.11
14	15.16	19.29
15	4.61	5.65
16	66.07	64.25
17	57.43	58.30
18	46.16	44.65
19	51.30	50.01
20	53.91	52.18
21	54.70	55.99
22	52.65	48.34
平均	46.91	47.11

从表 15-2 中高斯直方图的实验结果来看，除了编号为 12(夜晚)、14(公园)、15(野餐) 等少数几个场景外，大部分场景的识别率都在 40%以上。由编号为 12、14、15 的音频场景训练集生成的分类模型在相对应的测试集上的识别率很低，说明二者的统计分布特性差异很大。

从表 15-2 也可以看出，基于改进样本平衡化方法的性能整体平均上优于基于高斯直方图的方法，尽管在婴儿等少数场景上的识别率没有提高，但两种方法的性能基本持平。虽然对于几类场景，使用基于样本平衡化的方法并没有提高识别率，但与基于高斯直方图方法相比并没有出现太大差距。基于改进样本平衡化的方法对大多数场景的提升效果比较明显，而且平均总体识别率有所提升。

15.5　本章小结

本章首先介绍了一种具有代表性的基于同分布假设的音频场景识别方法，它以高斯直方图作为场景特征，然后使用 SVM 进行识别和分类。其次，在音频场景识别中引入了一种基于样本选择偏差的样本平衡化的迁移方法，并对其进行改进。最后通过相关实验比较了两种音频场景识别的性能。

参考文献

[1] Waibell A, Steusloff H, Stiefelhagen R, et al. CHIL: Computers in the human interaction loop[S]. Computer Interaction Series, 2009: 3-6.

[2] Stiefelhagen R, Bowers R, Fiscus J. Multimodal technologies for perception of humans[C]. International Evaluation Workshops CLEAR 2007 and RT 2007, Baltimore, 2007.

[3] Stiefelhagen R, Bernardin K, Bowers R, et al. The CLEAR 2007 evaluation[S]. Multimodal Technologies for Perception of Humans, 2008:3-34.

[4] Giannoulis D, Benetos E, Stowell D, et al. Detection and classification of acoustic scenes and events: An ieee aasp challenge[C]. Applications of Signal Processing to Audio and Acoustics (WASPAA), 2013 IEEE Workshop on, New Paltz, 2013:1-4.

[5] Barchiesi D, Giannoulis D, Stowell D, et al. Acoustic scene classification: Classifying environments from the sounds they produce[J]. Signal Processing Magazine, IEEE, 2015, 32(3):16-34.

[6] Couvreur C, Fontaine V, Gaunard P, et al. Automatic classification of environmental noise events by hidden Markov models[J]. Applied Acoustics, 1998, 54(3):187-206.

[7] Aleh K, Elian A A, Kabal P, et al. Frame level noise classification in mobile environments[C]. Acoustics, Speech, and Signal Processing, Proceedings, 1999 IEEE International Conference on, Pennsylvania, 1999:237-240.

[8] Defréville B, Pachet F, Rosin C, et al. Automatic recognition of urban sound sources[C]. Audio Engineering Society Convention 120, Paris, 2006.

[9] Radhakrishnan R, Divakaran A, Smaragdis P. Audio analysis for surveillance applications[C]. Applications of Signal Processing to Audio and Acoustics, 2005, IEEE Workshop on, New Paltz, 2005: 158-161.

[10] Guyot P, Pinquier J, André-Obrecht R. Water sound recognition based on physical models[C]. Acoustics, Speech and Signal Processing (ICASSP), 2013 IEEE International Conference on, Vancouver, 2013: 793-797.

[11] Hu G, Wang D. Auditory segmentation based on onset and offset analysis[J]. IEEE Transactions on Audio, Speech, and Language Processing, 2007, 15(2): 396-405.

[12] Ellis D P, Lee K. Minimal-impact audio-based personal archives[C]. Proceedings of the 1st ACM Workshop on Continuous Archival and Retrieval of Personal Experiences, New York, 2004: 39-47.

[13] Lu L, Zhang H J, Jiang H. Content analysis for audio classification and segmentation[J]. IEEE Transactions on Speech and Audio Processing, 2002, 10(7): 504-516.

[14] Zhang T, Kuo C J. Audio content analysis for online audiovisual data segmentation and classification[J]. IEEE Transactions on Speech and Audio Processing, 2001, 9(4): 441-457.

[15] O' Shaughnessy D. Invited paper: Automatic speech recognition: History, methods and challenges[J]. Pattern Recognition, 2008, 41(10):2965-2979.

[16] Vintsyuk T K. Speech discrimination by dynamic programming[J]. Cybernetics and Systems Analysis, 1968, 4(1):52-57.

[17] Sakoe H, Chiba S. Dynamic programming algorithm optimization for spoken word recognition[J]. IEEE Transactions on Acoustics, Speech and Signal Processing, 1978, 26(1): 43-49.

[18] Saito S, Itakura F. The theoretical consideration of statistically optimum methods for speech spectral density[R]. Electrical Communication Laboratory, 1966: 3107.

[19] Baker J K. The DRAGON system-An overview[J]. IEEE Transactions on Acoustics, Speech and Signal Processing, 1975, 23(1): 24-29.

[20] Davis S B, Mermelstein P. Comparison of parametric representations for monosyllabic word recognition in continuously spoken sentences[J]. IEEE Transactions on Acoustics, Speech and Signal Processing, 1980, 28(4): 357-366.

[21] Juang B H, Katagiri S. Discriminative learning for minimum error classification [pattern recognition][J]. IEEE Transactions on Signal Processing, 1992, 40(12): 3043-3054.

[22] Junqua J C, Haton J P. Robustness in Automatic Speech Recognition: Fundamentals and Applications[M]. New York: Springer Science & Business Media, 2012.

[23] Leggetter C J, Woodland P C. Maximum likelihood linear regression for speaker adaptation of continuous density hidden Markov models[J]. Computer Speech & Language, 1995, 9(2):171-185.

[24] Gauvain J L, Lee C H. Maximum a posteriori estimation for multivariate Gaussian mixture observations of Markov chains[J]. IEEE Transactions on Speech and Audio Processing, 1994, 2(2): 291-298.

[25] Hinton G E, Salakhutdinov R R. Reducing the dimensionality of data with neural networks[J]. Science, 2006, 313(5786):504-507.

[26] Seide F, Li G, Yu D. Conversational speech transcription using context-dependent deep neural networks[C]. Interspeech, Florence, 2011: 437-440.

[27] Glinsky A. Theremin: Ether Music and Espionage[M]. Champaign: University of Illinois Press, 2000.

[28] Roads C. The Computer Music Tutorial[M]. Cambridge: MIT Press, 1996.

[29] Muller M, Ellis D P, Klapuri A, et al. Signal processing for music analysis[J]. IEEE Journal of Selected Topics in Signal Processing, 2011, 5(6): 1088-1110.

[30] Andel J. On the Segmentation and Analysis of Continuous Musical Sound by Digital Computer[D]. Stanford: Stanford University, 1975.

[31] Luce D A. Physical Correlates of Nonpercussive Musical Instrument Tones[D]. Cambridge: Massachusetts Institute of Technology, 1963.

[32] Freedman M D. Analysis of musical instrument tones[J]. The Journal of the Acoustical Society of America, 1967, 41(4A):793-806.

[33] Chafe C, Jaffe D. Source separation and note identification in polyphonic music[C]. Acoustics, Speech, and Signal Processing, IEEE International Conference on ICASSP'86, 1986, 11:1289-1292.

[34] Bello J P, Daudet L, Abdallah S, et al. A tutorial on onset detection in music signals[J]. IEEE Transactions on Speech and Audio Processing, 2005, 13(5):1035-1047.

[35] Scaringella N, Zoia G, Mlynek D. Automatic genre classification of music content: A survey[J]. Signal Processing Magazine, IEEE, 2006, 23(2):133-141.

[36] Stevens S S, Volkmann J, Newman E B. A scale for the measurement of the psychological magnitude pitch[J]. The Journal of the Acoustical Society of America, 1937, 8(3):185-190.

[37] Bregman A S. Auditory Scene Analysis: The Perceptual Organization of Sound[M]. Cambridge: MIT Press, 1994.

[38] Wang D, Brown G J. Computational Auditory Scene Analysis: Principles, Algorithms, and Applications[M]. Hoboken: Wiley-IEEE Press, 2006.

[39] Bronkhorst A W. The cocktail party phenomenon: A review of research on speech intelligibility in multiple-talker conditions[J]. Acta Acustica united with Acustica, 2000, 86(1):117-128.

[40] Hermansky H. Perceptual linear predictive (PLP) analysis of speech[J]. the Journal of the Acoustical Society of America, 1990, 87(4):1738-1752.

[41] Russell I, Sellick P. Intracellular studies of hair cells in the mammalian cochlea[J]. The Journal of Physiology, 1978, 284(1):261-290.

[42] Dallos P. Response characteristics of mammalian cochlear hair cells[J]. The Journal of Neuroscience, 1985, 5(6):1591-1608.

[43] Johannesma P I. The pre-response stimulus ensemble of neurons in the cochlear nucleus[C]. Symposium on Hearing Theory, Eindhoven, 1972:58-69.

[44] de Boer E, de Jongh H. On cochlear encoding: Potentialities and limitations of the reverse-correlation technique[J]. The Journal of the Acoustical Society of America, 1978, 63(1):115-135.

[45] Holdsworth I, McKeown D, Zhang C, et al. Complex sounds and auditory images[C]. Auditory Physiology and Perception: Proceedings of the 9th International Symposium on Hearing, Carcens, 1992:429.

[46] Russell I J, Legan P K, Lukashkina V A, et al. Sharpened cochlear tuning in a mouse with a genetically modified tectorial membrane[J]. Nature Neuroscience, 2007, 10(2):215-223.

[47] Ghaffari R, Aranyosi A J, Freeman D M. Longitudinally propagating traveling waves of the mammalian tectorial membrane[J]. Proceedings of the National Academy of Sciences, 2007, 104(42):16510-16515.

[48] Smith E C, Lewicki M S. Efficient auditory coding[J]. Nature, 2006, 439(7079):978-982.

[49] Hill K T, Miller L M. Auditory attentional control and selection during cocktail party listening[J]. Cerebral Cortex, 2009, 20(3):583-590

[50] Ness S R, Walters T, Lyon R F. Auditory sparse coding[A]// Music Data Mining. Boca Raton: CRC Press, 2012: 3-20.

[51] Lyon R F, Ponte J, Chechik G. Sparse coding of auditory features for machine hearing in interference[C]. Acoustics, Speech and Signal Processing (ICASSP), 2011 IEEE International Conference on, Prague, 2011:5876-5879.

[52] You D, Jiang T, Han J, et al. A cochlear neuron based robust feature for speaker recognition[C]. Acoustics, Speech and Signal Processing (ICASSP), 2011 IEEE International Conference on, Prague, 2011:5440-5443.

[53] Sawhney N, Schmandt C. Nomadic radio: Speech and audio interaction for contextual messaging in nomadic environments[J]. ACM Transactions on Computer-Human Interaction (TOCHI), 2000, 7(3):353-383.

[54] Sawhney N, Schmandt C. Speaking and listening on the run: Design for wearable audio computing[C]. Wearable Computers, 1998. Digest of Papers. Second International Symposium on, Cambridge, 1998:108-115.

[55] Clarkson B, Pentland A. Extracting context from environmental audio. //Wearable Computers, 1998. Digest of Papers. Second International Symposium on, Cambridge, 1998:154, 155.

[56] Roy D K, Sawhney N, Schmandt C, et al. Wearable audio computing: A survey of interaction techniques[R]. Perceptual Computing Technical Report No. 434, 1997: 85-90.

[57] Schilit B, Adams N, Want R. Context-aware computing applications[C]. Mobile Computing Systems and Applications, 1994. WMCSA 1994. First Workshop on, Santa Cruz, 1994:85-90.

[58] Schmidt A, Aidoo K A, Takaluoma A, et al. Advanced interaction in context[C]. Handheld and Ubiquitous Computing, Karlsruhe, 1999:89-101.

[59] Sawhney N, Maes P. Situational awareness from environmental sounds[OL]. http://web. media. mit. edu/˜ nitin/papers/Env_Snds/EnvSnds. html, 1997.

[60] Clarkson B, Sawhney N, Pentland A. Auditory context awareness via wearable computing[J]. Energy, 1998, 400(600):20.

[61] Eronen A, Tuom J, Klapuri A, et al. Audio-based context awareness-acoustic modeling and perceptual evaluation[C]. Acoustics, Speech, and Signal Processing, 2003. Proceedings (ICASSP'03). 2003 IEEE International Conference on, Hongkong, 2003: 529-532.

[62] Eronen A, Peltonen V, Tuomi J, et al. Audio-based context recognition[J]. IEEE Transactions on Audio, Speech, and Language Processing, 2006, 14(1):321-329.

[63] Clavel C, Ehrette T, Richard G. Events detection for an audio-based surveillance system[C]. IEEE International Conference on Multimedia and Expo, Amsterdam, 2005:1306-1309.

[64] Wu H, Mendel J M. Classification of battlefield ground vehicles using acoustic features and fuzzy logic rule-based classifiers[J]. IEEE Transactions on Fuzzy Systems, 2007, 15(1):56-72.

[65] Atlas L E, Bernard G D, Narayanan S B. Applications of time-frequency analysis to signals from manufacturing and machine monitoring sensors[J]. Proceedings of the IEEE, 1996, 84(9):1319-1329.

[66] Fagerlund S. Bird species recognition using support vector machines[J]. EURASIP Journal on Applied Signal Processing, 2007, 2007(1):1-8.

[67] Zhou X, Zhuang X, Liu M, et al. HMM-based acoustic event detection with AdaBoost feature selection[C]. Multimodal Technologies for Perception of Humans, Southampton, 2008:345-353.

[68] Mesaros A, Heittola T, Eronen A, et al. Acoustic event detection in real life recordings[C]. 18th European Signal Processing Conference, Aalborg, 2010:1267-1271.

[69] Kolekar M H, Palaniappan K, Sengupta S. Semantic event detection and classification in cricket video sequence[C]. Computer Vision, Graphics & Image Processing, 2008. ICVGIP'08. Sixth Indian Conference on, Bhubaneswar, 2008:382-389.

[70] Giannakopoulos T, Pikrakis A, Theodoridis S. A multi-class audio classification method with respect to violent content in movies using bayesian networks[C]. IEEE 9th Workshop on Multimedia Signal Processing, Chania, 2007:90-93.

[71] Lu L, Jiang H, Zhang H. A robust audio classification and segmentation method[C]. Proceedings of the ninth ACM International Conference on Multimedia, Ottawa, 2001:203-211.

[72] Moncrieff S, Venkatesh S, Dorai C. Horror film genre typing and scene labeling via audio analysis[C]. International Conference on Multimedia and Expo, Baltimore, 2003:190-193.

[73] Shi P, Xiao-qing Y. Goal event detection in soccer videos using multi-clues detection rules[C]. International Conference on Management and Service Science, Beijing, 2009:1-4.

[74] Atrey P, Maddage N, Kankanhalli M. Audio based event detection for multimedia surveillance[C].IEEE International Conference on Acoustics, Speech and Signal Processing, Toulouse, 2006: 1-4.

[75] Pleva M, Lojka M, Juhar J, et al. Evaluating the modified viterbi decoder for long-term audio events monitoring task[C].ELMAR, Zadar, 2012:179-182.

[76] Ghosh P, Tsiartas A, Narayanan S. Robust voice activity detection using long-term signal variability[J]. IEEE Transactions on Audio, Speech, and Language Processing, 2011, 19(3):600-613.

[77] Zigel Y, Litvak D, Gannot I. A method for automatic fall detection of elderly people using floor vibrations and sound — proof of concept on human mimicking doll falls[J]. IEEE Transactions on Biomedical Engineering, 2009, 56(12):2858-2867.

[78] Tran H, Li H. Sound event classification based on feature integration, recursive feature elimination and structured classification[C].IEEE International Conference on Acoustics, Speech and Signal Proinproceedingscessing, Taiwan, 2009:177-180.

[79] Valenzise G, Gerosa L, Tagliasacchi M, et al. Scream and gunshot detection and localization for audio-surveillance systems[C].IEEE Conference on Advanced Video and Signal Based Surveillance, London, 2007:21-26.

[80] Cai R, Lu L, Zhang H, et al. Highlight sound effects detection in audio stream[C]. International Conference on Multimedia and Expo, Baltimore, 2003:34-37.

[81] Portelo J, Bugalho M, Trancoso I, et al. Non-speech audio event detection[C].IEEE International Conference on Acoustics, Speech and Signal Processing, Taiwan, 2009:1973-1976.

[82] Wichern G, Xue J, Thornburg H, et al. Segmentation, indexing, and retrieval for environmental and natural sounds[J]. IEEE Transactions on Audio, Speech, and Language Processing, 2010, 18(3):688-707.

[83] Abu-El-Quran A,Goubran R. Pitch-based feature extraction for audio classification[C]. 2nd IEEE Internatioal Workshop on Haptic, Audio and Visual Environments and Their Applications, Ottawa, 2003: 43-47.

[84] Pal P, Iyer A, Yantorno R. Emotion detection from infant facial expressions and cries[C]. IEEE International Conference on Acoustics, Speech and Signal Processing, Toulouse, 2006: 1-4.

[85] Taras B, Cristian C, Carlos S, et al. Acoustic event detection based on feature-level fusion of audio and video modalities[J]. EURASIP Journal on Advances in Signal Processing, 2011, 3(1): 1-11.

[86] Chu S, Narayanan S, Kuo C C. Environmental sound recognition with time-frequency audio features[J]. IEEE Transactions on Audio, Speech, and Language Processing, 2009, 17(6): 1142-1158.

[87] Umapathy K, Krishnan S, Rao R. Audio signal feature extraction and classification using local discriminant bases[J]. IEEE Transactions on Audio, Speech, and Language Processing, 2007, 15(4):1236-1246.

[88] Donoho D. Compressed sensing[J]. IEEE Transactions on Information Theory, 2006, 52(4): 1289-1306.

[89] Candès E J, Romberg J, Tao T. Robust uncertainty principles: Exact signal reconstruction from highly incomplete frequency information[J]. IEEE Transactions on Information Theory, 2006, 52(2):489-509.

[90] Malkin R G, Waibel A. Classifying user environment for mobile applications using linear autoencoding of ambient audio[C].Acoustics, Speech, and Signal Processing, 2005. Proceedings(ICASSP'05). IEEE International Conference on, Pennsylvania, 2005: 509-512.

[91] Aucouturier J J, Defreville B, Pachet F. The bag-of-frames approach to audio pattern recognition: A sufficient model for urban soundscapes but not for polyphonic music[J]. The Journal of the Acoustical Society of America, 2007, 122(2):881-891.

[92] Sebastiani F. Machine learning in automated text categorization[J]. ACM Computing Surveys (CSUR), 2002, 34(1):1-47.

[93] Lee K, Ellis D. Audio-based semantic concept classification for consumer video[J]. IEEE Transactions on Audio, Speech, and Language Processing, 2010, 18(6):1406-1416.

[94] 石自强. 基于长时特征的鲁棒声学事件检测 [D]. 哈尔滨: 哈尔滨工业大学, 2013.

[95] Cotton C V, Ellis D P, Loui A C. Soundtrack classification by transient events[C].Acoustics, Speech and Signal Processing (ICASSP), 2011 IEEE International Conference on, Prague, 2011:473-476.

[96] Cotton C V, Ellis D P. Spectral vs. spectro-temporal features for acoustic event detection[C].Applications of Signal Processing to Audio and Acoustics (WASPAA), 2011 IEEE Workshop on, New Paltz, 2011:69-72.

[97] Lee D D, Seung H S. Learning the parts of objects by non-negative matrix factorization[J]. Nature, 1999, 401(6755):788-791.

[98] Benetos E, Lagrange M, Dixon S. Characterisation of acoustic scenes using a temporally constrained shit-invariant model[C]. International Conference on Digited Audio Effects, York, 2012: 62-70.

[99] Smaragdis P, Raj B. Shift-invariant probabilistic latent component analysis[R]. US Patent 7, 318, 005, 2008.

[100] Oymak S, Mohan K, Fazel M, et al. A simplified approach to recovery conditions for low rank matrices[C].IEEE International Symposium on Information Theory Proceedings, St. Petersburg, 2011:2318-2322.

[101] Gandy S, Recht B, Yamada I. Tensor completion and low-n-rank tensor recovery via convex optimization[J]. Inverse Problems, 2011, 27:025010.

[102] Lai M, Yin W. Augmented l1 and nuclear-norm models with a globally linearly convergent algorithm[J]. Arxiv preprint arXiv:1201.4615, 2012.

[103] Shi Z, Han J, Zheng T, et al. Audio segment classification using online learning based tensor representation feature discrimination[J]. IEEE Transactions on Audio, Speech, and Language Processing, 2013, 21(1/2):186-196.

[104] Shi Z, Han J, Zheng T. Soft margin based low-rank audio signal classification[J]. Neural Processing Letters, 2014, 42(2):1-9.

[105] Xu M, Chia L, Jin J. Affective content analysis in comedy and horror videos by audio emotional event detection[C].IEEE International Conference on Multimedia and Expo, Amsterdam, 2005:1-4.

[106] Zhang D, Gatica-Perez D, Bengio S. Semi-supervised meeting event recognition with adapted HMMs[C].IEEE International Conference on Multimedia and Expo, Amsterdam, 2005:1-4.

[107] Xiong Z, Radhakrishnan R, Divakaran A, et al. Audio events detection based highlights extraction from baseball, golf and soccer games in a unified framework[C].IEEE International Conference on Acoustics, Speech, and Signal Processing, HongKong, 2003: 629-632.

[108] Temko A, Monte E, Nadeu C. Comparison of sequence discriminant support vector machines for acoustic event classification[C].IEEE International Conference on Acoustics, Speech and Signal Processing, Toulouse, 2006: 1-4.

[109] Ito A, Aiba A, Ito M, et al. Detection of abnormal sound using multi-stage GMM for surveillance microphone[C].Fifth International Conference on Information Assurance and Security, Xi' an, 2009: 733-736.

[110] Rouas J, Louradour J, Ambellouis S. Audio events detection in public transport vehicle[C]. IEEE Intelligent Transportation Systems Conference, Toronto, 2006:733-738.

[111] Elizalde B, Lei H, Friedland G. An i-vector representation of acoustic environments for audio-based video event detection on user generated content[C].Multimedia (ISM), 2013 IEEE International Symposium on, Anaheim, 2013:114-117.

[112] Dehak N, Dehak R, Kenny P, et al. Support vector machines versus fast scoring in the low-dimensional total variability space for speaker verification[C].Interspeech, Brighton, 2009: 1559-1562.

[113] Shi Z, Han J, Zheng T, et al. Identification of objectionable audio segments based on pseudo and heterogeneous mixture models[J]. IEEE Transactions on Audio, Speech, and Language Processing, 2013, 21(3):611-623.

[114] Shi Z, Zheng T, Han J, et al. Low-rank audio signal classification under soft margin and trace norm constraints[C].Thirteenth Annual Conference of the International Speech Communication Association, Portland, 2012.

[115] Shi Z, Han J, Zheng T, et al. Guarantees of augmented trace norm models in tensor recovery[C].Proceedings of the Twenty-Third International Joint Conference on Artificial Intelligence, Beijing, 2013: 1670-1676.

[116] Matos S, Birring S, Pavord I, et al. Detection of cough signals in continuous audio recordings using hidden Markov models[J]. IEEE Transactions on Biomedical Engineering, 2006, 53(6):1078-1083.

[117] Ruinskiy D, Lavner Y. An algorithm for accurate breath detection in speech and song signals[C].IEEE 24th Convention of Electrical and Electronics Engineers in Israel, Eilat, 2006:315-319.

[118] Heittola T, Mesaros A, Eronen A, et al. Context-dependent sound event detection[J]. EURASIP Journal on Audio, Speech, and Music Processing, 2013, 2013(1):1-13.

[119] Rabiner L, Juang B H. Fundamentals of Speech Recognition[M]. Upper Saddle River: Prentice-Hall, 1993.

[120] Nyquist H. Certain topics in telegraph transmission theory[J]. Transactions of the American Institute of Electrical Engineers, 1928, 47(2):617-644.

[121] 石光明, 刘丹华, 高大化, 等. 压缩感知理论及其研究进展 [J]. 电子学报, 2009, 37(5):1070-1081.

[122] Press W H, Teukolsky S A, Vetterling W T, et al. Numerical Recipes in C[M]. Cambridge: Cambridge University Press, 1996.

[123] Levinson N. The Wiener rms error criterion in filter design and prediction, Appendix B of Wiener, N.(1949)[J]. Extrapolation, Interpolation, and Smoothing of Stationary Time Series, 1949，25(4): 129-148.

[124] Durbin J. The fitting of time-series models[J]. Revue del'Institut International de Statistique, 1960, 28(3):233-244.

[125] Bogert B P, Healy M J, Tukey J W. The quefrency alanysis of time series for echoes: Cepstrum, pseudo-autocovariance, cross-cepstrum and saphe cracking[C]. Proceedings of the Symposium on Time Series Analysis, Rosenblatt, 1963:209-243.

[126] Peeters G. A large set of audio features for sound description (similarity and classification) in the CUIDADO project[R]. 2004: 1-25.

[127] Srinivasan S, Petkovic D, Ponceleon D. Towards robust features for classifying audio in the CueVideo system[C].Proceedings of the Seventh ACM International Conference on Multimedia (Part 1), New York, 1999:393-400.

[128] 韩纪庆, 张磊, 郑铁然. 语音信号处理 [M]. 北京: 清华大学出版社, 2004.

[129] Shen J L, Hung J W, Lee L S. Robust entropy-based endpoint detection for speech recognition in noisy environments[C].ICSLP, Sydney, 1998: 232-235.

[130] Gabor D. Theory of communication. Part 1: The analysis of information[J]. Journal of the Institution of Electrical Engineers-Part III: Radio and Communication Engineering, 1946, 93(26):429-441.

[131] Mallat S G. A theory for multiresolution signal decomposition: The wavelet representation[J]. IEEE Transactions on Pattern Analysis and Machine Intelligence, 1989, 11(7):674-693.

[132] Bishop C M. Pattern Recognition and Machine Learning[M]. New York: Springer, 2006.

[133] Kittler J, et al. Feature set search algorithms[J]. Pattern Recognition and Signal Processing, 1978:41-60.

[134] Sambur M R. Selection of acoustic features for speaker identification[J]. IEEE Transactions on Acoustics, Speech and Signal Processing, 1975, 23(2):176-182.

[135] Pudil P, Novovičová J, Kittler J. Floating search methods in feature selection[J]. Pattern Recognition Letters, 1994, 15(11):1119-1125.

[136] Hasegawa-Johnson M, Zhuang X, Zhou X, et al. Adaptation of tandem hidden Markov models for non-speech audio event detection[J]. The Journal of the Acoustical Society of America, 2009, 125:2730.

[137] Peng Y, Lin C, Sun M, et al. Healthcare audio event classification using hidden Markov models and hierarchical hidden markov models[C].IEEE International Conference on Multimedia and Expo, Tempe, 2009:1218-1221.

[138] Williams C, Barber D. Bayesian classification with Gaussian processes[J]. IEEE Transactions on Pattern Analysis and Machine Intelligence, 1998, 20(12):1342-1351.

[139] Kim H, Ghahramani Z. The EM-EP algorithm for Gaussian process classification[C]. Workshop on Probabilistic Graphical Models for Classification, Cavtat-Dubrovnik, 2003:37-48.

[140] Vapnik V. The Nature of Statistical Learning Theory[M]. New York: Springer Science & Business Media, 2013.

[141] Platt J, et al. Fast training of support vector machines using sequential minimal optimization[S]. Advances in Kernel Methods. Cambridge: The MIT Press, 1999: 185-208.

[142] Bilmes J A, et al. A gentle tutorial of the EM algorithm and its application to parameter estimation for Gaussian mixture and hidden Markov models[J]. International Computer Science Institute, 1998, 4(510):126.

[143] Redner R A, Walker H F. Mixture densities, maximum likelihood and the EM algorithm[J]. SIAM Review, 1984, 26(2):195-239.

[144] Hamel P, Eck D. Learning features from music audio with deep belief networks[C].ISMIR, Utrecht, 2010:339-344.

[145] Lee H, Pham P, Largman Y, et al. Unsupervised feature learning for audio classification using convolutional deep belief networks[C].Advances in Neural Information Processing Systems, Lake Tahoe, 2009:1096-1104.

[146] Lin K, Zhuang X, Goudeseune C, et al. Improving faster-than-real-time human acoustic event detection by saliency-maximized audio visualization[C].2012 IEEE International Conference on Acoustics, Speech and Signal Processing, Kyoto, 2012:2277-2280.

[147] Rabiner L, Schafer R. Digital Processing of Speech Signals[M]. Englewood Cliffs: Prentice-Hall, 1978.

[148] Rabiner L, Juang B. Fundamentals of Speech Recognition[M]. Englewood Cliffs: Prentice-Hall, 1993.

[149] Atal B. Automatic recognition of speakers from their voices[J]. Proceedings of the IEEE, 1976, 64(4):460-475.

[150] Vinet H, Herrera P, Pachet F. The cuidado project[C].Proceedings of ISMIR Conference, Paris, 2002.

[151] Aucouturier J, Pachet F. Representing musical genre: A state of the art[J]. Journal of New Music Research, 2003, 32(1):83-93.

[152] Li T, Ogihara M. Music genre classification with taxonomy[C].IEEE International Conference on Acoustics, Speech, and Signal Processing, Pennsylvania, 2005: 194-197.

[153] Tzanetakis G, Cook P. Musical genre classification of audio signals[J]. IEEE Transactions on Speech and Audio Processing, 2002, 10(5):293-302.

[154] Witten I, Frank E. Data Mining: Practical Machine Learning Tools and Techniques[M]. Burlington: Morgan Kaufmann, 2005.

[155] Verbeek J. Mixture Models for Clustering and Dimension Reduction[M]. Amsterdam: Universiteit van Amsterdam, 2004.

[156] Wang J, Lee J, Zhang C. Kernel trick embedded gaussian mixture model[C].Algorithmic Learning Theory, Barcelona, 2003:159-174.

[157] Sfikas G, Nikou C, Galatsanos N. Robust image segmentation with mixtures of Student's t-distributions[C].13th IEEE International Conference on Image Processing, San Antonio, 2007: 273-276.

[158] Malik H, Abraham B. Multivariate logistic distributions[J]. The Annals of Statistics, 1973, 1(3):588-590.

[159] Reynolds D, Quatieri T, Dunn R. Speaker verification using adapted Gaussian mixture models1[J]. Digital Signal Processing, 2000, 10(1/2/3):19-41.

[160] Bengio S. Statistical machine learning from data: Gaussian mixture models[R]. IDIAP Research Institate, 2006: 1-41.

[161] Pukelsheim F. The three sigma rule[J]. American Statistician, 1994, 48(2):88-91.

[162] Duda R, Hart P, Stork D, et al. Pattern Classification[M]. New York: Wiley, 2001.

[163] Teicher H. Identifiability of finite mixtures[J]. The Annals of Mathematical Statistics, 1963, 34(4):1265-1269.

[164] Yakowitz S, Spragins J. On the identifiability of finite mixtures[J]. The Annals of Mathematical Statistics, 1968, 39(1):209-214.

[165] Al-Hussaini E, Ahmad K. On the identifiability of finite mixtures of distributions[J]. IEEE Transactions on Information Theory, 2002, 27(5):664-668.

[166] Ahmad K, Al-Hussaini E. Remarks on the non-identifiability of mixtures of distributions[J]. Annals of the Institute of Statistical Mathematics, 1982, 34(1):543,544.

[167] Ahmad K. Identifiability of finite mixtures using a new transform[J]. Annals of the Institute of Statistical Mathematics, 1988, 40(2):261-265.

[168] Holzmann H, Munk A, Stratmann B. Identifiability of finite mixtures-with applications to circular distributions[J]. Sankhyā: The Indian Journal of Statistics, 2004, 66(3):440-449.

[169] Klinger A. The vandermonde matrix[J]. American Mathematical Monthly, 1967, 74(5):571-574.

[170] Baraniuk R, Candes E, Nowak R, et al. Sensing, sampling, and compression[J]. IEEE Signal Processing Mag., 2008, 25(2):12-20.

[171] Wright J, Yang A, Ganesh A, et al. Robust face recognition via sparse representation[J]. IEEE Transactions on Pattern Analysis and Machine Intelligence, 2009, 31(2):210-227.

[172] Mairal J, Bach F, Ponce J, et al. Discriminative learned dictionaries for local image analysis[C].IEEE Conference on Computer Vision and Pattern Recognition, Anchorage, 2008:1-8.

[173] Zotkin D N, Taishih C, Shamma Shihab A, et al. Neuromimetic sound representation for percept detection and manipulation[J]. EURASIP Journal on Advances in Signal Processing, 2005, 2005(1):14-26.

[174] Kording K, Konig P, Klein D. Learning of sparse auditory receptive fields[C].International Joint Conference on Neural Networks, Honolulu, 2002: 1103-1108.

[175] Zhuang X, Zhou X, Huang T, et al. Feature analysis and selection for acoustic event detection[C].IEEE International Conference on Acoustics, Speech and Signal Processing, Las Vegas, 2008:17-20.

[176] Fazel M, Hindi H, Boyd S. A rank minimization heuristic with application to minimum order system approximation[C].American Control Conference, Arlington, 2001: 4734-4739.

[177] Srebro N, Rennie J, Jaakkola T. Maximum-margin matrix factorization[J]. Advances in Neural Information Processing Systems, 2005, 17:1329-1336.

[178] Argyriou A, Evgeniou T, Pontil M. Convex multi-task feature learning[J]. Machine Learning, 2008, 73(3):243-272.

[179] Wright J, Ganesh A, Rao S, et al. Robust principal component analysis?[C].Conference on Neural Information Processing Systems, Lake Tahoe, 2009:95-102.

[180] Lin Z, Chen M, Wu L, et al. The augmented lagrange multiplier method for exact recovery of corrupted low-rank matrices[J]. Arxiv Preprint arXiv:1009.5055, 2010: 1-23.

[181] Tomioka R, Aihara K. Classifying matrices with a spectral regularization[C].24th International Conference on Machine Learning, Corvallis, 2007:895-902.

[182] Toh K, Yun S. An accelerated proximal gradient algorithm for nuclear norm regularized linear least squares problems[J]. Pacific Journal of Optimization, 2010, 6(20):615-640.

[183] Ji S, Ye J. An accelerated gradient method for trace norm minimization[C].26th Annual International Conference on Machine Learning, Montreal, 2009:457-464.

[184] Signoretto M, de Lathauwer L, Suykens J. Nuclear norms for tensors and their use for convex multilinear estimation[R]. ESAT-SISTA, KU Leuven, Tech. Rep, 2010:10-186.

[185] Liu J, Musialski P, Wonka P, et al. Tensor completion for estimating missing values in visual data[C].IEEE 12th International Conference on Computer Vision, Kyoto, 2009: 2114-2121.

[186] Tomioka R, Hayashi K, Kashima H. Estimation of low-rank tensors via convex optimization[J]. Arxiv Preprint arXiv:1010.0789, 2011.

[187] Mairal J, Bach F, Ponce J, et al. Online dictionary learning for sparse coding[C].26th Annual International Conference on Machine Learning, Montreal, 2009:689-696.

[188] Jolliffe I. Principal Component Analysis[M]. London: Wiley Online Library, 2002.

[189] Liu Y, Sun D, Toh K. An implementable proximal point algorithmic framework for nuclear norm minimization[J]. Mathematical Programming, 2009:1-38.

[190] Boyd S, Vandenberghe L. Convex Optimization[M]. Cambridge: Cambridge University Press, 2004.

[191] Gabay D, Mercier B. A dual algorithm for the solution of nonlinear variational problems via finite element approximation[J]. Computers & Mathematics with Applications, 1976, 2(1):17-40.

[192] Freesound project[OL]. http://www.freesound.org.

[193] Scheirer E, Slaney M. Construction and evaluation of a robust multifeature music/speech discriminator[C].IEEE International Conference on Acoustics Speech and Signal Processing, Munich, 1997: 1331-1334.

[194] Burkhardt F, Paeschke A, Rolfes M, et al. A database of german emotional speech[C].Ninth European Conference on Speech Communication and Technology, Lisbon, 2005.

[195] Bickel P, Ritov Y, Tsybakov A. Simultaneous analysis of LASSO and Dantzig selector[J]. The Annals of Statistics, 2009, 37(4):1705-1732.

[196] Chang C, Lin C. LIBSVM: A library for support vector machines[J]. ACM Transactions on Intelligent Systems and Technology, 2011, 2(3):27-37.

[197] Signoretto M, de Lathauwer L, Suykens J. Convex multilinear estimation and operatorial representations[C].NIPS Workshop: Tensors, Kernels and Machine Learning, Lake Tahoe, 2010:1-6.

[198] Youku[OL]. http://www.youku.com.

[199] Kolda T, Bader B. Tensor decompositions and applications[J]. SIAM Review, 2009, 51(3):455-500.

[200] Petrov A A, Anderson J R. ANCHOR: A memory-based model of category rating[C].Proceedings of the 22nd Annual Conference of the Cognitive Science Society, Philadelphia, 2000:369-374.

[201] 杨莹春, 吴朝晖, 杨旻. 基于锚模型空间投影序数比较的快速说话人确认方法[P]. 杭州：浙江大学, 200510061955.9, 2006.

[202] 杨静. 基于锚空间的音频场景识别方法研究[D]. 哈尔滨: 哈尔滨工业大学, 2011.

[203] Petrov A A. Additive or multiplicative perceptual noise? Two equivalent forms of the ANCHOR model[J]. Journal of Social & Psychological Sciences, 2008, 1(2):123-143.

[204] Mairal J, Bach F, Ponce J, et al. Online learning for matrix factorization and sparse coding[J]. The Journal of Machine Learning Research, 2010, 11:19-60.

[205] Data B. http://www. nature. com/news/specials/bigdata/index. html[OL]. 2008.

[206] Jonathan T, Gerald A, et al. Special online collection: dealing with data[J]. Science, 2011, 331(6018):639-806.

[207] Gantz J, Reinsel D. Extracting value from chaos[J]. IDC Iview, 2011, (1142): 9,10.

[208] 程学旗, 靳小龙, 王元卓, 等. 大数据系统和分析技术综述 [J]. 软件学报, 2014, 25(9): 1889-1908.

[209] 李学龙, 龚海刚. 大数据系统综述[J]. 中国科学, 2015, 45(1):1-44.

[210] 高文. 多媒体大数据的影响及面临的挑战 [OL]. http://tech.huanqiu.com/cloud/2013 06/4004530.html.

[211] Zeng Z, Liang W, Li H, et al. A novel video classification method based on hybrid generative/discriminative models[C].Structural, Syntactic, and Statistical Pattern Recognition, Hirosshima, 2008:705-713.

[212] Sundaram H, Chang S F. Audio scene segmentation using multiple features, models and time scales[C].Acoustics, Speech, and Signal Processing, 2000. ICASSP'00. Proceedings. 2000 IEEE International Conference on, Istanbul, 2000: 2441-2444.

[213] Giannakis G B, Bach F, Cendrillon R, et al. Signal processing for big data [from the guest editors][J]. IEEE Signal Processing Magazine, 2014, 31(5):15,16.

[214] Wainwright M J. Structured regularizers for high-dimensional problems: Statistical and computational issues[J]. Annual Review of Statistics and Its Application, 2014, 1:233-253.

[215] Chandrasekaran V, Recht B, Parrilo P A, et al. The convex geometry of linear inverse problems[J]. Foundations of Computational Mathematics, 2012, 12(6):805-849.

[216] Nesterov Y, Nemirovski A. On first-order algorithms for L1/nuclear norm minimization[J]. Acta Numerica, 2013, 22:509-575.

[217] Combettes P L, Pesquet J C. Proximal splitting methods in signal processing[J]. Springer Optimization and Its Applications, 2011, 49: 185-212.

[218] Chandrasekaran V, Jordan M I. Computational and statistical tradeoffs via convex relaxation[J]. Proceedings of the National Academy of Sciences, 2013, 110(13):E1181-E1190.

[219] Bousquet O, Bottou L. The tradeoffs of large scale learning[C].Advances in Neural Information Processing Systems, Lake Tahoe, 2008:161-168.

[220] Nesterov Y. Introductory Lectures on Convex Optimization: A Basic Course[M]. Boston: Kluwer, 2004.

[221] O' Donoghue B, Candes E. Adaptive restart for accelerated gradient schemes[J]. Foundations of Computational Mathematics, 2013, 15(3):715-732.

[222] Tran-Dinh Q, Kyrillidis A, Cevher V. Composite self-concordant minimization[J]. arXiv Preprint arXiv:1308.2867, 2013: 1-46.

[223] Beck A, Teboulle M. A fast iterative shrinkage-thresholding algorithm for linear inverse problems[J]. SIAM Journal on Imaging Sciences, 2009, 2(1):183-202.

[224] Schmidt M, Roux N L, Bach F R. Convergence rates of inexact proximal-gradient methods for convex optimization[C].Advances in Neural Information Processing Systems, Lake Tahoe, 2011:1458-1466.

[225] McCoy M B, Cevher V, Dinh Q T, et al. Convexity in source separation: Models, geometry, and algorithms[J]. IEEE Signal Processing Magazine, 2014, 31(3):87-95.

[226] Boyd S, Parikh N, Chu E, et al. Distributed optimization and statistical learning via the alternating direction method of multipliers[J]. Foundations and Trends in Machine Learning, 2011, 3(1):1-122.

[227] Luo Z Q, Tseng P. On the convergence of the coordinate descent method for convex differentiable minimization[J]. Journal of Optimization Theory and Applications, 1992, 72(1):7-35.

[228] Nesterov Y. Efficiency of coordinate descent methods on huge-scale optimization problems[J]. SIAM Journal on Optimization, 2012, 22(2):341-362.

[229] Cevher V, Becker S, Schmidt M. Convex optimization for big data: Scalable, randomized, and parallel algorithms for big data analytics[J]. IEEE Signal Processing Magazine, 2014, 31(5):32-43.

[230] Fan R E, Chang K W, Hsieh C J, et al. LIBLINEAR: A library for large linear classification[J]. The Journal of Machine Learning Research, 2008, 9:1871-1874.

[231] Hsieh C J, Chang K W, Lin C J, et al. A dual coordinate descent method for large-scale linear SVM[C].Proceedings of the 25th International Conference on machine Learning, Helsinki, 2008:408-415.

[232] Shalev-Shwartz S, Zhang T. Stochastic dual coordinate ascent methods for regularized loss[J]. The Journal of Machine Learning Research, 2013, 14(1):567-599.

[233] Shalev-Shwartz S, Zhang T. Accelerated proximal stochastic dual coordinate ascent for regularized loss minimization[J]. Mathematical Programming, 2016, 155(1): 105-145.

[234] Murata N. A statistical study of on-line learning[J]. Online Learning and Neural Networks, 1998:63-92.

[235] Le Cun L B Y, Bottou L. Large scale online learning[J]. Advances in Neural Information Processing Systems, 2004, 16:217.

[236] Shalev-Shwartz S, Srebro N. SVM optimization: Inverse dependence on training set size[C].Proceedings of the 25th International Conference on Machine Learning, Helsinki, 2008:928-935.

[237] Joachims T. Making large scale SVM learning practical[J]. Advances in Kernel Methods-support Vector Learning, 1999: 41-56.

[238] Mangasarian O L, Musicant D R. Successive overrelaxation for support vector machines[J]. IEEE Transactions on Neural Networks, 1999, 10(5):1032-1037.

[239] Hush D, Kelly P, Scovel C, et al. QP algorithms with guaranteed accuracy and run time for support vector machines[J]. The Journal of Machine Learning Research, 2006, 7:733-769.

[240] Collins M, Globerson A, Koo T, et al. Exponentiated gradient algorithms for conditional random fields and max-margin Markov networks[J]. The Journal of Machine Learning Research, 2008, 9:1775-1822.

[241] Shalev-Shwartz S, Tewari A. Stochastic methods for L1-regularized loss minimization[J]. The Journal of Machine Learning Research, 2011, 12:1865-1892.

[242] Schmidt M, Roux N L, Bach F. Minimizing finite sums with the stochastic average gradient[J]. arXiv Preprint arXiv:1309.2388, 2013.

[243] Lacoste-Julien S, Jaggi M, Schmidt M, et al. Stochastic block-coordinate frank-wolfe optimization for structural svms[J]. arXiv preprint: 1207.4747. 2012.

[244] Richtárik P, Takáč M. Iteration complexity of randomized block-coordinate descent methods for minimizing a composite function[J]. Mathematical Programming, 2014, 144(1/2):1-38.

[245] Cotter A, Shamir O, Srebro N, et al. Better mini-batch algorithms via accelerated gradient methods[C].Advances in Neural Information Processing Systems, Lake Tahoe, 2011:1647-1655.

[246] Ghadimi S, Lan G. Optimal stochastic approximation algorithms for strongly convex stochastic composite optimization i: A generic algorithmic framework[J]. SIAM Journal on Optimization, 2012, 22(4):1469-1492.

[247] Hu C, Pan W, Kwok J T. Accelerated gradient methods for stochastic optimization and online learning[C].Advances in Neural Information Processing Systems, Lake Tahoe, 2009:781-789.

[248] Nesterov Y. Smooth minimization of non-smooth functions[J]. Mathematical Programming, 2005, 103(1):127-152.

[249] Nesterov Y. Gradient methods for minimizing composite objective function[J]. Mathematical Programming, 2013, 140(1): 125-161.

[250] Johnson R, Zhang T. Accelerating stochastic gradient descent using predictive variance reduction[C].Advances in Neural Information Processing Systems, Lake Tahoe, 2013:315-323.

[251] Mairal J. Optimization with first-order surrogate functions[J]. arXiv Preprint arXiv: 1305. 3120, 2013.

[252] Wright S J. Coordinate descent algorithms[J]. Mathematical Programming, 2015, 151(1):3-34.

[253] Ortega J M, Rheinboldt W C. Iterative Solution of Nonlinear Equations in Several Variables[M]. Philadelphia: Society for Industrial and Applied Mathematics, 1970.

[254] Luo Z Q, Tseng P. Error bounds and convergence analysis of feasible descent methods: A general approach[J]. Annals of Operations Research, 1993, 46(1):157-178.

[255] Tseng P. Convergence of a block coordinate descent method for nondifferentiable minimization[J]. Journal of Optimization Theory and Applications, 2001, 109(3):475-494.

[256] Bertsekas D P, Tsitsiklis J N. Parallel and Distributed Computation: Numerical Methods[M]. Upper Saddle River: Prentice-Hall, 1989.

[257] Shi Z, Liu R. Online and stochastic universal gradient methods for minimizing regularized Hölder continuous finite sums in machine learning[C].Advances in Knowledge Discovery and Data Mining, Ho chi Minh City, 2015:369-379.

[258] Zinkevich M. Online convex programming and generalized infinitesimal gradient ascent[C]. ICML-2003, Washington, 2003.

[259] Wang H, Banerjee A. Online alternating direction method[J]. arXiv Preprint arXiv:1206.6448, 2012.

[260] Xiao L, Zhang T. A proximal stochastic gradient method with progressive variance reduction[J]. arXiv Preprint arXiv:1403.4699, 2014: 1-19.

[261] Shalev-Shwartz S, Zhang T. Proximal stochastic dual coordinate ascent[J]. arXiv Preprint arXiv:1211.2717, 2012.

[262] Duchi J, Shalev-Shwartz S, Singer Y, et al. Composite objective mirror descent[C]. 23rd Annual Conference on Learning Theory, Israel, 2010: 14-26.

[263] Beck A, Teboulle M. Mirror descent and nonlinear projected subgradient methods for convex optimization[J]. Operations Research Letters, 2003, 31(3):167-175.

[264] Xiao L. Dual averaging methods for regularized stochastic learning and online optimization[J]. The Journal of Machine Learning Research, 2010, 11:2543-2596.

[265] Nesterov Y. Primal-dual subgradient methods for convex problems[J]. Mathematical Programming, 2009, 120(1):221-259.

[266] Duchi J C, Agarwal A, Wainwright M J. Dual averaging for distributed optimization[C].50th Annual Conference on Communication, Control, and Computing, Allerton, 2012:1564-1565.

[267] Suzuki T. Dual averaging and proximal gradient descent for online alternating direction multiplier method[C].ICML-2013, Atlanta, 2013:392-400.

[268] Nesterov Y. Universal gradient methods for convex optimization problems[J]. Mathematical Programming, 2014, 152: 381-404.

[269] Tibshirani R. Regression shrinkage and selection via the LASSO[J]. Journal of the Royal Statistical Society, Series B (Methodological), 1996,58(1):267-288.

[270] Garey M R, Johnson D S. The rectilinear Steiner tree problem is NP-complete[J]. SIAM Journal on Applied Mathematics, 1977, 32(4):826-834.

[271] Sohl-Dickstein J, Poole B, Ganguli S. Fast large-scale optimization by unifying stochastic gradient and quasi-Newton methods[C].Proceedings of the 31st International Conference on Machine Learning (ICML-14), Beijing, 2014:604-612.

[272] Lee J, Sun Y, Saunders M. Proximal Newton-type methods for convex optimization[C]. Advances in Neural Information Processing Systems, Lake Tahoe, 2012:836-844.

[273] Shi Z, Liu R. Large scale optimization with proximal stochastic Newton-type gradient descent[C].Machine Learning and Knowledge Discovery in Databases, Porto, 2015:691-704.

[274] Bertsekas D P. Incremental gradient, subgradient, and proximal methods for convex optimization: a survey[J]. Optimization for Machine Learning, 2011, 2010:1-38.

[275] Parikh N, Boyd S. Proximal algorithms[J]. Foundations and Trends in Optimization, 2013, 1(3):123-231.

[276] 朱强华. 行车噪声环境下的快速声学事件检测方法研究 [D]. 哈尔滨: 哈尔滨工业大学, 2014.

[277] Broomhead D S, Lowe D. Radial basis functions, multi-variable functional interpolation and adaptive networks[C]. Advances in Neural Information Processing Systems, Lake Tahoe, 1988: 728-734.

[278] Fletcher H, Munson W A. Loudness, its definition, measurement and calculation[J]. Bell System Technical Journal, 1933, 12(4):377-430.

[279] Robinson D W, Dadson R S. A re-determination of the equal-loudness relations for pure tones[J]. British Journal of Applied Physics, 1956, 7(5):166.

[280] Hwang K, Lee S Y. Environmental audio scene and activity recognition through mobile-based crowdsourcing[J]. IEEE Transactions on Consumer Electronics, 2012, 58(2):700-705.

[281] Pan S J, Yang Q. A survey on transfer learning[J]. IEEE Transactions on Knowledge and Data Engineering, 2010, 22(10):1345-1359.

[282] 杨洪飞. 基于样本平衡化和迁移成分分析的音频场景识别[D]. 哈尔滨: 哈尔滨工业大学, 2014.

[283] 庄福振, 罗平, 何清, 等. 迁移学习研究进展[J]. 软件学报, 2015, 26(1):26-39.

[284] Jiang J. A literature survey on domain adaptation of statistical classifiers[J]. http:. sifaka. cs. uiuc. edu/jiang4/domainadaptation/survey, 2008.

[285] Heckman J J. Sample selection bias as a specification error[J]. Econometrica: Journal of the Econometric Society, 1979, 47(1):153-161.

[286] Ren J, Shi X, Fan W, et al. Type-independent correction of sample selection bias via structural discovery and re-balancing[C]. SIAM Conference on Data Minning, Atlanta, 2008:565-576.

[287] Ester M, Kriegel H P, Sander J, et al. A density-based algorithm for discovering clusters in large spatial databases with noise[J].KDD, 1996，96:226-231.

[288] Bickel S, Brückner M, Scheffer T. Discriminative learning for differing training and test distributions[C].Proceedings of the 24th International Conference on Machine Learning, Corvallis, 2007:81-88.